规划设计 100 例
100 Cases of Planning and Design

阎 志 著

中国建筑工业出版社

图书在版编目（CIP）数据

规划设计100例 / 阎志著. - 北京：中国建筑工业出版社，2017.3
ISBN 978-7-112-20402-1

Ⅰ.①规… Ⅱ.①阎… Ⅲ.①城市规划-建筑设计
Ⅳ.①TU984

中国版本图书馆CIP数据核字（2017）第027576号

责任编辑：陆新之　张　明
责任校对：焦　乐　张　颖

规划设计100例

阎　志　著

*

中国建筑工业出版社出版、发行（北京海淀三里河路9号）

各地新华书店、建筑书店经销

雅昌艺术印刷有限公司制版印刷

*

开本：880×1230毫米　1/16　印张：29　字数：876千字
2017年3月第一版　　2017年3月第一次印刷
定价：368.00元
ISBN 978-7-112-20402-1
（29905）

中国正处在一个全方位空间变革的历史关键时期。

中国在全力以赴"强大海权"、"拓展空权"的同时，

在"一带一路"、京津冀协同发展、长江经济带等空间战略的推动下，

正在实施一场宏大的"重振陆权"革命。

这标志着中国空间发展进入顶层战略自觉新时期！

中国别无选择，只能走从"亢奋的物质主义"向"权衡的物质主义"，

进而向"后物质主义"演进的发展之路。

阎志，满族，祖姓完颜，早年毕业于南开大学。

中国社会科学院研究生院教授、博士生导师，

沈阳大学建筑工程学院客座教授，

世界设计师合作联盟主席，

联合国全球未来研究组织（WFSF）中国未来研究会（CSFS）大战略研究分会副理事长，区域经济发展战略研究中心主任，

中国区域经济学会一带一路专业委员会总规划师，

中国一带一路空间发展战略研究中心总规划师，

国家新型工业化综合配套改革试验区：沈阳国家级经济技术开发区政府特聘总规划师。

《中国向北开放国家空间发展战略研究》等100多项国家区域规划及课题研究项目组长，总规划师。

主要研究方向：经济地理、区域战略、区域规划、空间经济、空间生产等。

主要关注领域：一带一路、京津冀协同发展、环渤海合作及东北振兴等国家战略。

主要学术著作及论文

《方式改变世界》、《古老的大陆》、《陆权革命》、《鸭绿江流域——旅游度假小镇空间规划设计》、《中国西部对外开放战略研究》、《中国农业战略安全制度设计》、《中国生物质能源发展战略》、《中国资源型城市转型路径与对策研究》、《东北亚（5+1+N）北黄海国际自由贸易区》、《守望相助，能源发展新方式》、国家资源型经济综合配套改革实验区《大同转型困境与对策研究》、《中国向北开放国家空间发展战略研究》、《中俄蒙经济走廊空间发展战略研究》、《第一欧亚大陆桥全球合作新战略》、《京津冀空间协同发展对策与路径研究》等。

大区域（中国）经济发展战略研究中心

大区域（中国）经济发展战略研究中心，是一个全球化、开放式、创新型、战略智库平台。主要负责组织国家开放战略、国家区域战略、国家产业战略、重大行业战略、城市发展战略等项目示范、课题研究、制度设计、战略规划、项目开发、投融资组织、国际交流、全球推广等。重点组织和推动国家区域战略课题的研究、规划、设计，还广泛开展与国际组织、大学研究中心、大型企业及政府部门等战略项目合作。

大区域经济发展战略规划设计研究院

大区域经济发展战略规划设计研究院是基于经济全球化区域一体化，及调整与转型、交流与合作的亚太新兴经济体，基于中国周边开放战略、区域经济国家战略、区域经济产业战略、国家城镇化发展战略等，构建的国际化开放的战略咨询机构。其支撑平台是全球性战略智库、世界未来研究组织（WFSF）中国未来研究会（CSFS）及国际合作机构大区域（中国）经济发展战略研究中心、大区域战略专家委员会。其研发设计核心团队，超越传统意义的设计院，是一个基于课题研究和国家示范项目的跨领域跨国界的开放式可合作智库式设计机构。

以创新改革为理念，以开放合作为路径，以制度设计为引领，关注区域经济发展战略的顶层设计，及可支撑叠加战略，可实施综合解决方案。积极参与和推动国家示范项目、制度创新项目、国际合作项目、区域重大项目等组织和实施。其领域包括区域规划、地区规划、城市规划、产业规划、项目规划及生态景观设计规划等。

更加关注区域经济一体化进程中新机遇、新挑战和复杂问题、难点问题，更加关注区域经济调整转型战略，更加关注区域经济可持续综合竞争力。为区域和地方提供创新性战略和可实施方案。

大区域经济发展战略规划设计研究院

阎　志　院　长　总规划师

孙世明　副院长　项目总监

E—mail：yanzhiwy@163.com

序

中国区域经济空间规划的创新研究

金碚

中国社会科学院研究生院阎志教授将其多年研究和主持空间规划的成果集结完成《规划设计100例》专著。该书分为区域规划、城市规划、旅游规划、建筑设计、课题研究等五个部分，这100个规划设计案例的完成时间经历中国"十一五"、"十二五"时期直到"十三五"开局的2016年。内容涉及经济空间规划的许多方面，包括区域战略、区域协同、城市空间、产业空间布局等，并关注"一带一路"、京津冀协同发展、环渤海合作、东北振兴及国家产业发展政策等重大区域经济战略问题，是一部理论密切联系实际，并具有现实可行性的力作。尽管该书以规划设计案例为主要形式，但由于内容的广泛涉猎，也在很大程度上较全面地研究了中国现阶段经济空间规划所涵盖的主要问题和发展方向。作者邀我为该书作序，我有幸先睹为快，欣然允诺。

阎志教授提出，空间规划是一定时期内政府主导公共政策和公共产品，进而配置资源和要素的"牛鼻子"。即政府以空间规划体系为核心，通过空间制度建设、空间生产权衡、空间结构优化、空间秩序协同、空间力量重构等方式，调控经济地理空间战略格局。而中国预期是个系统性工程，必须用空间发展战略来支撑。从供给侧结构性改革出发，非拥挤性空间发展公共产品在整个政府主导的规划编制中既是短板也是缺位。是整个规划体系的顶层战略，并对区域总体规划和中长期发展预期具有重要的塑造意义。

在主流市场经济理论的基本框架中，通常抽象掉了经济运行的空间因素，因而推论出只要充分发挥市场机制配置资源的基础性和决定性作用，就可以实现社会经济资源的有效配置和利用，实现社会福利最大化。而且，市场调节资源配置的理论暗含着一个假定，即经济关系和经济活动中的决策及其行为过程是可逆的，例如，价格可以围绕价值（或均衡价格）上下波动，供给与需求的变动弹性是对称的（只在少数情况下具有不可逆的刚性），形象地说就是，经济变量可以像"钟摆"那样左右摆动，经济增长动态可以像波浪那样"周期性"变化，而政府则可以采用短期性的宏观经济政策来"熨平"波动。

但是，在现实中有一些重要的经济决策和经济现象却具有很强的不可逆性，也就是说，一旦做出一定的决策，产生了一定的后果，再"后悔"，想"悔棋"是难以做到的，或者要想退回已做出决策和行动之前的原有状况，必须付出极大的代价。其中，同地理空间相关的决策和行为就是此种典型。一条路修好后要换一个线路、一座城市建好后要换一个格局，或者一个历史建筑拆毁后要想再回复原状等，几乎都是不可能的，或者是代价高昂的。所以，对于空间规划的重视，以致以法律方式赋予其极高的严肃性和强制性，是近现代国家都遵循的重要原则。而且，空间规划对资源配置的优先性超过市场供求机制。也就是说，市场调节通常只能在政府（或法律）制定的空间规划范围内"自由"发挥调节作用，而不具有超越合法制定的空间规划的随意自由。从这一意义上说，财产所有权也不是绝对的，政府和法律制定的空间规划实质上是对产权的约束和限制。

在不同的时代和不同国家，制定和执行空间规划的理念和原则是不同的，但大都体现了统筹性、协调性，以及关注经济社会发展的可持续性等基本诉求。当然，在不同的经济社会制度下，尤其是受其历史文化的深刻影响，各国形成空间规划的程序也不尽相同，因而其价值优先顺序也不同。

从价值理念上说，中国的空间规划突出地受到两方面因素的广泛影响。一是中国传统文化影响了中国人对空间和生存的观念和智慧，这一因素写进了时间和空间交织的中国漫长历程。中国历史上不乏宏大的空间叙事和精妙的场所构思，其空间杰作灿若星河，其文化理念源远流长。二是在对外开放和融入全球化过程中，工业文明和西方思想对中国的广泛影响。例如，近现代早期，资源型工业城市的规划实践，反映了中国向西方借鉴和学习的过程。中国空间规划，特别是城市规划体更倾向于体现功能性的产业集聚和要素配置要求。但吸取外来经验中也往往失去了传统空间秩序关于人与自然和谐的传统理念。

长期以来，我们往往倾向于在国家主体功能区规划、区域规划、城乡规划及城市总体规划中，忽视地理空间特征和自然生态不可替代的自然性和根本地位，而以"改天换地"的雄心，热衷于城市扩张、开发区建设。很多城市规划趋同、缺乏特色、割断历史，往往导致空间上的无序蔓延、生态破坏等，这些现象都与空间规划的不科学不合理有直接关系。

党的十八届三中全会通过的《中共中央关于全面深化改革若干重大问题的决定》指出要"通过建立空间规划体系，划定生产、生活、生态空间开发管制界限，落实用途管制。"习近平总书记在2013年12月的中央城镇化工作会议上指出要"建立空间规划体系，推进规划体制改革，加快规划立法工作。"

2015年9月中共中央国务院颁发的《生态文明体制改革总体方案》进一步要求"构建以空间治理和空间结构优化为主要内容，全国统一、相互衔接、分级管理的空间规划体系，着力解决空间性规划重叠冲突、部门职责交叉重复、地方规划朝令夕改等问题。"，同时指出"编制空间规划。要整合目前各部门分头编制的各类空间性规划，编制统一的空间规划，实现规划全覆盖。空间规划分为国家、省、市县（设区的市空间规划范围为市辖区）三级。"

十八届五中全会公报文件指出"加快建设主体功能区，发挥主体功能区作为国土空间开发保护基础制度的作用。"其后，《中共中央关于制定国民经济和社会发展第十三个五年规划的建议》指出"推动各地区宜居主体功能定位发展。以主体功能区规划为基础统筹各类空间性规划，推进'多规合一'"。

2016年4月18日习近平总书记主持召开中央全面深化改革领导小组第二十三次会议，审议通过了宁夏回族自治区"一个支点、二个基地、一个示范区"的定位目标，"一主三副、核心带动，两带两轴、统筹城乡，山河为脉、保护生态"的空间发展总体战略和《宁夏回族自治区空间规划（多规合一）试点方案》，为中国"十三五"新时期空间规划之首例。

2016年初，按照中央全面深化改革领导小组的战略部署，京津冀协同发展国家战略已开始启动，并进行了空间规划体系的顶层设计。其关键之一是拓宽空间性公共产品的有效供给。加快与"一带一路"愿景与构想、环渤海合作规划、国家主体功能区规划等经济地理空间结构的有效衔接，提升京津冀协同的区域辐射和带动作用，建立与全国、全球互动的世界级城市群体系，从而实现开放型京津冀空间战略新格局。

地理空间规划的重要组成部分之一是城市规划。城市是人口和经济活动集聚的产物，而过度集聚也往往导致空间拥挤。尤其是特大城市，往往在获得规模效益的同时也患上过度拥挤和臃肿的"大城市病"。人口众多的中国大城市，尤其是特大城市空间拥挤问题凸显，空间性公共产品短缺。中国的城镇化过程尚未完成，工业化进程仍处于中期，产生区域发展不平衡、不协调以及生态环境严重破坏等突出问题，表明在中国经济发展现阶段，空间规划尤为重要，其任务极为繁重。现实挑战对空间规划的统筹性和协调性提出了新的更高要求。事实一再证明，科学合理的空间规划就是最大的效益保障，利在世代长远。充分发挥空间规划作用不仅具有现实重要性，更具有长远意义。

中国的经济地理特征形成了东、中、西部和东北地区的区域空间格局，以及各区域的大小城市群。国家"十三五"规划再次提出了加快构建以陆桥通道、沿长江通道为横轴，以沿海、京哈京广、包昆通道为纵轴的"两横三纵"国家区域发展战略，以及城市化格局战略。同时，以"环渤海"、"长三角"、"珠三角"为代表的太平洋西岸世界级城市带也已显现。下一阶段，中国经济发展的空间顶层规划，应进一步积极谋划非拥挤性空间战略，引导形成中国经济社会发展远期的空间演化走势，特别是要创造不断释放市场创造力和增强要素可流动性的空间条件，优化产业空间结构、协同空间组织行为、完善空间秩序，以创新思维构建中国经济发展的战略空间新格局。

2016 年 12 月 8 日

（金培，中国社会科学院学部委员，中国区域经济学会会长）

绪论

中国空间组织的力量亟待唤醒，包括建立空间规划体系、提供能应对经济下行压力的拥挤性空间发展公共产品、优化空间结构、优化要素配置和空间集聚、充分发挥空间规划在应对经济下行压力中的重大作用和独特价值。而突出问题导向，是当前有效提供拥挤性空间发展公共产品的主要路径和组织对策。

中国预期是个系统问题，必须用空间发展战略来支撑。从供给侧结构性改革出发，非拥挤性空间发展公共产品在整个政府主导的规划编制中既是短板也是缺位。而非拥挤性空间发展公共产品是整个规划体系的顶层战略，并对区域总体规划和中长期发展预期具有重要的塑造意义。

中国亟待提供非拥挤性空间发展公共产品，塑造要素有序自由流动、主体功能约束有效、基本公共服务均等、资源环境可承载的区域协调发展新格局。而科学超前的规划，可以引导经济社会发展释放出持续长久的综合效益。

中国"十三五"时期，建立空间规划体系的战略任务应该是补位创新，重点构建非拥挤性空间发展公共产品，以前所未有的中国空间思维和空间力量置换全球性来自"时间"的挑战，塑造中国中长期空间发展战略预期，充分释放市场创造力和要素流动性，优化空间结构、协同空间组织、推动空间集聚、建立空间秩序、创新中国大疆域大纵深和沿海沿江沿线纵横捭阖空间发展新格局。

1

京津冀协同发展空间规划应关注的问题及建议
——中国社会科学院《要报》2016—183 期

崔民选　阎　志

推动京津冀协同发展亟待建立空间规划体系，关键是拓宽空间发展公共产品的有效供给，以应对多重而复杂的严峻挑战，加快与"一带一路"愿景与行动、环渤海合作规划、国家主体功能区规划等经济地理空间结构的有效衔接，提升京津冀协同区域的辐射和带动作用，建立与全国、全球互动的世界级城市群体系，从而实现开放型京津冀空间战略新格局。

一、京津冀协同发展空间规划应关注的问题

1. 构建大空间规划体系，推动全要素有效配置

空间规划是引导调控经济社会发展的"牛鼻子"，在全要素配置中居首位，具有基础性、方向性、统筹性作用和意义，是"多规合一"的关键抓手。仅有《京津冀协同发展规划纲要》或其他专项发展规划还不能从根本上回

答和解决京津冀协同发展所面临的诸多问题，包括：疏解非首都功能、PM2.5、河北结构问题等，特别是远期可持续发展战略问题：渤海再生问题、京津冀淡水问题、内蒙古沙漠化问题、中国向北开放问题、世界级城市群问题等。《京津冀协同发展规划纲要》提出的"一核、双城、三轴、四片、多节点"空间布局，仅仅是一个京津冀内部空间组织方案，和"一带一路"、环渤海、国家主体功能区等经济地理空间明显缺少战略互动和有效响应，而京津冀协同发展的可持续问题又严重依赖于外部性空间的支撑，无法独善其身。同时，京津冀协同发展本身就应该具有辐射和带动更大区域的功能和作用，京津冀内部空间和外部性大空间是相辅相成无法割裂的一盘大棋局。应该遵循"五大发展理念"，以空间的视野和空间的力量重新认识发展战略及要素配置路径，建立空间规划体系，推进规划体制改革，此举对京津冀协同发展意义重大。

2. 加强供给侧结构性改革，拓宽拥挤性空间发展公共产品

当一个城市地铁空间发展规划出台后，便立刻会引来要素拥挤性介入，城市开发也因此产生空间布局变化，城市集聚效应明显。中国拥挤性空间发展公共产品短缺，是可实施 PPP 项目短缺或市场可参入，政府可退出，好项目短缺的根本原因。从当前供给侧结构性改革看，全社会投融资、要素流动及聚集收益递减与拥挤性空间发展公共产品短缺也息息相关。中国正处在城镇化发展重要阶段，工业化转移布局关键时期，区域发展不平衡、不协调问题集中，生态环境承载力面临严峻挑战等等，中国发展的阶段性特征决定了中国空间发展规划任务繁重，空间发展公共产品潜力巨大。面对经济发展新常态及稳增长、调结构、转方式、促改革，全面推动发展转型升级，对空间规划的统筹性和协调性提出新的更高要求，使得现行规划与发展不相适应的深层次矛盾和问题进一步凸显。而事实证明科学规划就是最大的效益。中国空间组织的力量亟待唤醒，包括建立空间规划体系、提供能应对经济下行压力的拥挤性空间发展公共产品、优化空间结构、优化要素配置和空间集聚，充分发挥空间规划在应对经济下行压力中的重大作用和独特价值。

京津冀协同发展，一方面要"疏解非首都功能"，另一方面应该拓宽拥挤性空间发展公共产品。如在保定布局京津冀全球性陆港，利用天竺空港和天津自贸区等制度优势，转移京津冀物流贸易要素，构建仓储物流、保税加工、转口贸易、金融会展、电子商务、服务贸易、全球人工呼叫、总部基地及产城融合新的全要素集聚高地和战略增长极。并以保定为中心优化京津冀空间结构和空间功能。

3. 塑造中国发展新预期，提供非拥挤性空间发展公共产品

中国预期是个系统问题，必须用空间发展战略来支撑。全球买中国，就是购买中国预期。非拥挤性空间发展公共产品在整个政府主导的规划编制中既是短板也是缺位。而非拥挤性空间发展公共产品是整个空间规划体系的顶层战略，并对区域总体规划和远期发展预期具有重要的统领和塑造意义。中国已经根据经济地理特征形成了东、中、西部和东北地区区域空间格局，"十三五"规划再次提出了加快构建以陆桥通道、沿长江通道为横轴，以沿海、京哈京广、包昆通道为纵轴的"两横三纵"国家层面一级功能轴，城市化战略大格局。同时，以"环渤海"、"长三角"、"珠三角"为代表的太平洋西岸世界级城市带也已显现。下一步急需提供非拥挤性空间发展公共产品，塑造要素有序自由流动、主体功能约束有效、基本公共服务均等、资源环境可承载的区域协调发展新格局。

京津冀协同发展空间规划，应积极谋划非拥挤性空间战略，以前所未有的中国空间思维和空间力量应对来自全球的复杂挑战，塑造中国远期空间发展战略预期，充分释放市场创造力和要素流动性，优化空间结构、协同空间组织、推动空间集聚、建立空间秩序、创新中国大疆域大纵深和沿海沿江沿线纵横捭阖空间发展新格局。

基于构建京津冀协同发展空间总体战略、中长期空间发展总目标及"十三五"空间组织的主要任务、路径与对策，打造拥挤性和非拥挤性空间发展公共产品"双引擎"是其关键抉择。

二、京津冀协同发展空间规划新思路与政策建议

京津冀协同发展是一个重大国家战略，核心是有序疏解北京非首都功能，要在京津冀交通一体化、生态环境

保护、产业升级转移等重点领域率先取得突破。为实现上述目标，京津冀协同发展空间规划体系主要有"三大抓手"。

1. 从经略全局着手，构建大循环空间战略新格局

"不谋万世者，不足谋一时；不谋全局者，不足谋一域。"京津冀协同发展空间规划必须从全局战略着手，应包括时间和空间两个方面，既要谋划时间之长远也要谋划空间之全局。其一，谋划长远就是既要谋划"有序疏解北京非首都功能，要在京津冀交通一体化、生态环境保护、产业升级转移等重点领域率先取得突破"，又要谋划"建设以首都为核心的世界级城市群，辐射带动环渤海地区和北方腹地发展"的未来战略。其二，谋划全局就是要"走出京津冀，发展京津冀"。"京津冀协同发展"要同"一带一路"、"长江经济带"及"国家主体功能区"战略、"环渤海合作发展"战略在顶层空间结构组织上统筹协调。通过更大的外部性或外部空间，才能从根本上实现"京津冀协同发展"空间结构优化、要素配置优化和构建大循环空间新格局。通过新的空间规划编制，推动京津冀从内部的"一核双城三轴四区多节点"空间布局，向沿北京—天津—内蒙古及沿海、京哈京广构建"一横两纵"一级功能轴带跨越和提升。

构建京津冀协同发展开放型空间规划体系的方向是，参入"一带一路"、"环渤海"、"国家主体功能区"等叠加空间战略创新，既是"京津冀协同发展"自身空间规划的必由之路，也是融入中国全域空间发展战略规划的迫切需要。空间规划的编制，必须强化战略思维，站在全局长远发展高度，在国家整体战略中对区域发展方向目标、空间布局、功能定位、产业结构、设施配套、生态环境等重大问题进行顶层设计，确定空间发展框架，确保空间规划的战略特性和空间回旋优势。

2. 从约束条件着手，以"空间"置换来自"时间"的挑战

只有抓住主要矛盾和矛盾的主要方面，才能找到解决问题的突破口。充分认识京津冀协同发展的约束条件是京津冀协同发展空间规划编制的关键。其中包括近期率先突破的"疏解北京非首都功能、交通一体化、生态环境保护、产业升级转移"等，远期还将包括：淡水短缺、渤海生态恶化、内蒙古高原荒漠化"三大约束条件"。而空间发展战略规划编制是解决上述约束条件的根本路径和核心对策。即空间发展规划编制必对京津冀协同发展面临的"三大约束条件"等关键问题做出战略响应，在顶层给出综合解决方案。

其一，构建京津冀向北开放空间组织新战略。即（渤海）天津—北京—集宁—二连浩特—乌兰巴托—乌兰乌德—伊尔库茨克（贝加尔湖）中蒙俄经济走廊核心轴。同时对中蒙俄三方诉求作出战略响应，共同建设"渤海—贝加尔湖中蒙俄淡水走廊"，实施中蒙俄北水南调基础设施互联互通重大战略，可以从根本上解决蒙古国95%和内蒙古自治区35%的荒漠化问题，从而全面提升蒙古国和内蒙古自治区发展能力、发展速度；可以彻底缓解京津冀及华北广大地区严重缺水问题，造福中蒙俄三国人民。

其二，构建环渤海岸线混合功能廊带空间组织战略。推动环渤海合作发展，全面遏制渤海生态环境恶化，实施空间控制性工程，严禁面源排放，实施最严格的重点排放法律法规治理工程。如果说"淡水战略"是京津冀协同发展的"空间最高战略"的话，那么"不要让渤海变成死海"就是京津冀协同发展的"空间底线战略"。京津冀协同发展空间规划面临新一轮复杂而严峻的挑战，同时也迎来了中国结构调整战略转型的发展机遇期。京津冀协同发展空间规划应以"三大约束条件"为战略抓手，推动和编制空间总体战略、中长期空间发展总目标及"十三五"空间组织的主要任务、路径与对策，打造拥挤性和非拥挤性空间发展公共产品"双引擎"，为中国"新常态"提供"空间"置换"时间"新路径。

3. 从"路径依赖"和"历史事件"着手，构建空间发展公共产品"双驱动"

中国已经开始进入全面提供空间发展公共产品新时期。以供给侧结构性改革为主线，坚持"路径依赖和历史事件双重驱动"，为市场和要素塑造战略预期和配置平台，充分盘活空间资源，释放空间力量，构建充分延展性可

回旋空间，用经济地理和"再生"的眼光去提升空间规划的战略高度，确保规划的科学性、前瞻性与先导性。从经济地理考察，区域和城市的空间集聚和发展主要来自"路径依赖"和"历史事件"的双重驱动。这也是"京津冀协同发展"空间规划编制的核心技术路径。

其一，"路径依赖"是指空间聚集收益递增的外在表现形式，是各种产业和经济活动在空间集中后所产生的经济效应以及吸引经济活动向一定区域靠近的向心力。京津冀是中国东北、华北及环渤海广大地区的交通咽喉，中国经济地理北京—天津—内蒙古及沿海、京哈京广等"一横两纵"轴带的战略枢纽，区位优势突出，空间集聚具有明显的"路径依赖"优势。这也是京津冀城市群形成的主要原因。京津冀协同发展空间规划编制必须沿着空间集聚的"路径依赖"构建空间结构，组织空间规划，确立空间战略。

其二，"历史事件"是指要素集聚在时间节点上的隆起效应，即"事件经济"。北京作为京津冀城市群的核心，具有3000年建城历史，是闻名天下的六朝古都，历史事件在漫长的时间中雕刻了这座城市，并使其成为今天的北京。京津冀空间规划编制迎来了"历史事件"或"事件经济"制度安排新阶段，"一带一路"、"京津冀协同发展"、"环渤海合作"等叠加战略为京津冀空间发展塑造了集聚新动力。京津冀空间发展规划编制，必须按照国家战略部署组织推进。

其三，外部性和开放性。全球化背景下的经济增长需要实行高度的对外开放，不仅需要商品领域的自由贸易，而且需要各国在投资和服务贸易领域表现出更大的灵活性和自由度。在当今的新经济背景下，知识信息的可共享性、外溢性和扩散性，使得以知识为基础的经济领域边际收入递增取代了边际收入递减，报酬递增和不完全竞争变得更加复杂和现实。京津冀协同发展空间规划的编制也应充分考虑外部性和开放性的战略意义，而空间的开放性或外部性是空间力量的根本所在。

三、基本结论

中国正迎来空间发展新时期，而京津冀协同发展空间规划备受全球瞩目，意义十分重大。其核心理念是"创新、协调、绿色、开放、共享"；其核心路径是"走出京津冀，发展京津冀"，向着全域空间和全球空间进行战略融合，构建既兼顾中长期需求又能赢得长远未来的空间经略大棋局。

2
京津冀协同发展空间规划的对策与路径
——在国家京津冀协同发展领导小组办公室空间规划专题会议上的讲解提纲
（时间地点：2016-02-25 国家发展和改革委员会地区经济司）

一、近现代中国空间的开放

从1840年鸦片战争后，近代中国开始遭遇全球化不完全市场贸易及从东部沿海渐次实施空间开放的重大历史变革。从此，在近两个世纪里，贸易投资和空间开放在这个古老的国家愈演愈烈，至改革开放30年开始进入了全球一体化新高度。中国东部沿海也一直成为中国空间开放的最前沿。

二、"一带一路"使中国空间战略进入全球经济地理大格局

当全球时间进入 2013 年，习近平主席提出了"一带一路"全球经济地理空间新构想。

当今世界正发生复杂深刻的变化，国际金融危机深层次影响继续显现，世界经济缓慢复苏、发展分化，国际投资贸易格局和多边投资贸易规则酝酿深刻调整，各国面临的发展问题依然严峻。"一带一路"顺应世界多极化、经济全球化、文化多样化、社会信息化的潮流，秉持开放的区域合作精神，致力于维护全球自由贸易体系和开放型世界经济。"一带一路"旨在促进经济要素有序自由流动、资源高效配置和市场深度融合，推动沿线各国实现经济政策协调，开展更大范围、更高水平、更深层次的区域合作，共同打造开放、包容、均衡、普惠的区域经济合作架构。

"一带一路"致力于亚欧非传统大陆及其附近海洋的互联互通，构建全方位、多层次、复合型网络，实现沿线各国多元、自主、平衡、可持续的发展。"一带一路"的根本意义是对全球性空间集聚方向和空间结构的重构和优化。其主要表征是传统欧亚腹地空间区位及资源要素重新崛起，使后金融危机时代焦虑而沉闷的欧亚非大陆刮起了一股强劲的互联互通春风。

三、"一带一路"对中国空间战略的塑造

"一带一路"对中国空间重构意义更加重大，使西部、北部、东北部等欠发达地区，一时间成为开放的前沿。门户、节点、枢纽及中欧班列成为新一轮许多地区竞相追逐的目标，中国腹地的全球性互联互通战略也随之不断显现。可以预期，中国将进入一个区域不断协调、空间不断优化、腹地全面开放的新阶段。

四、京津冀协同发展空间规划进入倒计时

中国在全球布局"一带一路"空间战略的同时，正在紧锣密鼓地提出构建"空间规划体系"的战略新构想，以空间规划为主导的"多规合一"空间发展公共产品时代正在开启。其中，宁夏率先进行了示范，并取得了以空间统筹其他规划的初步经验。京津冀协同发展已经完成了总体层面的规划纲要和空间布局。京津冀协同发展空间规划已经进入倒计时。其主要任务包括：京津冀协同发展空间规划大背景及其组织研究，京津冀协同发展空间重构的机遇及挑战，京津冀协同发展空间总体战略（空间定位、空间结构、空间组织、空间集聚、空间秩序），京津冀协同发展空间战略（中长期）总目标，"十三五"期间京津冀协同发展空间组织主要任务、路径和对策等等。专项部分还将包括：分区和节点、轴线、廊带空间系统，生态环境空间系统，移动物流空间系统，城市群空间系统，产业空间系统等等。所谓"多规合一"就是以空间规划为载体的总体规划，是土地、产业、城市、环境、资源、要素层面的战略整合。

五、京津冀协同发展空间规划的背景

京津冀协同发展空间规划的背景非常复杂，具有多元叠加性和架构开放性特征，包括：《中华人民共和国国民经济和社会发展第十三个五年规划纲要》、《推动共建丝绸之路经济带和21世纪海上丝绸之路愿景与行动》、《国家主体功能区规划》、《环渤海地区合作发展纲要》、《中蒙俄经济走廊》、《京津冀协同发展规划纲要》及太平洋西岸世界级城市群发展战略等参照系。要求京津冀协同发展空间规划必须充分考虑更宏大的规划背景，更复杂的空间结构，更开放的空间价值，更长远的预期战略。也只有放在中国全局或全球战略空间上进行经略，才能应对来自全球的挑战，才具有全球格局，才能构建顶层空间发展战略。

六、京津冀协同发展空间规划的主导路径

京津冀协同发展空间规划的主导路径是走出区域经济和城市群两大传统疆界，从自然地理、历史地理、经济地理和国家空间发展全域化、全球经济一体化、"一带一路"互联互通化两个方面系统进行统筹。以资源及要素的

"路径依赖"和空间及方向的"历史事件"为技术路径。主导理念是"走出京津冀，发展京津冀"，切不可重走计划经济的老路。空间战略是公共产品，是充分市场化和充分政府政策化双向博弈的结果。必须有充分的法定咨询程序和审批管理程序作为保证。

七、京津冀协同发展空间规划的核心对策

以问题为导向，是京津冀协同发展空间规划的核心对策。《京津冀协同发展规划纲要》已经就疏解非首都功能、PM2.5、河北结构问题等等出台了相应的发展对策。新一轮空间规划要在经略空间全局和中长期、远期空间战略的高度，提出更为重大、更为根本的问题导向作为核心对策，包括：华北淡水短缺、蒙古高原沙漠化、渤海再生及京津冀空间秩序顶层架构等问题。空间在所有要素中居于首位，是一切资源配置的核心，必须由空间规划进行"多规合一"的统筹，才能抓住规划的主要矛盾和矛盾的主要方面。

中国正处在一个全方位空间变革的历史关键时期。中国在全力以赴"强大海权"、"拓展空权"的同时，在以"一带一路"、京津冀协同发展、长江经济带等战略的推动下，正在实施一场宏大的"重振陆权"革命。这标志着中国空间发展进入顶层战略自觉新时期！

3

后金融危机时代，全球性空间置换时间的中国解决方案
——2016"一带一路"空间发展报告（提纲）

作为后金融危机时代稀缺的全球化公共产品及跨区域多边合作平台，"一带一路"为全球性经济危机结构调整注入了新的动力和未来预期。

习近平主席 2013 年 9 月在访问哈萨克斯坦时首次提出"丝绸之路经济带"、10 月在 APEC 领导人非正式会议期间提出"21 世纪海上丝绸之路"构想，至 2015 年 3 月在博鳌亚洲论坛正式宣布《推动共建丝绸之路经济带和 21 世纪海上丝绸之路的愿景与行动》，"一带一路"向全球揭开了其宏大愿景和路线图。

根据有关统计，从 2013 年 9 月到 2015 年 2 月，国际媒体中有关"一带一路"的英文报道共 2500 多篇。截至 2015 年 7 月底，中国的英文主流媒体发表"一带一路"报道将近 10000 篇。"一带一路"得到了沿线 64 个国家的广泛响应和全球的高度关注。

国内外智库、学术界对于"一带一路"的研究，主要包括：经济地理空间结构、要素集聚路径依赖、外部性实施方案和落地对策、地缘政治复杂条件及挑战等领域。

一、经济地理空间结构及其组织路径研究

经济地理空间结构是整个研究的基础性内容，是把握和认识"一带一路"的关键。以"六廊六路"为主导的空间结构："六廊"即新亚欧大陆桥、中蒙俄、中国—中亚—西亚、中国—中南半岛，以及中巴、孟中印缅经济走廊；"六路"的重点方向则分别为从中国沿海港口过南中国海到印度洋，延伸至欧洲；从中国沿海港口过南中国海

到南太平洋。其新内涵还包括传统地缘政治向经济地理、多边主义向区域主义的超越，是一个全球性"空间"置换"时间"赢得共同机遇和发展的中国方案。作为后金融危机时代稀缺的全球化公共产品及跨区域多边合作平台，"一带一路"为全球性经济危机结构调整注入了新的动力和未来预期。

二、要素集聚过程中内在机理研究

要素集聚路径依赖研究从传统的陆海丝绸之路入手，寻找历史和文化认同，进而关注同各沿线国家自身发展路径的对接，寻找区位集聚中的"路径依赖"及其空间集聚和区域增长集聚新动力。由于不平衡发展是经济全球化可预见的后果，而国家间的经济差异则表现最为显著，产业结构和人均收入的不平衡发展乃是经济发展的常态。由此引发新的投资、贸易、要素流动。空间集聚是收益递增的外在表现形式，是各种产业和经济活动在空间集中后所产生的经济效应以及吸引经济活动向一定区域靠近的向心力。同时，区域和城市的发展可以定性为"路径依赖"和"历史事件"。这方面研究是全面认识"一带一路"空间集聚及内在机理的关键。

三、外部性实施方案和落地对策研究

全球化背景下的经济增长需要实行高度的对外开放，不仅需要商品领域的自由贸易，而且需要各国在投资和服务贸易领域表现出更大的灵活性和自由度。在当今的新经济背景下，知识信息的可共享性、外溢性和扩散性，使得以知识为基础的经济领域边际收入递增取代了边际收入递减，报酬递增和不完全竞争变得更加复杂和现实。而报酬递增和不完全竞争对决定贸易、集聚和专业化比完全竞争和报酬稳定更加重要。中国以"互联互通"、"产能合作"为主线的外部介入方案和实施对策应运而生，恰逢其时。一方面契合了"一带一路"沿线国家发展现状和发展诉求，同时又全面推动了中国结构调整和产能走出去、产能合作，契合了中国正处在一个从资本净输入大国向资本输出大国转型的发展过程。

四、地缘政治复杂条件及严峻挑战

"一带一路"实施以来，中国已经进入全球经济结构治理的舞台中心，中国方案和中国智慧影响全球治理体系改革和世界走向。"一带一路"面临的挑战主要的并不是来自某些国家或地区经济下行压力，而更多的是来自以传统地缘政治为核心的复杂危机和风险。有些国家把"一带一路"看作是中国借助经济合作拓展地缘政治影响力的努力。美国认为，"一带一路"可能削弱美国、俄罗斯及其他地区大国在相应地区的影响力，通过振兴欧亚地缘板块，在政治、经济等诸多方面打造"去美国化"的地区及全球秩序。另外还包括宗教、文化、政治等带来的地区冲突。而"一带一路"腹地是全球性最为动乱的地方，不确定性、不可持续性难以评估。作为中长期发展战略，在项目运行过程中还存在着来自法律、商务等由于大规模资本、文化、环境、空间的外部介入所带来的操作风险。

4

陆权革命，中国空间生产新战略
——2016东北振兴，中国规划师50人论坛主旨发言提纲

通过经济空间、城市空间、生产性空间的全面生产和重构，中国在全球化大循环结构中，不断强大海权、拓展空权、重振陆权，极大地推动了空间的生产和空间力量。

中国近现代经济地理空间经略完成于清朝的康乾盛世。

清乾隆二十四年（1759年），清朝最终奠定了中华民族在世界东方宏大的国家空间疆域一统之华夏与亚洲新格局。形成了一个北起萨彦岭、额尔古纳河、外兴安岭，南至南海诸岛；西起巴尔喀什湖、帕米尔高原，东至库页岛，其国土面积达1360多万平方公里的、多民族的、统一的、屹立于世界东方之伟大强国。中华民族完成了从自然地理、历史地理向经济地理整合跨越，实现了伟大的陆权崛起。中国的空间生产方式也随之进入崭新的经济地理新格局。

从1840年代以后，在近100年的岁月里，中国的地理空间被以日本军国主义为代表的列强瓜分殆尽，空间结构被严重异化。中国陆权、海权、空权全面丧失。中国沦为半封建半殖民地国家。

改革开放前，中国的经济地理空间长期游离在全球经济地理空间结构之外，空间结构断裂，空间功能沉淀，严重地背离贸易和资本等要素的流动配置需求，中国空间力量和空间优势被压制，中国陆权在全球化进程中再次失落。

改革开放30年来，中国通过持续的空间开放，大规模生产经济空间和产业空间。实施以经济特区、沿海城市开放、出口加工区、经济技术开发区、高新区、综合保税区、新区、综合配套改革试验区、自由贸易区等，推动中国城市空间生产方式重大变革，产业空间生产进入高速集聚新时期。中国进入全球性空间重构和秩序重建。随之而来，中国开始进行经济地理层面的空间生产和陆权重振。区域空间布局成为这一阶段的主要标志。东部沿海地区率先开放、西部大开发、东北振兴、中部崛起、国家主体功能区等，充分提升了中国空间生产能力和空间力量。中国环渤海、长三角、珠三角等城市群初步形成。中国空间战略方向开始重塑，进入区域化与全球化发展新阶段。中国虽然抵御了全球性金融危机，但这一时期，中国的空间集聚，特别是城市空间生产、开发区生产空间的生产都暴露出结构粗放，野蛮增长等问题。中国经济不经济问题突出。

十八大以来，习近平总书记提出"一带一路"互联互通、合作共赢全球性经济地理空间发展新战略，为后金融危机时代低迷而沉闷的亚欧非大陆吹进了一股强劲的春风，亚欧传统大陆腹地开始了百年不遇的新崛起，其空间生产进入了中国方案新时期。中国空间的外部性开始历史最具开放性新阶段。通过经济空间、城市空间、生产性空间的全面生产和重构，中国在全球化大循环结构中，不断强大海权、拓展空权、重振陆权，极大地推动了空间的生产和空间力量。《推动共建丝绸之路经济带和21世纪海上丝绸之路愿景与行动》所展现出来的"六廊六路"空间战略，正在成为以中国为主导的亚欧传统大陆空间复兴的宏伟蓝图。

这一时期空间生产的主要特征是空间集聚和空间压缩在加速，整个社会随之在发生重构和裂变。空间作为公共产品的意义充分显现，空间规划的再现意图备受关注，空间生产的公平正义引发立法和秩序重建。中国的空间生产实践证明，生产和生产行为的空间集聚和空间化压缩过程，正是社会空间成为社会产品的生产过程。同时，空间的社会属性，空间的社会肌理也在被改写。我们所生产的空间是一个不断面临时空压缩，充满忧患的空间。

自然的空间正在消失，"空间中的事物"正在转移成为"空间的生产"（列斐伏尔，1991），而任何生产方式的变革，首先是新的空间方式的生产。中国已经进入新常态，中国结构调整和以供给侧结构性改革为主线的空间

生产，正在进入"一带一路"、京津冀协同发展、长江经济带新时期，中国的全球性经济地理空间生产新战略，其本质是自1759年以来，中国最为深刻的陆权革命。这一轮中国空间的生产，是中国空间进入世界舞台中心的历史性战略，它将决定和预期中国空间生产和空间组织的未来。

东北振兴已经进入历史新时期，东北空间发展也面临严峻挑战。东北区域空间，特别是岸线空间长期衰落，腹地空间乏力，空间制度内涵长期沉淀。以"一带一路"为最高战略的开放空间的生产，将主导新一轮东北振兴区域层面的空间生产和空间压缩。这其中，中蒙俄经济走廊将成为整个开放空间生产的关键。因为空间位居全要素配置之首。一是创新空间格局，二是创新空间制度。由东至北的东北岸线战略节点，包括锦州、营口、大连、丹东、图们江、绥芬河、满洲里、二连浩特等，均为传统开放空间。而全新的空间也在历史空间生产之中孕育产生。这其中的代表就是以巴新铁路与巴珠铁路为基础架构的，从盘锦—阜新—巴彦乌拉—珠恩嘎达布其—霍特—乔巴山—博尔贾，进入欧亚大陆桥的全新的中蒙俄经济走廊物流大通道。它是辽宁乃至整个东北新一轮空间开放的制高点，对"一带一路"和东北振兴意义重大。

目录

第一篇　区域规划

第二篇　城市规划

第三篇 旅游规划

第四篇　建筑设计

第五篇 课题研究

第一篇
区域规划

　　中国的空间生产实践证明，生产和生产行为的空间集聚和空间化压缩过程，正是社会空间成为社会产品的生产过程。同时，空间的社会属性，空间的社会肌理也在被改写。我们所生产的空间是一个不断面临时空压缩，充满忧患的空间。空间作为公共产品的意义充分显现，空间规划的再现意图备受关注，空间生产的公平正义引发立法和秩序重建。

辽宁中部城市群"十一五"时期沈阳产业布局及空间结构调整战略规划（2008）

从经济全球化，区域一体化及国家战略的高度，对沈阳产业布局及空间结构调整进行再研究，特别是对其第一战略空间"沈西工业走廊"提出战略重构，并制定了相应的空间对策与发展路径，使沈阳"十一五"时期新一轮战略空间布局重点更为突出，即城市空间结构向廊带优化、向特色提升、向战略转变。

《中国城市"十一五"核心问题研究报告》指出：未来的五到十年，是中国城市由初级化向高级化转变，由一般性向特殊性转变，由战术性向战略性转型的关键时期，必须从中长期战略的高度，确立城市核心战略思想和整体战略布局，以拓展城市功能、完善城市形态和提升城市竞争力为重点，全面构筑和打造城市价值链体系。

1. 中国区域经济产业结构调整背景观察

1.1 长三角区域经济发展面临战略优化（略）

1.2 珠三角区域经济增长方式面临战略调整（略）

1.3 京津冀区域经济发展战略面临布局重构（略）

1.4 辽宁中部城市群发展战略面临关键机遇期（略）

区位空间结构分析图

交通网络结构分析图

2. 中国区域经济国家战略崛起（略）

3. 沈西工业走廊呼唤国家战略

面对经济全球化、中国区域经济战略转型和东北振兴、南资北上等发展战略机遇期，沈阳为自己制定了"十一五"规划的战略目标是：实现沈阳老工业基地全面振兴、加速建设东北地区中心城市、经济总量力争进入全国副省级城市第一集团。

围绕建设东北地区中心城市，沈阳通过整合空间资源，优化产业布局，规划了东西南北各具特色的四大空间发展格局，即沈西工业走廊、大浑南地区、沈北地区、东部旅游度假区。其中尤以沈西工业走廊引人注目，意义特别重大：东起铁西"三环"，西至辽中县城，南起浑河，北至秦沈高速铁路，规划范围850平方公里。在此基础上，把沈西工业走廊向新民和辽阳、鞍山、营口延伸，最终将其建设成为辽宁重要的工业走廊和全国重要的新型工业基地。

2006年3月7日，在全国两会辽宁代表团新闻发布会上，时任辽宁省委常委、沈阳市委书记陈政高提出，建设东北经济区必须有一个"发动机"，沈西工业走廊是沈阳未来发展的"发动机"，也将是整个东北地区的"发动机"，希望能够像天津滨海新区那样列入国家"十一五"规划。

3.1 沈西工业走廊评价

①为沈阳存量经济结构调整和增量经济快速发展提供了空间和布局上的支撑，是沈阳及辽宁中部城市群第一个具有鲜明轴向发展概念的产业链和产业集群空间形态，是东北城市空间和产业布局历史性突破。

②为辽宁中部城市群乃至东北经济区第一个跨行政区划，进行经济地理战略整合的，产业特征、园区特征突出的巨型项目平台，为沈阳及辽宁中部城市群进行产业结构调整，空间结构重构提供了战略目标。

③为以沈阳为核心的辽宁中部城市群，面向环渤海经济圈，面向东北亚，参与世界产业结构调整与分工，构建了全新的空间格局、组织路径、体制机制和开放视野。

3.2 沈西工业走廊结构性缺失

①在整体布局，产业空间组织和发展路径规划上，没有坚决地同辽宁中部城市群如辽阳、鞍山、营口等直接对接，而是隔河相望（浑河、太子河等），偏西绕行，所以产业空间规模较小，区域影响力不足，进而影响辽宁中部城市群产业链和产业集群战略聚集，经济地理形态有待再认识。

②在整合基础设施，特别是生产性基础设施和生产性现代服务产业平台方面，没有坚决地突出产业结构调整主线地位，特别是以装备制造业为核心战略和增长极，没有在实践中得到充分强化。东北地区最大的铁路货运枢纽苏家屯、东北地区最重要的国际空港桃仙机场、东北地区最核心的交通大动脉沈大高速、东北地区最具活力的科技创新平台浑南高新区等，都被拒之于近在咫尺的沈西工业走廊空间布局之外。因此，极大地影响了沈西工业走廊的战略地位和功能结构。沈西工业走廊功能单一，内涵不足，严重缺少生产性现代服务产业，如物流、交通、科研、服务等。

③在产业结构调整、空间结构重构等方面的背景和视野及其战略目标还有待进一步放大和提升，沈西工业走廊第一概念也是基本概念，就应该是辽宁中部城市群工业走廊，进而才能谋求国家战略、东北经济圈及东北亚区域战略地位，否则就难以抓住战略发展机遇期，实现"十一五"期间沈阳提出的三大战略任务。

总之，沈西工业走廊规模和总量在区域经济中份额较小，在时间与空间上与辽宁中部城市群联系都不够紧密，还不足以影响和牵动区域经济；其产业内涵和结构还有待创新和提升，产业链和产业集群还有待进一步构建；产业平台还不足以在承接全球经济转移和东北振兴中起到集聚和辐射作用等等。

3.3 沈西工业走廊调整思路

①发展战略提升

从辽宁中部城市群出发，以国际国内大视野整合发展空间，做强做大主导产业，重新确立沈西工业走廊的核心优势和战略地位，突破行政区划、所有制性质和产业边界、资源边界、市场边界，战略整合经济地理资源、空间结构资源、基础设施资源、存量经济资源、管理服务资源等等，从规模、总量、布局、区位、路径、结构、方式、体制、机制、要素等方面进行突破创新，构建辽宁中部城市群国家战略。

②区域空间重构

沈阳作为东北经济圈中心城市，沈西工业走廊作为其产业布局第一战略，应在第一时间、第一空间充分关注东北区域经济地理纵轴，关注南北空间移动网络大结构对沈阳中心地位战略意义的塑造。沈阳的根本意义在于辽宁中部城市群及其产业分工，在于从经典城市走向区域城市，走向国家战略城市。而区域城市则是结束计划经济，改变经典城市结构的最高参照系，是在全球经济一体化及经济大循环基础上重构城市发展未来。

③体制机制创新

沈西工业走廊正面临着全球产业转移，南资北上的战略发展机遇期，招商引资是其必然选择，引进战略项目，参与全球产业分工是其当务之急。可是，随着产业升级，结构调整，增长方式的转变和资源节约型环境友好型社会的建设，体制机制创新则显得更为重要。沈西工业走廊要着眼于"创新型"、"内生式"增长和关注以综合配套改革试点为标志的国家战略的构建，沈西工业走廊可持续意义应该是超越项目个案的制度创新、体制机制创新、科技创新的产业平台和载体。

3.4 沈西工业走廊战略空间重构

城市发展动力主要来自产业推动力、空间支撑力、管理协调力。同时又因条件不同呈现出多种空间结构模式，其中关键是由城市经济地理要素、城市环境容量、城市资源禀赋和城市发展战略等因素所决定。城市空间结构的本质在于这种结构秩序的模式，同地理、生态、资源等物资层面上的复合统一，并具有对经济、文化、社会等战略层面的整合。

沈阳以南北交通，东西山水重构战略空间大平台，城市东进山水，工业南向发展，以双轴分进，节点整合，组团连绵，廊带发展为核心空间结构。以辽宁中部城市群工业走廊和东北亚地区山水文化名城为最高目标，分别构建工业走廊和山水名城双重比较优势，战略整合，创新观念，开创大格局、大战略的跨越式发展新局面，从更高层次参与区域国家战略和全球产业转移与分工。

①南北工业走廊 / 辽宁中部城市群国家战略

沈西工业走廊引入一轴双核空间结构，港口城市与腹地中心城市战略整合，构建辽宁中部城市群空间发展经济地理南北纵轴，塑造空间尺度更大、区域效应更强的陆港双核、两极互动空间结构，从而将区域中心城市的腹地性和岸线港口城市的门户性紧密结合起来，从布局结构上形成更高层次的区域开放，优势互补和可持续战略（如：德国鲁尔地区杜伊斯堡中心城市与鹿特丹门户港口，为欧洲最大的双核空间结构；京津冀的北京与天津；珠三角的广州与深圳等等，都是陆港双核空间结构，这是城市经济发展进入区域层面和城市群阶段的一种必然选择）。

沈西工业走廊的空间对策是直奔辽阳、鞍山同营口港对接，构建150公里长，集铁路、高速、轨道、港口、机场及产业大道、功能网络等于一体的混合交通移动网络系统（德国鲁尔地区是欧洲交通核心枢纽，水陆交通网络程度极高，仅大小港口就有74个），以双核空间结构为核心发展轴，战略整合四个城市，使辽宁中部城市群真正进入区域统筹发展。即沈西工业走廊依托沈阳铁西工业群，从张士国家经济技术开发区出发经于洪西进辽中的同时，应坚决整合具有战略意义的生产性基础设施，生产性现代服务产业及相关功能平台，如东北最大的铁路货运枢纽苏家屯、东北最重要的国际空港沈阳桃仙机场、东北最核心的功能发展轴沈大大动脉、东北最具活力的科技创新平台浑南高新区等等。在发展路径上从构建国家战略出发，坚决突出对区域战略具有决定性意义的南北轴线，带动辽中西线，快速越过浑河、太子河等，同辽阳、鞍山等工业隆起带直接对接，直奔营口岸线，联手辽宁中部城市群，特别是具有工业走廊平台和空间布局意义的辽阳、鞍山、营口一线，最终构建沈阳与营口一轴双核、两翼辐射、中间隆起、组团连绵、两极互动、廊带发展、开放式多中心空间结构，进而形成中心城市集聚辐射与港口门户开放牵动，战略优势互补，空间结构提升，辽宁中部城市群与辽宁沿海经济带战略新节点。

其战略意义是在恰当的时间和恰当的空间，一并抓住中央东北振兴与沿海开放双重机遇，落实辽宁省委以沿海牵动腹地、腹地支撑沿海新战略，从而形成区域经济地理层面和区域产业战略层面的整合，为全球产业转移、区域产业结构调整及产业集群集聚提供战略平台。作为辽宁中部城市群核心战略及重大项目，战略整合后的沈西工业走廊，从资源经济、空间结构、产业功能、规模总量、基础服务、运行管理、要素集聚、体制机制等方面更具国家战略，更具区域优势，更具抗风险能力。沈西工业走廊完全有实力成为继天津滨海新区之后第四个国家区域战略综合配套改革试验区。

②东西山水城市／东北亚地区山水文化名城

沈阳城市空间战略形态，有充分理由和条件从传统出发颠覆传统，即城市从古老的农耕平原沿浑河山水走廊东进棋盘山，城市战略资源及空间结构再整合，从宫殿辉煌的世界文化遗产至山水激荡的棋盘山，构建崭新的山水文脉城市发展绿带，实施显山露水与紫气东来战略。将沈阳山水文脉资源以城市的名义发挥到极致。城市彻底从传统的工业城市走向现代服务城市、科技创新城市、创意工业城市、人居休闲城市、山水文化魅力城市。进而从战略上支撑沈西工业走廊的可持续发展，最终形成具有创新价值观念的新型工业区域中心城市，走世界工业城市产业结构调整创新之路。

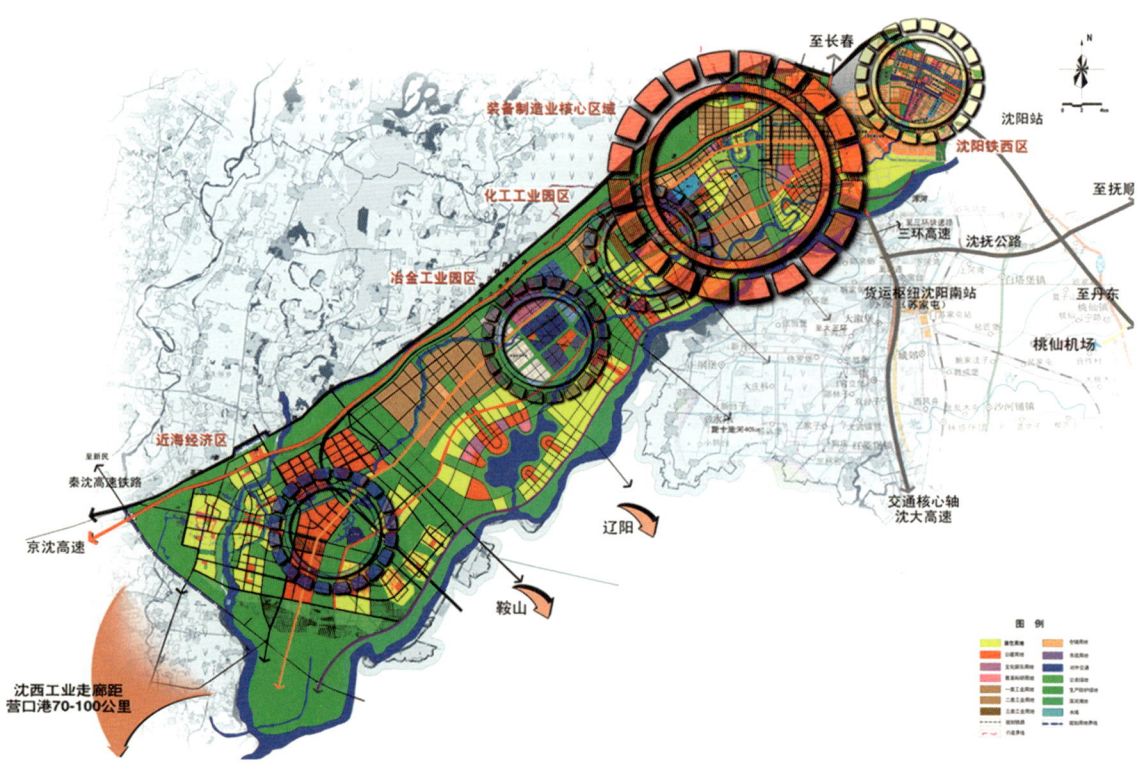

沈西工业走廊产业空间结构分析

总之，通过进一步整合优化城市产业布局和空间结构，推动产业结构调整和增长方式转变，使城市由单中心、摊大饼式结构向廊带优化，向特色提升，向战略转变。构建南北交通工业金廊和东西山水城市绿带，路径分离，轴向发展，节点整合空间布局新结构。从而走出传统的农耕文明与计划经济的城市功能与城市形态，更高层次上反映了沈阳自然资源山水脚印的空间特征和辽宁中部城市群存量经济、基础设施及南北交通经济地理纵轴的战略意义。无论从产出成本分析，还是城市价值体系创新都更具合理性和战略性。从而使沈阳"十一五"新一轮战略空间布局重点更为突出。

3.5 沈西工业走廊重构内涵

通过对沈阳第一战略空间沈西工业走廊的进一步重构，使城市战略空间结构及整体产业布局得到进一步整合，在强调其区域性和特殊性的同时，确立工业立市，以装备制造业为核心的战略思想，同时使城市功能形态及价值链体系得到新的战略提升。

①沈西工业走廊空间结构更具开放性，而区域城市则是由开放结构支撑的，开放性应该是沈西工业走廊空间结构第一内涵，并将直接影响城市与区域之间的整合和存量经济的放大。

②沈西工业走廊产业布局更具方向性，进一步突出南向辽阳、鞍山、营口等方向主导路径，并将以主轴带动辐射辽中次轴。

③沈西工业走廊空间结构更加优化，沈阳与营口一轴双核、两翼辐射、中间隆起、组团连绵、廊带结构、港腹双极、优势互补。城市空间结构更具特色，工业南北走廊，城市东进山水，双轴分进，各具优势，以主城为节点进行战略整合，更具未来意义。

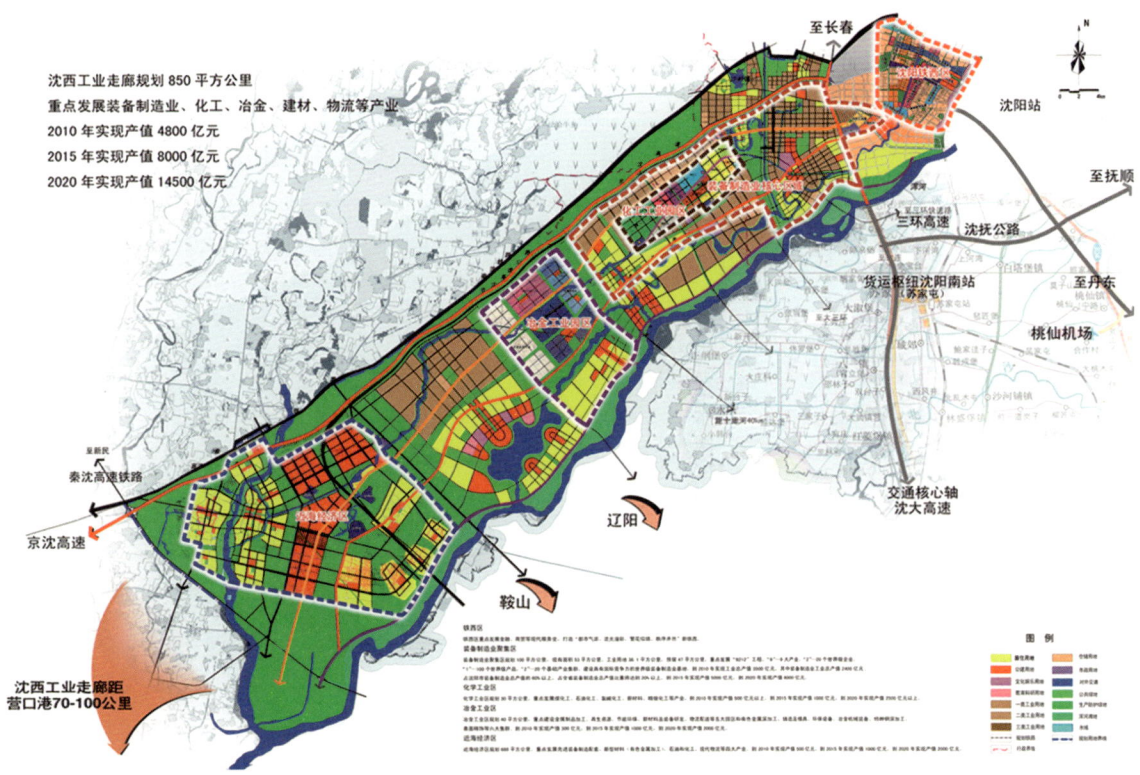

沈西工业走廊产业功能分区

④沈西工业走廊空间与时间结构更加紧凑，将产业空间布局和产业发展机遇期，即空间战略和时间战略紧密结合，沈西工业走廊突出南北核心轴线，带动辽中西线，快速越过浑河、太子河，大踏步同辽阳、鞍山等中部经济隆起带对接，直取营口港。"十一五"是沈阳最关键的战略转型期、真正意义上的发展期，因此，时间和空间一样都具有决定意义。

⑤对辽宁中部城市群装备制造业和辽宁沿海经济带两大产业空间的塑造和整合具有创新意义，即辽宁1443公里黄金海岸"五点一线"与沈阳至营口150公里辽中部城市群工业走廊进行战略对接，形成一廊一带两大支柱产业空间战略新节点。届时，沈阳的区位意义将获得进一步战略提升，沈西工业走廊既拥有东北全境腹地核心节点，又拥有环渤海岸线与腹地交汇的战略节点，即一轴双核双节点，这在国内所有产业园区是绝无仅有的，其优势和可持续性意义深远。

⑥沈西工业走廊产业结构更加优化，城市功能得到战略转换。由于东北最大的铁路货运枢纽苏家屯、东北最重要的国际空港桃仙机场、东北最核心的交通发展轴沈大大动脉、东北最具活力的科技创新平台浑南高新区等生产性战略基础设施，生产性服务平台及创新产业的整合，使沈西工业走廊产业结构更加合理，更具内生性和创新性，城市功能更具集聚和辐射优势。

同时为沈西工业走廊体制机制创新，科技知识创新，城市混合功能的参与，生产要素更高层次的配置重构，最终实现可持续增长平台提供更大的可能和支撑。

4. 沈西工业走廊国家战略路径与对策

路径与对策决定结果，路径与对策也同时构成结果的一部分，选择正确有效的路径与对策则是实现目标结果的必然。

4.1 从构建"事件经济"模式入手

"事件经济"，即事物发展的机遇期值得特别关注，是事物发展时间与空间的节点。因为事件是政治、经济、文化的最高反映，它以突发的形式、集中的空间从外部和内部两个方面对市场要素进行高度整合，并产生强烈影响。目前，影响沈阳最大的事件是"东北振兴"、"辽宁中部城市群"、"辽宁沿海经济带五点一线战略"等。

沈西工业走廊应引入"事件经济"概念，抓住历史发展关键机遇期，举全市之力，如北京申奥、沈阳举办世园会一样整合国内外战略资源和生产要素，全力构建沈西工业走廊，并以"事件经济"的模式开展通往国家战略的工作。同时可以借鉴国际创新经验，如法国重大项目"竞争力极点"模式，寻找战略突破口。总之，要以创新的思维构建沈西工业走廊创新内涵。政府资本、资源、政策和规划及其目标不是市场需求，而是战略平台的塑造、创新机制的对接、战略资本的放大，是引发变革和创新。

4.2 从突破计划经济边界起步

沈西工业走廊的核心理念应该是突破与创新，是以制度创新、体制机制创新、市场创新、组织创新为动力，以区域经济为内涵，以市场要素再配置为导向的产业革命。沈西工业走廊将从突破行政区划、所有制性质，突破产业边界、市场边界、资源边界，同辽阳、鞍山、营口等产业对接，生产要素跨地区流动和重组，构建新的产业链和产业集群。沈西工业走廊必须从东北亚区域经济战略的高度，引入国际资本全球战略布局理念和北京首钢转移曹妃甸开辟临港重化工业基地的模式，以战略飞地、企业重组、并购参股等一切可能的资本形式，在营口岸线开辟沈西工业走廊战略港口及临港工业园区、物流保税区、临港加工区、装备制造业园区、重化工业园区、欧洲工业园区及集装箱码头等，或参与营口辽宁沿海经济带"五点一线"战略。从园区功能与布局等方面，构建沈西工业走廊一轴双核、腹港联动、双节点战略，优化经济地理形态。从而使沈西工业走廊从规模、总量、结构、布局、要素、机制、区位、空间、管理等方面得到创新整合，从而成为足以影响和撼动区域经济的战略平台。

4.3 从组织广泛参与管理进行整合

沈西工业走廊战略出发点和归宿必然是国家区域战略，是辽宁中部城市群战略，绝不是沈阳人为沈阳着想办沈阳自己的事，如果那样沈西工业走廊也只能永远停留在沈西。所以，沈西工业走廊必须开门创办，必须提供辽宁中部城市群七市，甚至更加广泛的区域互补互利，便于参与的体制和管理平台。同时国家区域战略首先应该得到国家关注，沈西工业走廊还应该积极努力，通过有效的机制使相关国家宏观调控机构参与规划管理。如天津滨海新区"十一五"规划是由国家发展和改革委员会主任率领13个司局长亲自参与制定，天津滨海新区在"十一五"规划中写道，建议国务院像当年规划和建设深圳特区、浦东新区一样，规划和建设天津滨海新区，并给以相应的政策扶持。天津滨海新区进入国家战略一年进程安排：① 2005年全国两会期间由52名天津政协委员递交建议。②会后由国家发展和改革委员会、中国社科院、南开大学20名专家组成天津滨海新区发展战略研究专家组开展工作。③起草"十一五"规划。④五月国家发展和改革委员会领导赴天津滨海新区调查研究修改规划。⑤温家宝总理视察。⑥2005年底国务院正式批准综合配套改革试点。天津的经验是首长挂帅、周密安排、整合资源、自下而上、中央协调、志在必得。再如上海浦东新区则组建了由时任国家发展和改革委员会主任马凯、上海市市长韩正分别担任组长的上下一体双组长管理沟通新机制等等。

沈阳应该彻底破除本位观念，沈阳要成为东北中心城市，要成为辽宁中部城市群核心，要构建国家区域战略，就必须以全球经济、东北区域经济、辽宁中部城市群为参照系，参与全球产业分工，构建大循环区域经济。沈阳正处在历史关键时期。

4.4 从关注城市混合功能进行创新

总结历史上国内外工业城市发展的经验教训，确立和构建以装备制造业为主导，以混合功能为补充的具有自主创新能力、产业结构优化、增长方式转变、环境友好、社会和谐的可持续发展，综合发展的工业走廊，决不能走单一工业园区的老路。

4.5 从塑造新的价值体系实现共赢

沈西工业走廊要注重价值体系创新和价值链整合，要从战略上投资于关系资产，使用资产并不一定拥有资产，要以服务为根本构建好生产性功能平台。要确立国家、企业、城市、市民等，沈阳、鞍山、辽阳、营口等多元共赢的发展战略和规划方案。当下是一个全球经济时代，是一个要素再配置时代，是一个共同发展的时代，作为一个城市不是国际化就是边缘化，合作共赢才是主流、才有出路。

中国正在进入一个以全球产业转移分工为背景的，区域经济进行战略结构调整，长三角、珠三角、京津冀等正面临着战略转型的历史关键阶段，为此，国家启动综合配套改革试点战略。东北经济圈正在振兴成为中国经济增长第四极，辽宁中部城市群急需国家战略，以综合配套改革试点推动东北振兴。

沈阳市委市政府已经在沈阳市"十一五"规划中提出沈西工业走廊的战略方向，在2006年全国两会期间又坚定地表明沈西工业走廊构建国家战略的愿望，由此，沈阳正在走向中国乃至世界经济的潮头，有充分的理由相信沈西工业走廊一定能成为中国区域经济的国家战略。

建设具有国际竞争力的世界级装备制造业基地战略规划（2009）

推动当今世界发展的两大核心动力是制度设计和技术创新。

一、指导思想

以科学发展观为指导，以沈阳经济区新型工业化国家区域战略为目标，以调整产业结构转变发展方式为主线，以制度设计为顶层战略，覆盖城市组团、产业园区、产业集群组织，全力推动铁西新时期装备制造业国际竞争力体系建设。

二、规划原则

以全球视野和高度推动要素整合，构建以制度设计为主导的国家产业示范项目和新的区域经济战略增长极。

三、规划依据

《中华人民共和国国民经济和社会发展第十二个五年发展规划纲要》

《沈阳经济区新型工业化综合配套改革试验总体方案》

四、规划重点

以构建铁西具有国际竞争力的世界级装备制造业基地为目标，全面提升铁西区位发展优势和产业创新平台。从传统的园区化产业建设、产业集群集聚向开放的产业链、供应链、服务链、价值链、生态链高端转型，重点组织全球装备制造总部技术研发中心。

五、发展机遇

后金融危机时代，全球要素倒逼，结构调整已成为世界各国谋求经济重振和强劲发展的主要对策。

近年来，铁西经历了老工业基地调整改造暨装备制造发展示范区建设，并成为中国改革开放30年来的杰出代表。2010年，铁西高调进入沈阳经济区国家新型工业化综合配套改革实验区建设。2011年，又适逢中国"十二五"开局之年和后金融危机时代中国转变发展方式之年。作为中国装备制造业发展示范和国家新型工业化综合配套改革实验区的代表及中坚力量，铁西必将面临来自国际国内新的机遇和挑战。铁西已全面进入战略提升期和结构调整期。

铁西基于具有国际竞争力的世界级装备制造业基地建设，其第二产业布局及第三产业城市组团布局等空间结构已进入战略重构阶段。其主要特征是以转变发展方式为内涵，整合碎片化思路和概念，在更高的区域层面进行空间区位优化和创新，构建铁西装备制造国际竞争力体系空间布局大战略。

六、顶层战略

以制度设计为引领，组织新时期铁西具有国际竞争力的世界级装备制造业基地顶层战略——铁西国家装备制造技术研发综合配套改革示范区，再创国家新示范。

当前，全球总部级研发中心在中国落户有1400多家，近一二年欧美呈快速转移之势，年增速达26%。后金融危机以来，中国已经在领导全球增长，全球战略要素，特别是技术人才等高端要素，正在通过研发中心的转移向中国聚集。

同传统增长模式比较，创新驱动是一种结构性增长，它消除经济发展中普遍存在的要素报酬递减、稀缺资源以及负外部性等制约因素，为经济持续稳定性增长提供可能。创新驱动是内生式增长的主要动力，是参与国际竞争发展的最高形式。而向研发和销售两极发展，是未来现代装备制造业提高核心竞争力，拓展国际市场有效需求和创新价值空间的最终选择。

铁西从空间置换到要素重组，再到体制机制创新，基本上完成了装备制造业空间布局和规模组织。铁西已进入后开发区时代和后工业化时代，未来铁西全球竞争力体系组织的重点应该是，以制度设计为引领的，全球装备制造技术研发中心及生产性信息、标准、网络、要素、服务、人才、技术、资本等战略节点。从产业结构演变的规律看，没有现代服务业的支撑，工业竞争力的提高和工业化的提升都会受到严重制约。

铁西新一轮发展，应该推动从产业规模向产业竞争力体系建设转型，从项目支持向制度安排转型。要组织叠加战略和综合解决方案，要构建以技术创新为标志的，对全球要素有号召力的注意力经济。

七、空间结构

以经济全球化为背景，以区域经济国家战略为目标，从以产业为主导的工业空间向以区域为主导的经济空间转型，进一步整合战略空间资源，特别是哈大东北核心发展轴、辽宁沿海经济带、沈阳经济区等战略空间，积极构建东北及东北亚地区新的地理经济核心发展轴，全球化区域经济体系新的战略空间组织节点。

加快优化空间格局，明确沈西工业走廊陆港一体，一轴双核，组团连绵，廊带发展，开放式空间新结构。构建有张力，有明确指向特征的国际化空间大节点，产业集群大格局，生产性服务大平台，区域性新产业空间。沈西工业走廊空间优化的方向是岸线战略，是站在国家区域全球开放的前沿，其内涵是组织多功能网络节点。包括陆路

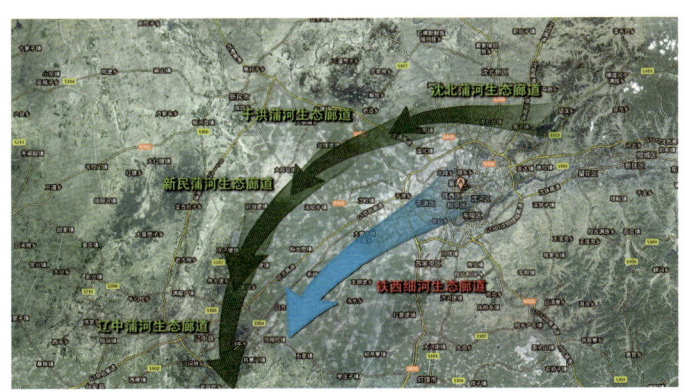

沈阳城市周边生态新战略空间结构分析

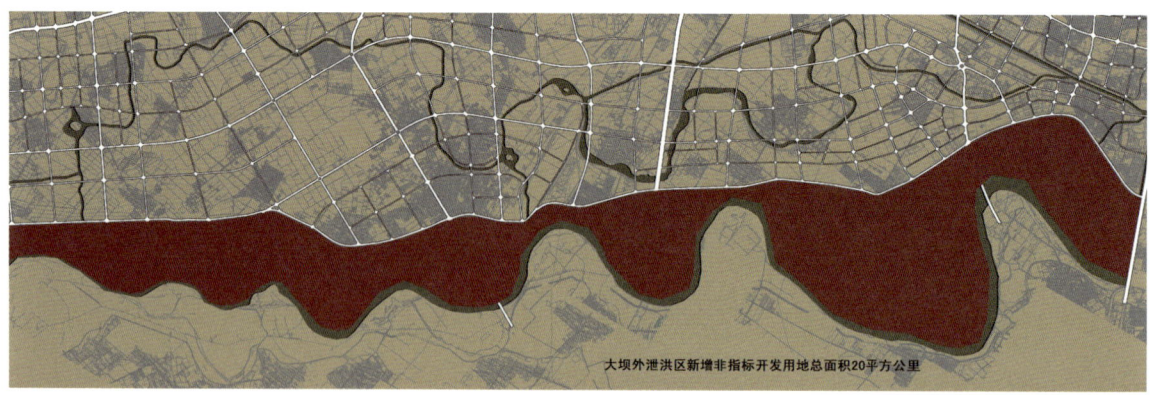

新增土地利用面积分析图

生态廊道结构分析图

功能结构分析图

干港、国家级保税区、自由贸易区、海上物流中心、临港金融服务中心等。

　　构建具有国际竞争力的装备制造业基地，首先，要构建具有国际竞争力的发展空间，其空间内涵和区位就是竞争力的重要组成部分，即效率空间。

八、产业布局

　　以构建具有国际竞争力的装备制造业基地为战略目标，特别关注区位优势、产业集群、产业链、产业分区等，从国家战略的高度组织产业布局，适时调整化工、冶金工业园区，加快发展以装备制造业为主导的新型产业集聚空

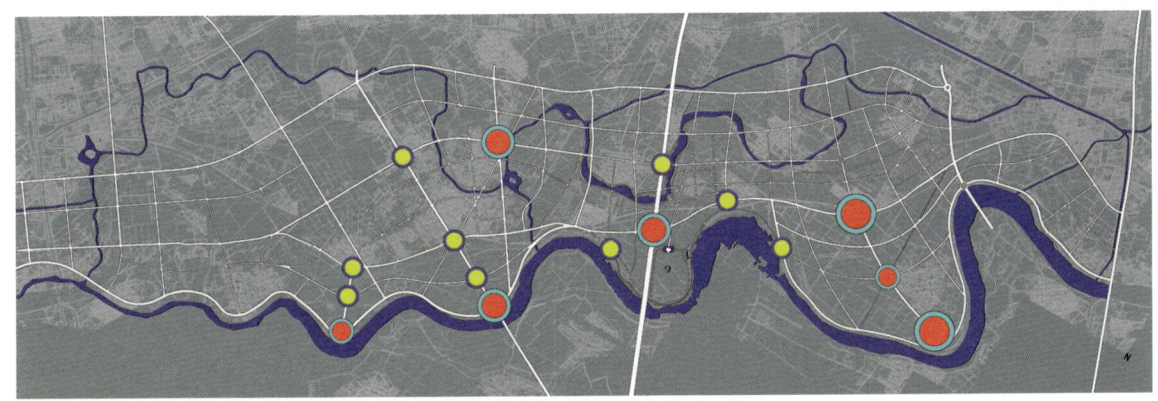

开发空间系统图

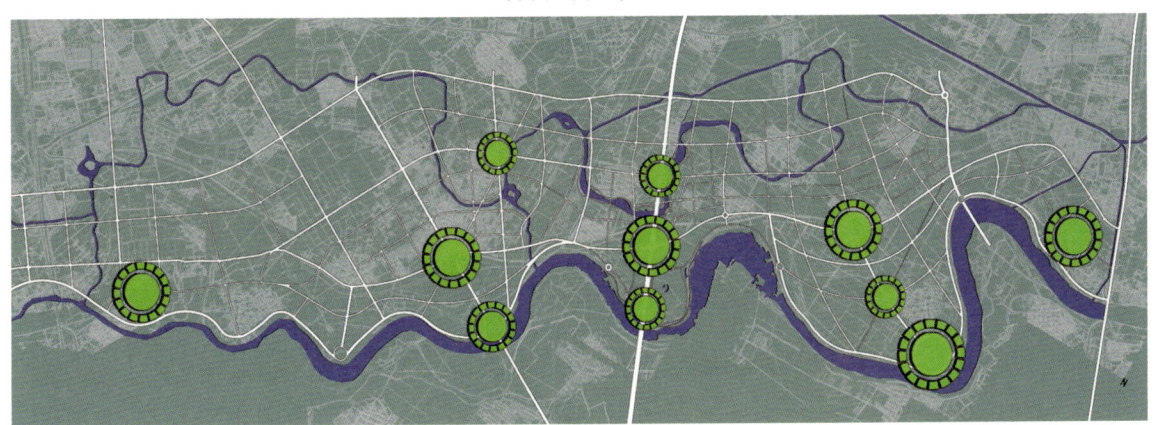

景观节点分析图

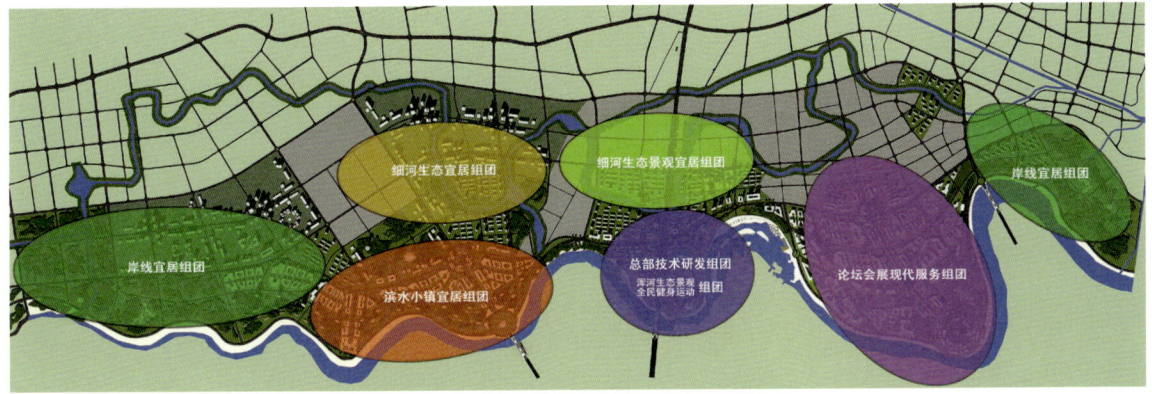

功能分区图

间，要以创新的精神和全球化思维，通过土地置换及合作等方式在营口港创建沈西工业走廊国际飞地，布局国际化的冶金化工园区、临港保税物流加工园区等。通过产业布局创新，参与全球产业结构调整，积极主导全球化体系区域经济新战略空间组织，应该成为此次产业布局调整规划的最高目标。

九、交通枢纽

在所有生产性服务产业及要素中，交通网络是区域优势的核心，全面构建全球化背景下的区域战略交通网络枢纽，是支撑沈西工业走廊产业布局和空间结构的关键，是保持区位优势、市场优势的重要路径。

通过整合区域性移动网络和创新通海产业大道，临港物流平台等，全面构建更加开放、更加国际化的区域性混合交通移动网络大格局。加快建设空中沈西、港口沈西、铁路沈西、高速沈西，积极融入东北亚及全球经济移动空间。其战略目标是全球化区域性移动网络轴线和港口腹地双重节点。

十、公共平台

公共平台主要包括公共制造、研发、金融服务、现代物流和人才培养等，同时还包括更为丰富的内涵，如企业精神、组织实践、共同行为、技术途径、市场关系等，一个全球背景下开放的多元的由经济和技术相互依存因素组织成的复杂系统。公共平台的本质和目标就是构建市场化经济生态。而构建市场化经济生态是沈西工业走廊体制机制创新，空间组织创新的核心，是打造具有国际竞争力的世界级装备制造业基地成败的关键，是沈西工业走廊可持续的原动力，应该成为本次产业规划的重中之重。

十一、结构调整

经济结构问题已成为中国社会全面协调可持续的核心和瓶颈。沈西工业走廊作为国家级示范区，特别是承担构建具有国际竞争力的世界级装备制造业基地的战略使命，其产业结构调整必然是其产业规划的核心。以两个示范区为起点，以构建具有国际竞争力的世界级装备制造业基地为目标，通过体制机制创新，改革开放和科技创新，对产业结构调整提出更高更新的要求，即以经济全球化为背景，参与全球产业分工，构建一个广泛结盟的全球应对架构，其组织形式从传统的垂直方式嬗变成现代化的水平方式。

通过产业结构调整构建新的国际化产业联盟及全球产业结构新的组织节点，产业要素重新配置的战略目的地。为此要加大大企业、大品牌、大集群及大项目的研发和构建；加强创新型企业、高科技企业、主导型企业及大平台的组织和推动，即在全球范围内构建竞争新优势，打造全球化企业和品牌。

十二、生态环境

生态环境是超越一切生产要素的全面协调可持续发展基础平台。作为两个示范区和构建具有国际竞争力的世界级装备制造业基地的沈西工业走廊，在产业规划中要特别关注以生态环境为标志，包括混合功能、宜居城市、公共开放空间、景观绿化等综合环境的建设与创新；并积极推动生态环境向综合环境转型，即在关注生态环境的同时积极关注人文环境、社会环境、文化环境等非贸易性相互依赖的复合城市环境体系的构建，使环境成为城市发展的真正动力。

十三、制度创新

中国在实施区域经济国家战略中，令人瞩目的最高层次政策举措，就是分别在深圳、上海浦东、天津滨海新区等先后设立的综合配套改革试验区，而其最主要的内涵就是制度创新、体制机制创新。

沈西工业走廊已进入沈阳国家新型工业化综合配套改革实验区新战略，如何通过体制机制创新，推动综合配套改革已势在必行，必须纳入产业规划进行深入研究。而体制机制创新内容将包括产业、结构、平台、环境、政府调控、可持续、经济转型等一切关键领域，并将成为产业空间塑造的主要动力。

十四、中小微企业

布局中小微企业集群，培育持续创新动力。

在推动大项目大企业集群的同时，要特别关注推动中小微企业集群，特别是创新型中小微企业，高端服务型中小微企业。中小微企业是构建创新型国家的关键，也是沈西工业走廊未来可持续发展创新发展的真正内在动力。美国硅谷就是中小微企业的神话。

3

辽宁中部城市群沈阳/本溪新产业空间重构战略
——"十一五"时期本溪工业走廊总体规划（2009）

一、中国区域经济背景分析

1. 经济全球化，WTO过渡期结束，中国正在推动区域经济国家战略，以应对新的全球经济结构调整和产业转移，增强区域经济参与国际产业分工水平和抗风险能力。

2. 东北综合经济区，正在进入东北振兴及"十一五"规划关键发展阶段，其主要表现在资源整合、战略提升、要素重组、结构调整、方式转变、经济转型等方面。

3. 辽宁中部城市群正在构建沈阳经济区一体化发展机制，以政府为主导的宏观调控在组织新产业空间过程中，扮演更加重要的角色。

4. 全面创新，特别是制度创新、体制机制创新，将成为综合配套改革的关键，科学发展、持续发展、又好又快发展，构成未来经济发展新主题。

5. 由于资源、区位、环境、历史、要素等原因，特别是核心竞争力等战略因素，城市的国际化和边缘化都将不可避免。城市将面临新的机遇和挑战。

二、本溪产业内涵及空间布局劣势

1. 在辽宁境内本溪是人均耕地少，城市发展空间短缺的城市，经济技术基础不足，资源型城市面临资源枯竭，历史欠账环境恶化，"三高一低"并面临产能过剩的市场竞争和挑战，城市功能及生产服务性基础设施明显滞后，农村现代化发展缓慢等。

2. 以两钢为标志的资源型产业结构面临战略调整，接续产业、循环经济、资源节约、环境友好、增长方式转变已成为当务之急或发展瓶颈。

3. 产业链、产业集群，特别是新产业空间的区域性产业战略平台和战略概念缺失，与中国区域经济国家战略，及辽宁中部城市群竞争发展的磅礴气势不对称。产业布局还停留在历史空间框架之内，省级石桥子开发区由于内涵与区位设计等问题，发展迟缓已成为远离中心城市和区域组织功能的孤岛。

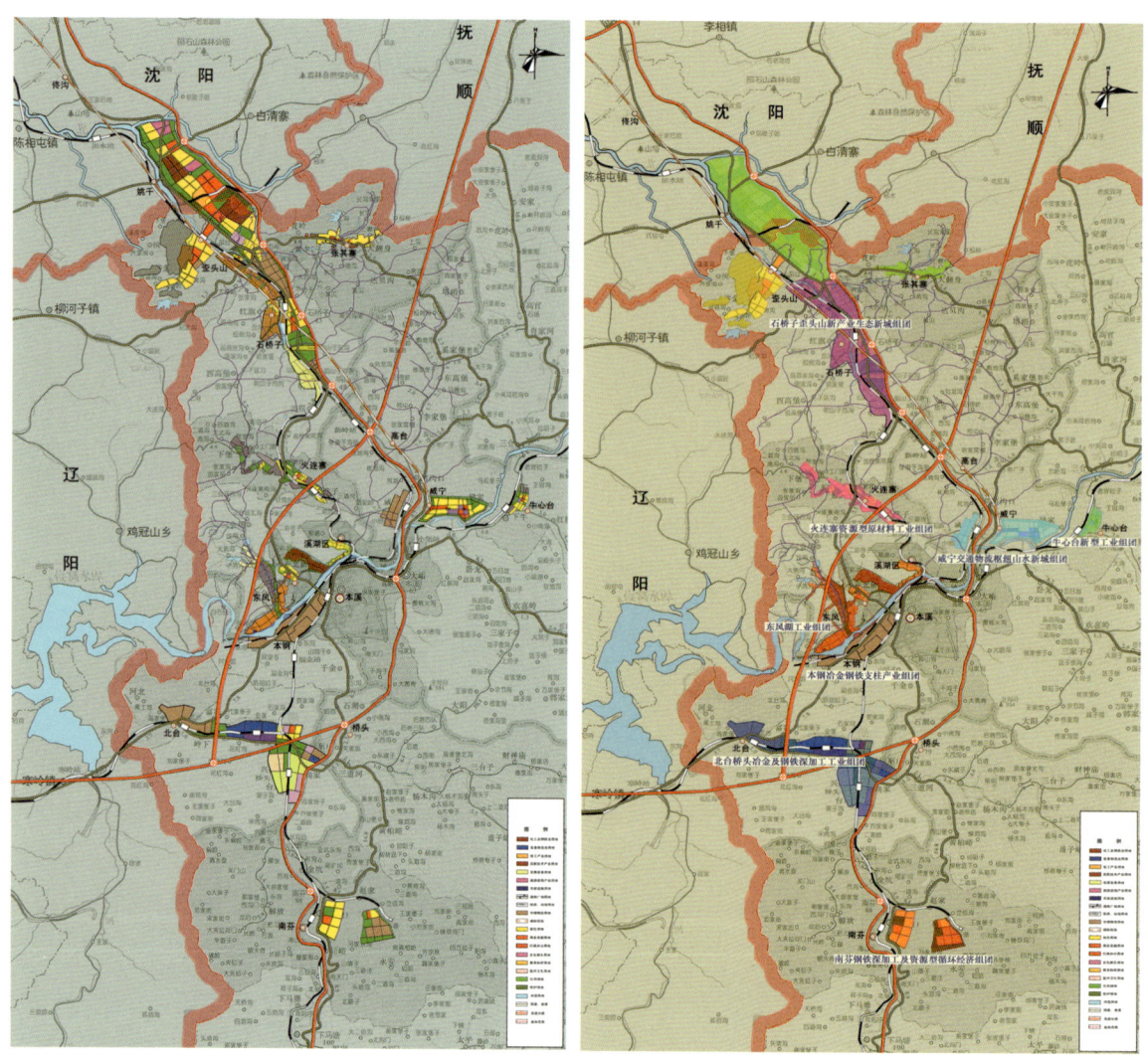

本溪工业走廊概念规划——产业用地总规划图　　　　本溪工业走廊概念规划——产业功能布局分析图

三、构建区域产业布局新战略 / 本溪工业走廊

　　城市发展动力主要来自产业推动力、空间支撑力、管理协调力。同时又因条件不同呈现出多种空间结构模式，其中关键是由城市经济地理要素，城市环境容量，城市资源和城市发展战略等因素所决定。城市空间结构的本质在于这种结构秩序的模式，同地理、生态、资源等物资层面上的复合统一，并具有对经济、文化、社会等战略层面的整合。

　　本溪正面临着二次创业和经济结构战略转型，而调整产业结构，重构产业空间布局已势在必行。应以全面创新的精神，通过整合重点空间、特色空间和区域空间的开发建设及不同层次的经济增长区域，构建具有区域战略，能应对全球经济结构调整和产业转移，能参与区域产业分工和抗风险竞争，具有产业链和产业集群规模的新产业战略空间平台。

　　本溪工业走廊，将依托本溪中心城市，特别是以两钢为标志的产业集群，为辽宁中部城市群区域大战略，特

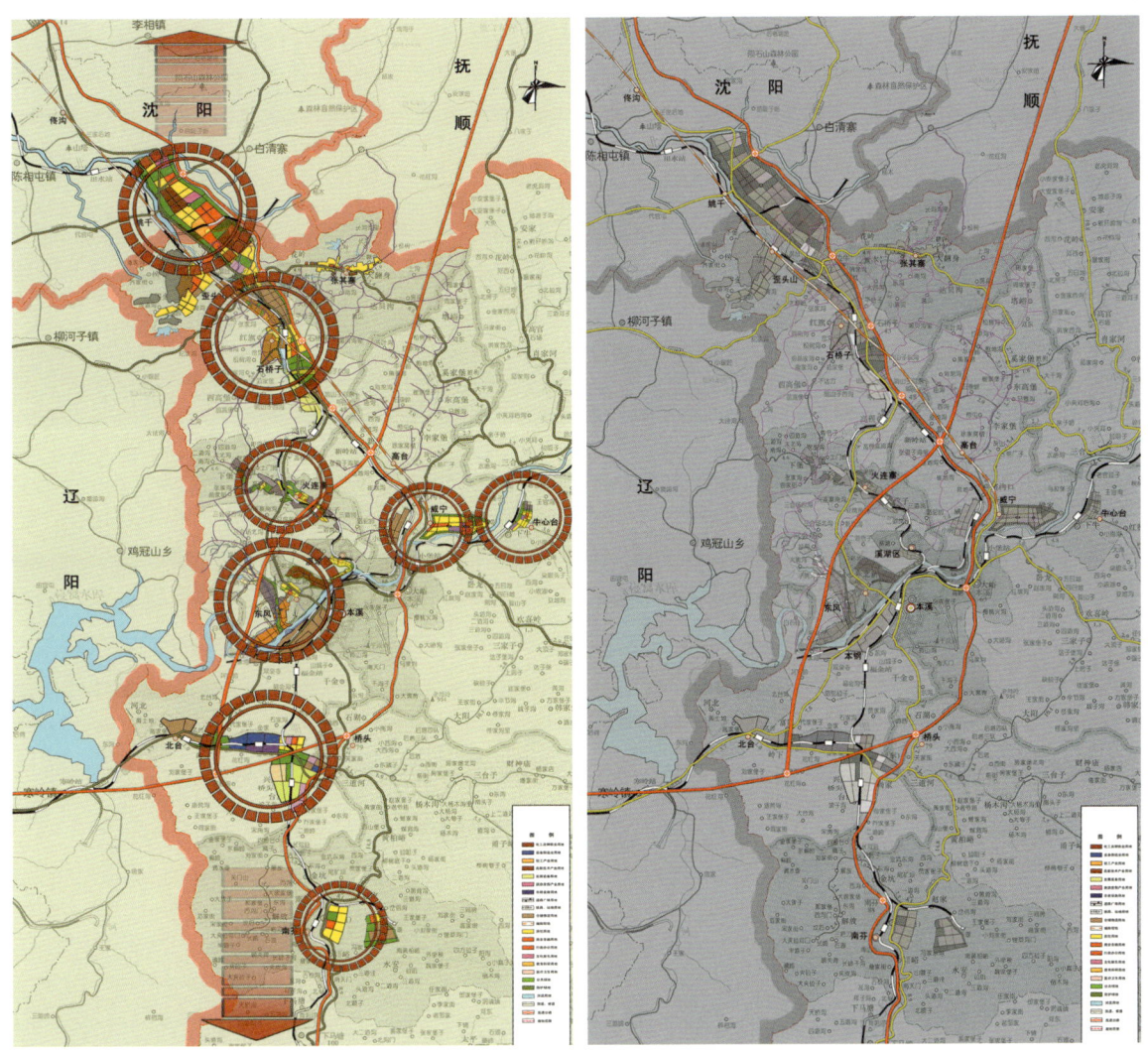

本溪工业走廊概念规划——产业空间结构分析图　　　　　本溪工业走廊概念规划——区域性移动网络结构图

别是为沈阳量身定做，主动无缝对接沈阳产业空间布局，参与沈阳产业结构战略调整与分工。在更大的区域范围内整合存量经济，同沈阳构建经济一体化新格局，引入具有创新机制的增量经济和具有开放区位的布局空间，特别是生产性服务产业，如：东北最大的铁路货运枢纽苏家屯、东北最重要的国际空港沈阳桃仙机场、东北最核心的交通发展轴沈大大动脉、东北最具活力的科技创新平台浑南新区、东北唯一的沈阳陆路货物干港等等。

　　本溪工业走廊，以构建沈—本产业开发大道为核心发展轴，整合多元服务性基础设施，着力打造郑家化工工业组团、溪湖混合功能城市组团、火连寨原材料工业组团、石桥子歪头山开发区新产业组团、张其寨旅游度假新农村组团等，通过充填集聚、整合创新、招商引资、项目推动等，形成以本溪为依托，以沈阳为中心多元化差异性产业集群及产业链，本溪新的产业布局战略平台，新的经济增长极。

　　本溪工业走廊，引入新的一轴双核空间结构，本溪城市行政中心与沈阳区域物流中心进行战略整合，构建辽宁中部城市群空间发展新的经济地理南北纵轴，塑造空间尺度更大，区域效应更强的中心与区域双核互动空间新结构，使本溪从布局结构上形成更高层次的区域开放，优势互补和可持续战略。

本溪工业走廊，最终将构建成本溪与沈阳一轴双核、中间隆起、组团连绵、两极互动、廊带发展、开放式多中心区域性空间战略新结构。

四、本溪工业走廊新产业空间组织机制

新世纪中国面临多元发展机遇，居于首位的就是中国城市化，中国城市化将是区域经济增长的火车头，并产生最重要的经济利益。

城市化与工业化相互促进，协调发展，是世界上许多国家实现现代化的基本经验。

1. 走产业集聚、产业链、产业集群之路，重点构建循环经济、接续产业、核心项目和最具活力的中小企业集群。

2. 引入大通道带动战略，以本溪工业走廊产业大道为核心发展轴，形成资源整合、集约开发、空间优化、结构调整、项目集聚、重点隆起、产业多元、功能混合新格局。

3. 以全面创新的精神，引入市场机制和政策性战略机制，充分关注城市化混合功能开发，推动社会进步发展，特别是太子河沿岸及月亮岭山水环境治理和建设，改变依山傍水却无山可依无水可傍的工业环境悲剧，推动山水振兴计划。

4. 着力发展县域经济，特别是新农村建设，一乡一村一定要有一两个核心产业，让农民得到实惠。

5. 制度创新、体制机制创新是发展的核心动力，市场是要素配置的基础，宏观调控特别是政府在组织新产业空间的作用则更加突出。要从战略的高度组织研发，策划推动足以影响全区战略的项目，要吃在嘴里、看着盆里、望到锅里、想着地里。

6. 突破行政边界，规划和推动同沈阳区域产业结构调整、布局及空间全面对接，特别是生产性服务产业，如浑南新区、棋盘山旅游度假区、沈西工业走廊等，引入新空间、新机制、带动新项目。

4

本溪资源型城市"十一五"时期空间结构重构
——大"T"字形空间发展战略规划（2008）

序言

本次规划的任务包括问题规划、目标规划及总体规划等多方面诉求，主要回答本溪资源枯竭型城市战略转型和空间重构等一系列问题，着重围绕本溪区域城市竞争力及新城空间发展战略进行深入研究，并以"T"形空间结构为核心概念（即本溪三根战略轴线和一个核心节点：一廊、一带、一脉、一城），以调整产业结构、优化城市环境、提升区位优势和推动本溪"一个支柱、两个基地、三个接续产业、一个后花园"的发展战略为目标，进行战略重构，同时制定了一系列相应的空间发展对策和威宁新城概念规划。

本规划特别加强了对本溪区域城市、威宁新城定位的研究和本溪"T"形空间发展结构的论证。其中包括本溪百年七次城市规划研究，沈阳经济区七城战略结构研究，外部城市空间结构借鉴研究，本溪与鞍山同类城市比较研究，本溪区域城市发展过程"隆起效益"、"箭型效应"模型研究，本溪不同历史阶段、不同经济发展模式的发展动因及要素分析研究等。以空间和时间纵横两个坐标进行内外比较，从更为广阔的发展视野关注本溪城市空间发展和战略走向，使本溪"T"形空间发展概念更加充分显现。

一、本溪不同历史阶段、不同经济模式发展动因及要素分析

1. 第一阶段经济模式

（1）庄园农牧阶段：水运时代，从辽代在太子河冶铁至民国之初，清庄园经济结束。

（2）发展动因及要素：

①以原始资源为条件，直接受外部政治、军事集团等因素影响，如领土战争、关隘长城、柳条边、戍边屯垦、移民编庄等等。

②"历史事件"往往集中反映了政治、经济、文化等综合因素，并对一定的经济模式产生重大影响。

③其主导市场来自以国家为背景的军事政治需求：如煤铁、粮食、木材、物产等等。

④人口发展主要随政治、军事、资源等情况变化，并表现出迁徙、封禁、融合等现象，融合是主流。

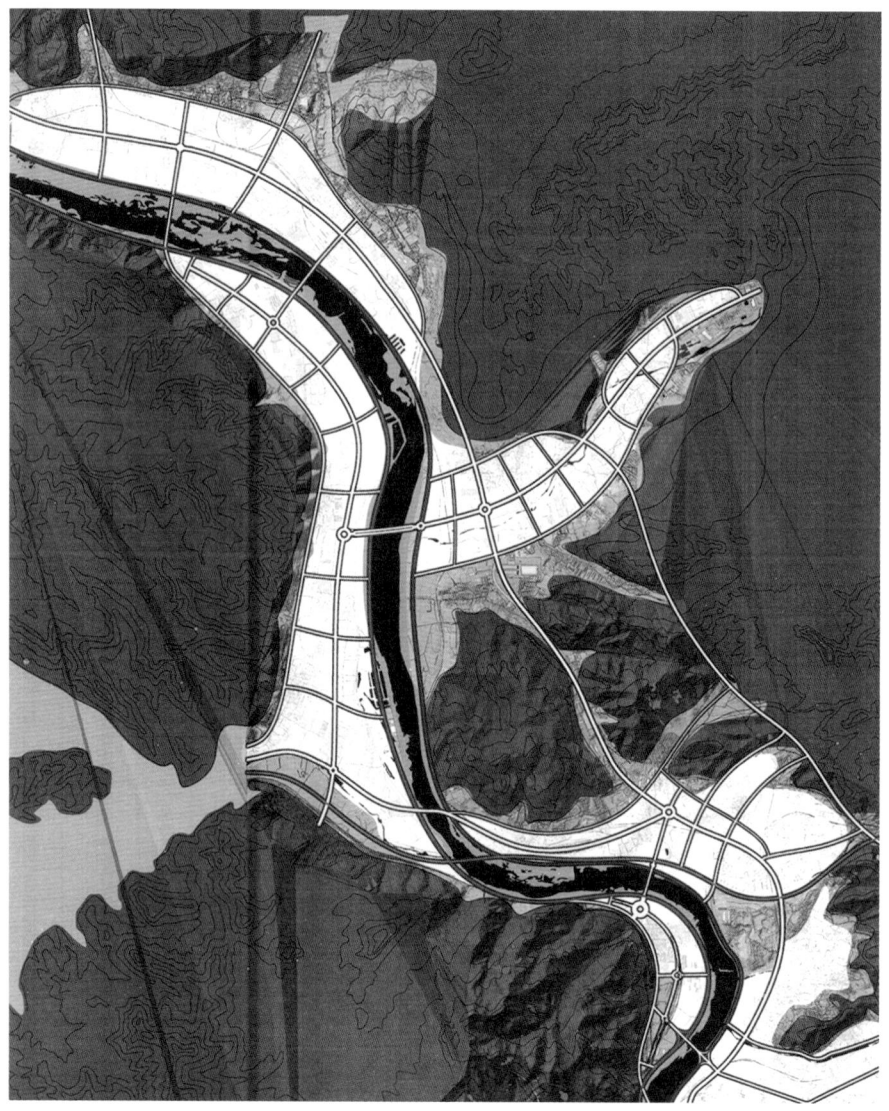

本溪"T"形空间结构图

⑤水运是物流的主要方式。城市孕育发展主要分布在水运岸线和关隘路线上，充分表现了交通和战争的主导因素。曾大量移民。

⑥持续300年的以盛京、北京为背景的庄园经济值得关注。

⑦山地特色农业为庄园经济的主要内涵，对今天仍然具有战略启示。

⑧放排拼搏精神、移民拓荒精神、冶铁开创精神，社会动荡，民族融合等地域原著文化特别值得关注。

2.第二阶段经济模式

（1）经典城市阶段：铁路时代，从民国之初至20世纪末。

（2）发展动因及要素：

①原材料资源的依赖达到唯一性和发展命脉的程度，以破坏城市地区生态环境为代价。

②事件及政治集团是经济的主导：如日满时期、计划经济时期。

③市场更强烈地表现为国家性、政治性、军事性主导需求，具有很大的强制性和指令性，如煤铁等原材料工业。"政治军事事件"仍然对经济具有战略影响。

④公路、铁路为物流的主要方式，经典城市主要表现在沿铁路公路节点集聚发展，大量移民，城市形态以厂矿为内涵呈不断外溢模式。

⑤规模化产业集群是这一时期经济的战略内涵。

⑥新中国成立以前，民众广泛参与国家独立和解放斗争。20世纪50年代，奉献精神、主人翁精神成为时代主旋律。

3. 第三阶段经济模式

（1）区域城市阶段：高速时代，20世纪末至21世纪。

（2）发展动因及要素：

①对资源全面依赖，其中包括山水、区位、产业等综合因素，并提到城市战略的高度进行整合，关注可持续发展。

②市场成为城市经济发展的真正主导，政府宏观调控代替指令计划。

③外部政治因素主要转化为"事件经济"，如"东北振兴"、"申遗"、"沉陷区改造"等等，对经济起推动作用。值得关注的是其表现为一定时间空间的机遇期。

④高速公路开始成为物流的主要形式，信息流、资金流、人才流等，作为物流的延伸，成为新经济的原动力。

⑤交通作为可达性成为支持城市发展的战略要素。城市集聚与城市产出失衡。生态结构、产业结构、空间结构制约城市发展。

⑥外部因素，特别是经济全球化、区域一体化和城市国际化，使区域成为当今城市的第一生存概念。

⑦市场开放与城市发展不对称。人口流动。

⑧追求发展，渴望变革是城市的主流精神。

二、历史的启示

通过以上分析，不同历史阶段表现出不同经济特征，但有些要素则是共同的，并对今后城市的发展继续产生深刻影响。

1. 资源总是城市发展的基础，只是不同历史阶段表现形式不同，可持续发展理念将对今后城市发展产生根本影响。

2. 昔日"隆兴重地"，正在演绎成区域经济模式，并将成为今后城市战略的第一概念，因为城市的主导市场依然在外部。

3. "事件经济"，即发展机遇值得充分关注，因为"事件"是政治、经济、文化的最高反映。它是以突发的形式从外部对市场要素进行整合，并产生强烈影响。目前，影响本溪最大的政治因素是"东北振兴"，最大区位因素是"沈阳经济区"。

4. 从水运到高速，交通是城市平台的第一动力，交通的引申形式是物资流、信息流、人才流、资金流等，其本质是经济增长方式的变革。

5. 城市集聚和产出，必然要求一定的合理空间支撑。空间结构对城市功能产生战略影响，特别是产业结构调整，必然要求空间结构进行调整。

6. 特色经济应该是由综合资源和发展战略决定，应该是经济发展的一般规律。

7. 山水文脉、煤铁业脉、兵家史脉、满族情脉构成了本溪的发展历史。

本溪，历史上从来就是一个同国家和时代具有紧密联系的城市，是一个十分敏感的开放区域（禁封则是开放的变异），无数战争和建设发展形成了以满族为主体的民族大融合。

本溪，山川壮丽，文脉久远，特色鲜明，英雄纵横，不乏开创。

三、本溪百年七次城市规划研究

1. 1911年规划

日本承袭了俄国在长春以南的特权，在本溪湖以"附属地"名义进行了早期城市规划。其主要特征是以奉安线为界对工业区和生活区进行了划分和组织，是欧洲发达资本主义国家以物资条件为主导进行功能分区规划理念的反映。此版规划为本溪现代城市规划之滥觞。

2. 1939年规划

伪满洲国时期，日本在东三省战争掠夺的同时，普遍进行了城市规划，1932年出台《奉天都邑计划》，1939年完成了本溪《都邑计划》，该规划主要是寻求拓展城市空间，安排工业项目，扩大工业规模及完善城市综合功能，其显著特征是城市规模放大，城市中心转移。1939年规划，奠定了本溪百年钢铁城市的空间形态和"工厂即城市，城市即工厂"早期工业城市的管理理念。从此，本溪城市生态环境面临严重挑战。

3. 1958年规划

新中国成立后，我国于1953年进入有计划大规模的经济建设时期，本溪是国家"一五"时期重点投资建设的老工业基地之一。这次规划充分利用原有的工业基础和城市设施，向着更加综合，更大规模方向发展，使本溪逐步形成了以钢铁、煤炭、化工、电子等多元并举的现代化工业城市，本溪开始步入其经典城市的辉煌时期。这一时期的规划特征是，抓住国家发展机遇，利用交通网络对城市功能进行放大和充填，城市功能和生态环境之间的矛盾开始显现。

4. 1982年规划

城市性质进一步强化煤铁工业之城概念，首次引入"一城多镇"模式，即以中心城市为核心，利用交通网络组织卫星城镇（歪头山、火连寨、石桥子、牛心台、卧龙、北台、桥头、南芬），构想"一城八星"空间格局，明显地表现出向一切可能方向寻求城市发展的特征。

5. 1988年规划

城市由中心城区、城区、市区构成。中心城区人口规模控制在75万人，城市用地近期向卧龙拓展，远期向牛心台连接，但由于大峪水源未能上迁等基础设施问题而搁浅。反映城市外溢与基础设施之间的矛盾，城市发展框架和城市系统成为本次规划的主要问题。

6. 2002年规划

提出城市"北上、东扩、西拓、南展"的发展战略和东西南北"发散结构"，并确定"一个中心（平顶山），两个副城（石桥子、北台）、四个边缘组团（南芬、歪头山、火连寨、下马塘）"的城市空间布局，意在构建一个中心，南北双镇，四个边缘组团围合发展的组合型城市格局。组团战略，外溢式发展成为这一时期规划的显著特征。

7. 2003年规划

在2002年规划基础之上进行布局调整，提出"一主（主城区、石桥子、北台三个组团组成），一副（南芬和下马塘定为副城），二卫（本溪县和桓仁县）"。主城区间以南北方向为城市一级发展轴，开发时序优先东部新区。调整方案的主要特征是：在2002年规划的基础上，进一步突出了石桥子、北台等新老工业组团在城市拓展空间中的核心地位，同时加入南芬、下马塘为副城，并以此为城市空间发展框架。

四、规划共同特征

通过对上述七次规划历史沿革的比较分析，本溪的规划走向显现如下共同特征：

1. 经典工业产业是其规划的出发点和归宿，从 1911 年日本人在太子河畔规划冶铁厂开始，至 2003 年将石桥子、北台、南芬、下马塘等新老工业厂区一并划入主、副城结构，都遵循着这一主线，即工业立市。

2. 传统的功能分区，以厂区为主导，以生活区为补充，单一中心结构，从 1911 年延续近一个世纪。城市形态始终具有"工厂即城市，城市即工厂"的经典特征。

3. 由于经济的不断发展，城市功能结构紧张，寻找城市出路，拓展城市空间是历次规划的主要目标。

五、规划主要问题

1. 由于以军事政治集团利益为目的，以国家计划经济指令为目标，城市综合发展失落，城市环境恶化，基础设施滞后，城市适宜人居性、发展可持续性面临挑战。

2. "企业兴，城市兴"，以企业支撑城市，其结果"企业大，城市小"，"企业强，城市弱"，城市功能不完善，最终导致企业竞争力失落。

3. 产业结构单一，空间结构单一，是城市发展的核心问题，亟待战略重构。

4. 城市用地空间扩展相对于经济增长呈递减趋势，城市发展主要表现为充填和外溢形式，城市战略发展轴向模糊，空间战略框架失落。

5. 近期规划主要问题是，空间结构分散，主导方向不明，缺少整合，缺少区域战略。特别是，没有在空间结构上对"一个支柱，二个基地，三个接续产业，一个后花园"目标做出战略反映和创新参入，区域提升、产业调整、环境优化等主要内涵严重缺失。

六、空间重构对策

1. 以区域城市为起点，全面创新城市空间框架

区域城市是结束计划经济，改变经典城市结构的最高参照系，是在全球经济一体化及经济大循环基础上，重构城市发展未来。

2. 以产业调整为目标，全面优化产业空间布局

城市空间结构调整的根本动力和归宿是产业结构调整和创新，是提升支柱产业，推动接续产业空间布局的过程，是如何以有力的空间拓展和发展框架推动产业优化的过程。

3. 以新城为突破口，全面提升城市区域定位

中心城市在本溪战略发展中占有核心地位，中心城市的空间扩展已直接影响着整个本溪城市的发展，并具有牵动全局的作用，再造一个新本溪，创新城市空间结构，提升本溪区域城市中的定位。

七、区域结论

1. 本溪同沈阳及沈阳经济区具有多层次紧密联系，在区域城市框架之中，本溪必然以沈阳为中心，全面重新构建自身的城市空间发展结构及相应的制度创新、体制创新对策。

2. 本溪同沈阳经济区在区域城市集聚发展效应方面，具有两个增长模式，一个是"隆起模式"，一个是"箭形模式"，其内涵和过程存在着差异，对此本溪应充分关注和研究。即关注"隆起模式"的集聚性因素和"箭形模式"的外向性因素，从而制定和寻找符合具有本溪区位特征的"本溪模式"，这是重构本溪区域空间发展结构的战略关键。

3. 本溪应从经济全球化，区域一体化的高度，从市场平台出发，来对应沈阳经济区策略，特别是应从两个层

面即区域层面和城市层面，整合战略资源，形成比较优势，创新差异性发展战略和注意力经济，从而在区域城市关联中寻找互补和竞争，避免盲目性，这应该成为本溪区域战略的核心理念。也只有如此，本溪才能够参与沈阳经济区进行战略联动。

4. 本溪同沈阳应该是战略伙伴关系，"在整体大于部分之和"效应之中，共建、共享沈阳经济区要素市场网络，成为沈阳结构的重要组成部分。本溪同沈阳的边界（产业、区划、技术、产品、人才等等）应采取模糊概念，应充分关注沈阳经济区的产业发展走向，产业特征和产业链作用，从产业转移、整合、调整入手，广泛参与运行，应坚决走出城市疆界。

5. 本溪的出路只有一条，就是跨越式发展之路，不然就会失去东北振兴和世界产业转移的机遇期。

八、"T"形空间结构新概念／本溪空间新模式

本溪以南北交通，东西山水重构"T"形战略空间大平台，以双轴分进，节点整合，为核心空间战略结构，以"四个一"（一廊／一带／一脉／一城：世界遗产山水文化旅游走廊、中国太子河休闲农业产业带、辽宁中部国家级产业大动脉、东北亚山水走廊文化名城）为发展大概念，分别构建产业大动脉和山水走廊双重比较优势，以产业为立市之本，以旅游度假、休闲农业为可持续发展方向。整合资源，创新观念，开创大概念、大格局、大战略的跨越式发展新局面，打造差异性发展战略和注意力经济。通过"T"形战略空间重构可以从根本上回答本溪资源优势、城市性质、发展概念、空间结构、城市形象等战略问题。

九、本溪"T"形空间结构内涵

1. 以经济全球化和区域一体化为战略背景，通过"T"形空间结构的构建，明确本溪空间内涵的第一个概念：开放性。而区域城市则是由开放结构支撑的。其一，开放性将直接影响城市与区域之间的整合，有利于提高城市竞争力。其二，开放性明确了本溪空间结构的方向，即以南北双向开放为主的外向型结构，因此，"T"形框架的价值取向更具多极牵动性和发展张力。

2. 整合优势资源，塑造发展平台。"T"形空间结构是在对区位、交通、产业、资源、战略等多方面进行充分整合的结果，而只有充分整合才能形成比较优势，转化增量经济，才能重构主题性战略和注意力经济，才能打造核心竞争力。

3. 以"T"形空间重构为契机，充分关注支柱产业和接续产业价值取向及其在空间上的合理布局。把老工业基地调整改造与城市空间结构优化有机结合起来，特别是为本溪大力发展以"两钢"为龙头的优势产业及产业集群，提供空间响应和载体。

4. 通过"T"形空间结构重构，提高资源配置效率，形成分工明确，布局合理，功能完善，特色突出的区域发展框架，从而形成城乡统筹发展，强化本溪在沈阳经济区的综合优势。

5. "T"形结构，以组团为基础，通过节点整合，向廊带式双轴结构跨越，作为"本溪模式"为本溪契入沈阳经济区寻找适合形式，其空间优势巨大，为本溪空间持续深化提供战略支撑。

6. 以科学发展观为理念，通过优化资源，优化环境，优化产业，推动南北产业大动脉走国际化工业园区发展之路。生态环境景观轴、混合功能发展轴及产业集群发展轴协调发展，创新经济增长空间和方式。

7. 通过构建区域性发展空间结构，使城市的区域参与方式从传统对稀缺原始资源的依赖及对抗性竞争，转向对信息、技术、资本等新型资源的合作竞争。

8. "T"形空间结构是一个以"两钢"和"五女山"覆盖全行业的品牌结构框架，为城市开放推广提供巨大可能空间。

5

丹东"十一五"时期经济地理大"十"字空间结构新战略（2009）

关键词：

国家沿海沿边地区统筹发展与对外开放专项改革试验区

丹东国际物流临港保税区 韩朝国际自由贸易先导区

港城一市构建大连东北亚国际航运副中心

东北亚大十字结构经济地理战略节点

港城一市丹东"五点一线"新战略

一、辽宁沿海经济带"五点一线"，振兴东北辽宁新战略

国家"十一五"规划在提出振兴东北老工业基地的同时，提出建设大连东北亚国际航运中心国家战略，辽宁同时也提出了建设"五点一线"辽宁沿海经济带第一空间布局新战略。以上三大区域发展概念，已构成了辽宁特别是沿海地区产业结构调整，功能空间重构的主导思路和发展框架。

丹东作为辽宁"五点一线"沿海经济带的重要组成部分，大连东北亚国际航运中心东翼，其城市定位及产业结构调整正面临着新的历史抉择，如何以国际国内更大的视野重新审视和构建自己的区位新优势，发展新战略已成为当务之急。

二、创新发展理念，向区域战略层面突破

1. 《中国城市"十一五"核心问题研究报告》指出：未来的五到十年，是中国城市由初级化向高级化转变，由一般性向特殊性转变，由战术性向战略性转变的关键时期，必须从中长期战略的高度，确立城市核心战略思想和整体战略布局，以拓展城市功能，完善城市形态和提升城市竞争力为重点，全面构筑和打造城市价值链体系。

2. 城市运行的重点应从资产经营、资本运作向资源管理转型。

3. 整合区域战略空间，布局大概念产业项目，构建新的价值体系，通过制度创新、体制改造、机制设计，发展对策与路径创新，以差异性发展战略和注意力经济，参与辽宁"五点一线"沿海经济带及东北亚区域性经济一体化大循环。

4. 没有差异性发展战略和注意力经济，就是一般战略，在比较竞争之中就是没有战略。

三、提升城市定位，构建开放型注意力经济

由于资源、区位、环境、结构等要素原因，特别是核心竞争力等战略因素，城市的国际化和边缘化都将不可避免。面对新一轮更高层次的全球产业转移，环黄海、环渤海众多国际国内岸线港口城市，除辽宁"五点一线"丹东、大连、营口、盘锦、锦州、葫芦岛之外，还有秦皇岛、天津、烟台、威海、青岛、日照、连云港及韩国的仁川、釜山等，同属一个国际移动网络结构之中，已进入新一轮挑战与竞争。

丹东应全面创新政府宏观调控，将广泛结盟能力作为城市核心竞争力的重要组成部分，在更高层次，更广泛领域参与国内国际合作，组织新的价值链体系，构建沿海经济带新的制高点，为此，建议推动三大战略项目：即大连国际航运副中心、欧亚大陆桥头堡、东北振兴对外开放先导区。

1. 拓展大连保税区政策及丹东口岸国际区位优势，以全面创新的精神构建：丹东国际物流临港保税区、韩朝国际自由贸易先导区，东北亚区域性国际移动网络新节点，国际化开放型市场经济新结构。

2. 学习广州、沈西工业走廊等经验，申报国家综合配套专项改革：丹东沿海沿边地区统筹发展与对外开放专项改革试验区，从制度设计上提升丹东宏观区位内涵，创新"五点一线"发展动力。

3. 学习海南渔村博鳌、黑龙江冰雪小镇亚布力的路径和经验，整合国际国内资源，合作创办丹东国际岸线城市发展论坛，构建全球合作推广新战略，创新经济全球化和区域一体化进程。

4. 建议创新机制和路径，构建全球自由贸易及产业合作联盟，提供国际飞地，共同建设国际港口、物流、产业园区。

5. 学习深圳、沈阳等城市经验，组织国际国内顾问团队、高层人才及合作机构，推动城市科学规划、产业布局、结构调整、城市建设、环境生态、旅游发展、全球推广、招商引资等创新发展。

四、整合战略资源，构建大十字结构效率空间

丹东的城市空间结构和功能布局是历史形成的，是建立在以铁路交通为主导，封闭的沿边区位基础之上的。半个多世纪以来，由于受国际地缘政治影响，丹东始终保持相对稳定。改革开放特别是东北振兴以来，丹东的宏观区位已发生了巨大变化，可丹东的城市空间结构并没有随之转型，因此很难适应辽宁"五点一线"沿海经济带新战略。丹东地理沿海沿边位置险要，但宏观区位效益显现不足，资源要素和存量经济长期沉淀，可实施能发力战略缺失，创新动力不足，亟待进行战略整合与重构。

1. 面向东北东部，应重点整合东部出海大通道，积极参与和推动东边道铁路、高速、产业发展轴、物流服务等功能平台建设。

2. 面向辽东半岛，应重点组织丹东沿海沿边国际岸线临港产业园区建设，包括新型制造业、临港产业、高新技术产业、现代服务业，特别是生产性服务业，如：丹东港、浪头机场、铁路枢纽、高速枢纽、第三方物流中心等，组织"五点一线"辽宁沿海经济带大连国际航运副中心。

3. 面向东北亚腹地，应积极参与沈丹产业带结构调整和欧亚大陆桥物流通道建设。

4. 面向韩朝及国际岸线，应重点组织跨鸭绿江国际高速公路、丹东国际物流临港保税区、韩朝国际自由贸易先导区、丹东首尔国际空中航线等欧亚大陆桥头堡及国际门户功能区建设。

总之，通过国际国内空间结构的优化及要素的战略整合，构建东北东部出海大通道，经丹东至大连国际航运中心；欧亚大陆桥贯穿东北亚腹地沈阳经丹东至韩朝，纵横大十字结构东北亚经济地理战略框架，及高速丹东、铁路丹东、港口丹东、空中丹东，开放型移动网络枢纽节点。

丹东空间结构优化的内涵是：大战略、大框架、大节点；国际性、区域性、枢纽性；要素聚集、服务聚集、网络聚集；岸线对接、港口对接、跨国对接的国际自由贸易平台。

五、制度框架创新，构建港城一市发展新战略

将丹东与东港同城化、区域一体化战略进一步向前推进，构建港城一市发展新战略，推动丹东城市空间发展方向从沿边向沿海战略转型，实施空间重构，结构调整，以港兴市，港城互动。构建港城一市、一轴双核、中间隆起、岸线开放、组团连绵城市发展战略新结构。为此，特别建议：

1. 重点构建丹东至东港国际岸线新型产业园区及城市混合功能发展轴，临港产业园区发展极。

2. 在制度框架方面进行再创新，从国家未来丹东特大城市发展战略出发，将东港县级行政区划纳入丹东市，即撤县并市、一市一港，主副双城、港市合一新格局，辽宁"五点一线"丹东新战略。引入国际 TOD ＋ SOD 组合模式，借鉴青岛东部新城发展经验，通过对城市轻轨、快速干道、高速公路、铁路枢纽、滨海大道、产业大道等重大基础设施和行政服务功能向临港转移，用战略资源推动和塑造港口经济发展。

3. 引入全球竞争与区域城市战略思维，在更高、更科学的层面重新审视城市总体规划，并用新的战略规划对总体规划进行调整和创新，以适应"五点一线"辽宁开放新战略。

六、丹东未来的城市定位是：生态宜居旅游城市、贸易物流港口城市、跨国网络枢纽城市及国家新型产业基地

6

构建中国东盟自由贸易区开放前沿
——云南昆明腹地陆路干港大物流枢纽战略规划（2007）

一、背景研究：在中国东盟新一轮发展中，昆明不能失去国家战略焦点

"十一五"时期，昆明区域战略、产业结构、生态环境等面临严峻挑战。昆明空间结构、项目研发、体制机制、发展路径等面临全面创新。昆明主要问题是，尚未构建相应的区域经济国家战略，在以中国东盟自由贸易区为标志的跨区域国家新一轮开放战略中，竞争力相对失落，缺少战略创新，即昆明发展空间有待创新战略引领和创新项目塑造。应对全球金融危机和国内增长压力，昆明亟待构建科学发展、跨越发展新思维。

二、区域战略：城市的整体战略与要素体系是否具有国际竞争力

1. 区域经济国家战略，昆明泛亚腹地陆路干港大物流枢纽战略，综合保税物流示范区

整合空港产业基地、经济技术开发区、高科技产业园区，特别是泛亚铁路、城际高铁、区域高速移动网络枢纽等战略要素及生产性服务平台，构建中国东盟自由贸易区开放前沿南宁/昆明"蝴蝶"两翼双极新架构，创新中国腹地经济转型、沿边经济开放新模式。

2. 滇中 4+1（蒙自）城市群一体化，昆玉同城化新战略

构建滇中城市群大十字空间发展框架，昆玉蒙南北核心发展轴，昆明城市廊带组团新结构。

推动生态环境、城际交通、要素市场、产业集群、金融服务、贸易物流等统一规划和建设，优化空间结构、创新发展内涵、提升区域战略。其区域内部结构由中心垂直分工向廊带水平拓展，打破产业同构特征和地方配置要素的局限。

3. 飞地经济新战略，创建中国东盟跨境经济合作示范区

以滇中城市群为平台，构建 4+1 区域一体化新战略，通过昆蒙置换飞地等形式，在边境经济合作区及"境内关外"模式贸易区的基础上，特别是参与泛亚铁路国际黄金走廊发展空间的战略布局，及大湄公河次区域经济走廊合作战略，先行先试，合作创建河口跨境自由贸易示范区，构建昆明及中国陆路进入三亚（东亚、东南亚、南亚）、两洋（太平洋、印度洋）战略通道和开放前沿。构建中国西南开放战略节点、交通枢纽、门户和桥头堡。

4. 滇池新战略，构建以法律法规、专项基金、产业规划、政策机制等综合治理体系

出台地方性法规，构建滇池水环境科技产业示范区。

5. 存量调整、增量创新，战略结盟构建创新型产业集群，国际高等职业教育基地，文化创意产业发展基地，官产学研合作创新基地。

6. 构建大旅游品牌战略，打造昆明山水文化国际名城

以论坛会展、影视表演、主题公园等为代表的创意旅游经济。

以度假、健康、学习、创业为主题的混合功能创新型地产经济。

以农家乐为路径的采摘、度假、观光、创业等大休闲农业旅游经济。

三、对策与路径：组织开放式战略专家团队，参与主持区域经济国家战略的研发与构建，创新战略规划，以优化空间，项目落地为核心，设计组织综合解决方案

7

"十二五"新时期中国西部对外开放综合配套改革实验区战略规划（2011）

从历史上看，新疆历来就是东西方战略大通道和中国战略安全支撑平台，新疆通则世界通，新疆安则中亚安，新疆兴则中国兴！

一、从全球出发构建新疆顶层战略——欧亚大陆腹地战略枢纽

1. 欧亚大陆桥核心陆港

腹地陆路干港、国际空港、欧亚洲际高铁高速、欧亚光缆干线。

2. 泛中亚国际保税物流大通道

国际保税物流枢纽、泛中亚地区国际产业合作园区、全球生产性服务要素中心，新疆从战备防卫前沿转变为中亚、南亚、西亚等国际跨界合作前沿。

3. 中亚、西亚、南亚国际自由贸易区

中亚6+N国际贸易要素飞地，人民币自由贸易区、"境内关外"边境贸易区。

4. 中国国土空间陆桥轴西部战略增长极

中国西部大开发战略要素聚集区。

5. 国家主体功能区天山北坡战略城市群

乌鲁木齐、克拉玛依、哈密城市一体化，行政区划重构。

走非均衡式协调发展之路。

6. 中国周边区域性顶层战略落地安全支撑平台

上海合作组织等广泛国际合作，构建地区安全支撑平台。

7. 全球能源及新能源产业集群和战略安全保障创新基地

全球合作未来新能源安全基地。

8. 新疆，中国西部对外开放战略综合配套改革实验区

继北部湾、海西、图们江后，中国最重要的区域经济国家战略，以新疆重构支离破碎的亚洲，寻找亚洲新价值观和亚洲主体意识。

二、区位优势创新、空间布局创新，发展价值创新、增长内涵创新，构建叠加战略和综合解决方案

地处欧亚大陆纵深腹地的中亚区位十分险要，在全球战略安全中具有多重重要意义。中、美、俄等国一直都在争夺中亚，并互为最大的假想敌、最大的竞争对手、最大的合作伙伴。从现阶段看，中国的周边安全问题主要来自西藏、新疆、台湾、南海等方面。从长远战略看，印度、俄罗斯、日本等不可小觑，且关系重大。中国的崛起给世界带来一些对未来的遐想和忌妒，合作而不安。现阶段是中国周边战略安全挑战和机遇双凸显时期。特别是美国及其盟国在挤压中国战略空间，战略岛链、C 型包围，意在对中国国际通道进行封堵。

面对全球化和区域一体化，中国正在从经济和文化入手，以合作多赢、和平发展为理念，广泛参入新一轮全球经济机制治理，先后构建了东盟 10+1 自由贸易区、海西经济区、大图们江国际合作区等国家战略。中国在全球架构中，除太平洋出海口外，必须构建新的全球战略大通道，即东南亚、中亚、东北亚等全球新架构，其中中亚优势巨大，是中国国家利益全球化空间布局新战略核心节点。由于信息化的推动和要素短缺全球经济格局重心已经从近海、领空、岸线向蓝水、空天、腹地转移，争夺将愈演愈烈。

后金融危机时代，全球不得不共同面对危机和挑战，为深化合作提供了全新的可能。世界新格局正在交替转变。双边、多边、融合成为主流。特别是"十二五"时期，是中国构建欧亚腹地战略的最佳历史时期。中国出台的所有区域经济国家战略中，新疆国家战略（新疆，中国西部对外开放战略综合配套改革实验区）应该迅速出台，并排在前列。

从现在开始，20 年后塑造一个什么样的新疆，关乎整个中国未来，也必将对整个 21 世纪的全球经济格局和政治版图带来持续而深远的影响。

也只有沿海轴岸线开放和陆桥轴腹地崛起，中国才能真正形成"二龙戏珠，腾飞世界"的新格局。

8

辽宁沿海经济带大连国际自由港战略规划（2010）

"十一五"时期以来，受全球性金融危机影响，大连国际航运中心的地位正在面临严峻挑战，寻找大连的未来方向和可持续战略已提上议事日程。

超越辽宁沿海经济带架构，从全球竞争及国家周边战略出发，重构大连顶层战略，建设东北亚国际自由港。

一、大连正在"沉没"

大连看上去很美，航运中心、服装节、达沃斯、新领军——

其实大连正在面临"沉没"！

1. 生态环境从来没有像现在这样危急，生产性爆炸、溢油、排放等，恐慌性公共环境安全问题愈演愈烈。

2. 淡水资源短缺已严重影响发展和民生，百姓限水，农业断水，绿化争水，企业污水，寻找新水源及其路径已成为大连的世纪困惑。

3. 土地空间已成为城市发展的第一瓶颈，发展战略、产业布局、空间结构等面临重构，传统规划问题已经显现，要素倒逼，新制度设计迫在眉睫。

4. 公共安全已上升为城市发展战略，制度、机制、要素、路径、规划等等，均有待公共安全特别是突发性公共安全问题检验。

5. 产业结构调整问题亟待评估，代表政绩的 GDP 和代表城市未来之间的博弈还未见胜负。

6. 价值体系有待构建和创新，未来的竞争核心就是价值体系的竞争。

7. 航运中心竞争力失落。其左翼，丹东正在组织东北亚国际物流大通道，并积极组织腹地陆港战略，中国内贸集装箱的龙头老大中海集装箱运输公司与丹东港集团合作，启动了"丹东港长春站"中海集装箱海铁联运，这为东北东部各市打造了一条新的海铁联运物流大通道。其右翼，营口已经构建覆盖整个沈阳经济区腹地的陆路干港集团，并广泛组织区域性战略合作。天津作为环渤海地区的核心，青岛作为环渤海的国际港口城市都具有巨大的竞争力。

8. 中国周边国家战略及东北亚区域一体化国际环境竞争十分激烈。威化岛、黄金坪中朝合作特别经济区已经破土。国家战略大图们江国际合作陆港联运大通道正积极建设，并已经开通俄罗斯、朝鲜两处海上全球大通道。东

行政区划分析图

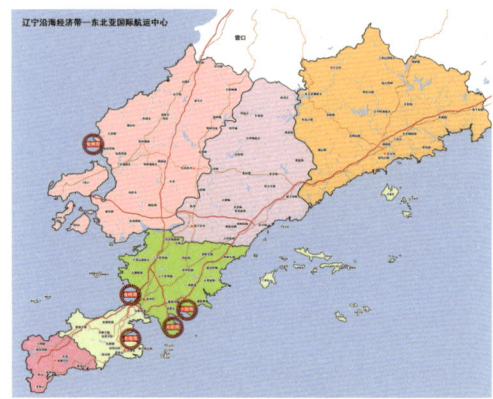
产业空间节点分析图

大连市"十二五"重点产业园区示意图

北东部1300公里"东边道"铁路、高速、海运、空运等物流大通道战略正在全力实施。绥芬河等东北东部17个开放城市与朝鲜、韩国、俄罗斯、日本等东北亚地区保税物流口岸建设正全面展开。目前，东北三省正在积极推进鸭绿江经济合作先行区的建设步伐。包括牡丹江、鸡西、延边、丹东等12座城市，已联合建立合作体系。将大大缩短东北东部入海的时空距离。以后货物无须从大连港绕远出海，只需要通过铁路或公路直达丹东港，成本大为节约。以"东边道"丹通高速为例，建成后两地里程将由现在的340公里缩短为249公里，行车时间将由原来的6小时缩短到3小时。

9. 大连在东北亚区域一体化过程中已经被全面封堵，在辽宁沿海经济带和沈阳经济区国家战略中已经被腹地截流。大连的区位优势正在失落，光芒已经暗淡。

二、重构大连顶层战略

1. 大连新机遇期

中国正在全力构建国家全球战略安全，特别是东北亚区域战略安全，以打破以美国为代表的传统西方势力岛链封锁和C型包围，而亚太地区的全球竞争，正表现为参与东北亚区域一体化的竞争。这一点中美框架协议已阐述得十分清楚。

作为中国东北亚战略前沿，大连必须重新考量自己的战略地位，调整自身在辽宁沿海经济带的整合方向和组织路径。

2. 大连顶层战略

中国参与东北亚区域一体化战略桥头堡；

东北亚自由港国际贸易航运综合实验区；

国家级生态可持续城乡统筹发展示范区。

3. 大连战略转型

大连应以制度设计为引领，以价值创新为内涵，组织叠加战略和综合解决方案，从制造业、重化工业等，向全球贸易物流服务业、现代服务业、高端服务业转型。构建全球制度创新高地，构建非资源型、低碳、环境可持续发展方式，构建全球综合竞争力。

三、大连产业结构设计——十大国际中心

1. 国际贸易物流航运中心；

2. 亚太创意产业发展中心；

3. 东北亚陆路干港组织中心；

4. 国际大宗商品定价交易中心；

5. 世界先进装备制造业研发中心；

6. 国际技术与人才教育交流与合作中心；

7. 国际论坛会展赛事组织中心；

8. 国际总部分拨配送服务中心；

9. 亚太国际转口贸易服务中心；

10. 东北亚金融服务与人民币国际结算中心。

四、借鉴全球成功经验

各国的自由贸易区在初创时由于条件不同，功能各异，管理水平也相差较大，但是经过几十年的竞争发展，各国自由贸易区的管理已逐渐趋向规范化。而且随着科学技术的进步，自由贸易区的基础设施和管理手段也大大改善，形成了各自颇具特色的管理体制。目前世界上四个主要的自由贸易区（阿联酋迪拜港自由港区、德国汉堡港自由港区、美国纽约港自由贸易区、荷兰阿姆斯特丹港自由贸易区）的管理机构权威性非常强。四国对自由贸易区管理机构授权上大体相近，都是港区合一，成立经联邦政府授权的专门机构，负责管理和协调自由贸易区的整体事务，投资建设必要的基础设施，有权审批项目立项。特别是着眼于自由贸易区与城市功能的相互促进，超前进行整体规划和建设，极富特色和成效，带动了周边城市经济发展，尤其是在金融、保险、商贸、中介等第三产业发展上成效显著。

五、重新寻找大连

大连必须走出辽宁沿海经济带架构，在全球范围内，在中国国家东北亚周边战略中重新寻找大连。

推动国家及全球战略层面的大连湾、金州湾、复州湾、大窑湾、小窑湾重构整合。

9

尚志东北亚陆港——中国绿谷新战略（2014）

大小兴安岭—长白山森林生态区和松花江—嫩江湿地生态区结构调整新战略

国家级有机高效农业综合配套改革试验区

一、十八大以来，中国经济空间治理格局正在进行新的战略重构

习近平总书记提出丝绸之路经济带、21世纪海上丝绸之路、京津冀协同发展和长江经济带国家战略及中美共建新型大国关系等，已成为中国全球布局及中国经济地理新的顶层战略。

跨区域规划、腹地崛起和全球布局成为显著标志。

二、黑龙江进入五大规划牵动新时期

2013年3月以来，黑龙江新一届省委领导努力找准这个边疆省份在国家发展大局中的立足点，经过反复论证和积极争取，《黑龙江省"两大平原"现代农业综合配套改革试验总体方案》、《黑龙江和内蒙古东北部地区沿边开发开放规划》相继获得国务院批复，加上此前黑龙江已参与的《大小兴安岭林区生态保护与经济转型规划》、《全国老工业基地调整改造规划》和《全国资源型城市可持续发展规划》，黑龙江发展迎来了难得历史机遇和最大政策红利。

黑龙江省省长陆昊说，现阶段，黑龙江省就是要从省情实际出发，以改革开放作为发展动力，以"五大规划"为全面深化改革的切入点，充分利用国家的政策支持，细化完善改革举措，抓好体制机制创新，形成政策叠加效应，牵动黑龙江改革发展向纵深推进。

规划先行，以规划为改革切入点，推动创新发展成为新一届政府施政的主要特征。

三、尚志正处在一个机遇和挑战并存的历史节点

"十二五"收官、"十三五"开局及2020年第一个中国百年梦倒计时，地方政府面临新一轮大考。

尚志作为中国"土改第一村"，走过暴风骤雨已经近七十年，从农民分得土地，到农民发家致富，这就是中国共产党100年来的最高理想。到2020年尚志能否率先实现小康对第一个中国梦将具有史诗般的象征意义。而当

前正是规划和布局的紧要关头。

尚志处在黑龙江区位空间战略——国家主体功能区、东北振兴、黑龙江战略等节点，具有混合功能区位优势。《黑龙江和内蒙古东北部地区沿边开发开放规划》中提出：绥满铁路沿线地区支撑带、沿边开发开放支撑带建设综合服务区、综合交通枢纽和发挥哈尔滨区域中心城市为代表的腹地支撑战略。而尚志名列其中，其区位优势得到进一步提升。

尚志应抓住全球岸线疲软，腹地支撑力量崛起的调整期，沿着自身的区位优势和资源禀赋进行战略构想，以区域战略规划进行整合与覆盖，以可实施落地项目为切入点，构建新一轮要素聚集战略平台，积极推动同哈尔滨一体化战略和副中心战略，进一步塑造区域优势，在黑龙江新一轮发展中赢得先机。

特别是，尚志应拿出更大的政治勇气和智慧，参入黑龙江新一轮对外开放战略，尽快启动《尚志东北亚陆港——中国绿谷新战略》，并尽快融入《黑龙江和内蒙古东北部地区沿边开发开放规划》。

四、以《尚志东北亚陆港——中国绿谷新战略》为战略抓手

数年前，时任黑龙江省省长的王宪魁到尚志考察就充分肯定了《尚志东北亚陆港——中国绿谷新战略》的初步构想。省长的态度非常明确：尚志只有拿出创新的规划和想法，才能获得省政府的支持。对此，黑龙江省发改委也曾进行过督办。早在 2011 年 6 月尚志市人民政府、中国未来研究会大战略研究会和宁波三生公司曾签署过战略合作协议，意在推动《尚志东北亚陆港——中国绿谷新战略》的规划设计与项目实施。而绝大部分被邀请的投资主体来尚志前也都要求首先了解尚志规划情况。

这些年的发展实践证明，由于战略规划缺失，已成为尚志向省市政府及市场资本传达诉求和战略合作，推动地方经济发展的瓶颈。而现在立即着手《尚志东北亚陆港——中国绿谷新战略》项目规划已经刻不容缓。十八大以来，中央政府已经出牌；2013 年以来，黑龙江政府已经出牌；尚志该出牌了。

以《尚志东北亚陆港——中国绿谷新战略》规划为抓手，参入哈尔滨一体化战略、参入省政府《黑龙江和内蒙古东北部地区沿边开发开放规划》新战略，参入中国创新，组织国家级示范，塑造战略项目平台和机制，对要素形成新的号召力，从而构建新的产业集群，形成新的战略增长极，推动更加广泛的就业和新型城镇化建设。

五、中国农业有机谷——尚志"十二五"新战略

1. 尚志"十二五"顶层战略

尚志中国农业有机谷，国家级有机高效农业综合配套改革实验区，中国现代农业战略安全制度设计。

（1）尚志中国农业有机谷，东北亚腹地有机食品生产及加工战略基地；

（2）中国东北（尚志）土特产品保税物流加工区；

（3）尚志，（哈尚牡绥）国际物流大通道陆路干港；

（4）亚布力全球有机食品发展与合作论坛，南有博鳌北有亚布力；

（5）尚志，以哈尔滨为中心（哈大齐—尚牡绥），黑龙江区域战略核心发展轴副中心城市，制度创新型战略增长极。

2. 国家及省市制度安排机遇期

（1）《全国主体功能区规划》为黑龙江，特别是尚志"十二五"发展提供了制度保障：

哈大齐工业走廊和牡绥地区。

该区域包括黑龙江省哈尔滨、大庆、齐齐哈尔和牡丹江及绥芬河的部分地区。

该区域的功能定位是：全国重要的能源、石化、医药和重型装备制造基地，区域性的农产品加工和生物产业

基地，东北地区陆路对外开放的重要门户。

——构建以哈尔滨为中心，以大庆、齐齐哈尔为重要支撑，以牡绥地区为对外开放窗口，以主要交通走廊为主轴的空间开发格局。

——牡绥地区要强化绥芬河综合保税区功能，重点发展进出口产品加工、商贸物流、旅游等产业，建设成为重要的国际贸易物流节点和对外合作加工贸易基地。

——发挥区域生态优势和资源优势，建设绿色特色农产品生产及加工基地，推动规模化经营，提高农产品精深加工和农副产品综合利用水平。

（2）《黑龙江省国民经济和社会发展第十二个五年规划纲要》

实施"十大工程"，建设"八大经济区"新战略，其中特别强调："充分发挥向北开放优势，以哈尔滨、牡丹江为支撑，以绥芬河、东宁等边境口岸为节点，以内陆市县为依托，推进单向贸易向双向贸易转变，加快建设双向加工基地，提高进出口商品本地加工转化率，打造全国向北开发开放桥头堡、先导区。"

"加快优势资源整合，打造国际知名品牌，培育壮大粮食加工、畜产品加工和特色食品加工产业，建设具有国际竞争力的绿色食品加工基地，做强绿色食品工业。"

3. 抓住战略发展机遇期，构建中国农业有机谷

（1）中国农业发展的主要问题是环境、土地、资金、人才、技术等问题，但解决的关键是以制度安排为引领的价值体系、战略路径、发展机制、组织结构等一系列创新问题。以尚志为核心，以大小兴安岭—长白山森林生态区和松花江—嫩江湿地生态区为支撑，构建中国农业有机谷，从战略层面参入国家主体功能区结构调整，优化区域产业结构，推动现代农业走生态、绿色、有机、高效发展之路，确保国家生态安全、黑土地安全、食品安全和农业战略安全，推动区域城镇化建设和农民持续增收，引领中国农业科学发展，可持续发展。

（2）推动黑龙江从传统的资源型农副产品生产基地，向现代产业型农副产品精深加工及其装备制造基地转型。从传统的产地农业组织模式，向制度、机制、科技、人才、思想、资本、贸易及教育、品牌、网络、枢纽、平台、研发、标准、价值等，高端混合要素创新配置的，生产性、服务性、创新性、集成性中国现代农业战略安全支撑平台转型。组织构建中国现代农业创新制高点和全国主体功能区结构调整示范新战略。构建外向型物流大通道、服务型网络大枢纽、总部型国际大品牌、贸易型定价大市场。

4. 尚志的战略优势

（1）在黑龙江及哈尔滨战略规划中，尚志凭借对俄贸易大通道和国务院批准建设的哈东地区唯一副中心城市的区位优势，成为黑龙江核心发展轴（哈大齐—尚牡绥）"开放效应"和"隆起效应"最强的腹地节点城市。

（2）尚志凭借独特的生态环境和丰富的资源禀赋，一直是中国东北乃至东北亚地区农副产品、土特产品、绿色产品、自然产品的最核心产地，和黑木耳、浆果、黑珍珠等传统品牌的原著地理标示。

（3）新时期以来，尚志经济社会的快速发展和区域基础设施的建设，为高起点建设中国农业有机谷提供物质上的保障。

5. 尚志中国农业有机谷核心项目设计

（1）中国有机高效农业第一示范区、东北亚腹地有机食品生产及加工战略基地；

（2）中国东北（尚志）土特产品保税物流加工园区，有机食品大产业化大规模化支撑平台；

（3）尚志（哈尚牡绥）国际物流大通道陆路干港，东北亚腹地现代农业产业大物流枢纽，大宗集装箱物流通关干港；

（4）亚布力"全球有机食品发展与合作论坛"，中国有机食品产业总部基地，制度、法律、品牌、标准、网络中心；

（5）世界食品安全与科技研发推广中心，全球产学研基地，农业部农产品国家检测中心；

（6）世界农业安全技术教育培训中心，中国农业安全人才支撑平台；

（7）中国农业战略安全发展基金，以金融为中心的生产性服务平台；

（8）尚志，黑龙江（哈大齐—尚牡绥）核心发展轴副中心城市建设。

6. 发展路径创新

（1）以制度创新为引领，组织国家区域示范和先行先试先导大战略。

（2）设计顶层规划，组织叠加战略，实施综合解决方案。

（3）全球交流与合作，要素、思想、人才、技术、机制、资本等再配置。

（4）整合碎片化概念，进一步提升区位战略优势。

（5）战略项目塑造，战略要素聚集，抓好重大事件经济，国家示范号召力经济。

7. 建设《中国农业有机谷》的战略意义

（1）中国农业有机谷建设，将成为黑龙江后金融危机时代，结构调整、区位优化，实施"十大工程"，建设"八大经济区"的战略抓手和发力平台，将成为黑龙江东北亚区域开放战略新优势，将成为黑龙江东部新的战略增长极。

（2）设立中国东北（尚志）土特产品综合保税物流加工区，将极大推动黑龙江第一战略发展轴东段（哈尚牡绥）的迅速隆起，与绥芬河保税口岸形成优势互补、构建边—腹互动深入开放新格局。将促进黑龙江乃至中国东北地区与俄罗斯的开放合作，有利于将黑龙江东部经济区打造成为重要国际经济合作区，中国—俄罗斯区域性物流基地、商贸基地、加工制造基地和信息交流中心。

（3）建设尚志陆路干港，主要取决于干港的两大功能，即交通干线功能和口岸开放功能。尚志目前已经具备了重要的交通干线功能，如果能够与口岸功能结合起来，尚志将如虎添翼，大大提高其干线功能的"综合效应"、"隆起效应"、"互动效应"，反过来会进一步促进绥芬河边境口岸区位功能的战略提升。

（4）组织亚布力"全球有机食品发展与合作论坛"，将成为黑龙江制度经济、论坛经济、创新经济及冰雪旅游的顶层战略和引领项目，是黑龙江全球开放的窗口，对塑造黑龙江全球影响力、国际竞争力具有战略意义。

10

环渤海区域一体化制度设计
——"十二五"时期陆路干港大物流新体系战略规划（2011）

一、背景分析

1. 国际市场

2006年11月6日，韩国釜山举行联合国亚太经济和社会理事会交通部长会议，联合国副秘书长、亚太经社理事会执行秘书长金学洙指出，亚洲拥有世界60%的人口和26%的国内生产总值。亚洲的经济发展对高效的交通运输系统提出了史无前例的要求，世界上30个为陆地所包围的国家中有12个在亚洲。与此同时，亚洲也拥有世界上前20大集装箱货运港口中的13个。但是亚洲严重缺少"干港"，即内陆货运集散中心。亚洲目前的"干港"不到100个，而欧洲有200个"干港"，美国有370个。

2. 国内市场

据干港敏感需求区位的大连研究，大连大窑湾保税港区是东北三省和内蒙古自治区的保税港区，应通过合作共建，以资本为纽带，不仅要在沈阳、长春、哈尔滨等一级节点城市建设干港和保税物流中心，还要研究在锦州、丹东、营口、延吉、通辽、满洲里、绥芬河、珲春、黑河等一些二、三级节点城市建立干港和保税物流园区。目前，沈阳保税物流中心已获国家批复，发挥沈阳在哈大经济主轴线的重要节点作用。应当看到，锦州、通辽、丹东、延边、齐齐哈尔、佳木斯、牡丹江、海拉尔、鞍山、辽阳、营口、盘锦、本溪、抚顺、赤峰、四平、通化、图们、珲春、大庆、绥化、绥芬河、黑河、满洲里等腹地物流节点城市资源丰富，但还缺乏整合，缺乏好的规划，物流基础设施比较薄弱，而保税物流网络建设提供了新的发展契机。要通过保税物流网络覆盖范围的扩大，推广相关优惠政策至内陆保税物流节点，为腹地提供快捷保税物流服务。"属地申报、口岸验放"、"提前报关、实货放行"等系列新型区域通关措施将为内陆保税物流的发展提供政策扶持。通过简化区域通关手续，节省货物中转费用、通关操作费用等，可使东北以及内蒙古东部经济腹地享受同等的保税物流服务。应在加强通关体系建设的基础上，以推进海铁分拨快列为突破口，继续创新内陆干港运作机制，进一步降低东北地区集装箱陆路运输成本，对标准集装箱运输车辆高速公路通行费给予适当优惠，构筑"点"（内陆干港）"线"（集装箱班列）结合，车船互动、海铁衔接的东北物流主廊道。通过保税功能向节点城市的延伸，建立保税物流的绿色通道，促使各地物流再定位。各地政

区位分析图

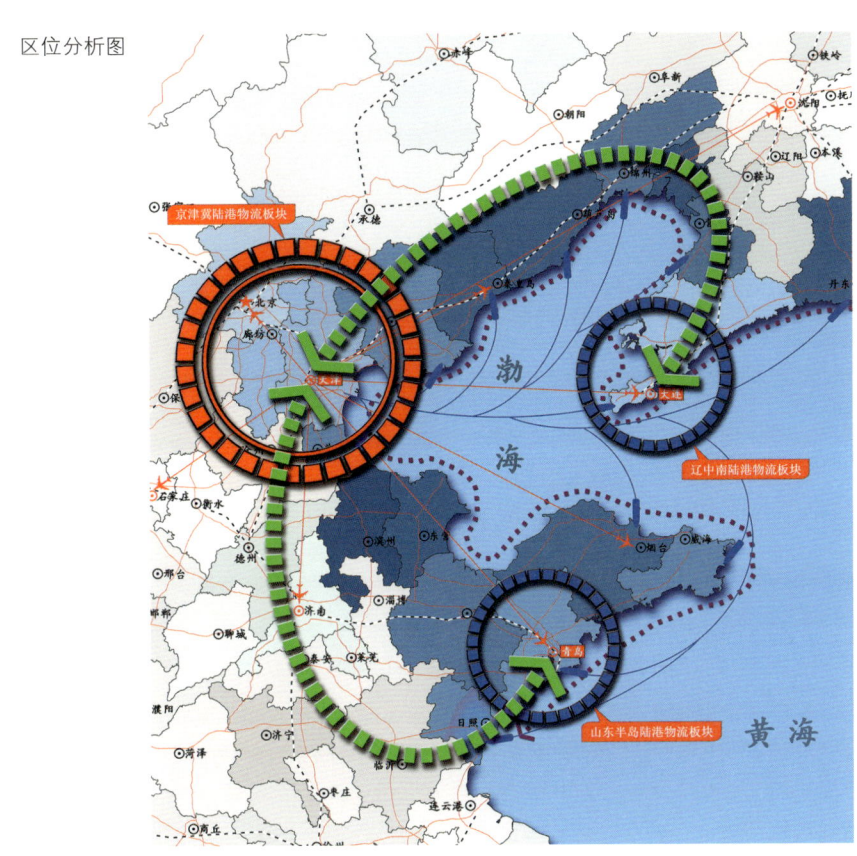

府应大力支持保税物流园区建设，形成大连保税港区同区域枢纽紧密连接、节点城市各司其职、依据自身资源状况、运输状况、人员状况等发展区域物流的局面。要打破原有地域局限，通过保税功能的深入和有效实施，实现区域资源便利共享和区域经济的协调、合作与共赢、共兴。

二、机遇挑战

1. 基于国家主体功能区规划，环渤海优化开发区域位于全国"两横三纵"城市化战略格局中沿海通道纵轴和京哈京广通道纵轴的交汇处，包括京津冀、辽中南和山东半岛地区。该区域的功能定位是：北方地区对外开放的门户，我国参与经济全球化的主体区域，有全球影响力的先进制造业基地和现代服务业基地，全国科技创新与技术研发基地，全国经济发展的重要引擎，辐射带动"三北"地区发展的龙头，我国人口集聚最多、创新能力最强、综合实力最强的三大区域之一。

2. 国家优化开发区域的功能定位是：提升国家竞争力的重要区域，带动全国经济社会发展的龙头，全国重要的创新区域，我国在更高层次上参与国际分工及有全球影响力的经济区，全国重要的人口和经济密集区。国家优化开发区域应率先加快转变经济发展方式，调整优化经济结构，提升参与全球分工与竞争的层次。

中国以区域为格局的，以国家主体功能规划为内涵的，结构调整以进入顶层设计阶段。

3. 环渤海区域以生态环境，资源禀赋为支撑条件的快速发展，已到了无法持续，非转型不可的历史瓶颈时期。环渤海的主要问题是：产业结构问题严峻，资源型产业比重偏大，土地、淡水、能源等战略资源已经对发展构成阻碍，排放等环境污染世纪问题愈演愈烈，渤海变成死海只是时间问题。交通拥堵，垃圾围城等城市病已无法根治，快速发展问题严重，慢速发展问题则更加严重，其两难主要表现在发展价值和理念方面，经济均衡，平稳，可持续发展已超越政府，成为全社会广大人民的诉求。

4. 环渤海作为中国最大的城市群和经济地理结构，竞争大于合作，资源效率问题严重。区域协调发展，要素优化配置，走区域一体化发展之路，是环渤海国家主体功能区战略的重要路径。而区域交通物流网络一体化则是一个战略突破口，和各个行政区划都有强烈诉求的领域。在这方面，环渤海地区还存在着广阔的合作空间。

三、战略路径

1. 环渤海陆路干港大格局

从全球竞争和区域一体化出发，构建以天津为核心，青岛、大连为两翼的环渤海陆路干港组织枢纽和物流总部集聚组团。以丹东、营口、锦州、葫芦岛、秦皇岛、唐山、黄骅、烟台、威海、日照等为平台，构建京津冀、辽中南和山东半岛地区三大陆港物流板块。以岸线为依托，以腹地为支撑，打造包括铁路、高速、空运、海运等为一体的快速便捷区域物流大通道。

2. 以制度设计为引领

以战略规划和制度设计为引领，推进区域陆港保税物流等政策的转移实施和生产性服务，现代服务均等化覆盖。推动环渤海区域规划、政策、机制、信息、金融、人才、服务等一体化。实现产业链、供应链、价值链等在区域平台更大的格局中实现调整和转型。

3. 组织国际自由贸易区

参入国家周边战略，推动东北亚一体化组织进程。特别是推动辽宁沿海经济带，山东半岛蓝色经济区等，发挥区位战略优势，面向东北亚组织国际自由贸易区和国际自由港，推动环渤海陆港国际化进程。

四、借鉴经验——美国自由贸易区介绍

美国建立对外贸易区的主要目的是鼓励美国公司开展出口贸易。1991年10月美国对外贸易区管理局发布新条例，对对外贸易区的通用准则、制造和加工活动的审查标准和程序，申请方式等做了具体的规定，为对外贸易区的活动提供了新的法律框架。该条例于1991年11月正式实施。

1. 对外贸易区的优惠政策

(1) 对外贸易区为美国出口商提供国产税回扣或退税的优惠，凡进入贸易区的货物，经海关确认为出口商品，出口商可以享受国产税回扣或退税的待遇。一般来说，从对外贸易区出口的货物有6类：

①通过对外贸易区转口第3国的外国货物；

②外国货物在对外贸易区加工后，再转口外国；

③外国货物在对外贸易区与美国原材料或零件混合加工或组装后，再出口；

④全部利用外国原材料在对外贸易区生产并出口的货物；

⑤外国原材料与零件在对外贸易区内结合生产并出口的产品；

⑥通过对外贸易区的美国货物。

前5类货物中的外国货物或原材料，不管是保持原状，还是已经加工或增值都免征关税。联邦货物税和州及地方的存货税，也不受配额限制。同时，外商可利用区内的设施向其他国家和地区推销商品，也可以在区内对产品进行再加工以满足市场的特殊需求。

第6类美国货物进入对外贸易区，视同出口，按有关规定可退还已征收的货物中外国原材料或零件的关税，并可申请退还进口货物联邦货物税。出口商还可以把有缺陷的零部件运进对外贸易，然后把它销毁，仍可视同出口

而申请退税。由此可见，对外贸易区主要是通过减免、退还工业制品中外国零件或材料的关税，或联邦货物税来降低出口成本，提高其在国际市场的竞争力。

对外贸易区获益最大的是技术密集型产品。美国商会提倡通过对外贸易区进一步提高计算机、机床、保健用品、通信设备、汽车、航空、工艺设备等商品的竞争力。

（2）对外贸易区为出口商提供完善的设备

包括水陆空运输设施、装卸设施、储存设施和生产加工设施。对外贸易区还为出口商陈列展销货物。如果出口商认为对外贸易区不能满足其特殊加工需要，还可申请使用附属贸易区。附属贸易区是与对外贸易区分开的专业性贸易区，通常供某出口商单独使用，它配备了工业设备厂房等，以满足某种特殊需要。

（3）对外贸易区提供良好服务，仅收取低廉的管理费用

美国国会认为，有关领导机构对对外贸易区进行管理和监督的目的，是为了向使用者提供优质服务。例如，对外贸易区管理局对使用区内设施规定统一的收费标准，不准经营者或管理者乱收费，以免损害使用者利益。

由于美国对外贸易区向出口商提供优惠的待遇，其业务得到迅速发展，尤其是区内的装配、加工制造业发展更快。目前美国80％的制造商利用对外贸易区开展加工出口业务，对外贸易区已增加到180多个，遍及全美30多个州。对外贸易区的发展，提高了美国的就业率，给外国转口商和美国出口商带来了实惠。拟在美国扩展和开拓贸易销路的外国出口商，可以把货物运到美国对外贸易区无限期存贮，等候美国或邻近国家出现有利行情。等待期间无须办理报关手续，无须缴纳关税或捐税，也无须缴纳保证金。

依法运到这些对外贸易区的货物，可以贮存、出售、展览、拆散、重新包装，合并，分散、拣选、分等，与外国或本国商品混合，或以其他方法处理或制造，借此得到的商品可以出口，也可以转入海关。外国货物按照进入对外贸易区时的原样或在对外贸易区加工后转入美国海关时，必须存入关栈。在处理或制造前处于特惠地位的进口消费品，将依照外国商品进入对外贸易区时的状态评定关税；在加工前处于非特惠地位的消费品，将依照其进入市场供消费用时的状态评定关税。

2．对外贸易区的特点

对进入美国市场的外国商人来说，对外贸易区的重要特点是他们可以把货物运到市场的门口，有把握做到立刻交货，并可避免在行情看跌后因装运延误而被取消订单。

在区内混合使用国内和国外原料制造产品时，不必把国内原料运往海外供制造之用，也不必付税或保税把外国原料运入美国。对这样加工制造的外国货物而言，只有从对外贸易区移出并报关进入美国市场销售的货物中所含的外国货品才需缴纳关税。

对外贸易区的另一个特点，是厂商在区内有展览商品的权利。区内的设备可用来举行外国商品展览会，无须保税，展览时间没有限制，也没有必须运送出口或缴纳关税的规定。因此，区内货物的货主可以在货物存贮的地方把货物陈列出来，设立自己的陈列室，或联系其他进口商在这区内所设立的永久展览场里陈列其货品，还可以出售存货。

已送入海关的外国货物，如没有以任何方式进行足以使它在美国关税分类中起变化的处理及制造，可由货主呈海关分区主任决定其纳税情况和结关。货物在对外贸易区内进行处理或制造，还可以节省开支。如抽干水分，清理包装，这样取出的水分、除去的污物、损坏的物品等就可免去纳税，减少费用。

如果把未装配或拆卸后的家具、机器等运到对外贸易区装配，就可以节省运费、关税和捐税。除了标记或标签外，其他一切都合标准的商品可以在区内重加标记或标签，以符合进入美国市场的规定。但容易使人误解的重加标记或标签工作不准在区内进行。

3. 建立通用对外贸易区的基本方法

如果某公司准备将对外贸易区设立在某个州内，经该州法律准许，该公司可申请将对外贸易区建在进口港区内。合营公司有优先被核准建立对外贸易区的权利。在申请中必须有对外贸易区服务需求方面的证明和对外贸易区的可行性计划。

对外贸易区的周边范围为 60 海里。如果某个进口港区项目，但申请者又继续表示需要建立另一个对外贸易区以便于贸易服务。迄今为止，美国已有 310 个指定的海关进口港，其中一半以上有对外贸易区的项目。

4. 建立分区的准则

当通用对外贸易区的公用场所不能满足用户的需要时，准许建立分区作为通用区的附属区。分区一般建在制造厂内。建立分区的申请者要提供有重要公共利益的证据。

5. 对加工和制造活动的审查标准和程序

审查对外贸易区活动的一般法规准则包括对是否具有公共利益的认定。而对外贸易区管理局对制造活动进行审查的标准是：在认定将来和现在正在进行的制造活动具有公共利益之后再做出决定。该标准还用于对外贸易区活动监控，以保证授权和预期目标的实现。

6. 申请方式

申请者在提出建立对外贸易区或分区的申请时，需要 5 件证物的证明，同时还应提供非常详细的正当经济理由。

从申请者提出正式申请之日起，在 1 年内须对其申请进行审查。

在审查现有对外贸易区和分区变化情况时，负责进口的有关部门在没有政策和产品问题的情况下，可以做出"快行道"决定，这将有助于放宽那些旨在出口或没有关税转化问题的新的制造活动。

7. 主要对外贸易区简介

（1）纽约 1 号对外贸易区

位于美国纽约市以西的自由贸易区，面积 2.23 万平方米。开始经营状况不好，后来改为私人公司经办，由于经营得当，很快发展起来。其业务范围主要有转口、仓储。区内允许对货物加工处理、改装、包装、分类、标签等。进入区内的货物一大半来自海运，一小半来自空运。

（2）新奥尔良 2 号对外贸易区

位于美国南部的路易斯安那州墨西哥湾密西西比河河口的自由贸易区，由新奥奶港口主办。占地 7.7 万平方米，区内有仓库和加工设施。有 100 多家公司的货物通过该区转口，最多的是日本的公司，其次是美国当地公司，区内以转口高价产品为大宗。

（3）圣弗朗西斯科 3 号和 3 A 号对外贸易区

位于美国西部加利福尼亚州太平洋沿岸的自由贸易区，由圣弗朗西斯科港口委员会主办。对外贸易区设在圣弗朗西斯科港口停泊处的第 19 号码头和第 23 号码头，占地 2.1 万平方米，还设有一个专用附区。

（4）麦克艾林 12 号对外贸易区

位于得克萨斯州南部，紧靠墨西哥边境，由麦克艾林贸易公司主办。工业用地 16.2 万平方米，石油管从墨西哥油田取道该区伸进美国境内。美国设置该贸易区的主要目的，是利用它与墨西哥交界、贸易往来频繁的优势发展贸易，同时也发展加工制造业。麦克艾林与墨西哥境内一个城市仅有一线之隔。美国允许美国的厂商在墨西哥这个城市制造商品并免税运往国内，这就大大刺激了美国厂商的积极性。

（5）埃弗格莱兹港 25 号对外贸易区

位于美国佛罗里达半岛的大西洋沿岸，由港务局专员局主办。占地 105.2 公顷，区内设有仓库 33.2 公顷。是以拉丁美洲为主的转口市场。远东及西欧出产的消费性民用产品、罗马尼亚的窗玻璃、法国的烟草产品、奥地利和意大利的酒类、葡萄牙的鞋类、韩国的轮胎等均利用该贸易区转口。该区收费低廉，对外商有较大的吸引力。

（6）迈阿密 32 号对外贸易区

位于佛罗里达半岛南端的大西洋沿岸，迈阿密机场以西的自由贸易区，属迪友迈阿密对外贸易公司主办。该区拥有 5574 平方米的货仓和一个占地 1.2 万平方米的展览广场。有约 100 个客商利用该区做拉丁美洲市场的转口生意，产品以珠宝、化妆品、电子产品、服装为大宗。

（7）马亚圭斯对外贸易区

位于加勒比海大安得列斯群岛，是的波多黎各岛（美）西部的自由贸易区，以经营制造业为主要业务。有 16 个国家在该区投资设厂，产品主要为药品、服装、棉布、肉类及食品等。美国在该区投资不需缴纳美国联邦税。利润内均可豁免 90％ 的地方税及国有税、房地产税、私人物业税及市政税，其后 5 年还可豁免 75％，其他许多税项也可免交，是世界上给予投资者最优惠待遇的自由区之一。

11

内蒙古宁城生物质能源产业基地总体规划
——区域性产业扶贫重大示范项目（2011）

宁城"十二五"可再生能源战略项目

热水生物质能源产业基地

节能环保／绿色低碳／服务中国三农

1+N 个计划

一、背景

内蒙古宁城地处内蒙古、河北、辽宁三省区交会要地，农业生产以玉米为主导，高温地热资源十分丰富，农业产业化亟待创新，农民增收，环境保护迫在眉睫。

二、国家产业政策主导

在后金融危机时代、国际油价跌宕起伏的时代背景下，节能减排与新能源战略已上升到从未有过的国家安全高度，从传统能源到新能源，已成为当前中国一场空前的产业革命。起源于 20 世纪 70 年代的生物质发电技术，经过数十年的发展已趋成熟，并越来越受到世界各国的重视，秸秆发电技术已被联合国列为全球重点推广项目。

从 2004 年开始，中国生物质发电得到快速发展。至今，国家和各省发改委已核准生物质发电项目 87 个，总装机规模 220 万千瓦，在全国约 20 个省份已开工建设约 50 个直燃秸秆发电项目。到 2010 年底，中国生物质发电装机预计将达到 550 万千瓦。

三、大产业链发展路径

环境友好型，资源节约型，绿色发展。

生物质能源产业，贯穿一、二、三产业，是资本密集型、劳动力密集型、技术密集型、制度密集型、要素密集型等创新性产业，综合效益巨大。其业态包括：技术研发、装备制造、运输物流、燃料加工、并网发电、甲肥制造、就业培训、农民增收、流域治理、土地开发、生态景观、旅游度假、温泉小镇、养生度假、有机农业、休闲农业、信息咨询、金融服务、低碳交易、新农村建设等。

四、项目空间结构组织

规划范围：以热水镇为核心，规划面积约 30 平方公里。

空间结构：以热水河为核心发展轴，以谷地、台地为功能平台，一轴双组团空间结构。

一轴：水岸生态景观轴。

包括交通、水系、绿化、景观等及基地办公、员工居住、生产服务、信息咨询、职业教育等。

双组团：生物质能源产业基地组团，包括研发、制造、加工、物流、仓储、发电、甲肥、工业旅游、工业博物馆等；温泉小镇度假养生组团，包括旅游、度假、养生、会议、论坛、地产、酒店等。

五、产业基地发展制度创新

国家级农业综合配套改革实验区、国家级可再生能源示范基地、国务院扶贫办产业扶贫示范项目；

内蒙古县域经济新的增长极。

六、项目开发机制综合设计

热水河小流域综合治理、一级土地开发、热水资源梯次综合利用、新农村建设、市级热水生物质能源产业及旅游产业开发园区。政府主导、统一规划、市场操盘、分期开发。

七、绿地投资主要经济指标

1. 生物质能源产业基地

规划用地：1500 亩；

投资规模：40 亿元人民币；

建设周期：1/2/3 年。

2. 温泉小镇

规划用地：1500 亩；

投资规模：5 亿元人民币；

建设周期：1/3/5 年。

3. 水岸发展轴

规划用地：5000 亩；

投资规模：2 亿元人民币。

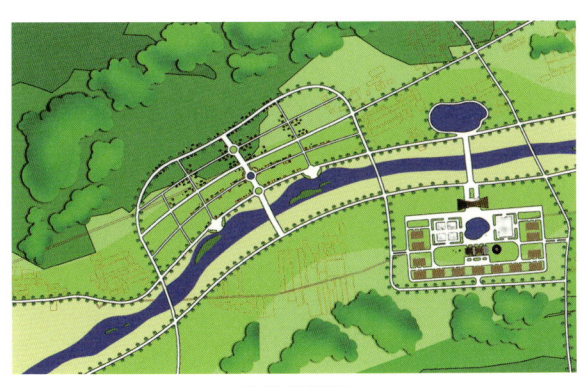

交通组织图

城市设计

城市设计

八、可再生能源基地综合效益分析

1. 项目建设规模

项目建设总投资 40 亿元，建设规模为 40 台 75t/h 次高压循环流化床锅炉，和 40 台 15MW 单轴供热机组。总装机容量为 60 万 kw。

2. 直接经济规模

年发电量为 36 亿 kw·h，每度电为 0.75 元，年直接经济规模为 27 亿元。

3. 年上缴税额

年上缴税额 6 亿元左右。

4. 直接就业人数

电厂直接就业人数为 3000 人，物流、仓储、产业性服务人员为 10000 人。

5. 产业辐射面积（半径）

秸秆收集半径 100~300 公里。

6. 年农民直接收入

每亩产 0.7 吨秸秆，每吨秸秆 500 元左右；

7. 年农民总收入

年发电量为 36 亿度所需秸秆 400 万吨，年农民总收入为：400 万吨 × 500 元 = 20 亿元。

8. 年直接减排

年发电量为 36 亿度，相当于节约标准燃煤 200 万吨，直接减排 CO_2 约 45 万吨，SO_2 约 18 万吨，粉尘约 16200 吨。

9. 年间接经济规模

依照大产业链，产业基地及产业集群带动，其经济效益、社会效益、环境效益十分巨大；是一场新时期中国结构调整，方式转变，应对全球挑战主导下的农业产业革命。

区内建筑用地现状分析

区域生态要素分析

区内交通现状分析

区内建筑用地现状分析

12

大棋盘山总体规划（2007）

一、项目背景

沈阳是东北地区最大的中心城市，地处东北经济走廊和环渤海经济圈交会节点，具有重要的战略地位。以沈阳为中心，半径150公里的范围内，集中了以基础工业和加工制造业为主的七大城市，构成了资源丰富，结构互补性强，技术关联度高的辽宁中部城市群。沈阳经济区在此基础上于2004年初提出。

地区经济的战略背景是经济全球化、区域一体化、城市国际化。区域城市，是一百年来世界城市化运动中最为重大的概念。它深刻地反映了城市发展的聚集与扩散运动，也是集约经济的必然结果，而城市群、城市圈、城市带的不断形成和发展也正在深刻影响着世界未来的经济走向。21世纪，由于产业信息化、技术知识化、市场一体化、资源配置全球化等因素进一步加速，使得资本流动和产业转移进入了新一轮高潮，从而使城市进一步表现为强烈的区域特征，即只有以区域优势和城市圈优势形成集聚竞争力，才有可能抓住机遇，赢得未来挑战。

二、现状分析

从目前棋盘山旅游产业内涵看，还停留在初级和传统阶段，尽管2006中国沈阳世界园艺博览会的开办，但观光产品和门票经济、假日经济、季节经济等仍然是其产业的主要特征，长期以来产业链封闭，参与性不足，度假战略不突出，商业业态及城市混合功能严重缺失，经济增长方式单一。土地开发模式、项目功能内涵、城市推广机制、产业增长方式等方面都亟待改革创新。体制机制改造，产业结构调整已势在必行。

从沈阳经济区及全球旅游资源分析，棋盘山区位意义重大，但山水条件平凡，发展路径和对策的关键只有创新，其着眼点不是山水而是文化。

三、城市定位及产业业态设计

通过产业集聚和连绵，构建大棋盘山旅游产业链和产业集群，形成以旅游度假为主题，以城市混合功能为补充的创意城市组团。集旅游度假、餐饮娱乐、文化创意、风情体验、现代服务、知识信息、会议展览、教育咨询、人才培训、科技研发、休闲居住、卫生疗养、生态环境、城市配套、旅游地产、影视基地等都市创意产业，特别是观光农业、特色农业、产权农业、分时农业、商标农业、都市农业、采摘农业、养殖农业、庄园农业、绿色农业、

沈阳方向

沈阳方向

沈阳方向

交通结构及网络分析图

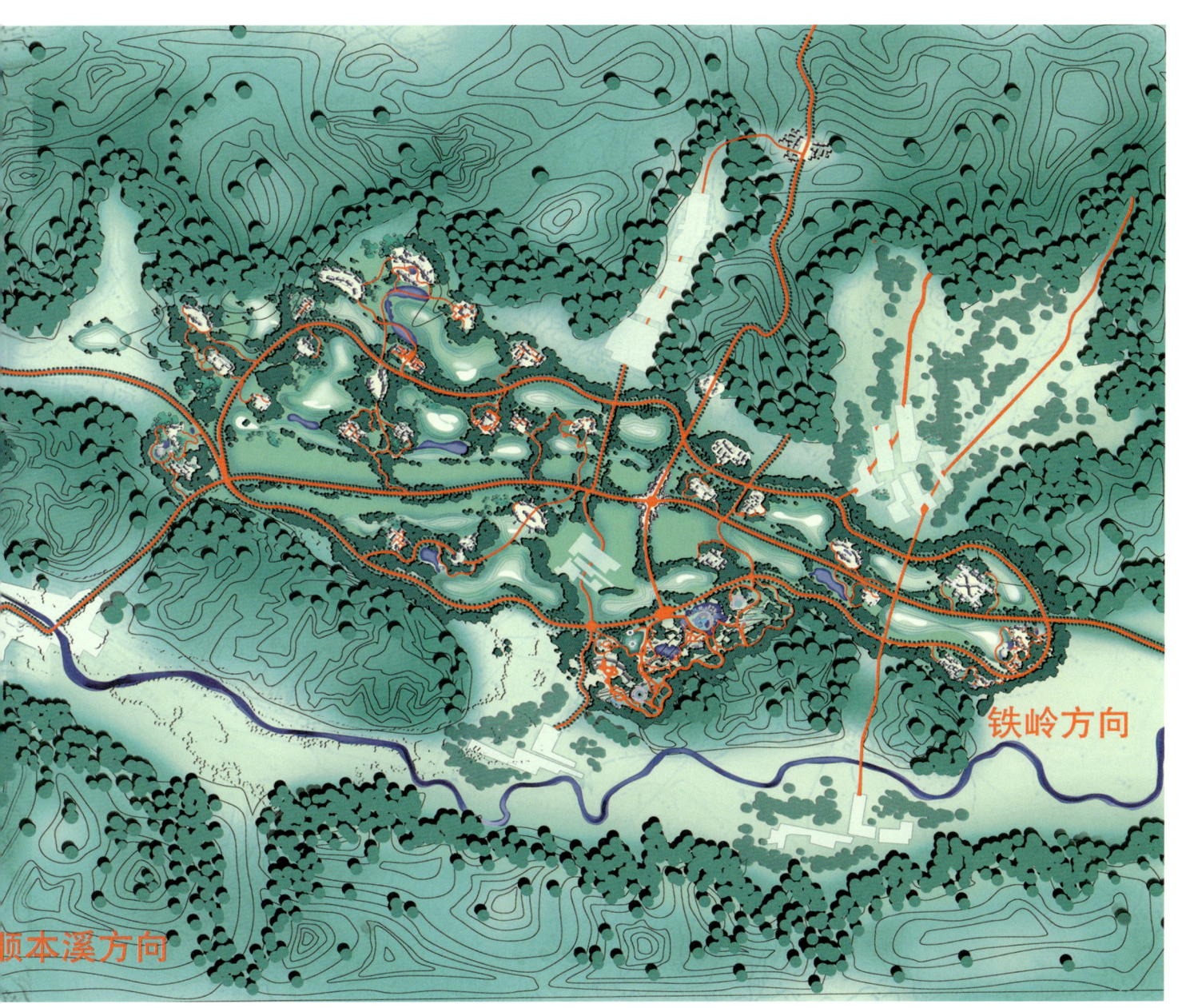

顺本溪方向

铁岭方向

51

花卉农业、订单农业等为一体的东北亚地区旅游、文化、农业创新之城。

四、空间结构设计

1．环湖沿山、轴向发展、组团连绵、廊带结构；

2．双轴线—山水景观轴、交通发展轴；

3．双景观—秀湖公园景观、森林公园景观；

4．双组团—水城组团、高尔夫组团；

5．双节点—岸线节点、山地节点。

五、城市形态设计

生态空间、自然脚印、山水栖息、人文村落。

六、开发理念

改变市场结构，重建市场和产业边界，为买方提供创新价值，为卖方设计多赢项目和增长机制，为政府规划战略产业平台，创造有活力可持续的旅游度假产业蓝海。

七、核心理念

1．大格局／大概念／大品牌；

2．人文精神／科技智慧／生态理念；

3．突出主题概念／关注场所精神／构建区域战略。

景观节点及开放空间结构分析

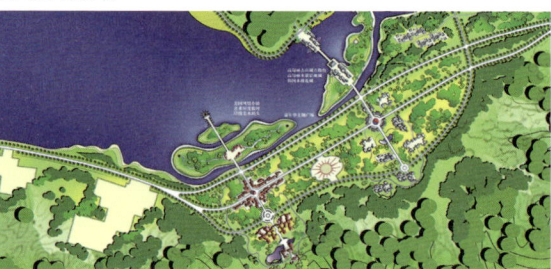

水城组团平面图

八、环境概念结构

双环双廊双景观:

双环——环湖 / 环山;

双廊——交通走廊 / 山水走廊;

双景观——森林公园风景区,秀湖风景名胜区。

九、混合开发模式

1. 国际大品牌塑造模式;

2. 城市轻轨、景观大道交通走廊引导开发模式;

3. 创新旅游主题产业模式;

4. 一级土地整理战略开发模式;

5. 混合业态综合效益模式;

6. 全球整合战略资源模式;

7. 国内外多元资本参与构建模式;

8. 社会主义新农村建设示范带动模式。

十、城市增长方式

1. 以人为本,经济、社会、环境和谐发展;

2. 城市、农村区域统筹发展;

3. 产业结构调整、空间结构调整、环境结构调整;

4. 综合增长、可持续增长。

十一、项目发展概念

以东北亚经济圈及全球产业调整转移为背景,以东北振兴及"十一五"规划战略为机遇期,整合沈阳区域经济战略资源,特别是棋盘山秀湖风景区、森林公园、世园会等两带三区旅游资源,依托秀湖及河谷上游约15平方公里走廊地带,以"棋盘山世界大师风情村落之旅"为战略概念,以社会主义新农村建设为重点,构建主题性、国际化、大品牌旅游娱乐,休闲度假胜地,及环球风情景观建筑长廊,形成东北亚乃至世界独具魅力和创新精神的旅游度假目的地。

十二、组团功能

1. 水城组团

(1)嘉年华主题广场:环湖大型活动核心广场、开放空间节点;

(2)美国风情小镇、五星级度假村:环湖混合业态、城市功能节点;

(3)大公交、轻轨、码头:环湖移动网络交通组织节点;

(4)小镇、灯塔、水寨:环湖地标景观节点;

(5)岸线、小岛、湖泊、河流:环湖山水生态节点;

(6)水街、船坞、水城:环湖亲水功能节点。

2. 高尔夫组团

(1)环球主题公园:游乐活动节点;

(2)高尔夫小镇、山谷教堂、广场:城市空间节点;

城市设计

（3）轻轨、快速干道、停车场：城市交通节点；

（4）休闲购物、餐饮娱乐等：混合功能节点；

（5）森林公园、高尔夫山地：生态景观节点；

（6）自然村落整合：新农村建设节点。

十三、主题项目

1. 环球主题公园；

2. 美国风情小镇/核心服务区；

3. 环湖嘉年华主题广场；

4. 喜来屋五星级度假村；

5. 世界大师环球100个风情村落：

郁金香风车村落（荷兰）、苏格兰绅士庄园（英国）、地中海古典城邦（意大利）、尼罗河法老驼营（埃及）、巴伦西亚水岸渔村（西班牙）、塞纳河葡萄酒乡（法国）、莱茵河神秘古堡（德国）、高句丽水寨、木槿花城（韩国）、佛手指瑜伽功（印度）、西伯利亚森林木屋（俄罗斯）、北海道松林温泉（日本）、大清灯火驿站（中国）、威尼斯落日水城（意大利）、印第安原住部落（美国）、耶稣12门侍河岸（澳大利亚）、山涧古老悬空寺（遗址）、罗托鲁阿毛利人（新西兰）、祖鲁人歌舞之乡（南非）、多瑙河沙滩堡（匈牙利）、月光下清真寺（土耳其）、安

城市设计

徒生童话城堡（丹麦）、伏尔塔瓦河黄金巷（捷克）、艾芬河基督城（新西兰）、苏伊士河传奇（埃及）、上帝放逐之岛（智利）等；

6. 景观大道、城市轻轨；

7. 国际会议中心；

8. 新农村鲜花小镇；

9. 河谷环境治理。

十四、经济指标

1. 总用地范围：10~15平方公里；

2. 开发用地：200万平方米；

3. 总建筑面积：80万~120万平方米；

4. 美国小镇、喜来屋度假村开发用地：10万平方米；

5. 美国小镇、喜来屋度假村建筑面积：7万平方米；

6. 高句丽水寨、木槿花城开发用地：12万平方米；

7. 高句丽水寨、木槿花城建筑面积：5万平方米；

8. 环球主题公园开发用地：45万平方米；

9. 总投资人民币：50亿元。

13

沈阳经济区国家新型工业化综合配套改革实验区顶层新战略（2012）

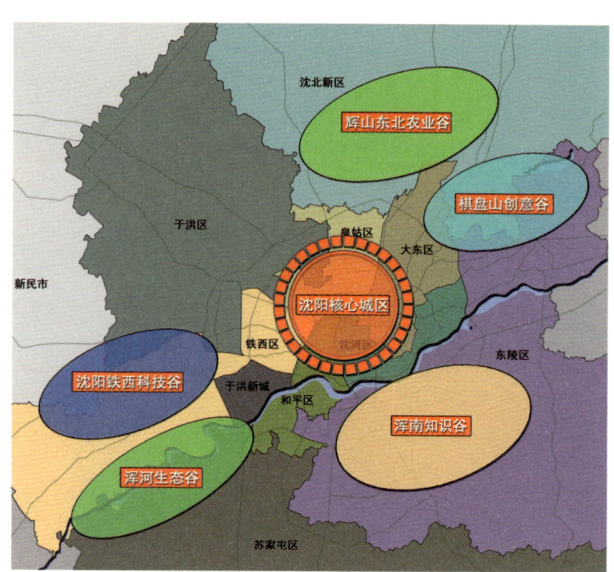

区域分析

一、背景研究

1. 沈阳经济区国家新型工业化综合配套改革实验区顶层战略缺失。

2. 铁西具有国际竞争力的世界级装备制造业支撑平台缺失。

3. 沈阳中心城市发展结构创新动力缺失。

沈阳应该站在全球比较的高度，构建能够赢得未来的可持续竞争力。沈阳面临战略转型。

二、顶层战略

以制度设计为引领，组织国家层面的顶层战略体系。

顶层战略设计——"五谷，登峰造极"，即科技谷/农业谷/知识谷/生态谷/创意谷。

1. 铁西国家装备制造技术研发综合配套改革示范区，打造全球总部装备制造技术研发中心——沈阳科技谷，铁西具有国际竞争力的世界级装备制造业基地支撑平台。

2. 辉山东北农业综合保税物流加工区，打造全球农业生产性服务业要素配置中心——东北农业谷，中国农业战略安全制度创新支撑平台。

3. 浑南国家城乡统筹综合配套改革试验区，打造全球新一轮结构调整创新人才中心——亚洲知识谷，中国非资源型可持续发展支撑平台。

4. 城市空间结构从周边战略，向周边战略和核心廊道战略重叠组织，重点构建以大浑河为主导的城市核心开放空间。使沈阳蔓延式单中心腹地城市，向以河谷廊道为依托的带状城市转型。打造能够赢得未来的环境友好型支撑平台——浑河生态谷。

5. 重构棋盘山国家级文化产业示范基地，整合全球创新要素，打造高端服务产业支撑平台——棋盘山创意谷。

14

国家级重点贫困县产业扶贫项目
——锦州七里河省级工业园区总体规划（2009）

锦州"十二五"县域经济新战略

七里河省级开发区战略规划

义县南北核心发展轴、县域经济先导区、锦义一体化桥头堡

省级工业园区组团、温泉小镇开发组团、小城镇化示范组团

一、中国战略发展机遇期

后金融危机时代，中国"十二五"开局之年，中国县域经济进入新一轮战略发展阶段。其主要特征是：农村城镇化、农业现代化、农民就业化。其核心动力来自中国县域经济顶层战略创新、制度安排创新、市场机制创新、组织方式创新、发展路径创新、技术优化创新、金融服务创新、要素配置创新等。

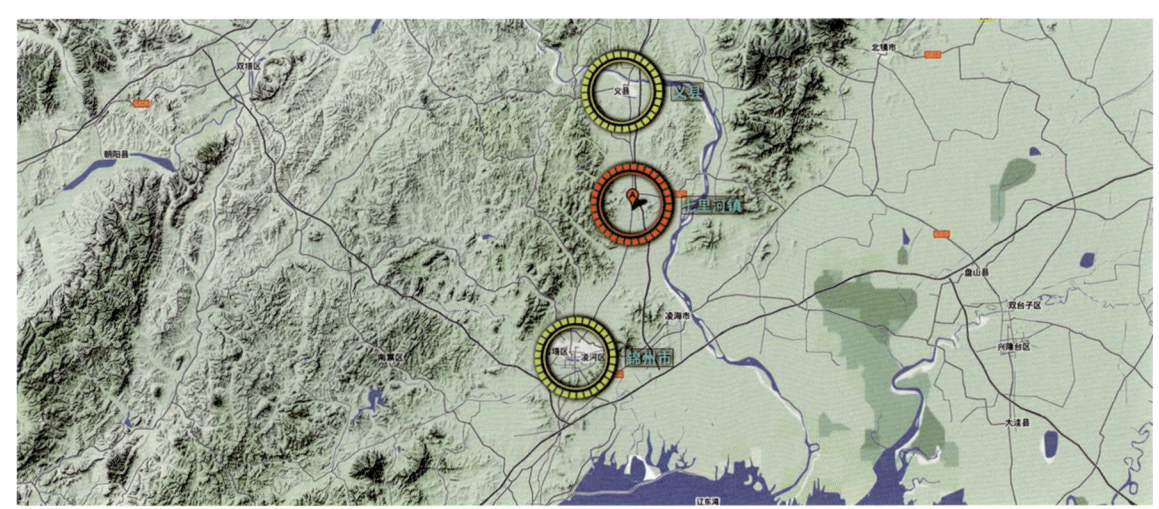

区位分析

二、城市发展核心理念

生态持续、结构创新、战略叠加、混合发展；

区域城市战略定位；

县域经济可持续发展战略平台；

中国小城镇综合配套改革示范区。

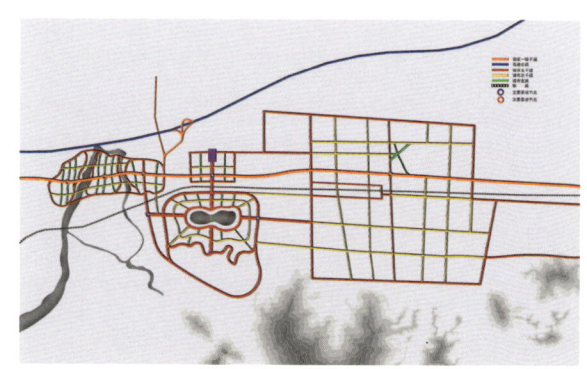

区内交通组织分析图

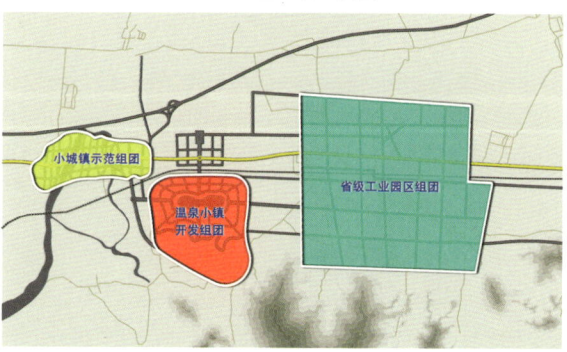

组团分析

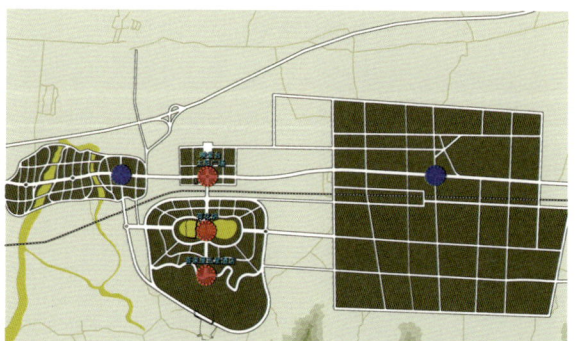

景观节点分析

土地利用

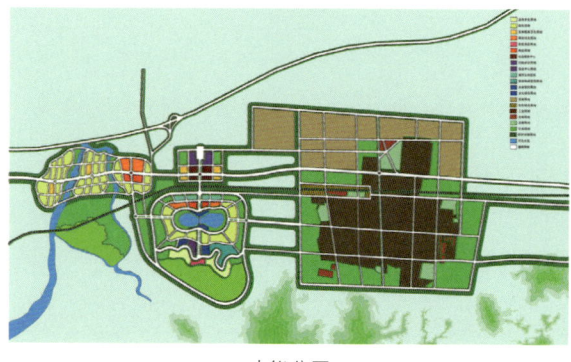

功能分区

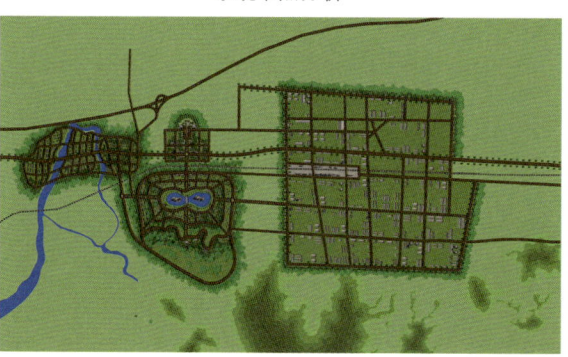

总平面图

三、新城空间结构组织

义县南北一级发展轴，南向发展战略桥头堡，锦义一体化战略节点，省级工业园区，锦州市域经济新的增长极和先导区。

一轴三组团，南向发展，锦义一体化。

一轴：义县经济地理南北一级发展轴；锦州义县一体化战略。

三组团：省级工业园区组团、温泉小镇开发组团、小城镇示范组团。

四、城市发展功能组织

产业集群、温泉康复、度假地产、行政中心、新农村建设、物流服务、生态保护、有机农业、混合发展。

五、城市规模指标

城市规划总面积 30 平方公里（建设用地、交通、生态、绿化等用地）；

省级工业园区面积：20 平方公里（南向行政区划调整）；

温泉小镇开发面积：5 平方公里（依山而建、独立布局）；

山地生态总面积：50 平方公里（城市生态绿肺、地标性景观区）；

城市发展总规模：2 万人口（农业人口转移、区域人才聚集、机械增长）；

新城市技术路径：点—轴—面组织（交通等基础设施与城市战略要素塑造）；

建设时序与周期：1/3/5 年（塑造期、高峰期、丰富期）。

城市设计

15

新疆奎屯—独山子国家级经济技术开发区战略规划（2012）

没有差异性和注意力的发展战略，就是一般战略，在比较竞争中就是没有战略。

从中国及全球战略格局出发，重新发现奎—独——

中国中亚区域一体化开放战略桥头堡，

国家天山北坡主体功能区战略引擎，

世界石油天然气能源战略基地。

要把新疆奎屯—独山子国家级经济技术开发区（下文简称"奎—独"）打造成泛中亚一体化内陆政策最优、功能最全、开放程度最高的中国向西开放战略桥头堡，建成世界性石油能源战略基地、国家级新型工业基地、跨国区域性保税物流基地、对外加工贸易基地和泛中亚服务贸易集聚区。构建天山北坡国际能源战略大通道，及贸易物流大枢纽，与霍尔果斯等形成一体联动，一轴双核，制度共享，新疆全球开放战略新格局。大力推进对内对外双重开放战略，突出口岸物流和中转贸易功能，重点发展国际中转、物流配送、仓储服务、商品展示、研发加工和制造业务，特别是大力发展保税物流和保税加工业务。借鉴北美腹地成功经验，逐步向泛中亚国际自由贸易港转型。构建新疆全球推广第一品牌，包括整个欧亚大陆广泛参入的，非盈利、非政府间国际投资与贸易、交流与合作组织——欧亚丝绸之路交流与合作论坛，形成南有博鳌论坛西有丝绸之路，国际交流合作新格局。创新实施维稳、固边、富民示范项目，构建奎屯—独山子—乌苏区域同城化，全域城镇化工程。保护以水资源为核心的生态环境可持续平台，支持以全面统筹战略为价值取向的结构调整和方式转变。以战略崛起的天山支撑新疆强大，以穿越历史的丝绸之路连接整个欧亚。

新疆通则世界通，新疆安则中亚安，新疆兴则中国兴！

一、2012 奎—独面临战略挑战

1. 作为新疆国家级经济技术开发区，奎—独肩负着带动天山北坡国家主体功能区迅速崛起的历史重任，其区位优势如何塑造，并迅速形成世界性要素战略高地，是奎—独面临的第一个挑战。

2. 作为国家级资源型能源战略基地，奎—独不能再走传统的单一加工制造型开发区老路，战略洗牌，制度创新，迅速构建区域后发优势和战略增长极，为新疆及中国示范，奎—独面临发展路径挑战。

3. 作为世界级石化加工制造城市，必须回答如何科学发展问题，奎—独的产业转移和规模聚集面临价值抉择，以水为核心的生态环境支撑面临最终挑战。

4．作为中国陆桥轴开放桥头堡，广泛结盟能力已成为城市核心竞争力的重要组成部分，在更高层次，更广泛领域参与国内国际合作，组织新的价值链体系，构建新的重大项目集聚平台，奎—独将面临开放挑战。

二、奎—独未来战略意义

新疆中亚开放战略，是继北部湾、海西、图们江后，中国最重要的区域经济国家战略之一，从而使新疆，特别是天山北坡国家主体功能区，在中国进行全球布局中的战略地位得以充分显现。所以，奎—独国家战略，关乎整个新疆的未来，及中国泛中亚开放战略的格局。

三、奎—独"十二五"顶层战略规划

1．新疆对外开放顶层战略——欧亚大陆桥战略枢纽

项目：奎—独欧亚大陆桥核心陆港，包括腹地陆路干港、国际空港、欧亚洲际高铁高速、欧亚光缆干线、战略管线等。

2．泛中亚国际保税物流大通道

项目：奎—独国际能源综合保税物流加工区，包括国际能源保税物流枢纽、泛中亚地区国际能源产业合作基地、全球能源生产性服务要素配置中心，全球能源技术研发基地。

3．引入北美腹地自由贸易区成功经验——中亚、西亚、南亚国际自由贸易区

项目：腹地核心口岸，泛亚国际能源自由贸易区，包括中亚 6+N 国际贸易要素飞地，人民币自由贸易区、"境内关外"边境贸易区、海关电子监管专项自由贸易区。

4．中国国土空间陆桥轴战略增长极——天山北坡经济带战略引擎

项目：世界石油城，一城／四区／十大战略项目／百亿＋千亿产业集群（详细），包括石化能源、新型工业、现代服务、纺织加工、科技研发、贸易物流、生态环境

5．综合配套改革示范——城乡统筹、区域一体化、全域城镇化实验区，整合内生动力，推动工业化带动区域城镇化进程。

项目：创新型奎屯—独山子—乌苏新疆维稳、固边、富民示范工程

四、奎—独—乌金三角同城化战略

以奎—独国家经济技术开发区为制度设计基础，打破传统多元分治与条块格局，调整行政区划，整合奎屯—独山子—乌苏等天山北坡奎屯河流域经济地理新格局，构建天山北坡更大空间范围的，要素耦合式产业新城，保护以水资源为核心的生态环境可持续平台，支持以全面统筹战略为价值取向的结构调整。

城市定位：世界石油城，欧亚陆路干港，泛亚国际贸易枢纽，天山北坡国家主体功能区战略增长极。

五、奎—独后发优势实施对策

1．走出奎—独发现奎—独，奎—独的主要动力来自奎—独之外。要把奎—独的事做成全疆的事、中国的事、世界的事，要在全球更大范围配置战略要素。

2．要从制度的高度设计事件经济，要塑造区位战略注意力。

3．组织叠加战略和综合解决方案。

六、开发区规划转型

1．以顶层制度设计为引领，关注可实施性，特别是规划和实施的统一性。

2．要从总体规划上升到目标规划，问题规划层面，全面覆盖发展诉求。

3．要从技术空间、控制性空间向战略空间转型，要特别关注对区位优势的战略塑造及对战略要素的号召力。

16

本溪"十一五"时期区域发展新战略
——本溪50平方公里 威宁新城战略规划（2006）

一、新城龙头——威宁

如何构建新城？第一个概念就是要确立威宁新城的龙头地位。

从1939年，日本《都邑计划》开始至2003年《本溪近期规划》，在跨越世纪的历程中，无论出于何种政治集团利益，其规划的主要目标都在寻找和拓展城市空间，而新世纪以来，规划新城已成为重大课题。

根据山水城市东进战略，山水文脉与钢铁产业分道扬镳，节点整合，相得益彰的"T"形结构新构想，本溪新城的核心龙头将在东部组团中确立。

威宁龙头地位——东进山水走廊，打造威宁新城龙头。

从西向东：姚家封闭狭小；大峪空间紧张；卧龙区位偏安；牛心台远离节点。只有威宁，地处"T"形战略框架开放结构的核心节点，承上启下，区位优势险要。

威宁地处太子河开阔河谷地带，太子河东向山水转弯之处，山川秀丽，依山傍水，坐观卧龙，左右逢源，腹地深远，与其周边姚家、大峪、卧龙、牛心台等结构紧密、开合自如，以上城市用地总面积约50平方公里。从区域城市角度分析，威宁是本溪老城通往沈阳经济区的门户，"大沈阳"五城环线及东北东边道移动网络节点，为本溪新城开发空间结构的核心，对本溪未来的发展具有战略意义。作为新城组团的核心龙头非威宁莫属。

按"T"形空间结构，本溪将以"一脉／一廊／一带"为产业空间战略；以"一主／一副／一卫"为城市空间战略。而主城空间结构为一市双城、一水两岸。以威宁为龙头的新城建设，将迅速提供战略发展空间，提升城市定位，为产业优化、环境优化、区域优化提供战略契机和载体。威宁新城的龙头地位是本溪战略空间重构和"再造一个新本溪"发展目标的必然抉择。

二、城市定位

1. 区位概念：本溪新城龙头

构建一市双城，沿山水走廊组团东进，平顶山为核心，威宁为龙头，全方位创新城市理念和空间形态。

2. 新城理念

以自然主义、人文激情、科技智慧合铸天人合一的人类原著山水栖息概念，依山傍水，地球村庄。

区位分析图

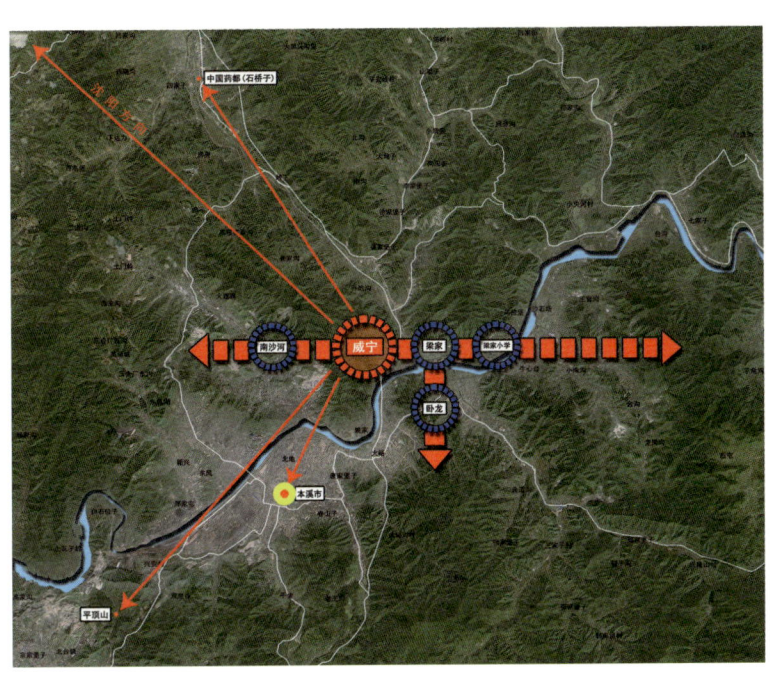

3. 城市目标

新城的目标是：适宜人居的，发展机遇公平的，充满人文激情的山水走廊绿色城市；辽宁中部城市群后花园城市。

4. 城市功能

（1）本溪行政办公核心区；

（2）金融商务、信息咨询、物流贸易、文化会展、教育卫生、旅游休闲、餐饮娱乐、购物度假、办公商住、三产服务、生活居住等功能混合重叠的多组团式综合城市。

5. 产业优化

生命之城：本溪产业结构调整战略项目，新经济增长点，主题性产业组团，科技产业链平台。

产业结构：生态环境、生命科学、生物制药、现代中药、天然药物、医疗卫生、健康保健、中华养生、医疗设备、教育科研、健康社区、山水社区、生态社区、植物公园、信息咨询、机构总部、物流贸易、文化会展、名牌大学、科研中心等。

同石桥子中草药基地形成配套体系，即以威宁为研发、推广、信息、技术、资本、物流中心，以石桥子为种植基地，形成产业链空间结构。

6. 战略定位

威宁从沈阳经济区域发展空间出发，从自身战略优势出发，创新发展概念，并同五女山世界遗产山水文化旅游走廊、中国太子河休闲农业产业带融为一体，结构重叠复合，最具发展潜力，代表城市未来。

威宁应为本溪、为沈阳经济区、为东北亚而建造。威宁从明永乐九年走来，经历了593年，威宁将彻底改变本溪，是本溪百年寻找之梦。

7. 发展概念

东北亚山水文化城市，世界旅游城市，绿色生命城市。

三、城市规划理念

1. 以城市地理为条件，以环境文脉主义为理念，以人为本，注重场所精神，以山水走廊为城市底图，构建城市空间发展模型，打造新城百年身份。

2. 坚持城市增长集聚原则和"紧凑城市"理念，注重城市资源优化，综合产出，集约化土地利用及开发密度多样性。

3. 以"精明增长"理念代替CBD规模增长理念组织城市功能结构，强调功能重叠性而不是传统规划的规模叠加。

4. 将交通和土地利用综合考虑，构建交通走廊系统，功能组团混合布局，形成有机网络，把公交与步行当成可持续发展的一个原则，产业业态多元，形成24小时活力城市。

5. 以山水结构和交通走廊框架、开放空间相结合的方式，构建节点和廊带发展模式，城市多复合发展轴线，实现生态和城市协调发展。

6. 强调人文城市空间：空间簇状、间隔、蛙跳式扩展，布局紧凑，空间相对围合。主张"公共空间政策"，打造开放式城市公共文化环境和认同空间，创造城市凝聚力和人文精神。

7. 以科学发展观为核心理念，城市空间规划与城市政治、经济、社会、文化、生态、景观等相结合，形成有深度的城市发展战略构想。应特别关注城市环境生态性，适宜人居性，就业平等性三大核心思想，以优化产业结构及劳动密集型产业支持城市增长，重建邻里脉络，修复社区关系，打造和谐社会，体现对人的终极关怀。使规划理念从功能规划向价值规划概念转化。

8. 核心战略是可持续增长，山水走廊，差异战略。以优化环境、优化产业、优化空间结构为规划主要内容。

四、城市空间结构

从城市空间：关注场所，探索城市空间原型。

从功能出发：多样性、混合性创造城市24小时活力。

从环境出发：建立城市与自然和谐。

从经营出发：组织城市综合叠加网络。

当今城市的竞争已从单纯的经济竞争转向包括城市形象在内的复合竞争。开始从文化、景观、生态等角度认识城市、评价城市，寻求构筑新的城市人文空间，创造适宜人居环境。

1. 沿威宁东进，以太子河山水走廊为东西轴，以卧龙腹地为南北轴，成"T"形城市空间结构。引龙（卧龙）入水，左右开放，与大峪、牛心台形成对接之势，山水环绕，气象万千，潜力巨大。

2. 沿威宁腹地东西方向和卧龙南北方向构建城市"T"形核心功能发展轴，并在南沙河（威宁西侧）、梁家（威宁与卧龙交汇处）、卧龙、梁家小学（牛心台对岸），打造四处城市战略节点，具有城市中庭意义的开放空间。

3. 以太子河（太子河、青松岭、梁家山）为生态景观轴，构建一河二岸山水公园及以城市公共功能为主导的城市开发项目。

4. 交通核心结构同城市"T"形发展轴及节点成重叠模式，并在沿水、沿山组织次干线，注入"交通走廊"发展模式（TOD），充分关注公交优先原则和步行机制，建立有机网络系统。

威宁新城空间结构概念：一城二岸，东西开放，南北对接，引龙（卧龙）入水，"T"形结构，多轴重叠，轴线发展，山水走廊。

五、城市空间形态

核心概念：山水走廊，场所精神，古城文脉，地球村庄。

以场所回归精神，沿山水走廊底图寻找城市空间原形，以空间结构为主导，让城市回归自然。

1．沿"T"形空间结构组织城市交通走廊，并在南沙河、梁家、小学、卧龙等处规划出具有城市中庭气氛的开放空间。形成城市走廊与开放中庭结合的空间形态。

2．沿"T"形发展轴，在战略节点处：南沙河、梁家、小学、卧龙，重点在"T"形节点处梁家沿河两岸轴线上，以大轴线和纪念性建筑物相结合，形成城市建筑高潮和标志。

3．用场所精神整合空间、历史、文化三者关系，塑造有山水人文魅力的空间体系，充分注重城市地理模型底图意义，确定城市设计及其基本空间特征，保持景观的开放性，界面的连续性，建筑天际线随山水高低变化组合。特别关注亲水和山地等敏感地带的场所精神创造。将青松岭引入城市整体设计，打造威宁、崔家、大岭、卧龙之间的空间形态支点。

4．引发威宁千年古城文脉，将空间围合这一东方建筑理念同山水走廊相融合，塑造认同感和地域特色。

六、城市增长方式

1．威宁新城应以都市产业、科技产业、服务产业为主导，以环境容量为尺度，以可持续发展为导向，从资本和劳动率增长方式，向自然生产率增长方式转变，即绿色 GDP。

2．以科学发展观为理念，构建经济增长、社会平等、生态持续的资源节约型社会。

3．关注生态安全，确保太子河中上游青山绿水的生命源泉，绝不能走先发展后治理的老路。要特别注意上游牛心台工业污染问题及产业优化、环境优化问题。

17

辽宁大卧龙湖战略总体规划（2007）

康平"十一五"规划产业结构调整项目，国际招标政府项目

一、发展理念

整合区域性战略空间，布局大概念产业项目，构建新的价值观念，通过体制机制创新，发展对策和路径创新，以差异性发展战略和注意力经济参与以沈阳为中心的东北区域性经济一体化大循环。

二、发展背景

经济全球化，WTO过渡期结束，中国正在推动区域经济国家战略，以应对新的全球经济结构调整和产业转移，增强区域经济参与国际产业分工水平和抗风险能力。

三、康平卧龙湖概念

以卧龙湖为康平第一概念资源，以产业结构调整、项目创新、城市转型为目标，构建大卧龙湖战略。从经济全球化，区域一体化的高度，对康平产业布局及空间结构调整进行再研究，特别是对其第一战略空间卧龙湖进行战略重构，并制定相应的空间对策与发展路径，使康平"十一五"时期新一轮战略空间布局重点更为突出，内涵更具创新，即城市空间布局向产业优化，向特色提升，向战略转变。核心思路是：整合空间资源、优化产业布局、承载战略项目。

四、康平城市功能战略定位

1. 辽宁中部城市群及东北亚核心区生态环境战略屏障。

2. 辽西北门户，辽吉蒙次区域交通物流中心。

3. 沈阳区域性新兴资源型工业基地。

4. 沈北环卧龙湖旅游休闲农业特色经济圈。

五、大卧龙湖发展战略

以经济全球化、东北振兴、辽宁中部城市群为背景和发展机遇期，通过整合与创新，构建能够参与区域分工

交通网络组织结构分析

与竞争，并具有可持续性的战略空间和核心项目，按照新产业空间组织机制及产业内涵、资源禀赋、要素结构、交易成本等构建区域性产业链，产业集群，推动产业结构调整和经济转型。

以卧龙湖规划开发和生态保护为项目经济动因和区域事件，对原有的城市空间结构和产业布局进行战略重构和重组，即构建沈阳北部区域性产业结构新战略：一城、一廊、一湖、一中心。

1. 一城：滨湖新城

即康平中心城区，其中包括滨湖新城等西部岸线新空间，全面提升城市功能和内涵，创新城市形态，构建滨湖城市。

2. 一廊：康平工业走廊

即以胜利工业园区、朝阳工业园区、东关工业园区、苇塘经济区及北部物流园区、南部交通枢纽及物流信息港六个组团等新产业空间、生产性服务平台为主，通过创新空间组织和产业集群集聚，特别是产业开发大道、物流枢纽的建设，构建能够参与沈阳区域战略，能够承载战略项目，能够实现可持续发展的康平工业走廊。

其范围包括：卧龙湖以北，203国道以东，沈康高速公路以西，范围约100平方公里，康平区域性新产业主体功能区，即康平东部绕城南北核心发展轴，康平工业走廊。

3. 一湖：大卧龙湖

即以卧龙湖为城市第一开放空间，以项目为支撑，以建设新农村为载体，构建大卧龙湖战略，打造以生态、旅游、休闲农业为特色的环湖创新产业经济圈，内含相互关联的新产业链和产业集群。

（1）卧龙湖生态旅游核心圈

即以环卧龙湖生态核心区为平台，以湿地公园、旅游核心服务区、滨湖新城、世界大师风情村落之旅、环湖景观大道等品牌项目为内容，构建卧龙湖近水亲水生态旅游度假功能区、都市创新创意产业区、滨湖新城区等。卧龙湖生态核心区用地范围约24平方公里。

（2）卧龙湖保护区休闲农业经济圈

即以卧龙湖为中心，在环湖泛生态保护区范围内，以四大农业经济区为基础，按新产业机制，重点组织休闲农业经济圈，林、农、牧三元经济结构核心区。构建特色农业、设施农业、度假农业、采摘农业、公司农业、订单农业、绿色农业、庄园农业、加工农业、观光农业及农家乐游、民俗风情游、度假投资游等，以产品为品牌，以市场为机制，以休闲为环境，以产业为模式的现代休闲农业。

其范围包括：康平、胜利、小城、二牛、东升、方家、东关等泛卧龙湖地区，范围约500平方公里。

（3）卧龙湖流域大旅游经济圈

即以卧龙湖为区域中心和战略品牌，组织和开发周边旅游战略资源，形成卧龙湖外围组团式旅游产业经济圈。

其中包括：卧龙湖、金沙滩、万亩松、八虎山、亲王陵、辽古塔、辽河大坝、风力发电等辽西北大林海、大湖泊、大沙漠特色旅游圈，其范围覆盖康平全境。

总之，要全面创新旅游产业观念，构建辽西北大卧龙湖新发现之旅，形成旅游及休闲农业深度游、产业游、发现游，新的环湖经济圈。

4．一中心：沈北辽吉蒙次区域物流中心

沈阳西北门户，辽、吉、蒙跨省区域性交通、物流、贸易、批发中心。即以高速公路、铁路、交通枢纽等建设为区域发展战略机遇期，加快规划、布局、建设、组织沈北物流中心，以现代生产性服务产业为主要内涵，包括：交通物流、商贸运输、批发仓储、市场信息、中介服务、金融保险等混合功能。该中心对康平战略全局和产业突破具有可持续重大意义。

其核心开发用地和发展布局主要位于城市北部及南部交通枢纽地区。

康平县人口城镇化指标：现状总人口35.01万（2006年）、规划总人口50.00万（2020年），现状城镇化率22.5%、城镇化目标55%（2010年）。

六、产业战略布局

以整合空间资源、优化产业布局、拓展产业内涵、承载战略项目、配置市场要素、组织服务平台、推动产业集聚为新产业空间组织机制，构建即符合康平实际，又能参与沈阳区域分工与竞争的可持续产业布局新战略：一圈、一廊、一节点。

辽北明珠卧龙湖，为康平地区第一生态环境和战略资源，对区域可持续战略具有标志性意义。其地理形态为康平空间结构和产业布局提供了地理经济依据。以卧龙湖为城市最大开放空间，以环卧龙湖为产业生态圈，构建大卧龙湖空间新战略，将有利于区域性空间战略整合和产业布局优化。

卧龙湖现状主要技术指标：水域面积66.67平方公里，总用地范围245.12平方公里，建设用地范围43.97平方公里，牧草地42.19平方公里，现状水田24.4266.6平方公里，湿地面积48平方公里，县城建成区8.5平方公里，村屯建成区35.47平方公里，人口总量11万，城镇人口6.51万，村屯人口4.49万。

1．一圈：环卧龙湖新产业经济圈

即分层布局旅游和休闲农业，产业内涵相互关联，资源环境共生共融的产业链和产业集群，形成旅游与休闲

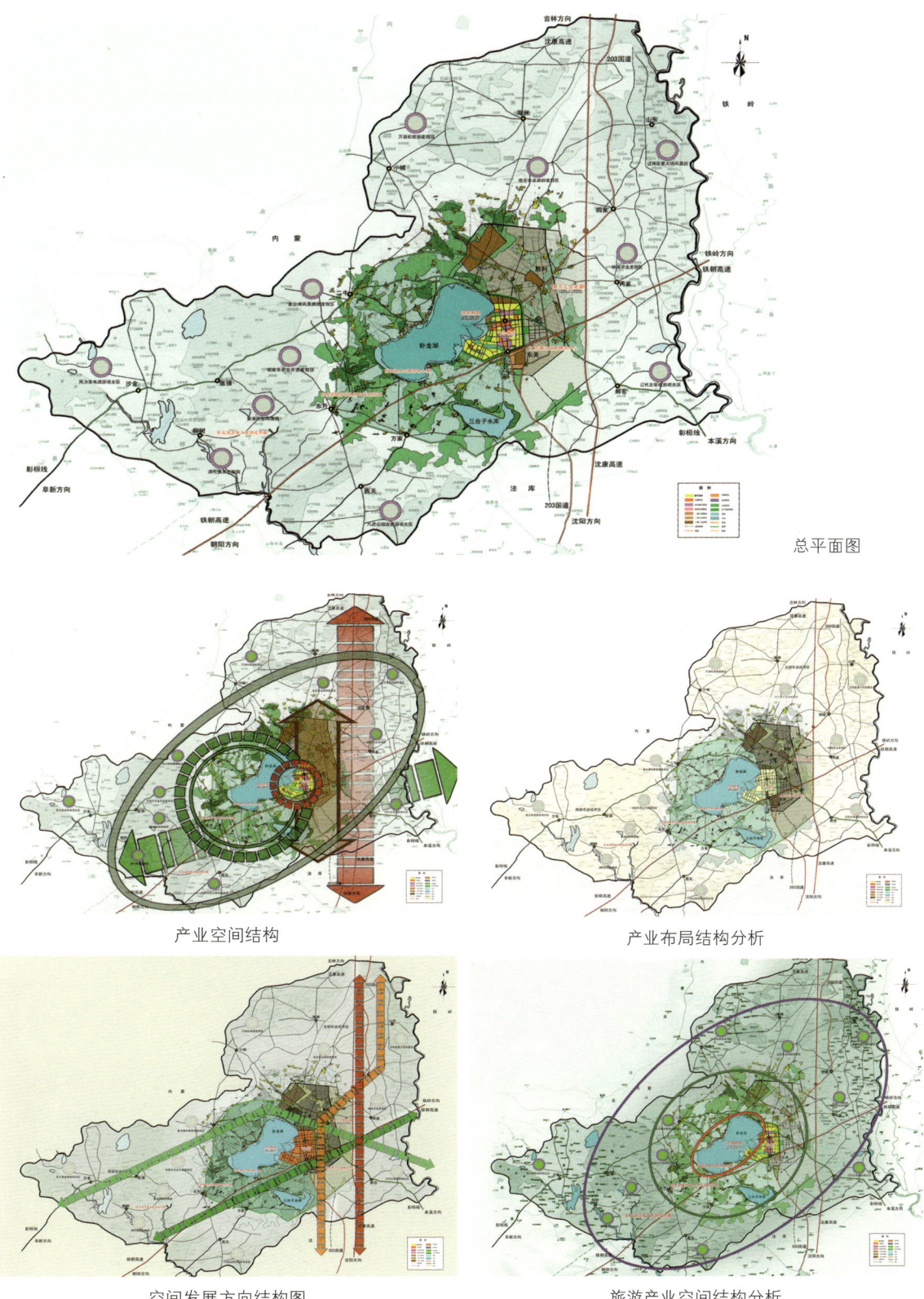

总平面图

产业空间结构

产业布局结构分析

空间发展方向结构图

旅游产业空间结构分析

农业多层次，大概念新产业经济圈。

（1）环湖地区生态旅游核心圈

环湖核心区（24平方公里）布局以湿地公园、旅游服务核心区（67公顷）、滨湖新城（4平方公里）、世界大师风情村落之旅、滨水景观大道为代表的岸线生态旅游核心圈。其中包括：旅游度假、休闲娱乐、文化体育、商务贸易、居住办公、现代服务、生态环境、城市景观等多功能于一体。

（2）泛卧龙湖保护区休闲农业经济圈

在泛保护区范畴内布局与旅游产业内涵紧密的大旅游产业，深度游产业现代休闲农业经济圈。包括以绿竹粮油、龙兴食品、山河木业、众旺鹅业、憨馥特产、正泰糠醛、乡韵土产等企业及农村新组织为龙头的肉鸡、牛羊、獭兔、白鹅、棚菜、花生、甜瓜、谷子、杂粮、林业、苹果、桑蚕、扁杏等林、农、牧三元经济。

（3）卧龙湖大外环旅游组团经济圈

在以卧龙湖为品牌和中心的外部地区，整合境内旅游战略资源，形成大旅游组团经济圈。其项目包括：卧龙湖生态旅游度假区、金沙滩风景旅游度假区、万亩松旅游度假区、清代慎亲王陵园、八虎山综合旅游区、辽代古塔观光区、大辽河百里大坝风景区、金沙台风力发电景观区等。

总之，以四大农业经济区为载体，以新农村建设为动力，以卧龙湖为中心和品牌，对一产和三产进行创新整合，构建具有品牌战略的一圈四区新概念。

2.一廊：康平东部绕城工业走廊

即在卧龙湖及彰桓线以北、203国道以东、沈康高速以西，绕城东部约100平方公里，辽西北核心交通廊道内

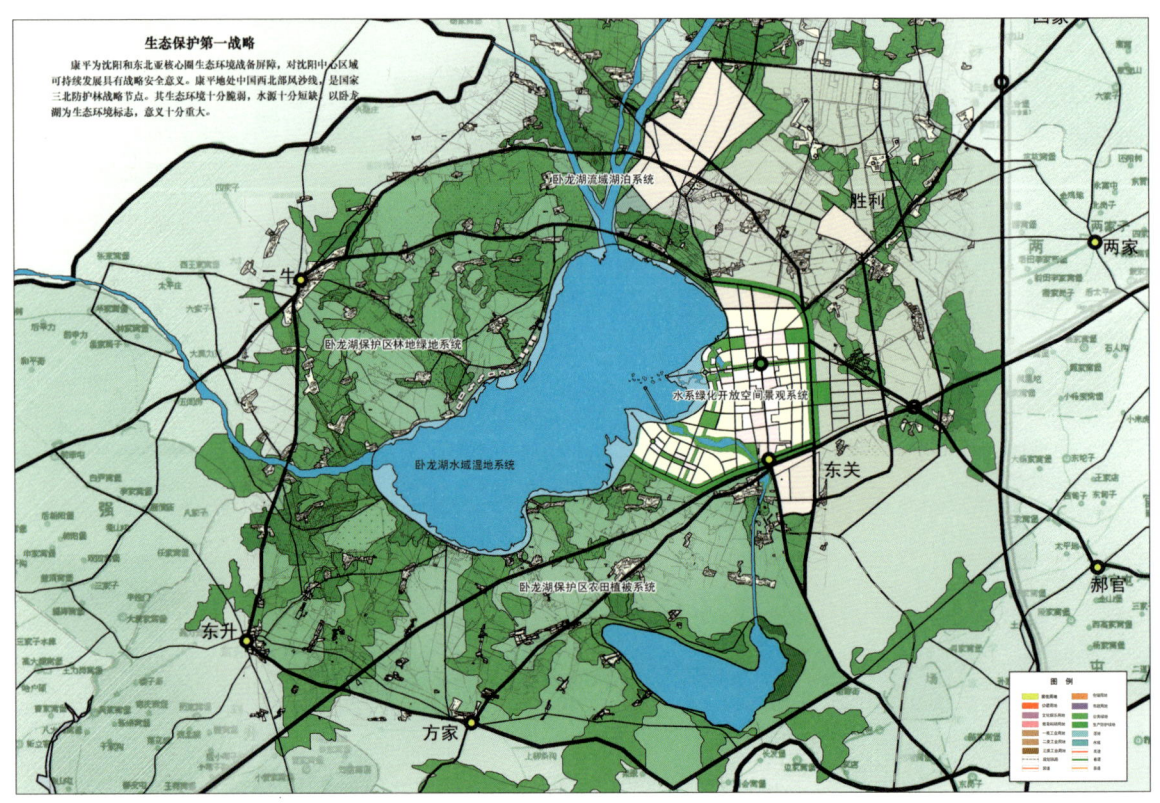

生态环境结构分析

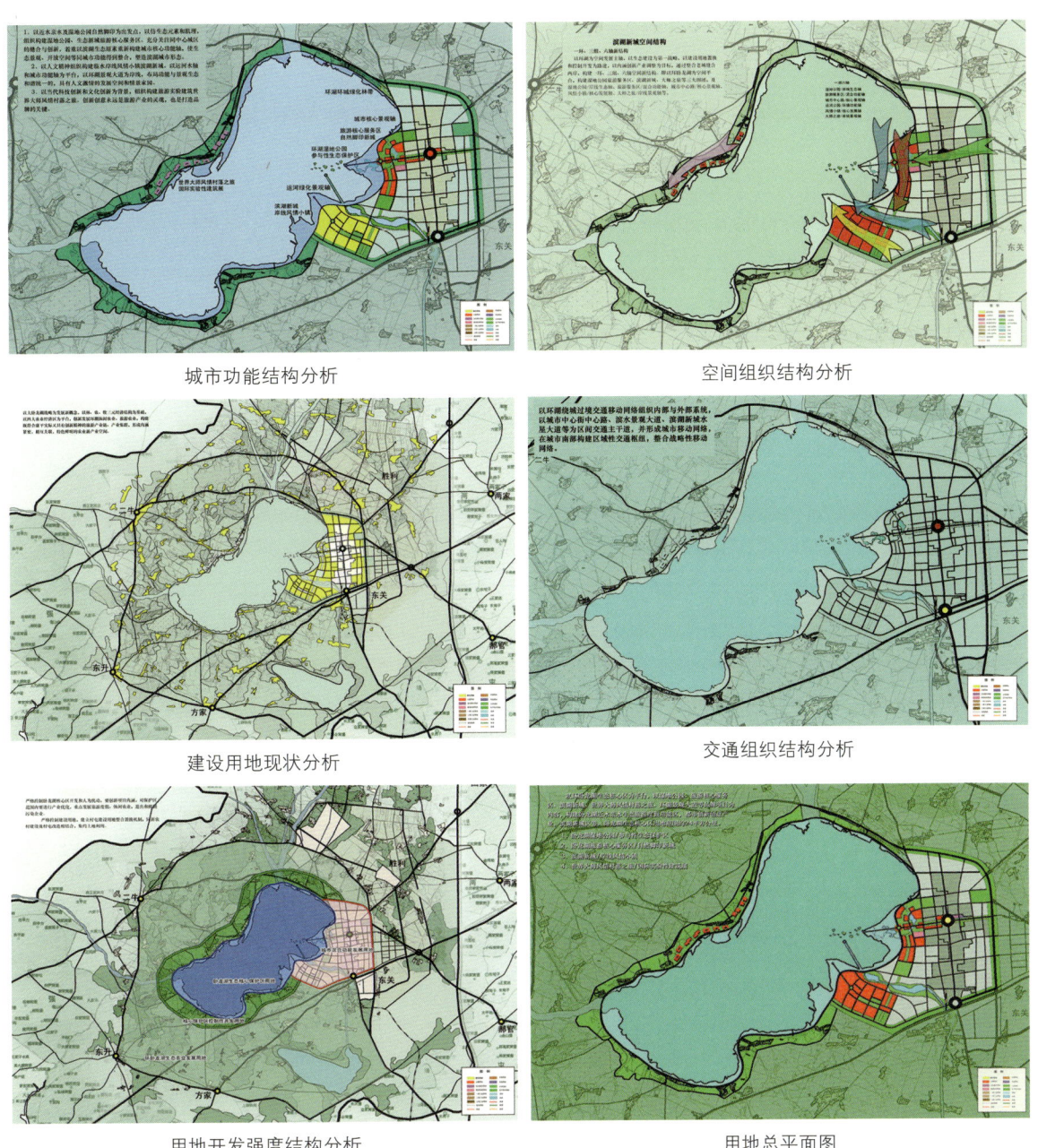

城市功能结构分析

空间组织结构分析

建设用地现状分析

交通组织结构分析

用地开发强度结构分析

用地总平面图

布局四大工业园区、一个经济园区、一个物流园区、一个交通枢纽，构建康平战略性、可持续性产业集聚区，康平东部绕城工业走廊。

（1）北部朝阳工业园区，以发展纺织服装和轻工产业集群为主。塑编产业目前已近85家，总投资14亿元人民币。到2010年，将超过100家，形成东北规模最大的塑编工业集群。

（2）南部东关工业园区，发展煤电能源工业。康平电厂将实现煤电发展一体化，同时引入一批灰渣综合利用项目，形成煤炭产业集群。

（3）东部胜利工业园区，集中康平有色金属冶炼和农副产品深加工产业，有康平铝厂、杂粮加工、肉蛋食品、饲料加工、果品加工、矿泉水酒业、木材家具加工等产业集群。

（4）沿外环北部为区域性仓储物流批发基地。为辽西北区域物流、运输、仓储、服务中心，包括农副产品、种子批发、建材煤炭等专业批发市场。

（5）随着区域性高速公路、铁路、国道的快速发展，康平作为辽西北交通门户及枢纽的战略功能得到充分提升，在城市南部建设混合功能交通枢纽物流中心。其主要功能包括：交通运输、商贸批发、仓储服务、市场物流、人才信息、金融保险、办公商住等。

3.一节点：混合功能中心城区

康平中心城区地处环湖旅游休闲农业经济圈与康平东部工业走廊交汇部，康平纵横两大发展轴战略节点，也是康平产业结构调整与布局的战略节点。其发展用地主要表现为向周边拓展：整合胜利、东关等小城镇用地；西部沿卧龙湖东岸保护性开发；打开北部通道等。其内涵为城市功能的提升和创新，以滨湖城市林中县为标志。

七、城市空间结构

打造"一核、一圈、一廊，双轴、两翼、南向"空间新结构。

以沈阳区域战略为背景，以纵横双轴移动网络为空间发展战略框架，以大卧龙湖为区域战略品牌，以主城为产业布局空间结构核心节点，以西部环湖旅游休闲农业经济圈与东部沿交通大通道工业走廊为拓展两翼，南向发展。通过整合战略资源和全面创新，推动区域产业结构调整和经济转型，着重构建西部以消费空间为内涵的环湖近水亲水滨湖新城旅游圈、以新产业空间为内涵的环湖休闲农业产业圈、以卧龙湖为中心的多组团特色旅游度假圈，东部为以资源工业为主导的产业链产业集群、生产性服务产业、物流中心等多组团连绵工业走廊，中部为创新型滨湖城市。

空间结构为西圈、东廊、中核，纵横双轴、两翼拓展，南向发展的战略空间大格局。

新空间结构为康平存量经济结构调整和增量经济快速发展提供了空间和布局上的支撑，是康平第一个具有鲜明轴向发展概念的产业链和产业集群空间形态，是城市空间和产业布局区域内涵的历史性突破。

其主要特征是关注差异性产业战略和注意力经济，构建环湖产业张力和空间节点，提升其空间特质，通过产业重组和空间重构，寻找更大的战略平台和可持续增长机制。形成以纵轴为主，横轴为辅，环湖整合新产业空间和城市发展方向。从而使康平从原始的县城单中心加村镇多级行政网络的计划经济时代，转向以核心城区加经济圈、工业走廊的区域经济时代。

八、滨湖新城功能及产业业态

1.卧龙湖湿地公园——参与性生态保护区

卧龙湖湿地公园位于城西湖岸水线，其核心部分南起引水渠、北至镇西村，面积约2平方公里。公园保留原有的苇塘、蒲草等自然环境，疏浚水系，迁移居民，修复自然湿地生态及物种系统。

功能定位：生态保护、休闲观光、旅游娱乐。

项目设计：参与性观光栈道、亲水观景平台、辽西北明珠卧龙湖主题景观雕塑、亲水小憩广场等。

空间形态设计：原生态，湿地形态。

2.卧龙湖旅游核心服务区——自然脚印新城

旅游服务区位于中心路西端，紧邻卧龙湖湿地公园，南起朝阳路、北至文化路，占地面积约60公顷。

功能定位：旅游度假、文化体育、休闲观光、餐饮娱乐、商贸办公、开放空间、景观环境、雕塑绿化、地标建筑等混合功能。

项目设计：核心广场、景观大道、生态公园、主题雕塑、博物馆、图书馆、少年宫、体育中心、星级酒店、商业中心、会展中心、商住办公等以公建为主导的兼顾混合功能的旅游主题城市组团。

城市设计理念：场所精神、生态脚印、创新主题、步行理念。

3. 滨湖新城——岸线风情小镇

滨湖新城位于引水渠以南高速公路以北水岸东侧，总用地面积约 4 平方公里，是康平最具环保概念的未来城市组团，对于塑造康平滨湖城市林中县具有战略意义。

功能定位：商贸居住、科技创意、旅游度假、学习教育、写字办公、酒店餐饮、休闲娱乐、旅游地产、生态环境、景观风情、近水亲水、开放空间等混合功能。

项目设计：左岸亲水步行街、水星情景广场、灯塔喷泉、运河生态景观轴、卧龙湖度假酒店、地标写字楼、宜居社区、环湖景观大道等。

城市设计：以运河水系生态发展轴和核心广场功能轴加岸线景观大道为结构框架，布局具有人文精神的湖畔风情小镇。

4. 世界大师风情村落之旅——国际实验性建筑展

沿卧龙湖西岸布局村落式低密度旅游度假项目：世界大师风情村落之旅。

功能定位：观光度假、休闲娱乐、学习疗养、运动体验、教育培训等。

项目设计：以国际为平台推动项目价值创新，组织路径创新，借鉴长城脚下公社、德国国际建筑组织十年展开发埃姆舍河流域模式（1989—1999 年，范围面积 800 平方公里）推动实验性建筑，打造事件经济品牌项目。

城市设计：岸线小村落，低层、低密度、国际实验性建筑。

九、城市形态设计创新

关注卧龙湖、关注场所精神、关注城市战略，以生态、人文、科技作为滨湖新城的发展理念。

1. 以近水亲水及湿地公园自然脚印为出发点，以仿生态元素和肌理，组织构建湿地公园、生态新城旅游核心服务区。充分关注同中心城区的缝合与创新，着重以滨湖生态元素重新构建城市核心功能轴，使生态景观、开放空间等同城市功能得到整合，塑造滨湖城市形态。

2. 以人文精神组织构建临水岸线风情小镇滨湖新城。以运河水轴和城市功能轴为平台，以环湖景观大道为岸线，布局功能与景观生态和谐统一的，具有人文激情的发展空间和情景家园。

3. 以当代科技创新和文化创新为背景，组织构建实验建筑世界大师风情村落之旅。创新、创意永远是旅游产业的灵魂，也是打造品牌的关键。

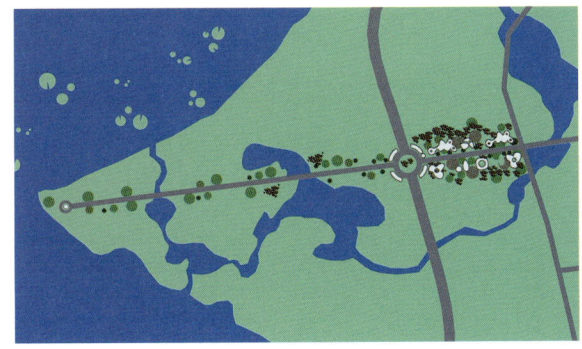 

城市设计

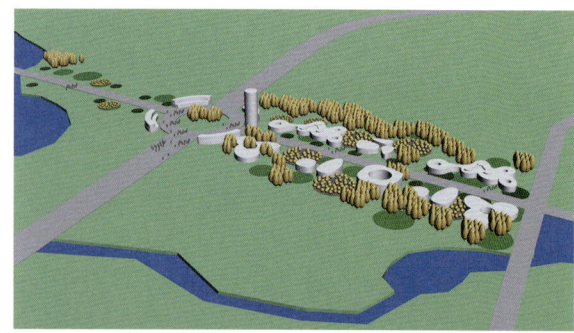
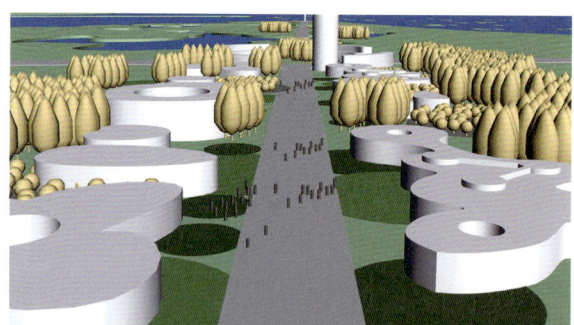
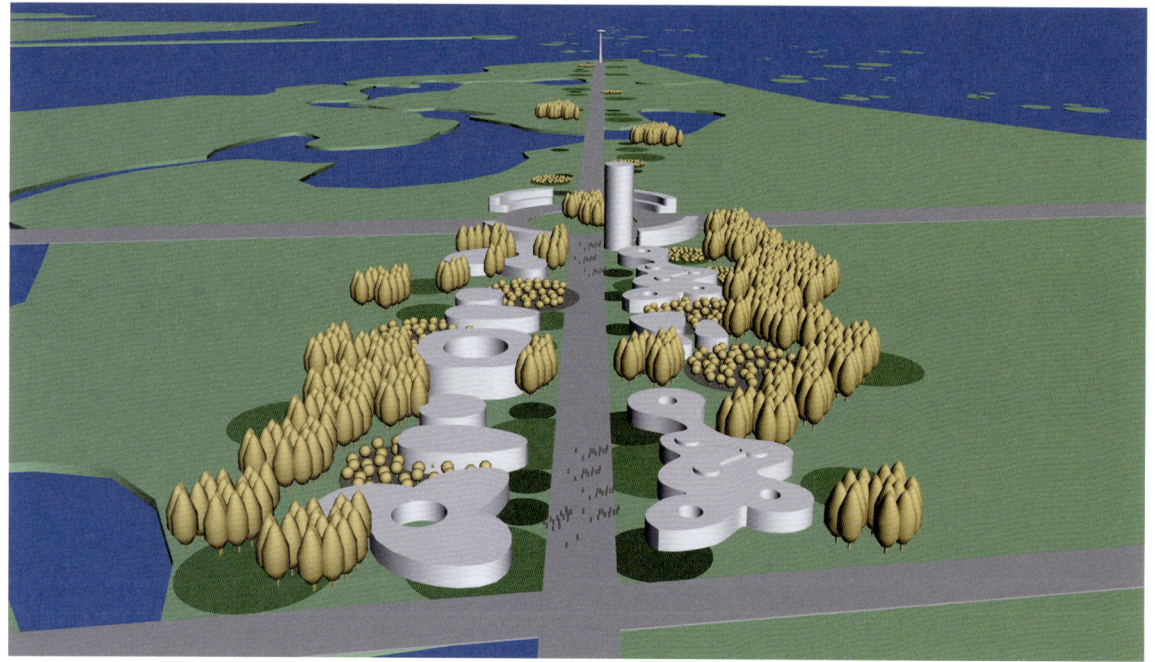

城市设计

十、滨湖新城空间结构——一环、三组、六轴新结构

以环湖为空间发展主轴，以生态建设为第一战略，以建设用地置换和控制开发为路途，以内涵创新产业调整为目标，通过整合老城缝合两岸，构建一环、三组、六轴空间新结构。即以环卧龙湖为空间平台，构建湿地公园旅游服务区、滨湖新城、大师之旅等三大组团，及环岸线核心发展轴、生态功能轴、运河绿地轴、混合功能轴、新城功能轴、岸线景观轴等。

十一、城市发展理念创新

1. 空间组织机制创新

以新产业空间组织机制为核心，关注体制机制创新，关注交通物流，产业开发大道，生产性服务平台的建设，整合区域性战略空间，承载大概念产业项目，塑造区位布局新优势。要特别研发和用好国家转移支付政策，通过全面创新，动员和配置社会要素和战略资源，以项目经济为突破口。

2.价值观念及价值链创新

重建市场和产业边界，为买方提供创新价值，为卖方设计多赢项目和增长机制，设计资本介入的路径和退出机制，创造有活力可持续的项目经济蓝海战略。

3.产业结构转型创新

（1）从计划经济行政区划单中心网络城乡体系，向以产业链、产业集群为内涵的市场经济，区域战略的大空间、发展轴、多组团、廊带式新结构转型。

（2）从生态环境自然村落向生态经济、产业集群转型；从潜在的山、林、湖、沙旅游资源向辽西北新发现之旅特色旅游转型。

（3）老城做新、水城做亮、旅游及农业做特，形成差异性发展战略和注意力经济。

4.增长方式创新

构建生态持续、环境友好、资源节约、创新发展、社会和谐的增长方式。

十二、新农村建设及创新

以大卧龙湖战略为发展新概念，以林、农、牧三元经济结构为基础，以四大农业经济区为平台，创新发展环湖休闲农业、旅游农业，构建既符合康平实际又具有创新精神的旅游产业链、产业集群，形成内涵紧密，相互关联，特色鲜明的农业新产业空间，即卧龙湖生态旅游核心圈、卧龙湖保护区休闲农业经济圈、卧龙湖流域大旅游经济圈，大卧龙湖新战略。要通过制度创新，体制机制创新，价值观念价值链创新，发展对策与路径创新，动员和配置更大层面的社会要素和战略资源，重点推动环湖自然农业经济转型为休闲农业产业。

1.以大卧龙湖为概念，以新产业空间组织机制，通过产业链和产业集群，特别是环湖核心旅游项目及外围大旅游组团项目对保护区范围内旅游产业进行结合与拉动。

2.以林、农、牧三元经济，四大农业经济区为基础，以企业为龙头，以农村新经济组织为动力，以创新形式推动农业自然经济向休闲农业产业经济转型。

3.政策整合与创新，包括国家转移支付政策、全国贫困县政策、工业反哺农业政策、新农村试点政策、三北防护林政策、生态环境保护政策、农村村屯改造土地整合置换政策、交通水利环境等基础设施建筑投资政策、新能源政策等等，支持休闲农业产业的构建。

4.项目规划与创新：要通过产业结构调整与产业发展机制创新，规格和设计好获得市场广泛参与的，多元多赢的投资发展项目，以开放的市场配置要素，以开放的格局创新休闲农业产业。

5.创新农村新型投融资机制，学习世界小型农村银行的经验，建立低门槛、可持续的农村资本渠道，使以土地劳动力为标志的农村存量经济得以盘活，发展增量。

6.关注市场机制创新，强化农村交通网络、市场物流、加工贸易，构建农村产业大道及核心发展区。

7.加强农民的技术培训、项目技术支持跟踪机制和责任帮扶机制，加强农业人口转移和村屯城镇化、城镇城市化进程，加速重点区域核心城镇的建设。

8.要特别重视研发和策划以卧龙湖为概念，以休闲农业为产业的大项目，特别是纳入省市及国家的品牌项目，政府要集中人力和资源，进行战略突破。要学习天津滨海新区及沈西工业走廊的路径和经验。要把康平独特的内涵和要素集中塑造成事件经济、项目经济、创新经济。

十三、生态保护第一战略

康平为沈阳和东北亚核心圈生态环境战备屏障，对沈阳中心区域可持续发展具有战略安全意义。康平地处中国西北部风沙线，是国家三北防护林战略节点，其生态环境十分脆弱，水源十分短缺。以卧龙湖为生态环境标志，意义十分重大。

1.严格控制卧龙湖核心区开发和人为扰动，要创新项目内涵，对保护区范围内重点发展旅游度假、休闲农业，退出和抑制污染企业。

2.严格控制建设用地，建立村屯建设用地整合置换机制，同新农村建设及村屯改造相结合，集约土地利用。

3.严格控制排放，加强水源净化，建构湿地、水草、沙石等生态净化系统。疏浚河道、增加库容、控制乱开乱采。

4.以环卧龙湖景观大道建设为契机，加强环湖绿化工程，退耕还湖、修复湿地、构建环湖核心保护区农田、林地、植被、草场、湿地、水面、流域系统生态环境工程。通过产业结构调整对环境进行综合整治系统优化。

5.以规划为龙头，通过立法建立卧龙湖生态环境监督机制。

18

从土地型经济向创新型经济转变
——新民市"十二五"时期温泉产业战略规划（2011）

一、背景研究

位于辽河油田腹地的新民兴隆堡温泉开发建设正在迅速展开，大量临街地段已被房地产项目覆盖，其规划和设计明显没有从城市战略和区域层面考虑，新民温泉开发建设亟待进行战略重构和项目塑造。

二、新民面临新的战略挑战

新民已进入新一轮发展战略的历史节点。

2010年，沈阳经济区国家战略强势开局，中国"十二五"发展规划蓄势待发，新民面临新的战略决策。如何站在国家区域战略的高度，以全球的视野，整合碎片化制度机制和资源要素，构建对市场有强大号召力和足以参与沈阳区域经济发展战略大循环的"新民模式"面临严峻挑战。

正在开发建设的兴隆堡温泉城，已成为新民新一轮发展的风向标，并引起省内外的广泛关注。但其城市定位、顶层战略、空间形态、产业规划、业态组织、交通方案、功能设计、增长方式、项目路径、融资平台等等，诸多架构和体系性问题均面临解决。

对于新民，兴隆堡温泉城是一个非常及时和颇具创新的项目，但同时也面临严峻挑战，若组织不好很容易沦为资源被一次性消耗的卧城。而兴隆堡温泉的战略意义，应该是对新民产业结构调整和新城组团开发的撬动和引爆。

三、中国区域发展四大创新理念

1. 参与中国发展方式创新，构建差异化发展战略和注意力经济。

2. 构建创新型叠加战略，对传统的招商方式重新洗牌。

3. 整合国际国内两个市场两种资源进行要素配置。

4. 通过体制机制创新组织开放式综合解决方案。

四、兴隆堡（RBD）国际温泉文化旅游城顶层战略

环沈阳经济区及东北亚地区最具市场要素号召力的温泉主题概念新城。其城市主导功能及产业链组织结构为：绿色生态环境、低碳循环经济、有机高效农业、温泉休闲宜居、购物旅游度假、大养生健康产业、生命科技产业、研发论坛会展、教育文化基地、大型主题公园、景观开放空间、城市基础设施、创业商贸物流，总部度假基地等。

五、国际温泉城空间组织及项目设计

一轴、两带、三镇、三十个核心项目。

1. 一轴：国际温泉文化旅游度假组团核心发展轴。

2. 两带：两河流域国家有机高效农业示范产业带。

3. 三镇：世界温泉部落小镇、生命健康科技小镇、影视文化教育小镇。

4. 三十个核心项目：

世界温泉部落小镇——旅游度假、宜居商住、休闲购物组团

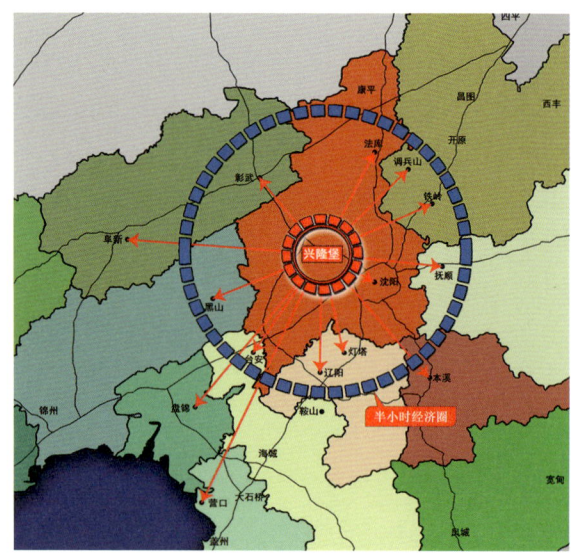

区域分析

（1）世界温泉部落国际旅游度假区；

（2）全球名牌折扣店休闲购物街；

（3）渔猎湿地城市景观主题公园，风情美食广场；

（4）MCA原创温泉度假酒店，沈阳国际会议中心，创新型全球会展论坛；

（5）农家乐原著旅游村落：新农村建设，观光租赁农业。

生命健康科技小镇——生命健康产业、大养生产业组团

（6）中国中医药大学沈阳分校；

（7）农业部农业有机产品标准检测中心；

（8）解放军301医院处方温泉康复中心；

（9）中法（新民/科翰思）全球合作有机城镇发展论坛；

（10）生命健康高科技产业园区：生物科技、生物制药、生物制品及中医药保健品；

（11）中国中医药大学药膳研究所；

（12）中日合作全球女子护理大学及东北亚女子护理职业教育培训基地；

（13）中日全球养生护理康复产业论坛；

（14）东北亚养生养老产业示范基地；

（15）全球大养生护理服务平台人工呼叫中心；

（16）中国农业大学产学研基地，博士后工作站；

（17）中国辽河流域国家有机高效农业示范区；

（18）国家863工程纳米肥料技术，联合国生态科学院菌草技术；

（19）中国有机食品"硅谷"战略及物流网络项目；

（20）以金融为核心的生产性服务平台项目建设；

（21）有机农业产品品牌项目；

（22）中国有机农业发展基金。

影视文化教育小镇——创新型国际合作学历教育、职业教育组团

（23）中美合作摄影及文化创意学院；

（24）中法合作中国电影学院；

（25）国家级高端职业教育培训基地；

（26）生命主题公园，公共体育运动中心；

（27）高尔夫球场；

（28）全国重点镇项目；

（29）两河流域生态链修复及建设；

（30）区域空间地标式识别体系工程：生态、人文符号。

黑龙江区域空间战略结构——两横两纵四大核心发展轴战略规划（2012）

一、发展机遇

1. 《全国主体功能区规划》

国务院〔2010〕46 号文件，颁布了国家层面的顶层战略规划《全国主体功能区规划》。

其中关于黑龙江的总体规划是：哈大齐工业走廊和牡绥地区，包括黑龙江省哈尔滨、大庆、齐齐哈尔和牡丹江及绥芬河的部分地区功能定位是：全国重要的能源、石化、医药和重型装备制造基地，区域性的农产品加工和生物产业基地，东北地区陆路对外开放的重要门户。

构建以哈尔滨为中心，以大庆、齐齐哈尔为重要支撑，以牡绥地区为对外开放窗口，以主要交通走廊为主轴的空间开发格局。

哈大齐工业走廊要强化科技创新、综合服务功能，增强产业集聚能力和核心竞争力。哈尔滨建设成为全国重要的装备制造业基地、东北亚地区重要的商贸中心和国际冰雪文化名城，大庆建设成为全国重要的原油、石化基地和自然生态城市，齐齐哈尔建设成为全国重型装备制造基地。

牡绥地区要强化绥芬河综合保税区功能，重点发展进出口产品加工、商贸物流、旅游等产业，建设成为重要的国际贸易物流节点和对外合作加工贸易基地。

加强松花江、嫩江流域污染防治和水环境保护，开展松嫩平原湿地修复，防治丘陵黑土地区水土流失，加快封山育林、植树造林和冷水性鱼类资源保护，构建以松花江、嫩江、大小兴安岭、长白山和大片湿地为主体的生态格局。

上述国家层面主体功能区规划，为黑龙江区域发展战略和空间布局优化进行了高度概括，塑造了战略框架。

2. 《黑龙江省国民经济和社会发展第十二个五年规划纲要》

黑龙江省将在"十二五"新时期全力推进"八大经济区"和"十大工程"建设。

八大经济区：哈大齐工业走廊建设区、东部煤电化基地建设区、东北亚经济贸易开发区、大小兴安岭生态功能保护区、两大平原农业综合开发试验区、北国风光特色旅游开发区、哈牡绥东对俄贸易加工区、高新科技产业集中开发区。

黑龙江"十二五"新时期，"八大经济区"和"十大工程"建设必然带来新的功能布局调整和优化，

黑龙江已进入发展空间战略重构机遇期，并由传统的点—面博弈格局，向区域功能轴和廊带框架提升。

而确立新的足以支撑"八大经济区"和"十大工程"的空间框架，是塑造区位竞争力，优化空间布局，推动产业集聚，组织基础设施，统筹区域发展的基本要务。

3.《东北振兴"十二五"规划》

2012年3月23日国务院批复《东北振兴"十二五"规划》提出，东北振兴"十二五"时期的八大任务之三是：优化区域发展空间布局，推动产业集聚发展。

二、面临挑战

黑龙江"十二五"新时期，区域空间战略架构模糊或缺失，必将直接影响经济地理空间对要素的号召力。无论从城市群、城市带和城镇化的组织布局，工业走廊和产业集群的集聚，还是资源型城市群的结构调整，及生态功能区的转型发展等等，都亟待区域战略空间发展架构支撑。

三、空间重构

根据国家层面的《全国主体功能区规划》、《东北振兴"十二五"规划》和区域层面的《黑龙江省国民经济和社会发展第十二个五年规划》，黑龙江亟待进行区域空间发展战略重构，以适应新一轮发展战略的需求，及项目空间布局、要素优化配置、基础设施建设等，为区域城市化、工业化及农业现代化构建可持续空间平台。推动区位优势塑造从传统的点面空间组织向廊带与功能轴空间结构提升，提供战略定位和组织架构；而没有空间战略架构则无从形成空间发展战略格局。

黑龙江顶层空间发展战略"两横两纵"新结构，四大核心发展轴。

1．东西第一横轴，哈大齐—牡绥核心战略发展轴，哈大齐新型工业化走廊及城市化核心功能轴，哈牡绥东北亚开放国际贸易物流大通道。重点塑造哈大齐新型工业走廊，哈牡绥东北亚开放大通道和绥芬河欧亚大陆桥头堡。

2．东西第二横轴，大小兴安岭—长白山森林区核心生态轴，及黑龙江流域国家级生态主体功能保护区。组织大小兴安岭—长白山全域生态环保、低碳循环新型产业链和伊春国家级小兴安岭综合配套改革示范区，维护国家级生态可持续战略安全。

3．南北第一纵轴，大松花江流域现代农业核心发展轴，包括：松嫩平原、三江平原国家级现代农业综合配套示范区。走绿色、有机、高效、市场农业发展之路，农业现代化和城镇化、工业化统筹发展之路。

4．南北第二纵轴，东部资源型城市带重化工业核心发展轴，煤电化基地建设区，包括：牡丹江、佳木斯、鸡西、七台河、双鸭山和鹤岗6市。加强东北东部以大物流通道为标志的基础设施工程建设，工业化与城镇化耦合发展，推动结构调整与方式转变。

"两横两纵"四大核心发展轴，分工不同，内涵鲜明，相互依托，共同构建黑龙江顶层战略空间组织新架构，"十二五"新时期黑龙江"八大经济区"和"十大工程"建设布局新格局。

20

沈阳汽车绿轴——汽车产业组团概念规划（2010）

沈阳经济区国家新型工业化综合配套改革试验区　核心战略

沈阳经济区十二五时期结构调整和转变发展方式　主题项目

沈阳汽车产业集聚区，沈阳三大千亿产业示范项目

一、发展背景

沈阳东部的汽车产业基地，截至 2010 上半年，四大整车厂生产汽车 24 万辆，增长 148%；完成产值 222 亿元，增长 68%。其中，华晨宝马 1.7 万辆，产值 59.7 亿元；华晨金杯 4 万辆，产值 25.6 亿元；华晨中华 8 万辆，产值 35.5 亿元；上海通用（沈阳）北盛 10.3 万辆，产值 101.2 亿元。全年预计整车产量将超过 58 万辆，实现产值 600 亿元。

沈阳汽车城已于上半年开发建设，总规划面积达 50 平方公里，"四区一带"的发展布局。现在正朝着建立组织机构，搭建投融资平台，加快土地整理，推进重点项目，项目策划和招商方向努力。

二、面临挑战

1. 整个产业集群设计还停留在传统模式和传统阶段，主要诉求应然是 GDP。

2. 产业链组织创新研发和高端服务缺失，自身战略规划缺少长期持有优势。

3. 汽车城还停留在产业规划层面，可持续城市战略竞争力设计缺失。

三、发展理念

1. 参入中国新一轮结构调整与创新，从规模增长向价值创新转变；

2. 走出去，在全球寻找"沈阳汽车产业集聚区"，构建差异化发展模式和注意力经济；

3. 组织叠加战略和综合解决方案，构建对要素有号召力的战略项目；

4. 设计开放式项目组织机制和全球化发展平台；

5. 以制度创新构建区域顶层战略；

6. 战略洗牌，绿色发展。

四、城市功能

科技研发，教育文化，职业培训，信息网络，咨询服务，宜居商住，休闲购物，文化娱乐，总部基地，生态景观

五、功能结构

一轴，三组团，廊带式发展。

六、核心项目

1. 全球汽车产业信息服务硅谷；

2. 全球汽车人工呼叫中心 IP 呼叫模式，NCN 模式，ASP 云计算模式；

3. 全球汽车绿网；

4. 全球汽车产业服务性总部；

5. 中德合作科技研发中心；

6. 国家间合作，中德汽车工程师学院；

7. 国际汽车职业教育培训基地；

8. 世界汽车主题公园；

9. 城市核心生态景观轴；

10. 生态宜居；

11. 创意空间，城市商业购物漫步。

七、项目路径

1. 实施国家结构调整创新示范项目

国家发展和改革委员会专项课题《沈阳经济区国家战略"沈阳汽车绿轴"模式研究》。

2. 组织开放式战略操盘机制

中国未来研究会大战略研究分会；

国家发展和改革委员会；

国家开发银行。

3. 构建叠加战略和综合解决方案

开展《沈阳汽车绿轴战略规划》及相关项目，研究投融资综合解决方案。

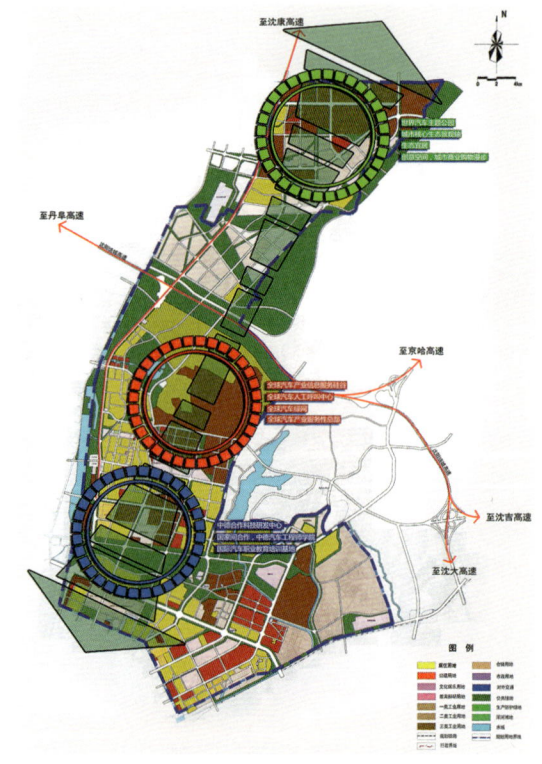

沈阳汽车产业集聚区发展规划

21

沈北辉山东北区域农业综合保税物流加工区战略规划（2012）

东北亚农业产业精深加工与制造基地

东北大农业大物流陆路核心口岸

全球农业生产与服务总部基地

一、主要思路

沈北的出路是走出沈北，走向东北、东北亚。整合国内外资源与要素，制定中国农业发展顶层战略。走多元合作、利益拆分、平台共享发展新路径。创新价值链、供应链、产业链，建设一个以制度为引领全面创新的开放沈北。

借鉴和学习北美腹地自由贸易区制度设计的成功经验，重点建设农业综合保税物流加工区、东北亚绿色有机食品出口加工区、农业大综商品腹地陆路核心干港，及面向东北亚农业商品腹地物流枢纽和商贸交易中心。最终建成中国大东北地区中部、西部、东部三大发展轴农业产业制度设计顶层平台，战略节点，要素配置中心，腹地核心口岸。

1. 战略定位

沈北辉山东北区域农业综合保税物流加工区的战略定位，要从传统的单一农副产品深加工基地进行战略提升，打造成为一个东北及东北亚区域，集技术研发、精深加工、设备制造、品牌创新、标准检测、金融服务、贸易物流、核心干港、通关转口、仓储保税、订单服务、论坛会展、教育培训、人才信息、示范创新、现代服务、农业总部为一体的，东北地区农业综合保税物流加工基地。

2. 发展路径

沈北辉山东北区域农业综合保税物流加工区的发展路径，应区别于扬凌、寿光等，应重点组织制度、机制、贸易、品牌、网络、枢纽、平台、标准、价值、论坛、会展、总部等，向高端混合要素创新配置的，生产性、服务性、创新性、集成性中国农业安全战略支撑平台转型。建设中国大农业大通道、大枢纽、大品牌、大市场及全球区域组织合作大平台。

3. 核心理念

战略洗牌、价值创新、要素重构，在全球新一轮博弈中，在沈阳经济区"十二五"新时期科学发展转变方式中，为中国示范，做中国农业产业创新制高点。

4. 空间组织

以辉山农业高新区为核心，以沈北新区为平台，重构可持续战略布局空间，调整行政区划或跨界组织产业飞地，构建沈阳经济区并辐射大东北区域的农业产业集群和移动网络枢纽。

其产业空间组织路径是沈北——东北——东北亚。

5. 发展机遇

中国农业发展的主要问题是环境、土地、资金、人才、技术等问题，但解决问题的关键是以制度安排为引领的价值体系、战略路径、发展机制、组织结构等一系列创新问题。作为沈阳区域经济国家战略的重要部分，及先行先试先导区，沈北辉山应肩负国家使命，应从制度安排高度参入中国新一轮结构调整与方式转变，引领中国农业科学发展，创新发展。

二、课题规划书

课题名称：辉山，东北农业产品保税物流加工区课题研究——中国农业战略安全制度设计

课题性质：中国农业现代化制度创新

课题要点：中国农业战略安全，中国农业发展的战略支撑，"十二五"新时期以制度安排为引领的中国农业创新，东北地区农业发展顶层战略，沈阳经济区国家战略中的结构优化，东北地区农业产品保税物流加工区建设的战略意义，辉山国家级农业高新区先行先试先导战略。

课题目标：推动东北地区（辉山）农业产品保税物流加工区国家立项

三、课题成果

1. 辉山农业高新区"十二五"时期战略规划（略）

2. 辉山农业高新区顶层战略路线图和时间表（略）

3. 辉山农业高新区顶层战略保障体系（略）

4. 东北地区（辉山）农业产品保税物流加工区空间布局（略）

5. 东北地区（辉山）农业产品保税物流加工区实施方案（略）

22

世界水资源博物馆及中国水资源服务贸易产业示范园区战略规划（2014）

2009 年达沃斯世界经济论坛发布报告指出，全球正面临"水破产"危机，水资源今后可能比石油还昂贵。报告警告说，不到 20 年时间内，全球水资源短缺将导致大面积农田消失，消失面积相当于美国和印度两国农田面积总和。"人类不能像以往那样使用水资源，否则全球经济网将崩溃。"

导言

水是生命之源，从太空遥望地球，那是一颗孕育着生命的水蓝色星球。然而，在这个星球上约有 80 个国家和地区约 15 亿人淡水不足，其中 26 个国家约 3 亿人极度缺水。水资源紧缺、水灾害频发、水污染严重、水环境恶化问题日益突出，随着世界水危机的加剧，水资源匮乏已成为部分地区国家关系紧张的根源。在 2006 年，伊斯坦布尔举行的联合国人类住区规划署会议，大会秘书长沃利·恩多警告说："在未来 50 年中我们会看到导致国与国之间、人与人之间剧烈冲突的诱因，将不再是石油，而是水"。

对水来说，时间已经不多了，21 世纪的水危机将是人类面临的最大威胁。如果还不珍惜水资源，最后一滴水将会是人类的眼泪。

水是林州的命脉，在其悠久的发展历程中，曾有过人水和谐的自然生态美景，也经历过"十年九旱，水贵如油"的苦难历史。水一直伴随着林州的兴起、繁荣和发展，并且沉淀和凝聚着林州文化与精神，是林州城市总体战略框架中的不可或缺的组成部分。随着水资源的逐渐匮乏，水的经济、社会功能性日趋显著，水在国家和城市发展中的战略地位日趋提高。关注水，就是我们的未来。

林州"水"战略是以"水"为核心元素，融合生态理念、科技智慧、文化创意为一体，覆盖水生态、水资源、水科技、水教育、水产业、水文化等多方面的城市顶层发展战略。林州"水"战略是基于全面创新和内生式发展动力的差异性发展战略，旨在推动林州新一轮对外开放，实现创新发展，构建具有凝聚力和号召力的要素平台。其重点在于塑造注意力经济，以全球视野重构发展要素，塑造新的区域竞争力。

在世界水资源匮乏和我国水危机日益严重的大背景下，启动世界水资源博物馆组团建筑项目，构建全球性的水文化与涉水技术产业交流与合作的平台,打造国家级世界性开放式的顶级产学研一体化的涉水产业基地,实施"水"战略，对林州而言，正逢其时、意义重大。

世界水资源博物馆建筑设计

1. 背景

1.1 全球水资源短缺

根据每三年发布一次的《世界水资源发展报告》，地球表面的 72% 被水覆盖，但是淡水资源十分有限，仅占所有水资源的 0.75%，且有近 70% 的淡水固定在南极和格陵兰的冰层中，其余多为土壤水分或深层地下水，不能被人类利用。地球上只有不到 1% 的淡水或约 0.007% 的水可被人类直接利用。全球淡水资源不仅短缺而且地区分布极不平衡。

随着人类社会的进步和经济的发展，工业、农业、城市的日益扩展，特别是世界人口急剧增多，加之，人类活动失控，造成环境恶化，水资源污染及严重浪费，迫使世界水资源更加日趋匮缺。据材料统计：20 世纪初，全球水消耗量为 5000 亿 m³/y，到世纪末已增长为 50000 亿 m³/y（增长 10 倍以上）1954 年—1994 年美洲大陆用水增加 100%，非洲大陆用水量增加 300% 以上，欧洲大陆增加 500%，而亚洲大陆增长幅度更高。更可怕的是，预计到 2025 年，世界上将会有 30 亿人面临缺水，40 个国家和地区淡水严重不足。

严峻的水资源问题已成为世界关注的焦点和包括中国在内的贫水国无法回避的世纪挑战。

1.2 中国水资源危机

近百年来，人类社会发展到工业文明时代，对财富的追求成为发展或增长的共识，片面的经济发展观使人与自然对立起来。随着生产技术的提高和科技文明的发展，人类对水的态度逐渐由敬畏转向控制，人的行为对水资源影响的自然后果、经济后果、社会后果更直接、更严重。特别是在最近的几十年中，由于社会经济发展和对水资源认识的局限性，我国在用水、治水上确实有太多的教训值得总结，无限度耗竭水资源的粗放型经济发展模式导致了水资源紧缺矛盾日益加剧，水资源过度开发、水环境恶化和水质污染迅速蔓延。其中最大的失误，一味试图以水利工程用水、治水。生产力的飞跃，水库大坝、水电站等技术的推广，使得我们在工程用水、治水的老路上越走越远。以雅砻江为例，随着雅砻江 21 个梯级水电站的规划建设运行，局部流域水位下降达 45 米、河道渠化，部分河段及支流还会出现季节性减（脱）水现象，对流域的生态环境产生很大影响。

50 年来，我们在全国打造了超过 8 万座的水库，修造的堤坝足够垒起几十座万里长城。但是，当大片的森林已经从崇山峻岭间消失，无数湖泊湿地萎缩甚至干涸的时候，这些工程并不能从根本上解决我国的水资源问题。

中国是一个干旱缺水严重的国家。淡水资源总量为 28000 亿立方米，占全球水资源的 6%，仅次于巴西、俄罗斯和加拿大，居世界第四位，但人均只有约 2200 立方米，仅为世界平均水平的 1/4、美国的 1/5，在世界上名列 121 位，是全球个人均水资源最贫乏的国家之一。

全国农村 3.2 亿人饮水不安全，400 余座城市供水不足，比较严重缺水的有 110 座。淮河、辽河、黄河、海河流域开发已超水资源承载力。河流、湖泊水库和地下水被污染状况触目惊心，由此而造成的水质性缺水与本已存在的资源性缺水彼此叠加，使中国缺水状况犹如雪上加霜。

错误的涉水行为造成的严重后果大多是不可逆的，可能会使人类几十年、几百年甚至更长时间痛尝苦果。随着社会进步，经济活动频繁，水资源的开发和利用对水循环的影响越来越普遍，越来越大，越来越深刻。

中国水危机，我们每一个人都无法回避！

1.3 林州机遇——"水"战略

1.3.1 林州水文脉

林州历史久远，文脉深厚，历来是一方充满创新和变革精神的热土。在其悠久的发展历程中，水一直伴随着城市的兴起、繁荣和发展，并且沉淀和凝聚着林州文化与精神。

两千多年前的诗经出现频率最高的地名和水名就是"淇"，"淇"指淇河，也称淇水。《卫风》首篇我们熟悉的诗句"瞻彼淇奥，绿竹猗猗"描述的是淇水湾长着挺立修长葱翠茂盛的青竹，展示了淇河的一片美景。在《竹竿》一诗中，也多次提到淇河。如"籊籊竹竿，以钓于淇"，"泉源在右，淇水在右"，"淇水在右，泉源在左"，"淇水滺滺，桧楫松舟"，在《有狐》中"有狐绥绥，在彼淇梁"，"有狐绥绥，在彼淇历"，"有狐绥绥，在彼淇侧"。从诗中我们可看出古时淇河岸边生长着茂盛的修竹，各种动物徜徉于淇河岸边，是一副美丽和谐的自然生态图。遗憾的是，如今狐狸和修竹都销声匿迹了。

林州最伟大的创新和变革发生在 20 世纪 60 年代，在极其恶劣的自然环境和物质极端匮乏的条件下，六十万林州人民凭着重新安排山河的英雄气概和创新变革精神，在太行山的悬崖峭壁上逢山凿洞，遇沟架桥，苦战十个春秋建成了"生命之渠"红旗渠，渠线纵横 1500 多公里，被誉为"人工天河"。"自力更生，艰苦奋斗，团结协作，无私奉献"是红旗渠精神的核心，是红旗渠精神活的灵魂，它指引一代又一代林州人民不畏艰难，勇往直前，谱写了一曲曲"战太行、出太行、富太行、美太行"的生动乐章。

半个世纪过去了，如今林州已经成为世界认识中国的窗口，每年都有大批外国朋友来林州旅游，2012 年人数达十多万。他们热爱中国文化，迷恋太行大峡谷，关注红旗渠。淇水吟诵的是中国传统，红旗渠唱响的是中国精神，作为中国的经典水故事，亟待在更高的层面向中国和世界传播。

1.3.2　显山露水，战略转型，走独立特色发展之路

自《促进中部地区崛起规划》和《中原经济区规划 2012—2020》实施以来，无论是从国家的政策支持力度，还是自身多年发展的积累看，中部地区正面临加速经济发展、不断缩小与东部地区差异的难得发展机遇。随着中部崛起战略的深入实施，中部地区在全国经济社会发展中的独特地位日益凸显，中部地区正在成为我国区域经济发展的重要增长极。

但是，中部经济区空间巨大，具有完整经济体系的次一级核心发展区域有多个，各个区域分别具有相对的独立性，这就提出了一个崭新的命题：次级核心区各自相对独立的发展空间还很大，还没有达到相互参照、资源统一配置、产业协调的必要时期，也就是说林州想要依靠政策扶持或核心区域带动城市发展还需要相当长的一段时间。林州虽然迎来新的发展机遇，但竞争激烈，要想赢得发展机会，必需充分挖掘自身优势和潜力，创新发展模式，构建切实可实施的顶层战略，与同质区域错位发展，走独立特色发展之路。

山是林州的脊梁，水是林州的命脉，山水格局是林州存在和发展的基础，是塑造城市特征的空间环境载体，是体现城市资源、生态环境和空间景观质量的重要标志，是林州城市总体战略框架中的不可或缺的组成部分。林州在新一轮发展中，需要以开放合作为路径，以制度设计为引领，关注区域经济发展战略的顶层设计，显山露水，实现战略转型，以更广阔的战略视野，在中国及全球范围内重新寻找和定义林州山水资源价值，在中国及全球层面重新组织和构建林州山水战略，在全球范围内配置要素，构建大区域差异化发展战略和基于资源禀赋的注意力经济。

1.3.3　林州"水"战略，正逢其时

近年来，水安全问题引起中央高度重视，一直是国家推行的重点工作之一。2011 年 1 月 29 日，《中共中央、国务院关于加快水利改革发展的决定》作为当年中央一号文件正式公布，成为新中国成立 62 年来中共中央首次系统部署水利改革发展全面工作的决定。

今年 5 月 8 日，水利部网站发布消息称，水利"十三五"规划编制工作全面启动，水安全问题上升到国家安全的战略高度。水利部提出，规划编制中要把水生态文明建设作为重要内容，研究提出真正管用的硬措施，加快落实最严格水资源管理制度，切实转变用水方式，全面建设节水型社会，强化水资源保护，健全水生态文明制度体系，促进水生态系统保护与修复，确保在水生态文明建设方面取得实实在在的成效。着力解决水利发展面临的新问题。系统研究水利发展中亟待解决的水旱灾害、水资源短缺、水生态损害、水环境污染等问题，寻求有效的治理之策。

对于林州来说，"水"战略的提出和实施具有不可替代的战略意义。

首先，林州城市集聚已经到了一个历史节点，规模误区和粗放式增长已经显现，林州的城市定位、城市功能、城市形态及城市差异化竞争力亟待重构，迫切需要水战略这样的可持续发展顶层战略，走精神立市，生态为根，文化为本，绿色发展转型之路。

其次，红旗渠作为中国经典水故事，亟待走出传统误区，与时俱进，在坚持人水和谐、科学发展理念的基础上，实现从传统水利向现代水资源可持续发展跨越，在更高的层面向中国和世界传播。

再次，林州的战略平台在外部，市场在外部，人才和创新在外部。"水"战略旨在全球和中国更大背景下重新发掘林州资源禀赋的潜力，在更大的范围内配置要素和发现市场，构建林州战略资源走向中国或世界的开放平台。

最后，林州"水"战略是基于全面创新和内生式发展动力的差异性发展战略，其重点在于塑造注意力经济，发挥区域优势，创新制度设计，促进林州有效参与大区域一体化战略格局和中国创新。

实施"水"战略，对林州而言，正逢其时、意义重大。

2. 林州"水"战略

2.1 战略内涵

林州水战略是以"水"为核心元素，融合生态理念、科技智慧、文化创意为一体，覆盖水生态、水科技、水教育、水产业、水文化等多方面的城市顶层发展战略。以全球视野重构发展要素，沿着太行山、红旗渠进行战略规划和创新思考，塑造新的区域竞争力。其内涵是生态为根、文化为本、守望相助、绿色发展，参入中国创新，参入全球化新一轮要素重构，打造可持续发展新的现代服务经济战略增长极，创建世界级水文化、水生态、水产业、水技术、水市场创新发展示范城市，世界级旅游目的地，世界级山水文化名城。

2.2 战略目标

将水资源的可持续开发与利用作为 21 世纪林州城市发展的战略重点，通过与国内外的交流与合作，研究水科学、解决水难题、应对水危机，实现水资源的优化配置，促进中国乃至世界水生态的可持续发展。

将城市发展空间结构与山水田园自然风景结合起来，充分彰显林州的本质特征，使林州向绿色城市、智慧城市和和谐城市发展，成为特色鲜明、生态宜居的生态示范城市。

构建国际水文化交流与合作平台，用科技智慧和文化创新号召全球要素，推动太行山文化、红旗渠文化及淇水文化融入时代元素，向中国乃至世界更大范围传播。

构建国际水资源产业贸易与合作平台，在世界范围内汇集水资源要素，以论坛、会展和博物馆为纽带，推动林州走向世界，成为全球水资源产业高端商务集聚地、中国水事活动中心、全球水事活动的风向标。

创建中国及全球水资源产业地理经济，通过研发集聚、教育集聚、资本集聚、创业集聚、产业集聚以及社会服务保障体系的构建，汇聚世界知名的水利教育单位、顶级水科研机构、全球高端治水英才、高端涉水产业集群和金融实体进入，形成国家级世界性开放式的文化、教育、人才、研发为一体的涉水产业基地。

通过战略创新、制度创新和模式创新，使产业结构与资源禀赋协调发展，构建以制度创新为动力的市场开放平台，并通过高新技术创新、研究成果转化、产业孵化等来带动城市化或区域经济的发展，成为中国第一个水资源创新发展的示范城市。

2.3 林州"水"战略的可行性分析

2.3.1 涉水产业发展的前景

为应对水危机，各国在防止水的环境污染，水的循环利用，活水处理方面的新技术投资，日益迫切，日益剧增。涉水产业是目前全球增长最快的市场，其中大部分增长来自于南美洲和亚洲。据国外专家预测，至 2035 年全球涉水产业市场规模可达 8000 亿 ~20000 亿美元。由于经济快速发展和人口增长的刺激，亚洲水业市场规模届时将占到全球的 50％。就其重要性来说，涉水产业，将是"下一个石油产业"。

近日，水利部启动了全国水利发展"十三五"规划编制工作。据悉，水生态文明建设和重大水利工程建设将成为水利"十三五"规划编制的两大重点。这意味着新一轮水利投资计划开启。2011 年中共中央一号文件《关于加快水利改革发展的决定》提出，力争今后 10 年全社会水利年平均投入比 2010 年高出一倍，即未来 10 年的水利投资将达到 4 万亿。水利"十二五"规划确定的水利投资规模大概为 1.8 万亿元。照此估算，水利"十三五"规划的投资规模将有望进一步提高，同比增速或达 20% 以上。

在世界水资源匮乏和我国水危机日益严重的大背景下，水利工程、水科技、水处理等相关涉水产业蕴藏着巨大的商机，具有良好的发展前景。不管是大型的水利工程，还是净水设备、净水材料，乃至走进行家万户的净水器都迎来了史无前例的发展机遇。水利机械、水处理设备、水处理技术更是具有巨大的市场前景和稳定可观的经济效益。而在文化交流、制度设计、项目规划、贸易服务、教育培训、全球合作等方面空间则无限广阔。

2.3.2 红旗渠的号召力

红旗渠水利工程是林州人民在共和国最为艰苦的 20 世纪 60 年代修建而成的，是十万修渠大军用生命赞歌铸就的一座精神丰碑，是千千万万林县人民团结协作创造的一个人间奇迹。

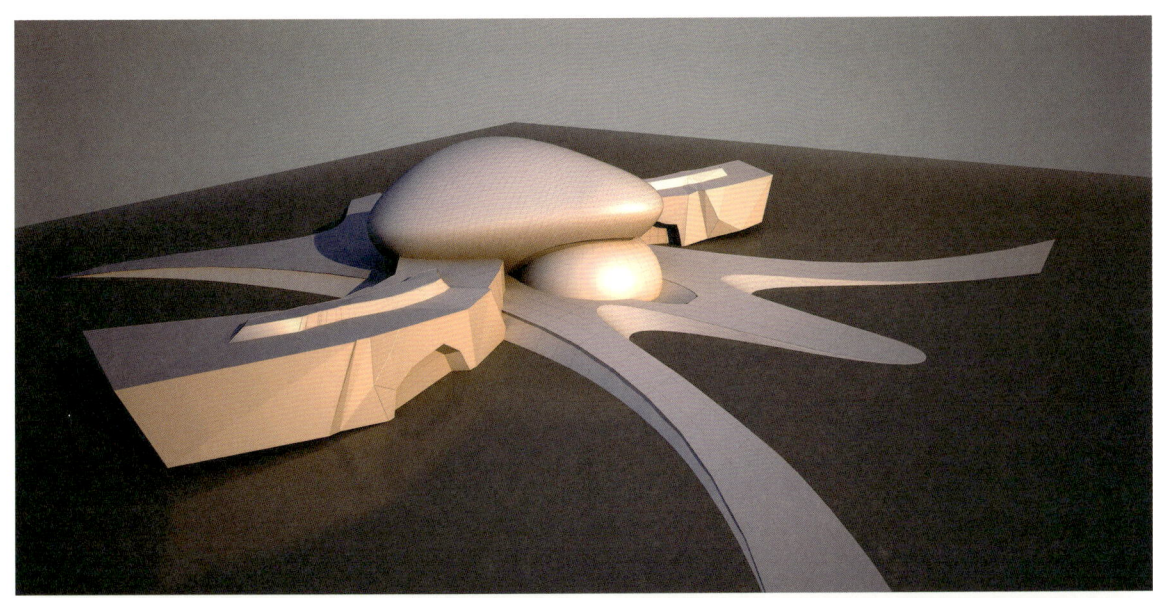

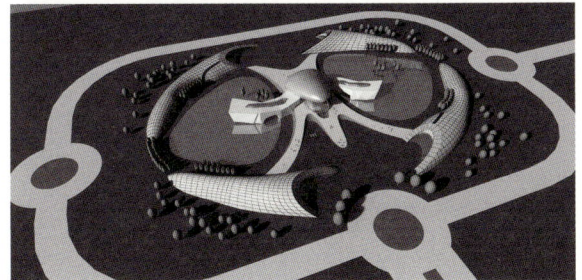

世界水资源博物馆建筑设计

气势磅礴的红旗渠是不可复制的文化遗产，"自力更生、艰苦奋斗、团结协作、无私奉献"的红旗渠精神，其涵盖面和影响的范围相当广泛。今天的红旗渠，已不是单纯的一项水利工程，它已成为民族精神的一个象征。红旗渠不仅是中国人民的伟大创造，同时也是人类为生存寻找水资源的不朽传奇。对今天人类保护水资源和追求可持续发展，共同实现联合国千年发展计划具有史诗般的开启意义。

2.3.3 "水"战略的前瞻性

林州"水"战略是站在整体区域发展的角度，认识历史、立足现实、着眼未来，从林州城市化进程和城市转型发展的历史格局与发展大势分析着手，来阐明林州所处的发展阶段、面临的挑战和机遇。通过深入细致的战略性、政策性、前沿性研究来明确林州的战略定位、项目性质及发展方向。充分听取国内外各方面专家和相关部门意见，集中方方面面的智慧，汇集中外城市先进规划理念，拓展规划思路，从而使林州水战略做到高起点、有新意且具有超前意识和可预见性。

通过战略性新兴水资源产业的培育，促进林州产业主动性转型，将原先粗放式、低效率的发展模式，转变为低消耗、低排放和高质量的发展模式，使产业结构与资源禀赋协调发展。通过深刻思考和探索城市与区域的联动转型，提出富有针对性的政策思路和解决方略，以准确地把握涉水产业的新业态、新内容对创新型经济发展和城市发展方式转换、空间功能提升等方面的战略引领，以水战略的科学性和前瞻性引领林州向绿色城市、智慧城市和和谐城市发展。

2.4 林州"水"战略实施计划

"罗马不是一天建成的"，任何一个城市的发展都不可能一蹴而就。因此，一个可操作实施的战略规划，不应仅仅是蓝图式的描绘，还需要一个清晰的、循序渐进的战略实施计划，指导城市有序发展。

2.4.1 近期发展计划

第一步：媒体宣传，吸引注意力

当今社会是一个信息极大丰富甚至泛滥的社会，注意力的有限性使其成为稀缺资源，因而谁能吸引有效的注意力，将之放大并转化为经济利益，谁就能在经济发展中赢得先机，城市间的竞争同样适用这一原理。"一个城市要想在无限的信息量中生存，就必须争夺注意力"，进入注意力经济的运营模式。

为了赢取先机，今年四月中旬，在《林州总体战略规划》尚未完成的情况下，笔者在《中国改革报》先行发表了《流向未来的红旗渠——河南林州显山露水，战略转型发展纪实》一文。

作为国家发展和改革委员会主管的报纸，中国改革报承担着每天向全国和世界传播与介绍中国改革开放理论、各项改革政策、实践经验和价值取向的重任。借助于《中国改革报》的宣传，有助于吸引有效的注意力，表达林州的发展诉求，塑造林州的城市形象和品牌。

第二步：构建顶层战略，完善规划体系

十八大以来，中国经济空间治理格局正在进行新的战略重构。习近平主席提出"两带一路"——丝绸之路经济带、长江经济带和21世纪海上丝绸之路等已成为中国经济地理新的顶层战略。这是中国第一次进行全球布局，制度创新和顶层设计将成为新一轮发展的战略引擎和主要特征。

新一届中央政府，已经初步构建了中国经济新一轮发展顶层战略，"十二五"收官"十三五"开局的关键时期，各地方政府面临新一轮大考。

以长江经济带战略为例，为了能够确立城市在长江经济带中的战略地位，一年以来，沿江各地都在启动关于长江经济带建设的研究，大多包括一个总体规划和多个专项规划。在这些研究规划中，除明确自己的战略定位外，更重要的则在于政策和项目，以使得国家在制定规划时能够关注到地方的诉求。

世界水资源博物馆建筑设计

竞争激烈、时间紧迫，制定符合林州自身特色的总体战略规划，构建城市发展顶层战略已成为当务之急。

第三步：实施"水"战略启动项目——世界水资源博物馆（组团建筑）（详见后文）

第四步：创刊《世界水资源》杂志

由联合国教科文组织及中国社科院研究生院、中国改革报、林州市政府战略合作，由中国改革报牵头创刊《世界水资源》杂志。主要包括水资源领域相关的国内外资讯，包括发展计划、国家战略、水资源发展挑战、科学技术、发展趋势、产业结构、制度设计、国际合作等；展示林州城市发展进程和成果，包括世界水资源博物馆、全球水资源发展论坛、世界水资源科技博览会等。

第五步：为全球水资源发展论坛引入战略合作

战略合作伙伴的引入对林州水战略的启动至关重要，长期性、战略性的协同发展关系能够给林州带来资金资源、先进技术、管理经验，提升企业技术进步的核心竞争力和拓展国内外市场的能力，推动林州产业技术进步和转型升级。

引入的战略伙伴包括：联合国教科文组织（UNESCO）、粮农组织（FAO）、世界气象组织（WMO）、联合国工业发展组织（UNIDO）等国际组织，以及专家学者、国内外先进企业等。

2.4.2 远期发展愿景

愿景一：以"水"为核心，着重形成五大集聚。

研发集聚：即引导国内外水资源领域的大学科研机构、研究院所以及国家级和省部级的研发基地，跨国公司研发中心，国家大型水利、水电、水运等大集团、大公司等高端水利企业实体集聚。形成以水为主题的国家级世界性科学研发及产业转化基地，成为支撑林州涉水产业发展的核心能力。

教育集聚：即引导世界知名的水利教育机构，国内外顶级的水事领域教育单位、知名大学以及基础学科的研究机构、专家学者等进入，形成水利教育综合规模化、合作协同化集聚。构建以水事领域教育教学、人才培养、基础科学研究为主体的基础智力资源开发平台，成为引领林州未来涉水产业发展的核心要素及中坚力量。

资本集聚：即引导水权交易所、水产业发展、水风险投资、水创业资本及政府水利引导基金等金融机构集聚。建立涉水产业发展指数及信息发布中心，确立林州涉水产业的行业主导地位，增强林州涉水产业发展的凝聚力和号召力。

创业集聚：以林州涉水产业未来发展为指向，以全球高端涉水产业创新、创业集聚为平台，以水工程、水生态、水物联网、水信息服务等方面的技术、产品及其商业化为抓手，培育若干特色涉水产业集群，推动涉水企业在海内外上市，形成若干家涉水上市公司。

产业集聚：即引导水利、水电、水务、水港、水运、水感、水旅游、水物联网等涉水产业公司及关联企业，通过研发成果的转化、升级、换代等，形成若干个大型高端涉水产业集群，实现若干亿（GDP）产业规模。

愿景二：以"水"为特色，将涉水产业发展与生态宜居、旅游度假相结合，形成林州创新发展型产城融合组团，主要包括世界水资源博物馆、全球水资源发展论坛、世界水资源博览会、大学、教育培训、水资源产业园区（红旗渠国家开发区）、科技研发、旅游度假、风情小镇、生态保护、绿化景观、五星酒店、基础设施、和平年论坛、国际康复中心、太行山国际运动基地、四股玄小剧院、步行街、学校、书苑、宜居社区等等，内容丰富、功能完善。

3. 世界水资源博物馆（组团建筑）

世界水资源博物馆（组团建筑）主要由世界水资源博物馆、全球水资源发展论坛、世界水资源科技博览会场馆三大部分组成，是实施林州"水"战略的启动项目。

世界水资源博物馆（组团建筑）是在当前世界水资源短缺，中国水危机日益严峻的形势下，林州站在生态发展的高度，通过战略创新、制度创新和模式创新，集聚世界范围内涉水产业高端人才和研发机构，共同研究水科学、解决水问题，构建全球性的水文化与涉水技术产业交流与合作的平台。其宗旨是通过交流与合作实现中国涉水产业升级和跨越，实现林州产业结构与资源禀赋的协调发展，实现与创意产业园区、大学城、旅游度假综合体融合发展，促使林州向特色创新型产业经济转型。

3.1 项目的唯一性

国内相关项目有：

中国水利博物馆：位于浙江省杭州市萧山区境内，主要功能为系统整理、展示和宣传中国治水成就，传承和发扬中华水文明，全面展示水利史、水科技、水生态和水文化等内容。

南水北调博物馆：主要是为收藏、展示、研究南水北调中线工程河南省境内出土文物而动议兴建的一座专题博物馆。初步规划选址在荥阳市南水北调穿黄工程南岸。初步规划建筑面积36800平方米，分为历史文化区和工程展示体验区。

中国水文化博物馆（规划中）：衡阳市正在规划建设中国水文化博物馆，其定位是"全国青少年爱国主义教育基地"、"全国节水示范基地"、"大中专院校教学实习基地"、"环境保护示范基地"、"长株潭二型社会示范基地"（资源节约型，环境友好型）、"文化产业发展示范基地"。旨在通过建造博大精深的水文化旅游项目，达到启迪、学习、教育、旅游融为一体的目的。

世界水资源博物馆（组团建筑）是以"水"为主题，集文化交流、制度创新、全球合作、科技博览、科普教育、论坛会展、商贸服务、总部办公、度假休闲、旅游产业等多种功能为一体的综合性建筑组团，与上述纪念性、科教性的涉水主题博物馆及娱乐性水主题旅游项目有着本质的区别。世界水资源博物馆（组团建筑）是全球性涉水生态、文化、科术、服务产业交流与合作的公共开放平台和综合性服务产业基地。据查，迄今为止，以"水"为主题的国家级综合性文化、产业基地尚未问世。

3.2 项目定位

林州实施水战略，构建西部山水战略轴的启动项目；

红旗渠精神面向中国和世界传播的窗口；

创新发展模式，塑造区域竞争力的示范项目；

国际合作，全球化新一轮发展制度创新高地和资源要素重构的平台。

3.3 发展目标

建成中国首创、国际水准、全球知名的集水科技、水产业、水生态、水文化于一体颇具特色且错位发展的涉水产业基地和水事活动中心、形成林州经济发展的新增长极。

3.4 发展理念

生态为根，绿色发展；

结构调整，转型发展；

以人为本，融合发展；

科技交流，智慧发展；

对外开放，创新发展；

全球视野，合作发展。

3.5 建设愿景

世界水资源博物馆（组团建筑）的建设意义在于深入挖掘和高标准利用现有自然和人文资源，通过巧妙独创的规划构思，构筑合理的区域空间结构和土地开发利用模式，营造富有特色的区域物质空间环境，塑造鲜明的地域文化特征，为市场提供强大的号召力，为政府塑造新的要素战略平台，为城市可持续发展构建新路径。

世界水资源博物馆：采用场景复原、文物陈列、图文展示、视频演绎和多媒体特效应用等五位一体的模式，综合收藏、展陈、科普、宣传、教育、研究和交流等功能于一体，成为国际国内开展水文化交流活动的重要平台。全面介绍全球为寻找、保护、利用水资源所做出的创新和努力，包括制度、立法、政策、文化、教育、科技、合作、项目、规划、案例等；推动淇水文化、太行山文化、红旗渠文化向中国乃至世界更大范围传播，在全球范围内传播中国人民守望相助，保护水资源，创造美好生活伟大愿景。

全球水资源发展论坛：兼具开放性和国际性，站在全球水生态可持续发展的高度，推动世界各国间的水事交流、协调与合作，吸收先进技术与经验，为推动林州及中国水生态发展提供有力支持；为政府、企业及专家学者等提供一个共商水事问题的高层对话平台，加强国家、企业、个人之间平等互惠、合作共赢的关系；成为全球治水名人、学者、专家和国际商务人士汇聚、交流、活动的重要区域，建立涉水行业信息中心，发布行业标准和指数。可借鉴博鳌论坛等成功案例。

世界水资源科技博览会：集会展、商务、会议为一体的长期性博览会。展示世界各国在涉水科技发展领域取得的成就，探索人类面临水危机的解决方法；为参展国家和企业在林州设立贸易机构提供空间载体，促进各参展国家涉水科技和文化的交流与合作，增进和深化各参展国家、企业之间的贸易和投资联系；为本地涉水产业创造良好的发展环境和机遇，推动本地相关产业与参展国家、企业建立伙伴关系，在应对不断出现的全球性水危机挑战方面促进全球合作，以实现本地区经济的可持续发展。

3.6 建设指标

建设指标

指标名称		单位	数值	备注
一、规划建设用地面积		m²	250000	
二、规划总建筑面积		m²	100000	
其中	世界水资源博物馆	m²	40000	
	全球水资源发展论坛	m²	30000	
	世界水资源科技博览会场馆	m²	30000	
容积率			0.4	
建筑占面积		m²	70000	
建筑密度		%	28	

4. 结语

水不仅是生命之源，也是环境的基本要素和人类赖以生存、延续和发展的基础，更是城市和国家发展中极为重要的战略资源。它维系着社会的进步和人类的文明，关注水，就是关注我们的未来，制定"水"战略是林州可持续发展的重要一环。

林州"水"战略的提出，符合国家战略发展方向和落实中央关于加快水利改革发展的要求。建设国家级世界性开放式的水科学文化科研基地及涉水产业发展事务中心，聚集全球涉水研发机构、教育单位、治水精英共同研究水科学、解决水难题、应对水危机不仅非常必要，而且极其可行。为此，我们建议：在城市发展竞争异常激烈的现阶段，应抓住时机，尽快启动世界水资源博物馆（组团建筑）项目，在全球新一轮发展背景下和中国创新推动下尽快实施"水"战略。

第二篇
城市规划

空间聚集是收益递增的外在表现形式，是各种产业和经济活动在空间集中后所产生的经济效应以及吸引经济活动向一定区域靠近的向心力。同时，区域和城市的发展可以定性为"路径依赖"和"历史事件"。而城市是人类仅有的要素配置方式。

23

"十二五"时期黑龙江克山乌裕尔河流域新城总体规划（2010）

东北农业现代化制度设计，区域战略国家示范项目

黑龙江省克山县位于黑土地核心区，是国家级现代农业示范县，土地资源十分宝贵。城市布局面临与农田保护之间的博弈。乌裕尔河流域荒漠化地区为可持续发展空间提供了条件和想象力。将河流复兴引入城市空间战略成为本次规划的主要路径。

一、中国战略发展机遇期

后金融危机时代，中国"十二五"开局之年，中国县域经济进入新一轮战略发展阶段。其主要特征是：农村城镇化、农业现代化、农民就业化。其核心动力来自中国县域经济顶层战略创新、制度安排创新、市场机制创新、组织方式创新、发展路径创新、技术优化创新、金融服务创新、要素配置创新等。

二、城市发展核心理念

生态持续、结构创新、战略叠加、混合发展。

三、城市设计理念

场所精神、自然脚印、宏大叙事、吸引眼球；

马铃薯、大粮仓、乌裕尔、四方城。

四、区域城市战略定位

东北地区最具魅力的生态城市；

县域经济可持续发展战略平台；

中国小城镇综合配套改革示范。

五、新城空间结构组织：一廊、一带、一环、四方舟

一廊：克拜路南北城市一级功能轴，10公里中央都市走廊（CUC），组织老成组团、新城组团、产业组团；

一带：乌裕尔河东西生态休闲景观带，10公里滨水休闲商业中心（RBD），打造乌裕尔河亲水功能及两翼湿

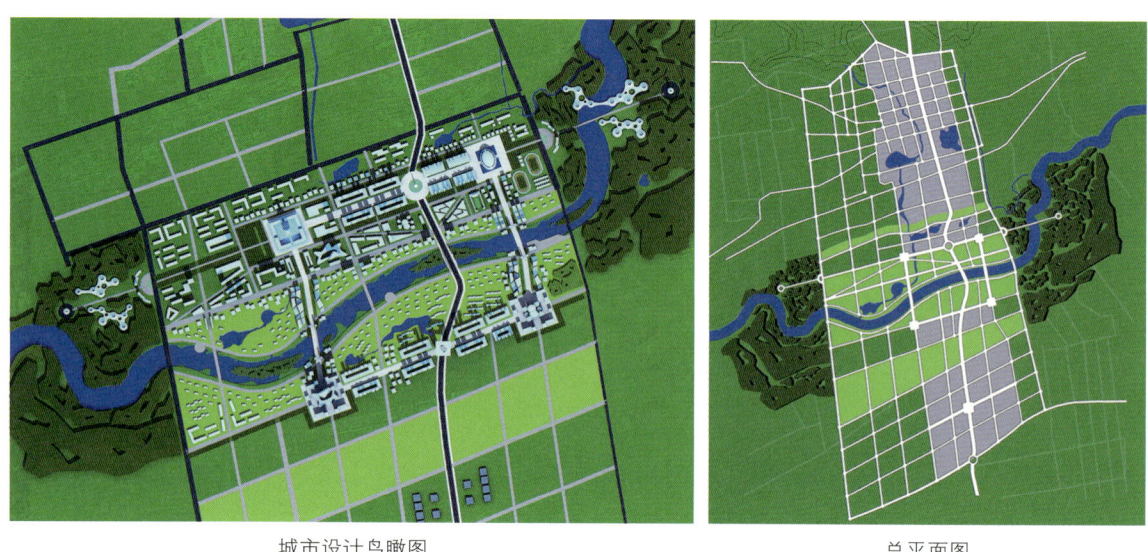

城市设计鸟瞰图   总平面图

地公园，构建克山最具魅力的主题性开放空间；

一环：绕城大外环及区域空间过境交通组织；

四方舟：以乌裕尔河、湖泊、湿地为依托的生态方舟，城市核心功能平台，战略功能布局空间和塑造性增长极。

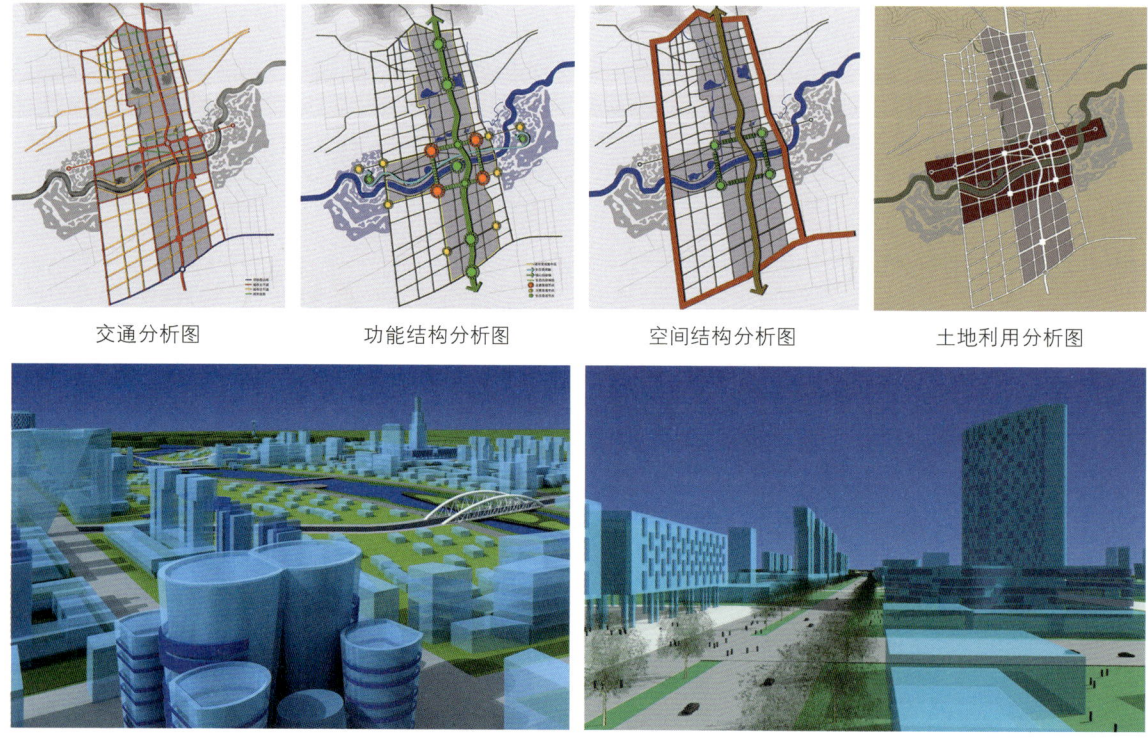

交通分析图   功能结构分析图   空间结构分析图   土地利用分析图

城市设计鸟瞰图

六、城市发展功能组织

全面创新八大中心：行政中心、市民中心、商务中心、公共中心、宜居中心、技术研发中心、产业服务中心、生态景观中心。

七、城市大生态体系

以乌裕尔河水系为主体，包括：河流、湖泊、湿地、植被、绿化、农田等。

城市设计

城市设计

八、城市景观节点

以南北克拜路 10 公里中央都市走廊（CUC）；

和东西乌裕尔河 10 公里滨水休闲商业中心（RBD）；

为核心景观廊道，组织网络节点景观和城市界面，塑造城市核心开放空间。

九、城市规模指标

城市规划总面积：9.5 平方公里（建设用地、交通、生态、绿化等用地）；

两翼湿地总面积：7.0 平方公里（城市生态绿肺、地标性景观区）；

城市发展总规模：8.0 万人口（农业人口转移、区域人才聚集、机械增长）；

新城市技术路径：点—轴—面组织（交通等基础设施与城市战略要素塑造）；

建设时序与周期：1/3/5 年（启动期、塑造期、高峰期、丰富期）。

24

沈阳经济区两河流域新战略
——沈阳铁西滨河三岛生态城56平方公里总体规划（2012）

铁西具有国际竞争力的世界级装备制造业支撑平台

铁西国家装备制造技术研发综合配套改革示范区

铁西滨河三岛生态城

大思路，大格局，大跨越，从传统的蔓延式增长向组团式拓展转型

铁西空间布局顶层战略——工业走廊，生态岸线双轴大格局

以制度设计为引领，再创国家新示范区

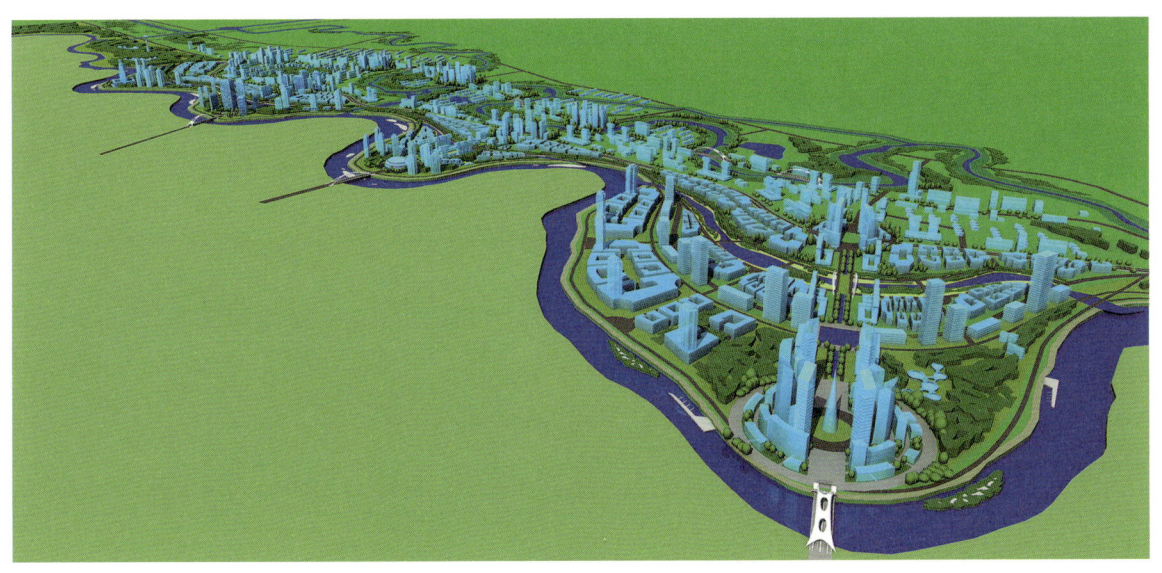

城市设计

背景分析

面对全球化带来的城市之间的竞争愈演愈烈，全球城市管治模式已发生了根本性转型，这就是英国牛津大学教授哈维（D. Harvey）所说的，从福利国家时期的"管理型"（managerialism）模式，到全球竞争时期的"企业型"（entreprenurialism）模式。城市政府的角色也从提供公共物品和确保财富分配的社会公正转向改善城市形象，吸引外来投资，刺激经济发展和创造就业岗位。提升城市的全球竞争力成为地方政府的第一要务，城市营销就是城市竞争力战略的重要组成部分。

美国哈佛大学世界竞争力研究专家波特（M.E.Porter）提出竞争优势的"钻石"体系和产业集群理论。波特认为，全球经济竞争使地域的重要性更为突显，要求政府角色转型。政府不但要提供稳定的宏观政策，还必须改善微观层面的经济环境，包括改善生产要素和基础设施的品质，如教育、物流和通信设施。政府还应当创建体制来激励整体经济形成更为有效的竞争，如反对垄断，刺激投资和保护知识产权等。

因此，政府工作的重点应该从资产经营、资本运作向资源管理跨越。政府的管理应从纵向模式向扁平化模式转型。

一、指导思想

以科学发展观为指导，以沈阳经济区新型工业化国家区域战略为目标，以调整产业结构转变发展方式为主线，以制度设计为顶层战略，覆盖城市组团、产业园区、产业集群组织，全力推动铁西新时期装备制造业国际竞争力体系建设。

二、规划原则

积极参与十二五时期沈阳区域战略及国家产业战略创新，以全球视野和高度推动要素整合，构建以制度设计为主导的国家产业示范项目和新的区域经济战略增长极。

三、规划依据

《中华人民共和国国民经济和社会发展第十二个五年发展规划纲要》；

《沈阳经济区新型工业化综合配套改革试验总体方案》；

《沈阳铁西装备制造业聚集区产业发展规划》（2008）；

《沈阳市四大空间发展规划》（2006）；

《沈阳经济技术开发区土地利用总体规划》（2006）；

《铁西产业新城总体发展规划》（2010）。

四、规划重点

以铁西装备制造国际竞争力体系为目标，重点整合两河（浑河、细河）流域混合用地，构建铁西空间布局生态岸线战略发展轴。全面提升铁西区位发展优势和产业创新平台。从传统的园区化产业集聚、产业集群向开放的产业链、供应链、服务链、价值链、生态链高端转型。

五、发展机遇

近年来，铁西经历了老工业基地调整改造暨装备制造发展示范区建设，并成为中国改革开放30年来的杰出代表。2010年，铁西高调进入沈阳经济区国家新型工业化综合配套改革实验区建设。2011年，又适逢中国"十二五"开局之年和后金融危机时代中国转变发展方式之年。作为中国装备制造业发展示范区和国家新型工业化综合配套改革实验区的代表及中坚力量，铁西必将面临来自国际国内新的机遇和挑战。铁西已全面进入战略提升期和结构调整期。

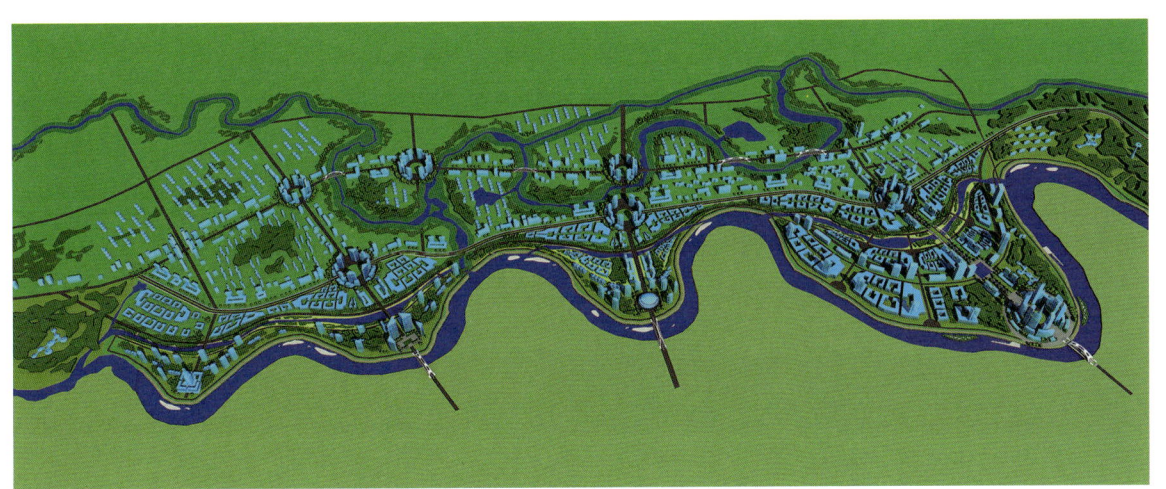

城市设计

功能分区

交通组织

　　而基于具有国际竞争力的世界级装备制造业基地，其第二产业布局及第三产业城市组团布局等空间结构已进入战略重构阶段。其主要特征是以转变发展方式为内涵，整合碎片化思路和概念，在更高的区域层面进行空间区位优化和创新，重构铁西装备制造国际竞争力体系空间布局大战略。

用地分析图

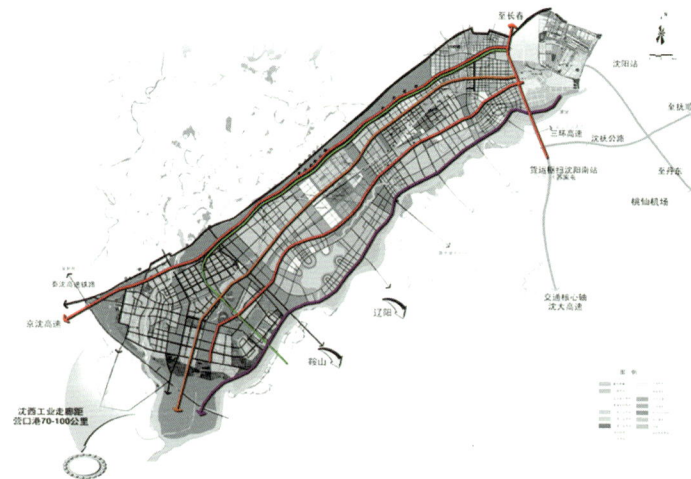

交通网络图

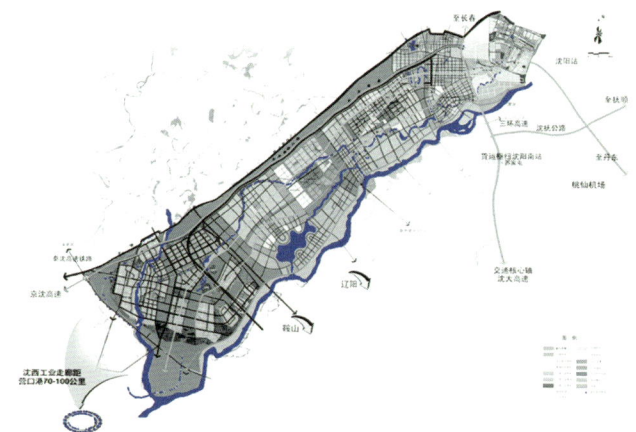

生态廊道图

六、顶层战略

以制度设计为引领，组织新时期铁西具有国际竞争力的世界级装备制造业基地顶层战略——铁西国家装备制造技术研发综合配套改革示范区，再创国家新示范。

铁西从空间置换到要素重组，再到体制机制创新，基本上完成了装备制造业空间布局和规模组织。铁西已进入后开发区时代和后工业化时代，未来铁西全球竞争力体系组织的重点应该是，以制度设计为引领的，全球装备制造技术研发中心及生产性信息、标准、网络、要素、服务、人才，技术、资本等战略节点。

铁西新一轮发展，应该推动从产业规模向产业竞争力体系建设转型，从项目支撑向制度安排转型。要组织叠加战略和综合解决方案，要构建对全球要素有号召力的注意力经济。

七、规划目标

通过战略洗牌、价值创新、要素重构，在全球新一轮博弈中，在沈阳经济区"十二五"新时期科学发展转变方式中，为中国示范，做全球装备制造技术研发制高点。

八、生态沈阳

"十二五"新时期，在沈阳市委强力推动下，沈阳正在以蒲河为主题，在沈北、于洪、新民、辽中等地大规模开展再造一个生态沈阳战略，为优化沈阳环境及提升沈阳区位，找到了有效抓手。如今蒲河已成为区域经济发展新的要素平台，项目承载战略空间和转变发展方式的推动力量。

九、两河转型

传统工业时期，细河、浑河的主要城市功能是以重化工业为主导的工业及城市污水排放通道，及泄洪、灌溉主要河道等。其生态、景观、休闲、土地、服务等现代城市功能则处于消极状态或自然状态。特别是50年前以防洪为主要功能定位的规划设计及其发展模式，已远远落后于国际国内众多滨水城市的先进发展理念和优秀范例。使沈阳这座以河为名的城市有水而不近水，近水而不亲水。沈阳最具区位优势和生态景观禀赋的浑河滨水土地，不仅长期荒芜，垃圾成山，污染严重，非法采砂愈演愈烈，还随着缺乏治理岸线年年崩塌，水土严重流失。沈阳的城市灵魂是浑河，沈阳最顶层的战略资源也是浑河，沈阳最具未来意义的区位优势还是浑河。而浑河最具魅力的区位在铁西。特别是滨河三岛令人无限遐想。设计过迪拜棕榈岛、上海世博会的德国设计师认为，浑河的廊家岛就是浦东的陆家嘴。

细河、浑河的未来发展，是最终检验整个铁西新一轮发展价值的试金石。

细河、浑河必须转型，走科学发展、生态持续、混合发展、和谐发展、创新发展之路。沈阳市委领导下的蒲河流域生态廊道工程已经为铁西细河、浑河发展指明了方向。

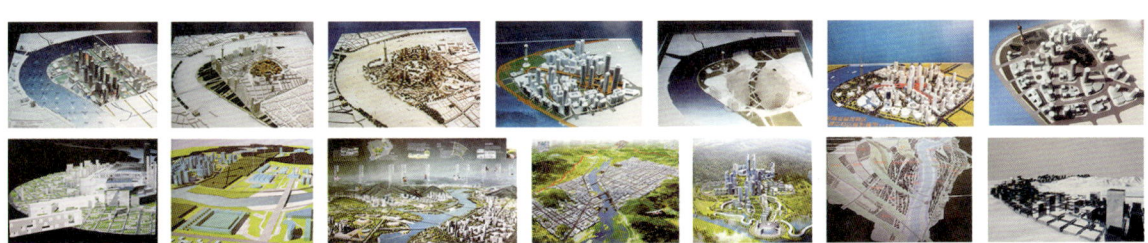

城市设计参考

十、发展模式

产业经济及产业园区发展战略转型，以知识革命，技术创新为主导路径，现代服务业、生产性服务业、高端服务业紧密配套，城市功能与产业功能耦合发展新模式。

十一、规划范围

铁西滨河三岛生态城位于铁西产业新城，规划范围北至二十二号路、南至浑河、东至三环、西至细河新城，规划总面积约56平方公里。

十二、规划期限

本规划为区域战略框架下的城市组团发展战略规划，其规划设计年限为2010—2015—2030年。

十三、空间结构

三轴三岛多组团，生态岸线，沿浑河，细河流域廊带式发展。

三轴：细河路功能轴（二十五号路），大坝路功能轴，滨水路功能轴。

三岛：郎家（6.9平方公里）、挨金（2.3平方公里）、古城（4.5平方公里）三岛，合计13.7平方公里。

十四、交通组织

以沈阳三环、四环及沈辽路、开发大路、中央大街等组织区域交通网络，以细河路、大坝路、滨水路等为主，组织区内城市功能网络。构建以横轴为主导，以纵轴为支撑的，廊道式多组团交通移动体系。

十五、功能组织

铁西国家装备制造技术研发综合配套改革示范区；

全球装备制造业技术研发基地，国际总部合作创新飞地；

生产性服务业，现代服务业，高端服务业黄金岸线；

两河流域生态景观廊道，岸线湿地公园；

国际合作高端人才教育基地，中德工程师学院等；

水岸总部基地，主题公园，风情小镇，论坛会展，步行街，商业中心，三岛水岸组团，滨水艺术区。

十六、功能分区

五大城市功能组团：

1. 技术研发总部组团：全球装备制造业技术研发基地，国际总部合作创新飞地，水岸总部基地，主题公园，国际合作大学，五星度假酒店等。

2. 论坛会展服务组团：论坛会展，步行街，商业中心，生产性服务业、现代服务业、高端服务业黄金岸线，滨水艺术区等。

3. 滨水小镇宜居组团：主题公园、风情小镇、步行街、购物中心、国际社区。

4. 细河生态宜居组团：湿地生态景观廊道、风情小镇、步行街、商业中心等。

5. 岸线湿地公园组团：规模化生态湿地主题公园。

十七、生态体系

以两河流域为平台，重点组织岸线、岛屿、湿地、水系、绿化、植被等廊道式自然斑块生态景观体系。

十八、城市定位

中国最具生态景观宜居城市；全球装备制造技术研发基地。

十九、发展理念

自然脚印，创新精神，宜居未来；混合叠加，消费空间，后工业区。

二十、开发模式

政府直接整理土地，进行战略塑造。

市场机制，BT 模式：资金退出、土地退出、释放退出等。

全球合作，引入战略主体及资本、要素。

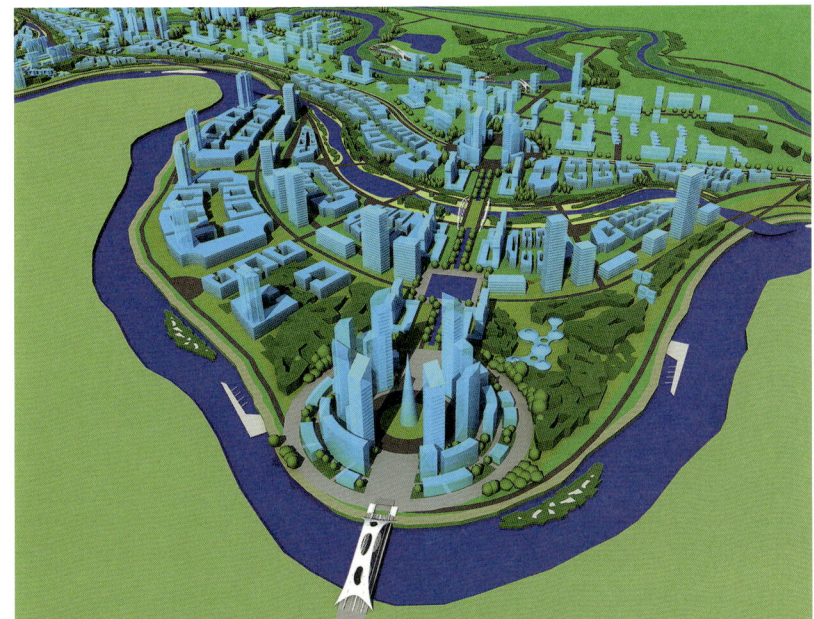

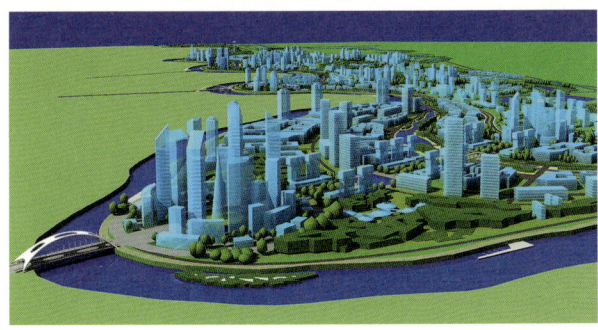

城市设计

二十一、经济指标

土地一次性产出 1500 亿以上。

生态景观平台持续效益。

制度安排平台综合效益。

城市规模 30 万人口。

新增不占指标开发用地 20 平方公里。

二十二、组织路径

1. 以制度设计为引领，参与国家区域发展战略创新，中国具有国际竞争力的世界级装备制造业基地创新，组织顶层战略，推动先行先试先导示范专项。

2. 战略叠加，构建注意力经济，组织综合解决方案。

3. 全球合作，思想、要素、人才、技术、机制、资本等再配置。

4. 整合碎片化概念，进一步提升区位战略优势。

5. 战略项目塑造，抓好大事件经济。

6. 以市场为平台，全球组织战略主体和多元要素，构建创新性，可拆分式项目参入规划，组织可持续投融资平台和退出路径。

二十三、项目优势

1. 作为腹地城市的沈阳铁西滨河三岛是浑河岸线最后一块风水宝地，浑河岸线土地之巅。三岛之首的廊家岛，就是沈阳的陆家嘴，其形态、规模、场所、区位等都与浦东陆家嘴极其相似，而廊家岛还略大于陆家嘴，廊家岛直径 3.0 公里，陆家嘴直径 2.5 公里。

2. 顶层制度设计——铁西国家装备制造技术研发综合配套改革示范区，具有巨大的战略覆盖力量，足以支撑铁西中长期战略发展和参与国家区域战略创新。

3. 铁西滨河三岛位于大坝路之外，不用土地指标，在完成基础设施后依规变更土地使用性质即可。

二十四、组织对策

首先，要把铁西的事做成中国的事，世界的事。如果铁西的事只有铁西人自己在干，说明这事与中国和世界关系不大，或没干明白，如组织路径和发展对策有问题。

其次，要素配置一定要开放，传统的就地取才是个误区。

最后，一定要敢为天下先，要进行战略洗牌，中国改革开放 30 年的成功几乎都是创新取得的。

25

沈阳经济区两河流域新战略
——沈阳浑河西峡谷生态廊道总体规划（2011）

辽宁考古学家告诉设计师，

挨金堡是浑河古渡的制高点，明清时期屯兵古要塞

大河谷，大历史，大都市，大时代——不期而遇——注定宏大叙事——

浑河之巅

"十二五"生态沈阳新战略，铁西两河流域（浑河、细河）U+S 生态廊道示范项目

一、指导思想

以科学发展观为指导，以调整产业结构转变发展方式为主线，构建绿色生态铁西，为铁西装备制造业发展提供新的可持续平台。

二、战略目标

积极参与"十二五"时期"生态沈阳"区域战略，打造两河流域（细河、浑河）U+S 生态廊道示范项目，构建浑河西峡谷、细河 U 谷、挨金岛国际高尔夫俱乐部、全球总部装备制造技术研发中心等，U+S+N 叠加战略和注意力经济，组织创新型生产性服务业、现代服务业、高端服务业生态组团，全面提升铁西产业新城未来发展区位新优势。

三、规划依据

《沈阳经济区新型工业化综合配套改革试验总体方案》；

《沈阳市四大空间发展规划》（2006）；

《沈阳经济技术开发区土地利用总体规划》（2006）；

《铁西产业新城总体发展规划》（2010）。

四、规划重点

铁西下一步土地目标是两河流域，两河流域是铁西新时期土地顶层战略。重点整合细河、浑河流域生态景观等混合用地，构建铁西空间布局生态廊道战略发展轴及土地混合功能可持续发展空间。

城市设计

五、生态沈阳

"十二五"开局之际，在沈阳市委强力推动下，沈阳正在以蒲河为主题，在沈北、于洪、新民、辽中等地大规模开展再造一个生态沈阳战略，为优化沈阳环境及提升沈阳区位，找到了有效抓手。如今蒲河已成为区域经济发展新的要素平台，项目承载战略空间和转变发展方式的推动力量。

六、发展模式

铁西从空间置换到要素重组，再到体制机制创新，基本完成了装备制造业空间布局和规模组织。铁西已进入后开发区时代和后工业化时代，即城市功能与产业功能耦合发展新模式，城市生态环境建设发展新阶段。

七、浑河转型

传统工业时期，浑河的主要城市功能是以重化工业为主导的工业及城市污水排放通道，及泄洪、灌溉等。其生态、景观、休闲、土地、服务等现代城市功能则处于消极状态或自然状态。特别是50年前以防洪为最高定位的功能设计及其发展模式，已远远落后于国际国内众多先进城市发展规划和范例。使沈阳这座以河为名的城市有水而不近水，近水而不亲水。沈阳的城市灵魂是浑河，沈阳的最顶层的战略资源也是浑河，沈阳最具未来意义的区位优势还是浑河。而浑河最具魅力的区位在铁西。特别是滨河三岛令人无限遐想。

浑河的未来发展，是最终检验整个铁西新一轮发展价值的试金石。

浑河必须转型，走科学发展、生态持续、混合发展、和谐发展、创新发展之路。沈阳市委领导下的蒲河流域生态廊道工程已经为铁西浑河发展指明了方向。

八、规划范围

铁西浑河西峡谷位于铁西产业新城，规划范围位于大坝路以南的挨金岛浑河S型岸线，规划总面积约6平方公里。

九、业态设计

大坝亲水平台、水上喷泉音乐广场、平湖岛链栈桥漫步、游艇俱乐部、金沙滩浴场、大峡谷观景长廊、要塞步行街、核心服务区、浑河之巅混合功能区、要塞古堡度假会所、垂钓广场、攀岩俱乐部、沙滩运动场、情侣岛、水边自行车小路等。

十、空间结构

水岸双轴、沿浑河流域呈S形廊带式发展。

城市形态：大河峡谷，多岛珠连，古渡要塞。

十一、交通组织

以四环路、大坝路及十八号街、二十号街、二十一街等组织区域交通网络，以交通路、滨水路及核心服务区等组织区内岸线开放空间功能网络。

十二、生态景观体系

河流、洲岛、绿地、花卉、植被、庄稼等，及滨水路、停车场、广场、甬路、栈道、桥梁、雕塑等。

十三、项目定位

1. 铁西产业新城浑河生态廊道浑河西峡谷亲水娱乐主题公园；
2. 沈阳区域性生态示范工程。

十四、发展理念

自然脚印，宏大叙事，生态环保，滨水创意，主题娱乐，混合发展。

十五、开发模式

政府直接整理土地，进行战略项目塑造。

市场机制，BT 模式。

十六、经济指标

规划范围：6 平方公里；

工程面积：3 平方公里（含道路、水面、坡地、绿化、广场、洲岛、植被等）；

道路设计：7 米双车道。

十七、关于组织浑河西峡谷新型城镇化组团的对策研究

1. 推动浑河西峡谷战略转型

浑河西峡谷作为城市公共物品的生态公园，其区位优势、品牌效应及综合承载力等面临战略转型和提升，基于十八大提出的中国发展新战略和开发区产业空间新格局，着手组织浑河西峡谷新型城镇化组团恰逢其时，大有作为。

总平面图

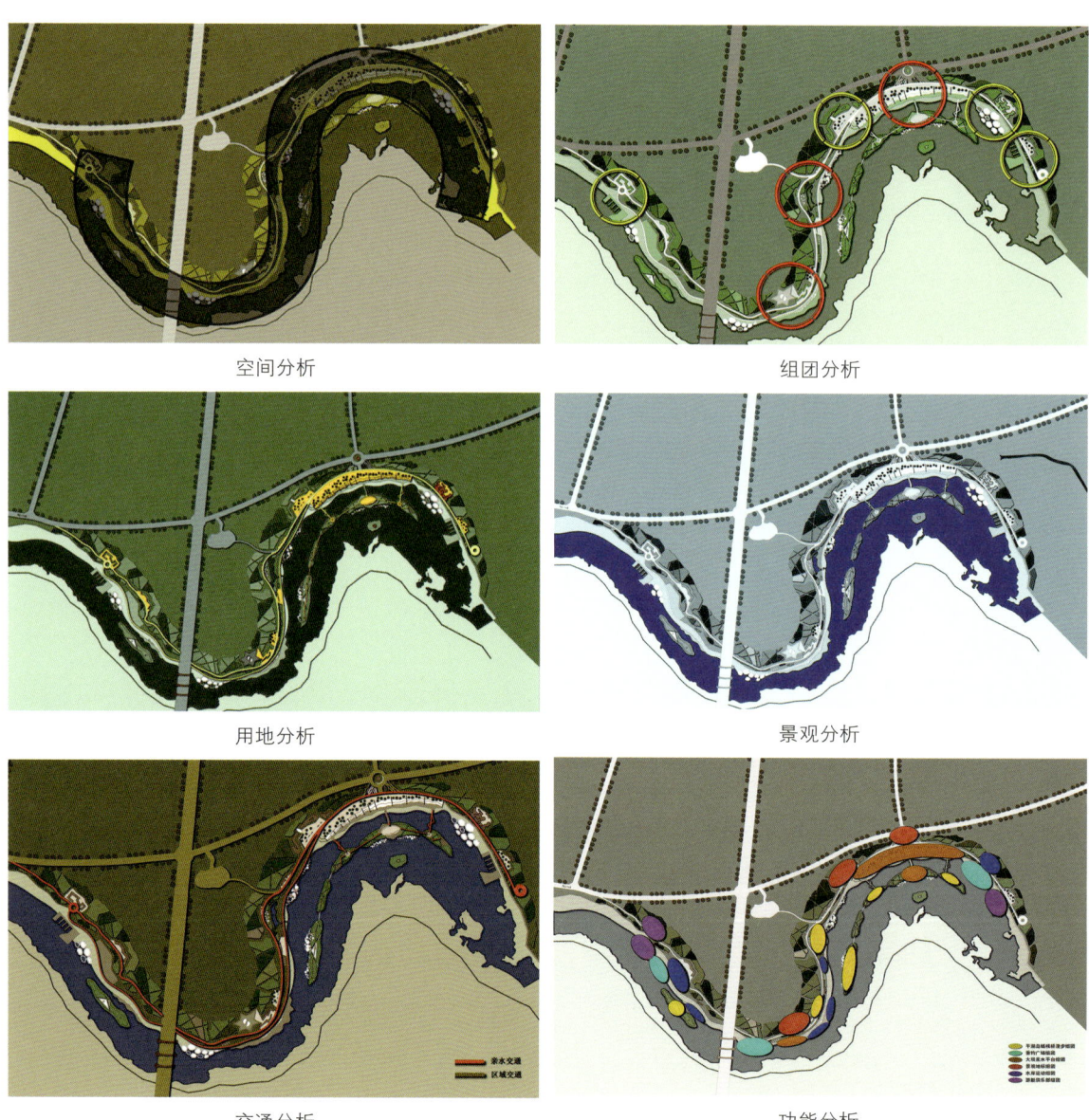

空间分析　　　　　　　　　　　　　　　　组团分析

用地分析　　　　　　　　　　　　　　　　景观分析

交通分析　　　　　　　　　　　　　　　　功能分析

2. 浑河西峡谷新型城镇化组团可行性优势

（1）资源优势

沈阳最具战略意义的自然生态斑块是一山一水。

一山即棋盘山，其浅山区已被世园会、高尔夫、影视城和度假地产别墅区所覆盖，是真正意义上的沈阳高端地产风向标。

一水即浑河，除沈阳核心城区两岸均已开发殆尽外，其最佳资源尽在北岸铁西一侧，水域充沛、植被丰富、气势宏大。水岸轴线长约 30 公里，大堤路轴线长约 21 公里，仅大堤路内土地面积就有约 35 平方公里，大堤路外约 70 平方公里，充满着无限的想象力，是沈阳最具号召力的高端产业发展空间。

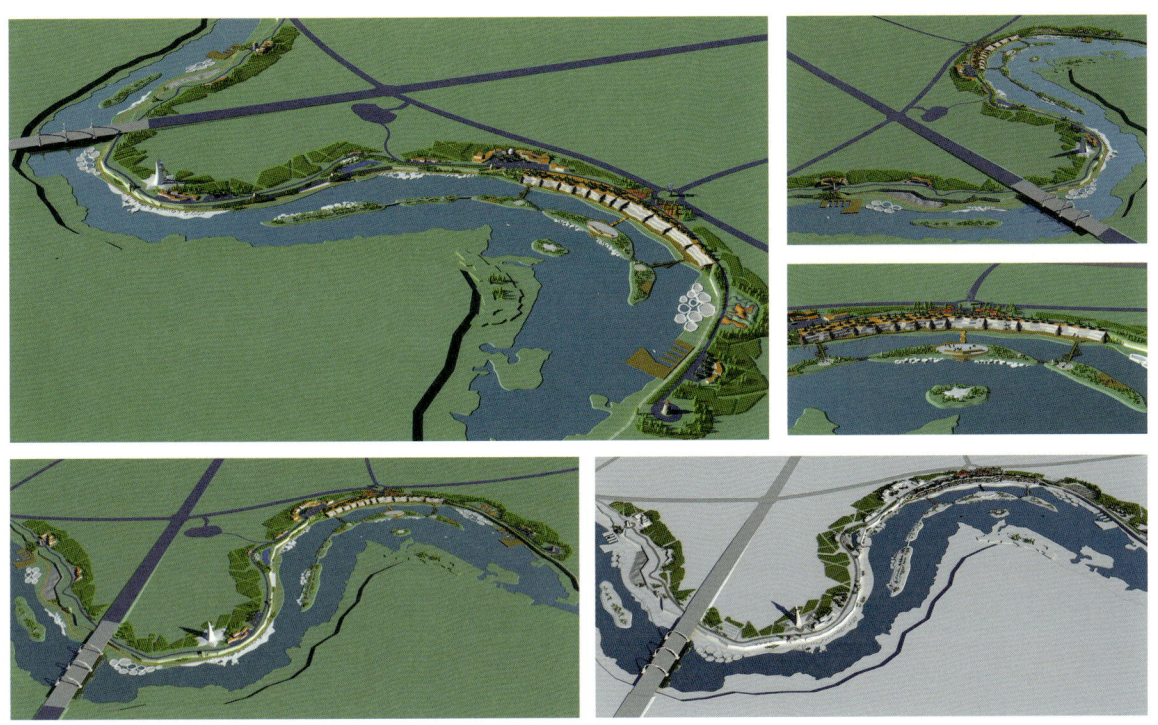

城市分析

城市分析

城市设计

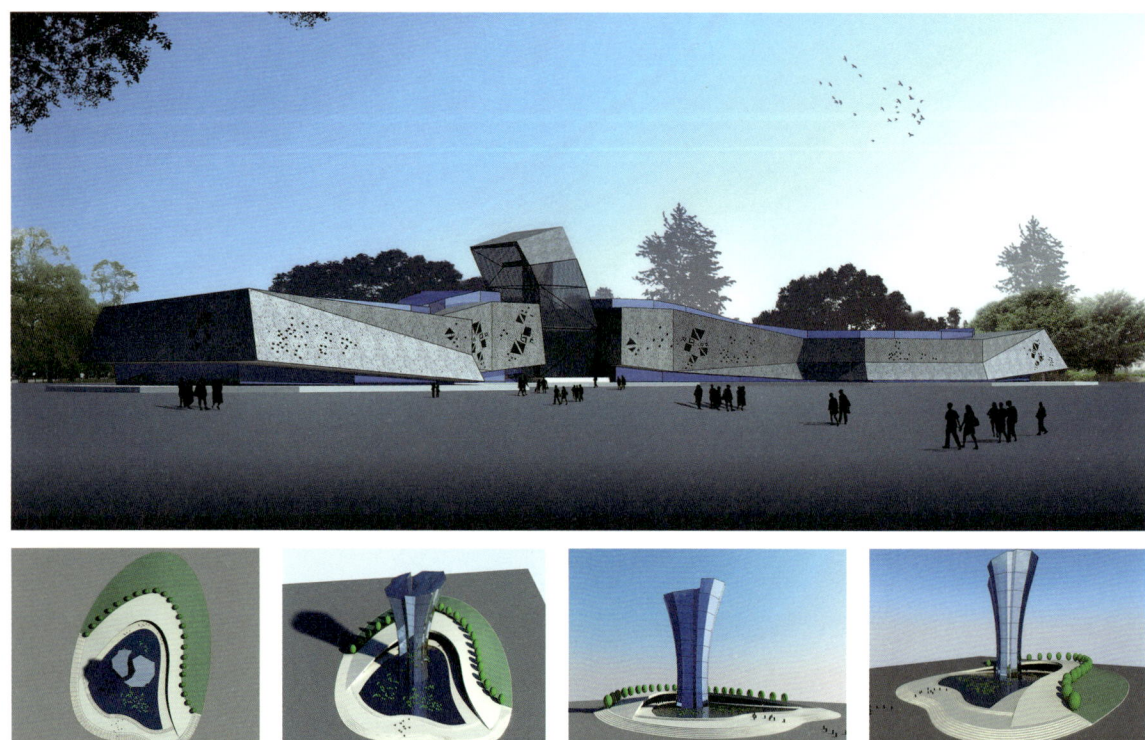

城市设计

（2）基础优势

浑河流域水利设施的完善和松辽委对浑河堤坝防洪标准的调整，沈阳四环、五环、六环的开通或规划，宝马及辽中方向地铁、轻轨的规划等等，已为浑河流域的开发建设提供了基础性平台。

3．浑河西峡谷新型城镇化组团技术路径

（1）城市交通导向土地开发模式

按着规划继续贯通 21 公里长大堤路核心发展轴（西峡谷已基本完成 6 公里，还有 15 公里没有改造），启动 30 公里岸线风光休闲交通轴（西峡谷已基本完成 6 公里，还有 24 公里没有完成）。根据规划时序和土地释放需求构筑必要的岸线防洪堤坝工程。

城市设计

景观设计

（2）保护型原生态公共景观模式

创新发展思路，浑河西峡谷其他段落下一步的开发建设，主要以保护现有的生态植被和自然景观为主，重点组织西峡谷上游大湿地板块，下游大林海板块、大沙滩板块、大柳树谷板块等原生态自然景观。最终形成以中央大街Ｓ段为高端核心功能区，以上下游为生态保护区的五大板块新格局。

（3）引入央企等战略合作模式

设计开放式开发建设模式，引入竞争式战略合作伙伴，重点推动交通、防洪等基础设施工程建设。抓住十八大开局之年中央推动新型城镇化战略发展机遇期，更加关注近期经济效益，规划出台基础设施建设和土地释放等一揽子解决方案。

（4）国内外招商创新型业态模式

创新型业态主要包括：生态景观，旅游休闲，滨水艺术区，科技创新、技术研发，总部基地，论坛会展，度假小镇，国际社区，大学城等生产性服务业、现代服务业、高端服务业。

（5）调整结构全面创新发展模式

所谓新型城镇化，是指坚持以人为本，以新型工业化为动力，以统筹兼顾为原则，推动城市现代化、城市集群化、城市生态化、农村城镇化，全面提升城镇化质量和水平，走科学发展、集约高效、功能完善、环境友好、社会和谐、个性鲜明、城乡一体、大中小城市和小城镇协调发展的城镇化建设路子。

景观设计

要把生态文明理念和原则全面融入城镇化全过程，走集约、智能、绿色、低碳的新型城镇化道路。

4. 构建开发区空间组织新格局

由于浑河西峡谷的开发建设，沈西工业走廊已进入双轴空间新格局，即产业一级发展轴和生态一级发展轴。其空间布局也越发清晰，即装备制造组团、宝马汽车组团、建筑产业组团、浑河西峡谷组团等，支撑未来新时期，集聚战略发展要素，构建具有国际竞争力的新空间布局已经显现。

5. 创新可持续制度安排

（1）实施浑河西峡谷国家新型城镇化示范战略，转变发展方式，重点推动生产性服务业，现代服务业，高端服务业。

（2）在沈阳市浑河西峡谷开发建设领导小组及铁西两河指挥部的基础上，转型成立浑河西峡谷开发建设管委会，进一步确认主体明确责任，以保证制度安排的可持续性。

26

沈阳经济区两河流域新战略——沈阳细河 U 谷生态廊道总体规划（2011）

一、指导思想

以科学发展观为指导，以调整产业结构转变发展方式为主线，构建绿色生态铁西，为铁西装备制造业发展提供新的环境平台。

二、规划原则

积极参与"十二五"时期"生态沈阳"区域战略，打造细河生态廊道示范项目，全面提升铁西产业新城未来发展区位新优势。

三、规划依据

《沈阳经济区新型工业化综合配套改革试验总体方案》；

《沈阳市四大空间发展规划》（2006）；

《沈阳经济技术开发区土地利用总体规划》（2006）；

《铁西产业新城总体发展规划》（2010）。

四、规划重点

重点整合细河流域生态景观用地，构建铁西空间布局生态廊道战略发展轴，及土地可持续发展空间。

五、生态沈阳

"十二五"开局之际，在沈阳市委强力推动下，沈阳正在以蒲河为主题，在沈北、于洪、新民、辽中等地大规模开展再造一个生态沈阳战略，为优化沈阳环境及提升沈阳区位，找到了有效抓手。如今蒲河已成为区域经济发展新的要素平台，项目承载战略空间和转变发展方式的推动力量。

六、发展模式

铁西从空间置换到要素重组，再到体制、机制创新，基本上完成了装备制造业空间布局和规模组织。铁西已进入后开发区时代和后工业化时代，即城市功能与产业功能耦合发展新模式，城市生态环境建设发展新阶段。

七、功能转型

传统工业时期，细河的主要城市功能是以重化工业为主导的工业及城市污水排放通道，沿细河流域地表水、地下水、土壤、植被、生态、空气等均受到最严重的污染和破坏。惨痛的细河是铁西及整个沈阳传统工业对生态环境破坏的标志。

细河能否再生，是最终检验整个铁西新一轮发展价值的试金石。

细河必须转型，而不是填埋。走科学发展、生态持续、混合发展、和谐发展之路。沈阳市委领导下的蒲河流域生态廊道工程已经为铁西细河发展指明了方向。

八、规划范围

铁西细河U谷位于铁西产业新城，规划范围北至二十三号路、南至浑河大坝路、东至十九号街、西至二十二号街，规划总面积约4平方公里。

九、空间结构

一轴、多岛、连湖，湿地生态景观，形成沿细河流域廊带式生态发展轴。

十、交通组织

以四环路、大坝路及二十三号路、十九号街、二十二街等组织区域交通网络，以细河U谷滨水路为主等组织区内湿地景观开放空间功能网络。

总平面图

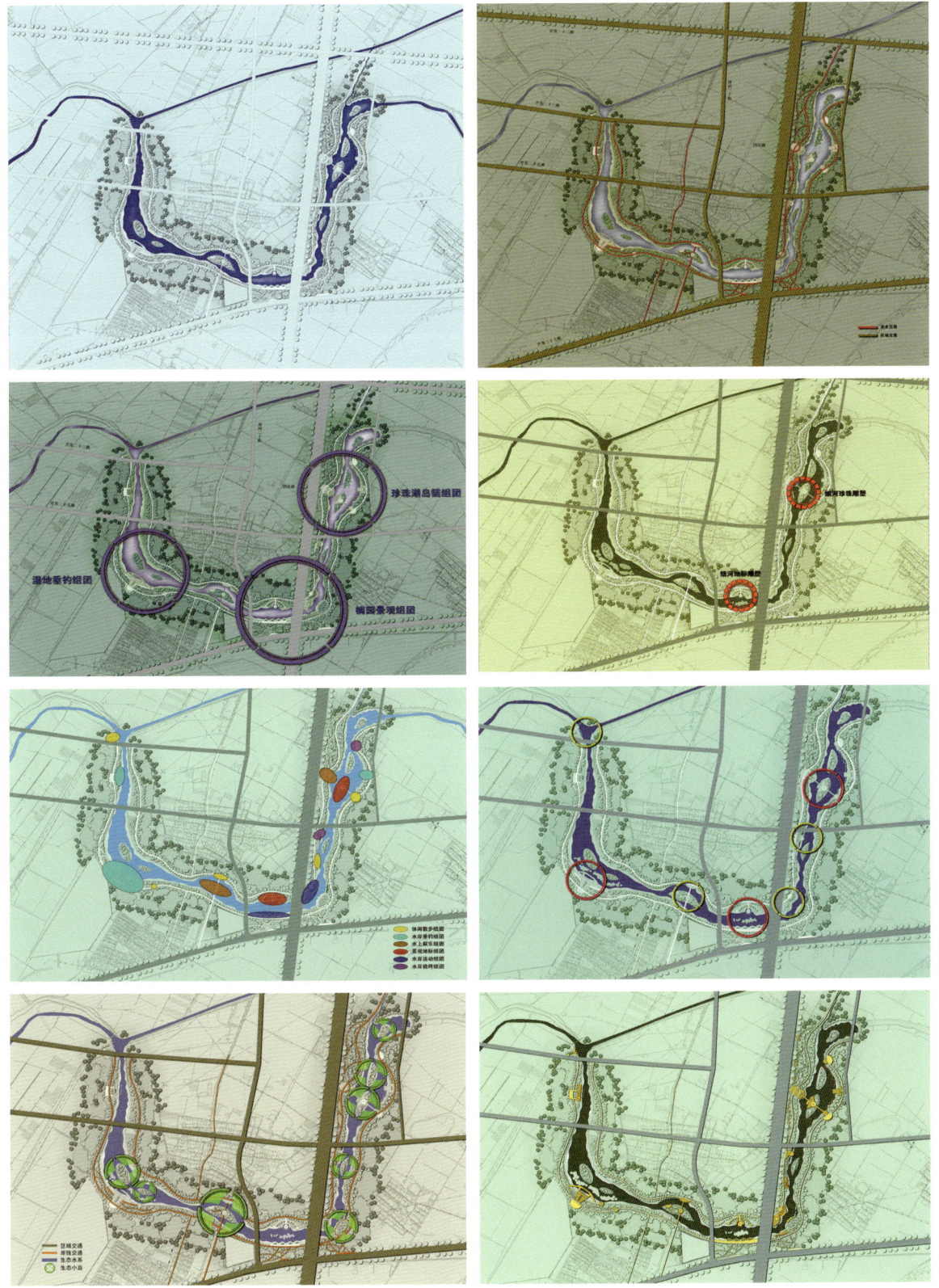

总平面分析图

景观设计

滨水景观设计

十一、生态景观体系（略）

十二、项目定位

铁西产业新城细河生态廊道水岸湿地公园，沈阳区域性生态示范工程。

十三、发展理念

自然脚印，生态环保，宜居未来。

十四、开发模式

政府直接整理土地，进行战略塑造。

市场机制，BT 模式。

十五、经济指标

规划范围：4 平方公里；

工程面积：0.8 平方公里（含道路、水面、绿化、广场、洲岛、植被等）；

道路设计：7 米双车道；

轴线长度：4 公里。

建筑景观设计

27

沈阳经济区两河流域新战略——廊家半岛战略规划（2012）

沈阳经济区国家战略的核心竞争力是什么？

铁西世界级装备制造业基地的核心竞争力是什么？

可以肯定地回答：不是 GDP，也不是四大空间。沈阳正面临构建顶层战略机遇期。

1. 沈阳经济区国家新型工业化综合配套改革实验区支撑平台，铁西具有国际竞争力的世界级装备制造业支撑平台——铁西国家装备制造技术研发综合配套改革示范区。

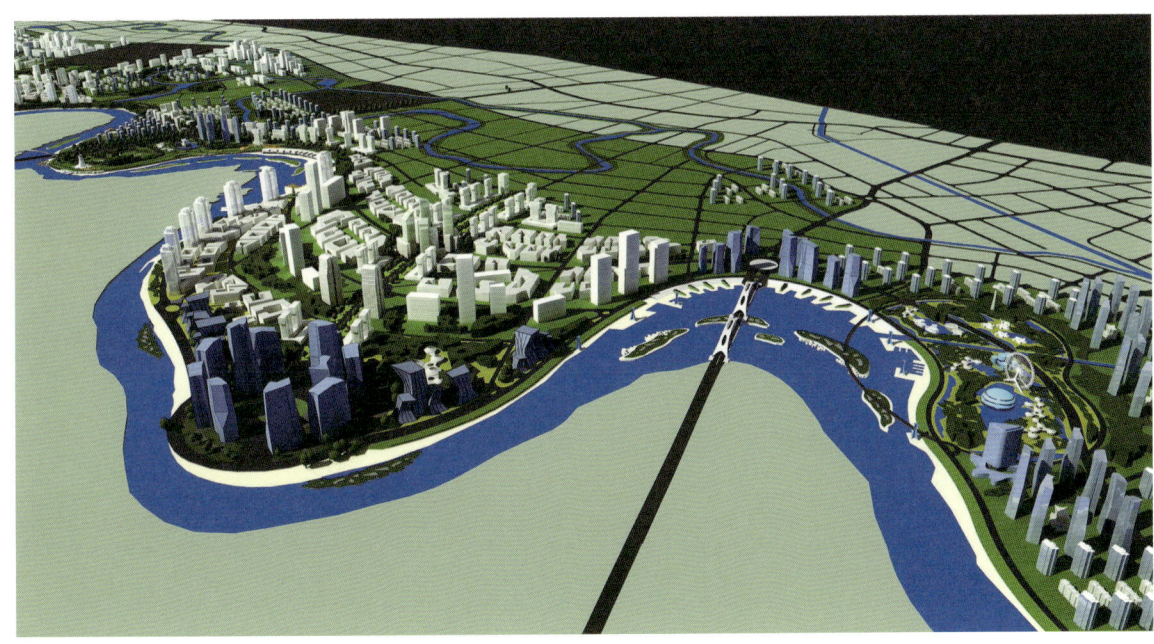

城市设计

 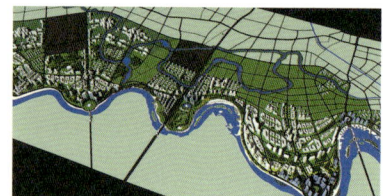 

城市设计

2. 沈阳滨水科技城／总部经济区

科技创新、技术研发、人才聚集、教育培训、金融服务、现代服务、高端服务、生产服务、论坛会展、空间重构、生态宜居、公共景观、流域治理、风情小镇。

总部区、艺术区、知识区、景观区、商业区、居住区、湿地区、水景区、运动区、会展区。

3. 大思路，大格局，大跨越，从传统的蔓延式增长向组团式拓展转型

铁西空间布局顶层战略——工业走廊，生态岸线双轴大格局。

4. 以制度设计为引领，再创国家新示范区

沈阳的城市灵魂是浑河，沈阳最顶层的战略资源也是浑河，沈阳最具未来意义的区位优势还是浑河。而浑河最具魅力的区位在铁西。

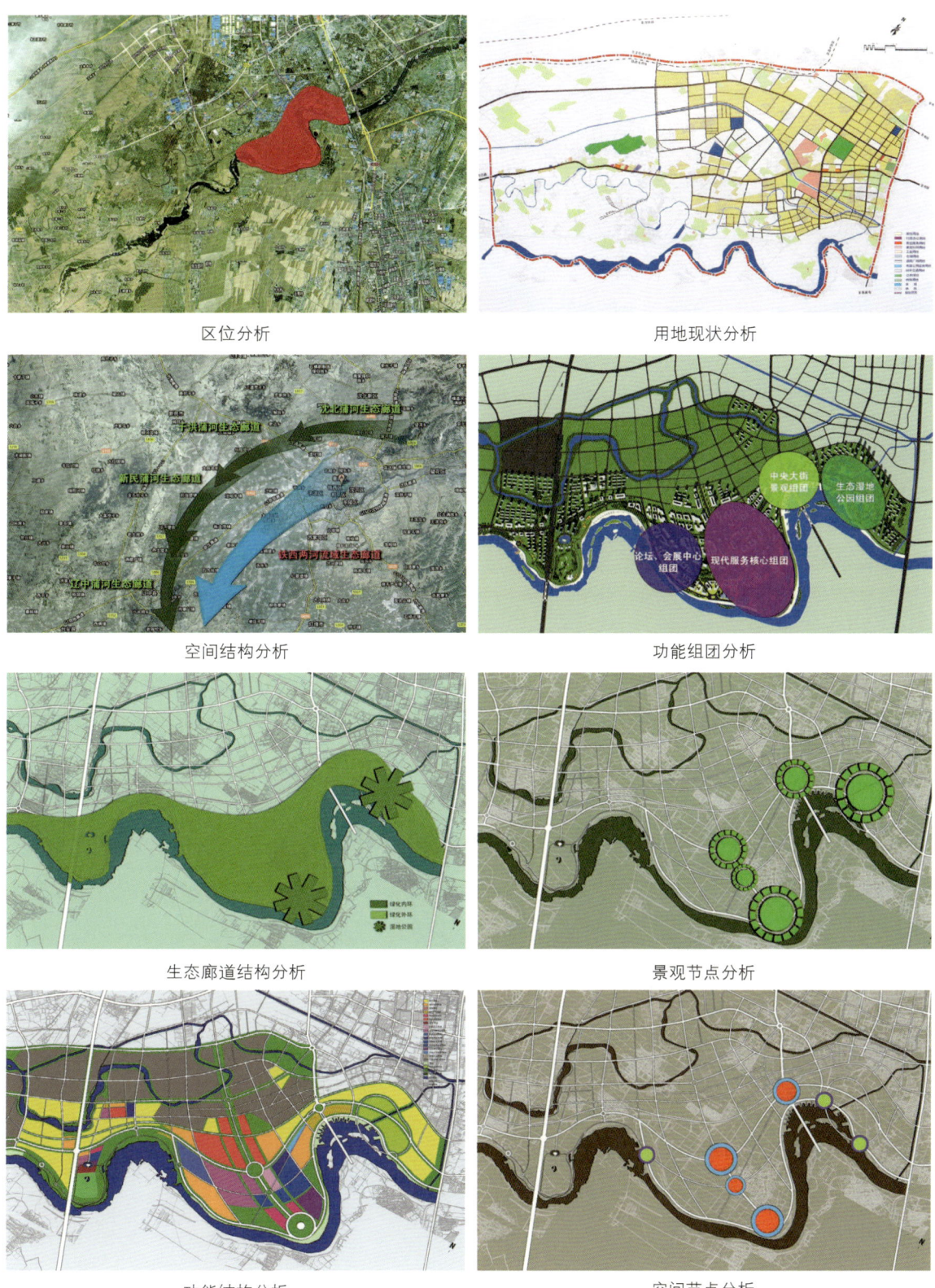

区位分析

用地现状分析

空间结构分析

功能组团分析

生态廊道结构分析

景观节点分析

功能结构分析

空间节点分析

28
沈阳蚂蚁河谷儿童主题公园总体规划（2011）

一、工程性质和意义

浑河西峡谷是写入沈阳市政府工作报告的"十二五"新时期重大生态工程，被确定为2013年全运会献礼项目，更是铁西区"十二五"时期结构调整转变方式，建设具有国际竞争力的装备制造业基地和生态铁西的创新工程，蚂蚁河谷主题公园则是其最核心部分。时任沈阳市委常委，市政府浑河西峡谷开发建设领导小组组长，铁西区委书记李继安在2012年4月17日两河专题会议上特别强调：蚂蚁河谷儿童乐园是整个浑河西峡谷的关键，是重中之重。

蚂蚁河谷儿童主题公园鸟瞰图

二、工程质量和定位

从 2011 年 7 月 19 日在铁西区委召开辽沈地区新闻媒体发布会开始，浑河西峡谷工程一直被省市及铁西区相关领导定位为"世界级、大手笔、大项目"，具有重大生态环境示范意义，及多方面综合产出效益。市区政府为此专门成立了沈阳市浑河西峡谷开发建设领导小组、沈阳市铁西区两河流域开发建设工程指挥部、浑河西峡谷生态公园管理处等常设机构，其战略意义和重视程度达到了空前的高度。

三、设计团队和组织

由于浑河西峡谷是一个具有规模宏大、周期漫长、内容丰富、结构复杂、难度罕见、要求极高、政治敏感、众望所归、社会关注的政府示范项目等特点，其内容包括区域规划、城市规划、城市设计、建筑设计、景观设计、

景观设计

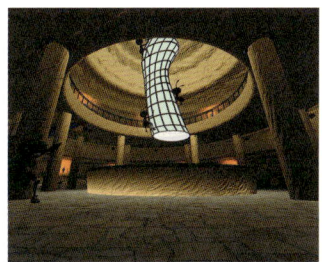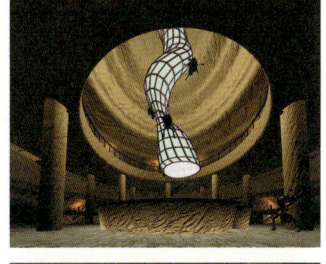

室内空间设计

公共艺术及雕塑设计、旅游项目设计、公共设施设计及水利工程、市政工程、土建工程等，并包括低碳环保、生态持续、节能减排、土地利用等部分，几乎涵盖了勘察设计领域的全部，其复杂难度、综合难度、协调难度、多学科兼容难度可想而知。其结论是任何一个专业设计机构都无法独立完成如此宏大的设计任务，必须构建开放式、国际化、多学科、合作型设计团队和工作平台。而前一阶段设计工作实践证明，这是一条实事求是的可行之路，其实这也是当今国际团队合作的主要特征。但是如此重大的设计任务，其组织路径和工作难度也极其非凡，是非亲历者所无法感受的。

四、设计方式和内容

1. 主题公园设计内涵及特点

当今，全球旅游娱乐产品的顶级项目就是主题公园，以美国模式为主导，正在迅速发展，其主要特征是：自主知识产权、土地规模化经营、综合产出效益、投资巨大等。

蚂蚁河谷主题公园由于归属于浑河西峡谷，规模相对较小，但其他方面完全具备主题公园应有的特征，特别是其蚂蚁王国故事讲述来自原始创新，拥有完全自主知识产权。

主题公园的设计不同于一般的建设项目。其成果通过知识产权保护将进入特许加盟领域，其无形资产是巨大和持续的。如大家熟悉的美国迪士尼等，其难度在于建筑、雕塑、景观、环境、项目、服务等大系统之外的文化认

室内空间设计

同和故事讲述，主题公园主要销售的是快乐、激情和新奇体验，其产品的本质精神是对经典的商品经济的颠覆，因为感性才是整个生命的意义和唯一动力。

2. 蚂蚁王国主题公园设计结构

从 2011 年 7 月—2012 年 4 月，计 10 个月时间，经过对全球的主题公园进行详细的考察或研究，使主题公园进入了"蚂蚁河谷"时代，其中经历了从儿童游乐园——儿童雕塑公园，向儿童主题公园的战略转变；从单一雕塑

景观设计

情节——碎片静止情节，向快乐的故事叙事转变。构建核心创意，完善故事结构，寻找特定场景，感受生命的快乐和充满激情叙事成为设计的最高境界。经过不断的完善设计，建立新的方案概念，构建新的故事架构，讲述空间设计，完成新的城市层面的场所设计和空间创意、人物场地造型设计、表现力体验性参入设计、公共物品设计以及多专业复杂系统关系再设计。经过多方努力，现在已基本完成了方案规划阶段的设计任务。一个新的全面创新设计阶段随着模型制作的开始将大规模展开。

五、蚂蚁河谷主题公园故事梗概

当太阳还没有爬上蚂蚁城堡那古老的大榕树的树梢，新一代蚂蚁国王加冕的消息已传遍了整个西峡谷，城堡守护神金刚正屹立在万年虫洞隧道入口，从柳树谷跑来了成群的大灰狼，环游西峡谷的托马斯小火车汽笛已经鸣响，正在欢迎小朋友的到来，尼斯湖的千年冷雾在涌浪声中向峡谷弥漫，国王宝藏正放射着蓝色的异光，蚂蚁乐队已开始展示迷人的风采，龟兔赛跑的旷世传奇还没有分出胜负，五彩鸟巢已为小朋友腾出了房间，老虎、狮子、大象、恐龙、河马，还有米老鼠、唐老鸭、灰太狼、彭彭、辛巴，啊，人山人海，朋友的朋友的朋友都来了。国王加冕马上开始，时间就在公元 2013 年 9 月 9 日 9 时 9 分 9 秒 9 毫秒，宇宙实况转播也准备就绪。突然蚂蚁传令兵来报：嘉宾中只有西峡小子还未到，大灰狼被金刚挡在虫洞隧道入口之外，让不让进，敬请国王下令……

六、综合方案设计

设计内容包括：总体方案概念设计、故事结构系统及剧本设计、人物造型及性格设计、演出脚本及情节设计、施工结构图设计、小模型细节创作设计及文化认同设计、城市场所系统设计、场地空间组织设计、运行管理设计、人物关系设计、旅游讲述线索设计、公共物品推广卖点设计等。

七、综合艺术监制

监制内容包括：施工原大模型制作、翻制模型、制作造型、表面仿真艺术加工、故事细节表现力、体验触摸、使用功能、大系统整体效果、工艺路径、技术方法及创新、材料选择及研发、团队技术培训等施工全过程监制。

八、蚂蚁河谷主题公园雕塑工程特点

蚂蚁河谷主题公园不是普通意义上的公园建设，它是完全自主创新设计出来的主题公园，具有特有的知识产权、知识内涵，是集主题性、艺术性、人文性、娱乐性及多功能性、参与性、使用性为一体的主题性公园。其创作经历了漫长的颠覆过程，从最初的多领域专家研究，到根据故事的内容创造人物、再到人物的场景组合，再到细节的表现，再到小模型的制作等等。而小模型对人物的表现深化设计是否完整，最终视觉效果是否具有生命力、感染力、想象力、亲和力等多角度、多层次的论证，并从制作的材料、工艺特点、技术路径、技术团队、思想路径、再次创新几方面进行精心的选择和使用，才能形成蚂蚁河谷主题公园雕塑整体景观的独有性和唯一性。

29
沈阳挨金高尔夫国际总部技术研发中心概念规划（2012）

铁西具有国际竞争力的世界级装备制造业支撑平台

铁西国家装备制造技术研发综合配套改革示范区

国际总部装备制造技术研发中心

打造生态岸线 / 总部中心 / 技术研发 / 高端商住 / 五星酒店 / 地标景观

以生态景观和技术创新代表沈阳未来

一、指导思想

以科学发展观为指导，以沈阳经济区新型工业化国家区域战略为目标，以调整产业结构转变发展方式为主线，以制度设计为顶层战略，覆盖城市组团、产业园区、产业集群组织，全力推动铁西新时期装备制造业国际竞争力体系建设。

城市设计

二、规划原则

积极参与"十二五"时期沈阳区域战略及国家产业战略创新，以全球视野和高度推动要素整合，构建以制度设计为主导的国家产业示范项目和新的区域经济战略增长极。

三、规划依据

《中华人民共和国国民经济和社会发展第十二个五年规划纲要》；

《沈阳经济区新型工业化综合配套改革试验总体方案》；

《沈阳铁西装备制造业聚集区产业发展规划》（2008）；

《沈阳市四大空间发展规划》（2006）；

《沈阳经济技术开发区土地利用总体规划》（2006）；

《铁西产业新城总体发展规划》（2010）。

四、规划重点

以铁西装备制造国际竞争力体系为目标，全面提升铁西区位发展优势和产业创新平台。从传统的园区化产业集聚、产业集群向开放的产业链、供应链、服务链、价值链、生态链高端转型。重点构建国际总部技术研发中心。

五、发展机遇

近年来，铁西经历了老工业基地调整改造暨装备制造发展示范区建设，并成为中国改革开放30年来的杰出代表。2010年，铁西进入沈阳经济区国家新型工业化综合配套改革实验区建设。2011年，又适逢中国"十二五"开局之年和后金融危机时代中国转变发展方式之年。作为中国装备制造业发展示范区和国家新型工业化综合配套改革实验区的代表及中坚力量，铁西必将面临来自国际国内新的机遇和挑战。铁西已全面进入战略提升期和结构调整期。而基于具有国际竞争力的世界级装备制造业基地，其第二产业布局及第三产业城市组团布局等空间结构已进入战略重构阶段。其主要特征是以转变发展方式为内涵，整合碎片化思路和概念，在更高的区域层面进行空间区位优化和创新，构建铁西装备制造国际竞争力体系空间布局大战略。

六、顶层战略

以制度设计为引领，组织新时期铁西具有国际竞争力的世界级装备制造业基地顶层战略——铁西国家装备制造技术研发综合配套改革示范区，再创国家新示范。

铁西从空间置换到要素重组，再到体制、机制创新，基本上完成了装备制造业空间布局和规模组织。铁西已进入后开发区时代和后工业化时代，未来铁西全球竞争力体系组织的重点应该是打造以制度设计为引领的全球装备制造技术研发中心及生产性信息、标准、网络、要素、服务、人才、技术、资本等的战略节点。

铁西新一轮发展，应该推动从产业规模向产业竞争力体系建设转型，从项目支撑向制度安排转型。要组织叠加战略和综合解决方案，要构建对全球要素有号召力的注意力经济。

七、规划目标

通过战略洗牌、价值创新、要素重构，在全球新一轮博弈中，在沈阳经济区"十二五"新时期科学发展转变方式中，为中国示范，做全球装备制造技术研发制高点。

八、生态沈阳

"十二五"新时期，在沈阳市委强力推动下，沈阳正在以蒲河为主题，在沈北、于洪、新民、辽中等地大规模开展再造一个生态沈阳战略，为优化沈阳环境及提升沈阳区位，找到了有效抓手。如今蒲河已成为区域经济发展新的要素平台，项目承载战略空间和转变发展方式的推动力量。

九、两河转型

传统工业时期，细河、浑河的主要城市功能是以重化工业为主导的工业及城市污水排放通道，及泄洪、灌溉河道等。其生态、景观、休闲、土地、服务等现代城市功能则处于消极状态或自然状态。特别是50年前以防洪为主要功能定位的规划设计及其发展模式，已远远落后于国际国内众多滨水城市的先进发展理念和优秀范例。使沈阳这座以河为名的城市有水而不近水，近水而不亲水。沈阳最具区位优势和生态景观禀赋的浑河滨水地区，不仅长期荒芜，垃圾填河，而且因为乱采砂石，水土流失现象严重。

细河、浑河必须转型，走科学发展、生态持续、混合发展、和谐发展、创新发展之路。沈阳市委领导下的蒲河流域生态廊道工程已经为铁西细河、浑河发展指明了方向。

十、发展模式

产业经济及产业园区发展战略转型，以知识革命、技术创新为主导路径，现代服务业、生产性服务业、高端服务业紧密配套，构建城市功能与产业功能耦合发展新模式。

十一、规划范围

位于铁西滨河三岛生态城，规划范围包括大堤路以南，四环路两侧的挨金岛全域，除岸线以外约1.2平方公里。

十二、规划期限

本规划为区域性重点项目，其规划设计年限为2011—2015年。

十三、交通组织

依托沈阳三环、四环及沈辽路、开发大路、中央大街等组织区域交通网络，以大堤路、滨水路等为主，组织区内城市功能网络。

十四、功能组织

1. 铁西国家装备制造技术研发综合配套改革示

交通组织分析图

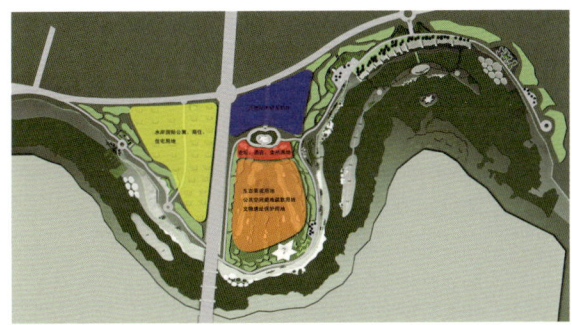

功能分区图

总平面图

城市设计

范区；

    2. 全球装备制造业技术研发基地，国际总部合作创新飞地；

    3. 生产性服务业，现代服务业，高端服务业黄金岸线；

    4. 两河流域生态廊道，岸线景观公园；

    5. 国际合作高端人才教育基地，中德工程师学院等；

    6. 水岸总部基地，主题公园，论坛会展，滨水艺术区。

十五、生态体系

以两河流域为平台，重点组织岸线、岛屿、湿地、水系、绿化、植被等廊道式自然斑块生态景观体系。

十六、城市定位

全球装备制造技术研发基地。

十七、发展理念

以生态景观和技术创新代表沈阳未来。

城市设计

十八、开发模式

制度设计、市场动力、全球合作。

十九、经济指标

1. 规划面积：1085426.44 平方米；

2. 总建筑面积：2772409.63 平方米。

总部技术研发：32269.43（一层总面积）x50=1613471.5 平方米

论坛、酒店、会所：5440.52（一层总面积）x3=16321.56 平方米

湖心建筑：1940.35x3=5821.05 平方米

3. 建筑高度：水岸国际公寓、商住、住宅：32 层，约 96 米

总部技术研发：50 层，约 150 米

论坛、酒店、会所：3 层

湖心建筑：3 层

4. 容积率：2.6

5. 总投资：人民币 100 亿元

城市设计

二十、组织路径

1.以制度设计为引领，参与国家区域发展战略创新，打造中国具有国际竞争力的世界级装备制造业创新基地，组织顶层战略，推动先行、先试、先导示范专项。

2.战略叠加，构建注意力经济，组织综合解决方案。

3.全球合作，实现思想、要素、人才、技术、机制、资本等再配置。

4.整合碎片化概念，进一步提升区位战略优势。

5.战略项目塑造，抓好大事件经济。

6.以市场为平台，全球组织战略主体和多元要素，构建创新性，可拆分式项目参入规划，组织可持续投融资平台和退出路径。

二十一、项目优势

1.作为腹地城市的沈阳，铁西滨河三岛是浑河岸线最后一块风水宝地，浑河岸线土地之巅。

2.顶层制度设计——铁西国家装备制造技术研发综合配套改革示范区，具有巨大的战略覆盖力量，足以支撑铁西中长期战略发展和参与国家区域战略创新。

3.铁西滨河三岛位于大堤路之外，不用土地指标，在完成基础设施后依规变更土地使用性质即可。

30

沈阳中德装备制造产业园区宝马生态城概念规划（2011）

"十二五"时期，德国宝马在中国布局总部级产业基地，选址在沈阳国家级经济技术开发区，浑河右岸。结合沈西工业走廊生态廊道新战略，宝马汽车城空间规划呈现出生态融合新理念。

一、宝马汽车城顶层战略

1. 创新洗牌，沈阳经济区国家新型工业化综合配套改革实验；

2. 战略引擎，沈阳市国家经济技术开发区新的战略增长极；

3. 全球竞争，铁西具有国际竞争力的装备制造业支撑平台。

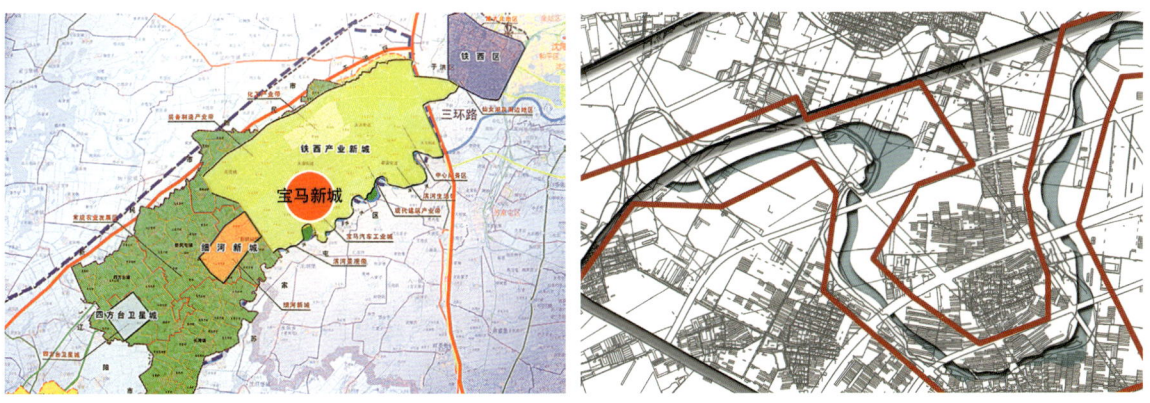

区位分析

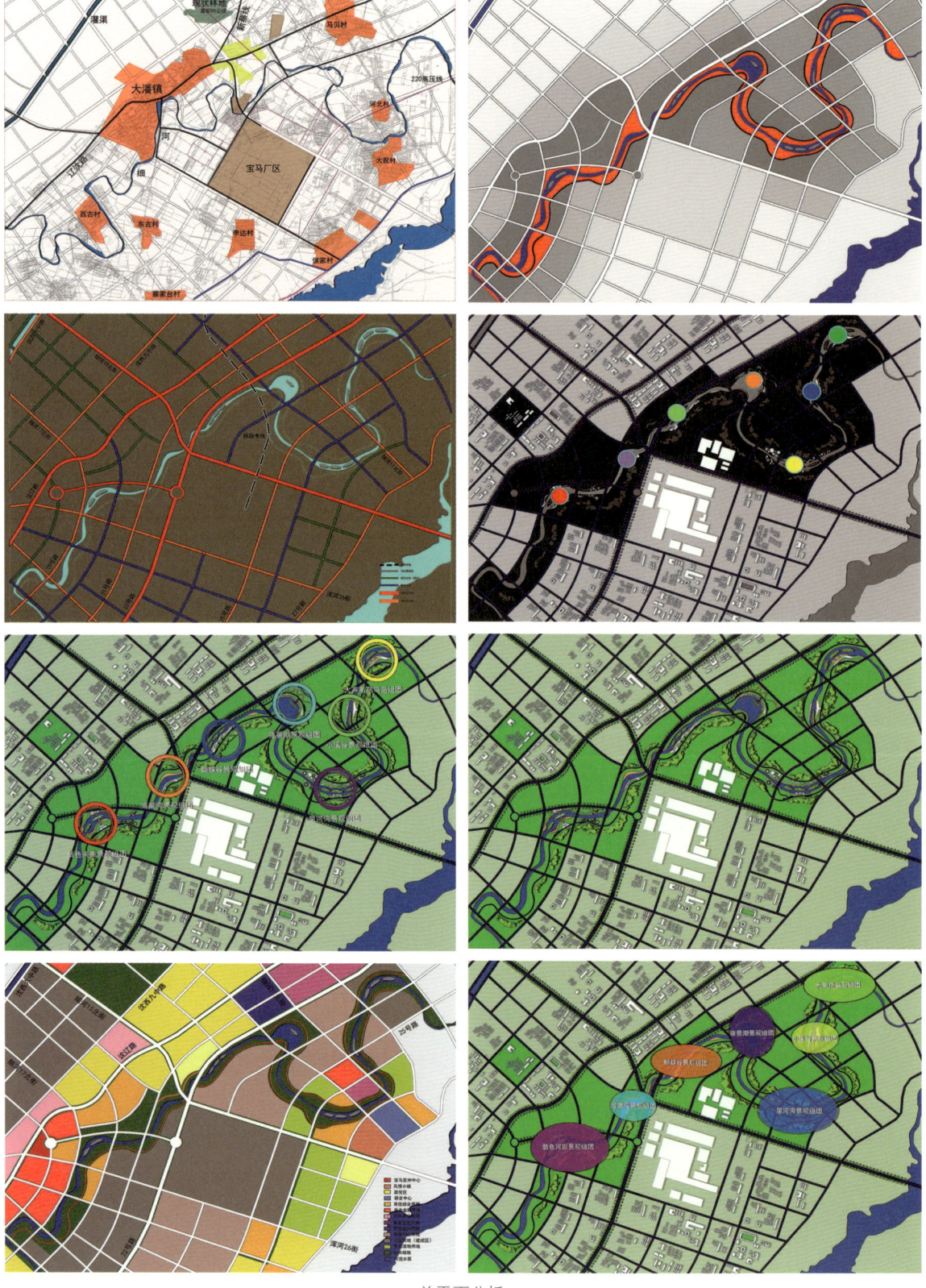

总平面分析

 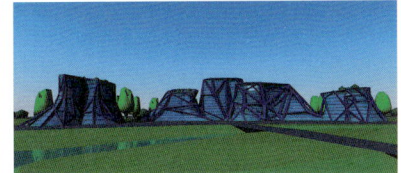 

城市设计

城市设计

二、核心理念

1. 以制度设计为引领，再创国家示范；

2. 产业与城市耦合发展，塑造全球竞争力；

3. 要素全球创新配置，从传统的蔓延式增长向组团式拓展转型；

4. 组织叠加战略和综合解决方案，构建可持续支撑平台。

城市景观设计

三、宝马生态城——综合配套混合发展

发展生产性服务业、现代服务业、高端服务业、文化创意产业。

1. 生态景观地标：流域湖泊林地，景观地标，基础设施；

2. 科研教育培训：国际工程师学院，技术工人培训学校，研发中心，信息处理中心；

3. 宜居生活服务：亲水住宅区，公寓别墅区，购物中心，商业步行街，娱乐文化，休闲运动，公共交通，社区中心；

4. 生产性服务：论坛会展，酒店写字楼，金融商务中心，行政中心；

5. 贸易物流服务：供应配送，仓储物流，保税加工，全球采购；

6. 文化旅游观光：文化创意，工业博览，运动赛事，主题公园。

四、生态项目用地范围

宝马组团规划范围内——20公里细河流域。

五、核心项目

1. 观光有机种植业，温泉度假会议中心，德国啤酒商务城堡，北方稀有植物园；

2. 水岸德国风情小镇，亲水休闲步行街，滨水创意文化艺术区；

2. 全球汽车主题公园，汽车风情小镇，滨水国际青年旅行社；

4. 中德装备制造技术学校，中德工程师学院，中德装备制造技术培训中心；

5. 细河生态景观带状公园。

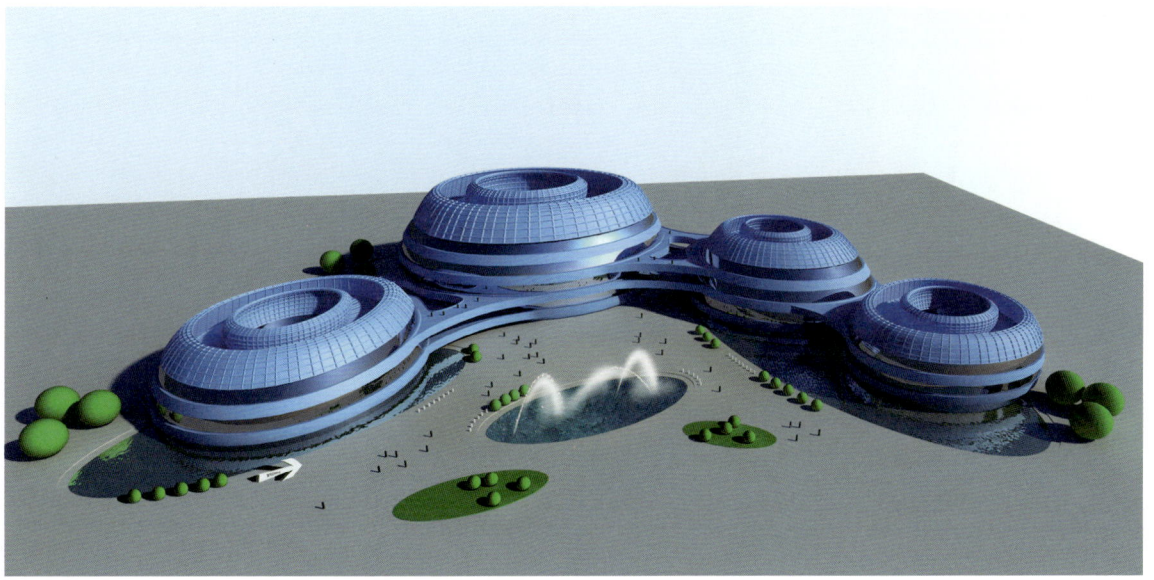

建筑设计

建筑设计

31

中美合作沈阳戈莱博国际影视城概念规划（2007）

"十一五"时期，沈阳浑南进入大开发时期，现代服务业成为城市新组团的显著标志。

由中美资本合作的戈莱博影视城位于浑河之岸，成为一大亮点。

一、城市定位

1. 在水一方，自然人文、影视制作、娱乐休闲等国际化新城。

2. 其主要功能包括：影视制作、文化会展、科普教育、艺术表演、度假会议、旅游休闲、健身娱乐、酒店购物、商住地产于一体的沈阳最具环境概念和人文激情的文化组团。

二、核心概念

千古沈水，日出东方，天下影视，沈阳之梦。

三、重点项目

1. 灯塔、桥头漫步休闲广场；

2. 河岸灯火不夜街、亲水休闲公园；

3. 沿河森林绿化带，日本、欧洲风情商业步行街；

4. 环城林荫漫步走廊；

5. 水晶大厦、五星级酒店、停机坪；

6. 全球影视影人俱乐部、商务沙龙；

7. 荧光湖水系、湖心月岛、过湖索桥、下沉亲水广场；

8. 盘古影视广场、夸父追日主题雕塑、星光大道雕塑走廊；

9. 大世界游乐城；

10. 会展中心、影视博物馆、影视制作中心；

11. 商业中心、购物超市；

总平面图

城市设计

12. 日出东方广场、浑南大道之门、金木水火土东方理念；

13. 停车场、网球场、绿地林带；

14. 九曲山水、东方庄园；

15. 公寓商住。

四、主要经济指标

1. 规划总用地：0.5 平方公里；

2. 总建筑面积：81 万平方米；

3. 总容积率：0.23；

4. 影棚：12 万平方米，会展中心：6.6 万平方米，博物馆：2 万平方米，制作中心：4.6 万平方米，道具库：2 万平方米，档案馆：2 万平方米；

5. 商业中心：7 万平方米，停车场：1.5 万平方米，酒店：6 万平方米，全球影人俱乐部：3 万平方米；

6. 东方庄园建筑面积：16 万平方米；

7. 大世界娱乐城建筑面积：1.5 万平方米，购物超市：2.5 万平方米；

8. 公寓：4 万平方米；

9. 商业步行街：5 万平方米；

10. 其他建筑：3 万平方米。

32

沈阳欧盟工业园欧洲风情小镇总体规划（2006）

一、国际背景

区域城市，是一百年来世界城市化运动中最为重大的发展概念，城市要素配置以从传统的纵深开掘，向区域的扁平拓展转型。它深刻地反映了城市发展的集聚与扩散运动，也是集约经济的必然结果，而城市群、城市圈、城市带的不断形成和发展，也正在深刻影响着世界未来的经济格局和走向。21世纪前后，由于产业信息化、技术知识化、市场一体化、资源配置全球化等因素进一步加速，使得资本流动和产业转移进入了新一轮高潮，从而使城市进一步表现为强烈的区域特征，即只有以区域优势和城市圈优势形成集聚竞争力，才有可能抓住机遇，赢得未来挑战。

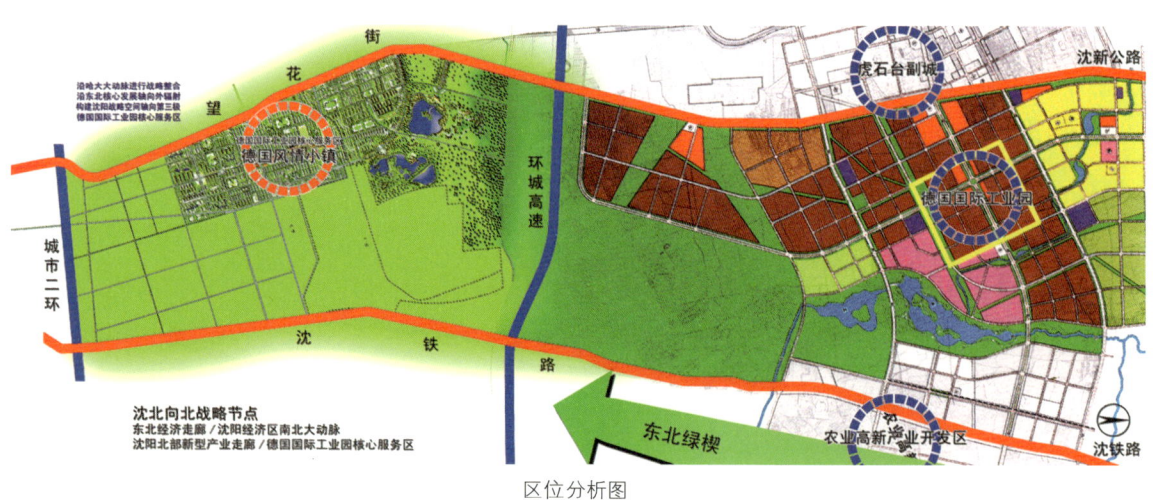

区位分析图

二、区域战略

沈阳地处东北亚经济圈腹地，环渤海经济圈、环黄海经济圈战略节点，东北经济区核心节点，东北经济走廊战略中心。

2004 年，中国经济发展格局出现结构性战略调整，中国为之发动，世界为之注目，这就是东北老工业基地振兴战略。

东北振兴的第一概念就是区域经济概念，是在中国沿海经济开放，中国西部大开发的区位背景下制定的，是中国经济东西互动国家区域战略的重大举措。

区域从来没有像今天这样，在城市和地区发展中占有重大意义。结合东北老工业基地振兴战略，国务院振兴东北办公室提出，以哈尔滨、长春、沈阳、大连为轴线，建设东北三省经济走廊发展战略，一个东北区域城市群经济概念正式推出。这同原来的东北三省行政区和计划模式地区概念具有本质的区别，其内涵主要表现为以市场为基础的产业链平台、资源共享、优势互补、合作竞争，形成区域战略集聚效应。沈阳正在争取成为这一产业走廊的战略高地，经济隆起地带，战略核心城市。

三、规划范围

欧盟国际工业园位于沈阳市东北部，东连农业高新区，西临虎石台镇区，北到三环规划界限，南接大东区东机工业园。

欧盟国际工业园核心服务区／欧洲风情小镇，位于沈阳市东北部，二环以北，三环以南，望花街以东，沈铁路以西"724"地区，沈阳市大东区文官街道办事处辖地。

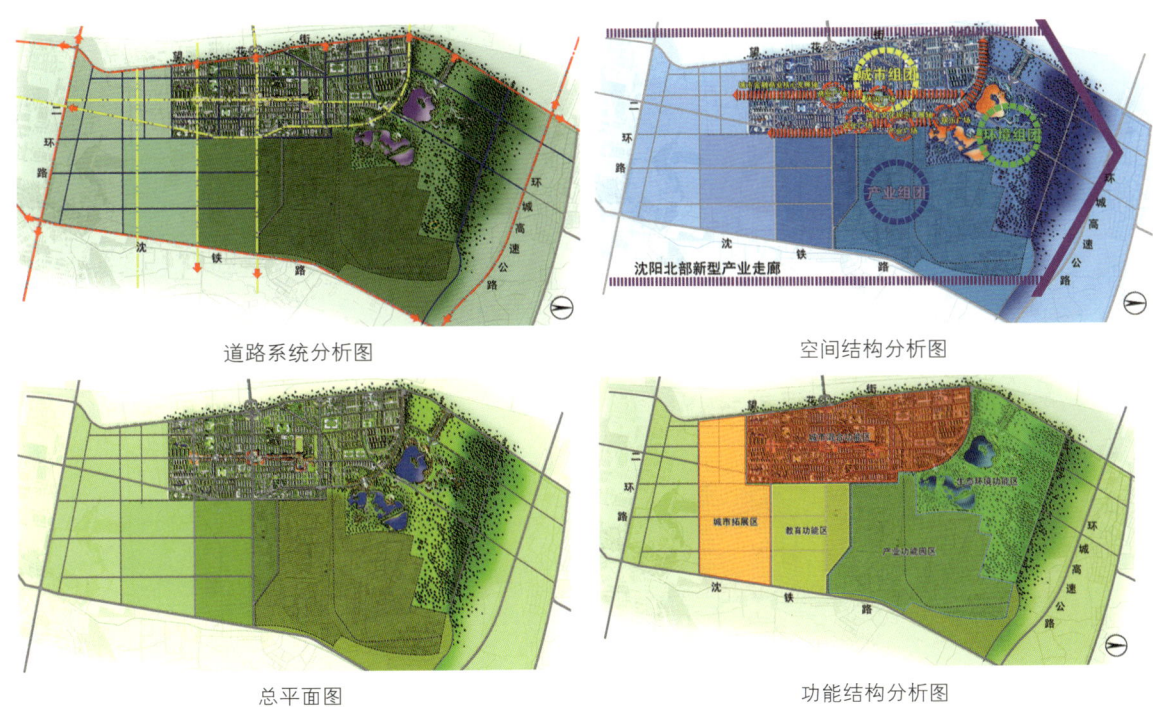

道路系统分析图   空间结构分析图

总平面图   功能结构分析图

四、空间重构

沈阳城市空间发展战略重构：浑南向南，铁西向西，沈北向北。

沈阳区域发展战略：三大中心、五大产业，即国家级装备制造、东北地区贸易物流和金融三大中心，汽车及零部件、装备制造、电子信息、化工医药、农产品加工五大产业。

沈阳空间重构战略：构筑三省四市东北经济走廊，七城联手打造沈阳经济区。

城市空间进行战略重构：浑南向南，铁西向西，沈北向北，城市以东西浑河与南北金廊构建十字形发展大框架；装备制造业由铁西、张士经于洪向辽中、新民打造沈西工业走廊；以汽车为龙头、以欧盟国际工业园为品牌的新型制造业；从沈北北部，沿哈大东北大动脉整合区域战略资源向北发展，打造沈阳北部区域性新型工业走廊。

五、沈北向北

沈阳城市空间发展战略重构概念，打造沈阳北部新型产业走廊；

1. 由产业组团向产业链、产业集群发展；

2. 由工业围城分散式开发区向产业走廊发展；

3. 由封闭式整合向开放型整合发展；

4. 由层圈结构，摊大饼模式向轴向结构发展；

5. 由单中心功能结构，向功能多元结构发展；

6. 由沈阳地区空间结构，向区域性空间结构发展；

7. 由产品同类、园区内耗，向集约化廊带发展；

8. 由产业结构调整向空间结构、环境结构优化协调发展。

六、欧洲风情小镇用地现状分析

1. 城市居住条件有待改善，棚户区改造迫在眉睫；

2. 基础设施相对滞后，道路不畅、断头现象严重；

3. 违章建筑严重，土地亟待全面整理；

4. 环境缺少严格监管，乱填乱堆破坏湿地和环境；

5. 生态环境与城市缺少整合，环境功能失落；

6. 城市功能低下，功能简单，缺乏综合效益；

7. 产业结构单一，军工产品及产业亟待进行结构调整；

8. 城市结构封闭，引入市场开放机制是必由之路；

9. 城市活力不足，计划经济传统机制束缚严重。

七、城市规划理念

1. 城市发展概念：品牌战略／欧洲国际工业园核心服务区；

2. 城市空间形态：主题特色／欧洲风情小镇；

3. 城市空间结构：战略框架／沈北向北，以汽车为主导的新型工业走廊；

4. 城市空间设计：主题元素／关注场所精神；

5. 城市功能内涵：都市星城／复合性混合功能城市组团；

6. 城市文化塑造：人文风情／以欧洲工业园为事件经济内涵；

7. 城市区域定位：东北工业走廊／沈阳经济区开放性，国际化发展轴；

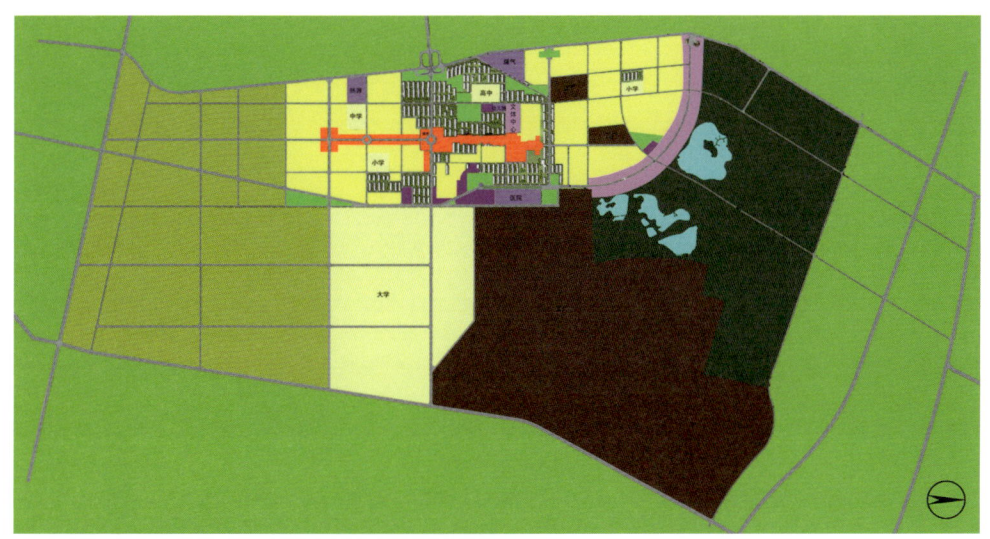

用地规划图

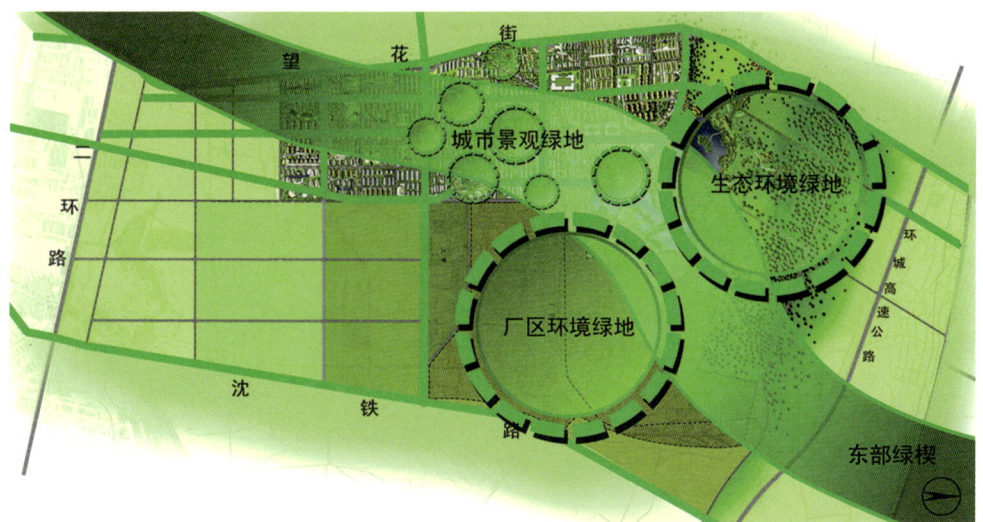

绿地及景观系统图

土地开发分析图

155

8. 城市环境容量：生态绿城／东部绿楔，半城半湖；

9. 城市增长方式：可持续性／经济社会与环境相和谐，引入国际精明增长理念；

10. 城市产业结构：产业链条／以欧洲工业园为品牌，以汽车工业为主导；

11. 城市空间整合：区域连接／沈阳北部工业走廊。

八、区位优势

1. 地处沈阳北部交通走廊，对外交通方便快捷；

2. 内部交通以两纵两横为道路骨架；

3. 干道和支路系统成网络分布；

4. 城市开放空间公交系统、停车系统十分便利。

九、空间布局

空间结构：一廊／双轴／三片／五心。

1. 一廊：沈北向北／沈阳北部新型产业走廊，以汽车为主导／以欧洲国际工业园为品牌，
欧洲国际工业园核心服务区／欧洲风情小镇；

2. 双轴：城市金融商业核心发展轴，文化休闲生态功能发展轴；

3. 三片：城市混合功能组团，环境生态功能组团，汽车产业功能组团；

4. 五心：商业、休闲、文化、产业、娱乐五大广场。

十、战略整合

1. 地理整合，生态环境与城市功能有机融为一体；

2. 空间整合，产业走廊与城市发展空间融为一体；

3. 产业整合，以汽车为主导发展配套都市产业；

4. 功能整合，以混合功能为目标打造城市组团。

十一、风情小镇生态景观

1. 原生态湿地绿化公园区；

2. 厂区原生态湿地绿化保护区；

3. 城市绿化带、城市绿化公园区；

4. 东北绿楔、周边农村种植绿地区。

33

"十二五"时期太子河流域本溪城市核心开放空间转型规划（2012）

一、太子河流域城市空间组织现状分析

太子河中游，以河谷山地为主，太子河两岸平缓腹地，最宽处 1000 米，一般在 300 米左右，两岸坡度平均约 40 度。在总长 30 公里的河谷地带，共有牛心台、卧龙、威宁、大峪、姚家、溪湖、平顶山、东风、本钢、千金等，以本溪为核心城区，大小不等的十多个组团，城市建成面积约 50 平方公里，人口约 70 万。

太子河流域是典型的资源导向型、机械增长型、工业主导型、城市欠账型、环境污染型的东北老工业基地。从 20 世纪初日本在此规划铁路和工厂开始，已走过了百年风雨历程。

在近百年的城市发展过程中，城市发展空间主要是通过用地导向，以蛙跳的路径，沿太子河两岸发展。其核心城区本溪组团，以铁路交通为枢纽，组织了以解放路为核心的城市准一级功能轴，长约 5 公里。而 30 公里城市走廊以铁路公路为主，没有形成有组织的城市功能枢纽，而作为城市系统的核心功能发展轴长期停滞。从而带来城市形态、城市开放空间、城市公共功能、城市生态景观等一系列布局问题。

二、"十二五"历史发展机遇期

从历史发展看，太子河流域长期遭受重化工业开采及排放的污染，严重影响城市山水资源的整合利用和开发建设。"十一五"、"十二五"时期，太子河两岸一铁厂、水泥厂、煤铁料场的相继退出，为太子河综合整治提供了新的机遇，也为两岸土地综合开发，特别是城市空间组织提供了机遇和可能。本溪主城区已进入后铁厂时代及大峪、姚家、郑家等多组团时代，同时城市核心轴功能布局空间不足，城市大交通体系架构尚待建设。恰逢编制"十二五"规划、棚户区改造、太子河整治城市迎来了新的发展机遇期。

三、太子河流域城市核功能轴重构

根据太子河山水城市战略资源禀赋，整合多组团城市空间，塑造山水、生态、景观、宜居城市混合发展战略，构建多组团城市核心发展轴。即以太子河为城市核心开发空间，沿太子河两岸构建核心发展轴，其组织功能包括：生态景观、宜居商住、公共建筑、开放空间、城市地标、交通组织、商业物流等。30 公里轴线布局牛心台、卧龙、威宁、大峪、姚家、溪湖、平顶山、东风、本钢、千金等十个节点，建设城市轻轨，从根本上重塑城市发展动力。

同时在城市外围组织大环城城乡交通体系，以支持城镇一体化进程，组织城市区域过境交通。从区域和城市两个层面重构交通物流网络。

四、太子河流域产业功能转型

积极推动太子河流域城市功能转型，实施显山露水战略，构建接续产业、现代服务产业、创新型产业、旅游产业等。从工业交通轴向山水生态轴进行战略转型。通过全面创新，动员和配置社会要素及战略资源，推动太子河山水振兴战略，即本溪国土资源第二发展轴——太子河流域。

太子河是本溪最具竞争力、最具发展空间、最具未来意义的国土资源第二发展轴，它的内涵和功能远不止于防洪，或者生态功能。正值经济全球化、区域一体化、东北振兴、本溪"十二五"发展历史机遇期，太子河亟待提升到城市战略进行再认识，应该作为一个大的战略概念，积极参与城市产业结构调整，经济战略转型，构建和谐社会和可持续发展。对太子河进行战略规划和整合创新，赋予太子河更加重大的城市功能和产业结构，除防洪、生态等功能之外，还可赋予如：土地整理、产业布局、国家政策性战略项目塑造、交通网络、城市混合功能、近水亲水开放空间、城市形态创新、山水城市竞争力提升等功能。

太子河的问题不能只盯着水面，应放大边界，突破原有的规划进行战略塑造和打包。本溪太子河内涵十分丰富，产业政策性极强，资源空间广阔，城市区位十分重大，是本溪未来的战略增长轴和核心竞争力。太子河战略首要的问题不是缺钱，而是缺创新思想、缺发展概念、缺开放的市场平台、缺体制机制创新。

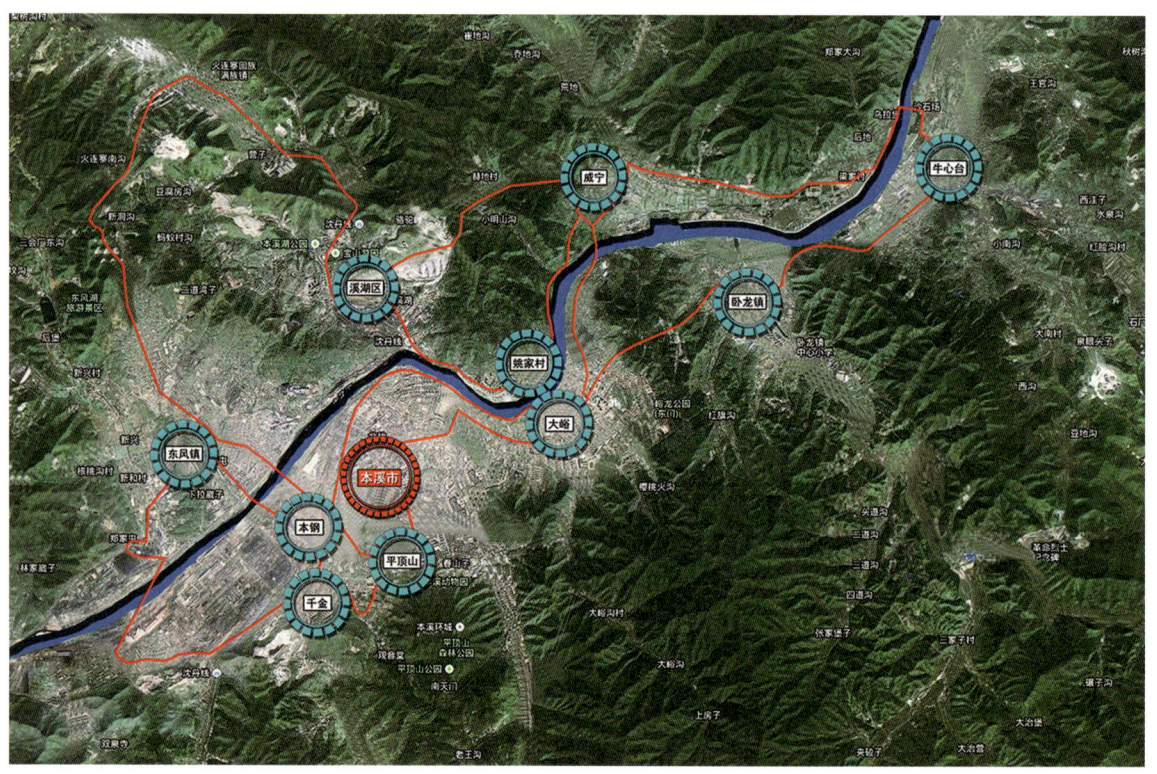

区位分析图

建议对太子河立即着手进行新的专项战略规划，结合防洪、排放、环境、生态等功能，着重资源整合、产业结构、发展概念、功能布局、交通网络、开放空间、近水亲水、城市设计、项目打包、发展路径、市场方案、重大项目、招商引资、品牌推广等规划研究，还应特别包括制度创新、体制机制创新、空间组织创新等。

总之，其着眼点和推动力不是向政府要钱，而是通过全面创新，规划设计来对接政策、对接市场、对接资本的具有创新价值的好项目，构建可持续发展市场新空间和资本新平台，构建新的参与主体和增长结构。

太子河发展正面临战略新拐点！

其战略转型已势在必行！

紧紧抓住经济全球化和中国新一轮经济发展机遇期是其唯一选择！

本溪城市山廊水轴新战略，本溪主城区城市形态、空间结构、功能布局面临战略转型。

五、概念设计

山廊水轴新战略。

1. 构建新的绕威宁、卧龙、大峪、平顶山、千金、本钢、郑家、彩北、三道岗等大环城快速景观交通体系，开辟全新的山城外廊空间通道。

2. 调整城市功能主轴，以太子河为城市核心开放空间和核心发展轴，并以此调整交通体系，布局城市功能，确立城市空间形态和界面，保护生态环境，优化城市发展空间，构建高水平山水城市核心功能水轴。

3. 构建多组团有机体系，着重组织组团之上城市层面的基础设施、功能布局、开放空间、景观廊道等。

城市项目：创新资源配置，规划战略叠加，组织综合解决方案，设计市场化路径及制度安排，构建对要素有号召力的可持续城市。

4. 山廊水轴意义重大，特别是对拉动内需、塑造项目、提升空间、调整结构、布局产业、启动市场等是一个顶层方案。太子河是本溪最具战略意义的核心生态景观，是本溪建设未来和谐城市的最高标准，太子河的事要早规划、高标准，要具有国际视野，太子河不能再等了。

六、本溪大环城交通景观廊道工程

1. 城市需求

本溪经济社会已进入快速发展和战略转型关键阶段，面临着"十二五"时期老城改造，新城建设、结构调整，产业创新，保民生，保发展，保稳定等一系列发展压力。本溪的出路只有在更高层次上创新，即全面创新资源配置，构建叠加发展战略，塑造对要素具有号召力的大战略，组织综合解决方案。

本溪的当务之急是在战略层面解决用地、资金、项目问题。而解决这三个问题的答案就是战略，是对要素有强大的，可持续的号召力的大战略。资金寻找项目，项目需要土地，土地有待规划，规划服从战略。

2. 工程定位

大环城交通体系以本溪主城区为核心，组织周边城镇组团，整合土地、产业、交通、资源、生态、景观等功能性要素，构建双向四车道黑色高等级快速景观通道，本溪核心城区大外环路，新的城市功能战略发展轴。

线路设计绕威宁、卧龙、大峪、平顶山、千金、本钢、郑家、彩北、三道岗等，对内组织城市交通网络，对外参与区域快速通道。

3. 工程性质

（1）本溪重大基础设施工程，支持本溪城市发展三十年。

（2）"十二五"规划区域城市大本溪战略。

（3）城市交通网络体系核心架构。

4. 项目效益

大环城交通景观廊道工程，可以从根本上解决城市发展积弊和瓶颈，为城市发展提供更大的创新空间。

（1）构建跨组团大交通体系和城市过境交通，组织城市断头路进入网络，调整沈丹高速路入境节点，优化区域移动网络等，全面提升城市基础设施功能。

（2）全面提升各组团区位优势和空间形态，特别是对城乡一体化、产业布局、结构调整、用地优化、项目塑造、棚户区改造等都具有十分紧迫的现实意义。

（3）减少主城区过境交通，放慢商业区交通速度，拆除解放路高架桥，提升城市形态和业态功能。

（4）城市空间形态转型，构建以太子河为城市核心开放空间和核心发展轴，平顶山为景观节点，大外环为空间廊道，即一环、一轴、一节点的山水生态城市新战略。

（5）为"十二五"城市发展和转型提供更大的可能和空间。特别是可以从根本上解决发展规模和增长需求问题，即用地、资金、项目需求问题。

七、经济指标

1. 混合路径土地整理 100 平方公里。

2. 混合功能投资规模 1000 亿元人民币。

3. 混合功能项目总量 1000 个以上。

34

东北振兴区域性生态环境地标项目
——平顶山国家森林公园概念规划（2004）

平顶山，一个亘古而弥新的神话——

长眉李大仙，一个古老而传奇的故事——

核心概念，一园两带十景

以文化休闲健身园区为主题，以山下开放环境景观带

山上休闲文化经济为格局，以十大景观建设为核心卖点

打造具有现代城市功能的景观文化品牌项目

一、资源背景

本溪平顶山，原名"青云山"、"平定山"，海拔高度 657 米，占地面积 17 平方公里，是一座美丽的"城中之山"，仿佛一颗镶嵌在燕东盛境上的璀璨明珠，傲然屹立于山城，见证着山城的巨变。向山城人民述说着历史、展示着未来。

翻开历史的画卷，我们可以看到早在 3000 年前，平顶山就有古人类在此繁衍生息。传说盖苏文之妹驻山修筑营盘，开凿"七口水井"，目前只保留四口，至今仍出水的唐朝古井就是平顶山兵家必争之地的最早记录，验证了平顶山"兵山"之说。山顶的元代古城墙遗址向我们述说着从前的金戈铁马，见证着历史的兴衰和演变；收集有诰封碑、墓碑、寺庙碑等四十余块的碑林，向我们展示着辽东千年文化底蕴和近百年城市的文化积淀；清朝的日俄战争和解放战争时期残留的军事碉堡、坑道、掩体等，更是成为平顶山战役及解放本溪战争的直接历史见证。

二、功能分区

1. 文化休闲健身区

主题喷泉广场，露天文化舞台，环山森林漫步，花卉园艺走廊，健身休闲中心，摄影艺术沙龙，音乐文化回廊，书画休闲展览，博物科普教育，海洋水底世界，茶吧酒吧小路，岩洞网吧之旅。

2. 金顶观光服务区

核心服务广场，摩天不夜彩塔，世界之最大佛，直升机平台，索道缆车观光，金顶度假酒店，寺庙要塞栈道，

景观设计

空中观光酒廊。

3. 野生动物保护区

森林度假小屋，野生动物世界，自然博物之旅，林间轨道缆车，动物保护中心，森林休闲公园。

4. 山地运动体验园区

城市滑雪之旅，机械飞行中心，原生赛马广场，山地健身沙龙，度假休闲营地，儿童游戏王国。

5. 森林生态度假区

森林度假氧吧，民俗风情庄园，别墅会议中心，松林温泉小路，功能服务中心，峡谷瀑布之旅。

6. 植物王国博览区

国家植物公园，休闲观光农业，鲜花培养基地，中药种植山谷，江河漂流运动，别墅度假中心。

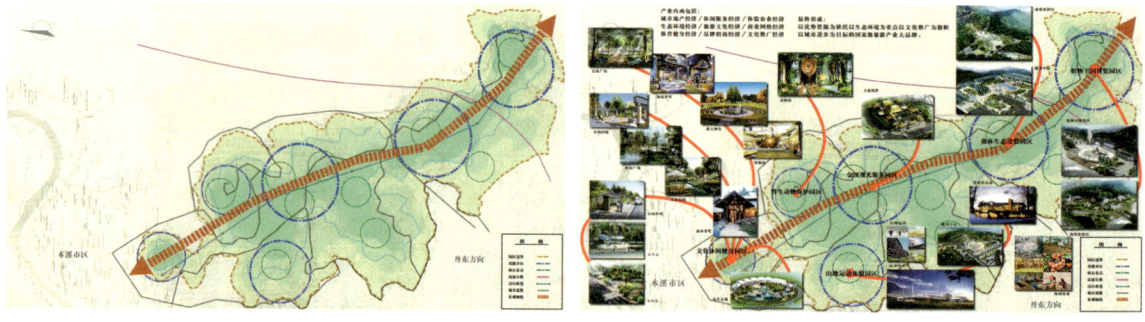

功能分区

景观设计

三、产业内涵

城市地产经济，休闲服务经济，体验农业经济，生态环境经济，旅游文化经济，商业网络经济，体育健身经济，品牌招商经济，文化推广经济。

四、战略目标

1. 以优势资源为依托，以生态环境为重点，以文化推广为旗帜，以城市进步为目标的国家级旅游产业大品牌。

2. 显山露水战略，打造山水文化名城，沈阳都市经济圈后花园，卖完钢铁卖山水文化——

城市资源再配置，开拓旅游环境产业，走协调发展，可持续发展之路。

环顾青山叠翠的本溪，千古太子河蜿蜒之处：国家级风景名胜本溪水洞，世界级文化遗产五女山，世界最大的钢铁遗址博物馆，国家级平顶山城市森林公园。

五、城市理念

以山水为血脉，以文化为精神，以城市为载体，注重文脉和资源整合，创新本溪标志性环境工程，代表城市化主流精神，领导城市发展新概念。

六、开发思路

政府项目，以人为本，市场机制，全面创新。

七、重点项目

核心广场，海底世界，花卉长廊，松林茶吧，国际影楼，健身中心，儿童乐园，书画艺苑，环山走廊，博物馆。

35

辽宁省宽甸县长甸镇河口村城镇化国家示范项目总体规划（2010）

宽甸县河口村推进城镇化实施规划

东北亚国际旅游目的地——大鸭绿江风情小镇

《东北地区旅游产业发展规划》东部发展轴核心节点

国家 5A 级旅游度假景区

一、规划依据

根据国家"十二五"时期城镇化发展战略和后金融危机时代中国产业结构调整，转变发展方式的创新路径安排，及辽宁省城镇化工作领导小组制定的《推进城镇化实施规划》编写提纲的具体要求特制定本规划。

二、规划范围

规划范围包括辽宁省宽甸县长甸镇河口村所属行政区划全域。

其中规划全域面积 26 平方公里。

现状人口 2894 人，780 户，劳动力人口 1929 人口，其中种植业、旅游业、外出务工各占约三分之一。

三、区位优势

1. 随着辽宁沿海经济带及沈阳经济区、吉林大图们江等国家区域战略的先后实施，大鸭绿江流域区位优势得到了战略重构，已成为三大国家战略区域辐射的汇合节点。

2. 东北东部高速、铁路等交通大通道的开工建设，及辽宁沿海经济带丹东国际物流港口，中朝跨境大桥，沈丹、丹大客运专线等重大基础设施的建设和实施，鸭绿江流域已进入区域化、国际化移动网络战略节点。

3. 2010 年 3 月 31 日国家出台《东北地区旅游业发展规划》，这是继 2009 年国家出台《海南国际旅游岛发展规划》后又一个区域旅游空间战略规划。

其中设计布局了三大发展轴，而东北东部发展轴的战略节点是大连、鸭绿江、长白山，即海、江、山旅游轴。鸭绿江以其特殊的资源禀赋已成为大东北地区乃至东北亚地区新的旅游目的地。

四、产业优势

1. 鸭绿江现为国家 4A 级旅游景区，而河口村地区以其独特的山水生态、资源物产、人文历史等，早已成大鸭绿江景区核心部分。朝鲜边境、河口断桥、毛岸英学校等，给游人留下深刻印象。

2. 河口村已建成的电视剧《刘老根》影视基地——龙凤山庄，闻名遐迩，并引领当地大农家乐旅游业迅速发展。

3. 中朝边境双方已就《中国河口—朝鲜清城郡登陆观光旅游》达成框架协议，河口将成为区域旅游的新亮点。

4. 经辽宁省人民政府批准，已将设在河口村的二类口岸提升为国家一类口岸。经时任辽宁省省长陈政高签署行文辽政 [2010]76 号文件已上报国务院。

5. 作为边境地区和少数民族行政区，河口村一直是国家"兴边富民"重要实施地区。在国家产业政策的扶持下，当地旅游业、物流业、种植业、养殖业等得到了快速发展。

五、战略定位

1. 以旅游为主题的统筹规划，结构创新，和谐发展，全面持续的混合功能小城镇组团。

2. 国家 5A 级旅游度假区，《东北地区旅游业发展规划》东部发展轴鸭绿江核心品牌，东北亚国际旅游目的地。

3. 国家"十二五"规划时期小城镇建设示范基地。

城市设计

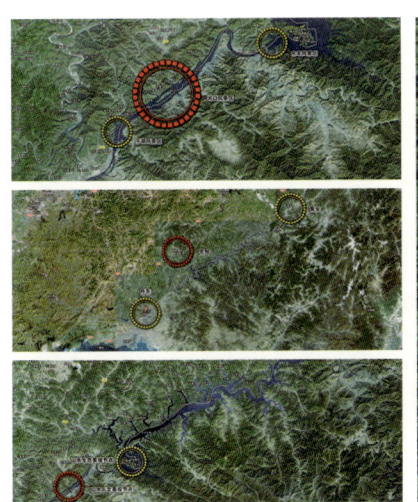

区位分析

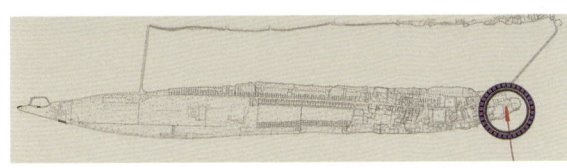

用地分析图

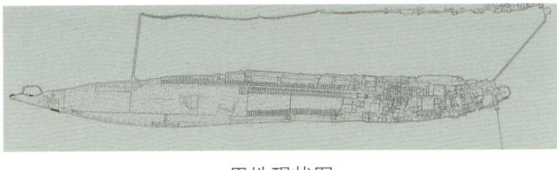

用地现状图

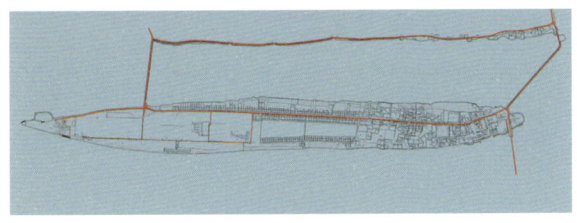

交通组织分析图

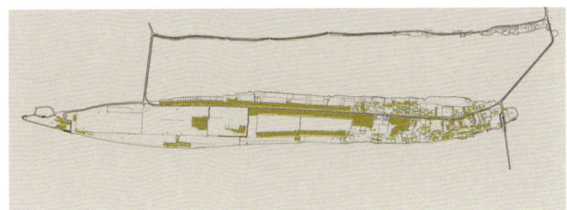

用地分析图

六、任务目标

1. 到 2015 年，全域旅游业收入比 2009 年翻两番，人均年收入达 3 万元人民币。

2. 全域人口实现人人就业，户户享有资产性收入，全部实现医疗和社会保障。

3. 通过小城镇化覆盖，全部实现居住条件改善或统筹并村新居建设。

4. 创新产业结构，生态环境得到进一步优化，建筑节能减排达到 50% 以上，全域实现环境零污染。

七、发展理念

1. 科学发展，全面协调可持续。

2. 绿色发展，构建大鸭绿江绿色竞争力。

3. 和谐发展，人人参与共享成果。

4. 创新发展，结构调整，方式转变。

八、制度机制

1. 引入总部式战略投资集团，与河口村旅游产业有限公司（集体及全部村民以土地入股）共同组建投融资平台作为市场主体，进行以项目为核心的土地一、二级开发建设。

2. 成立县级河口旅游产业开发园区行政机构。

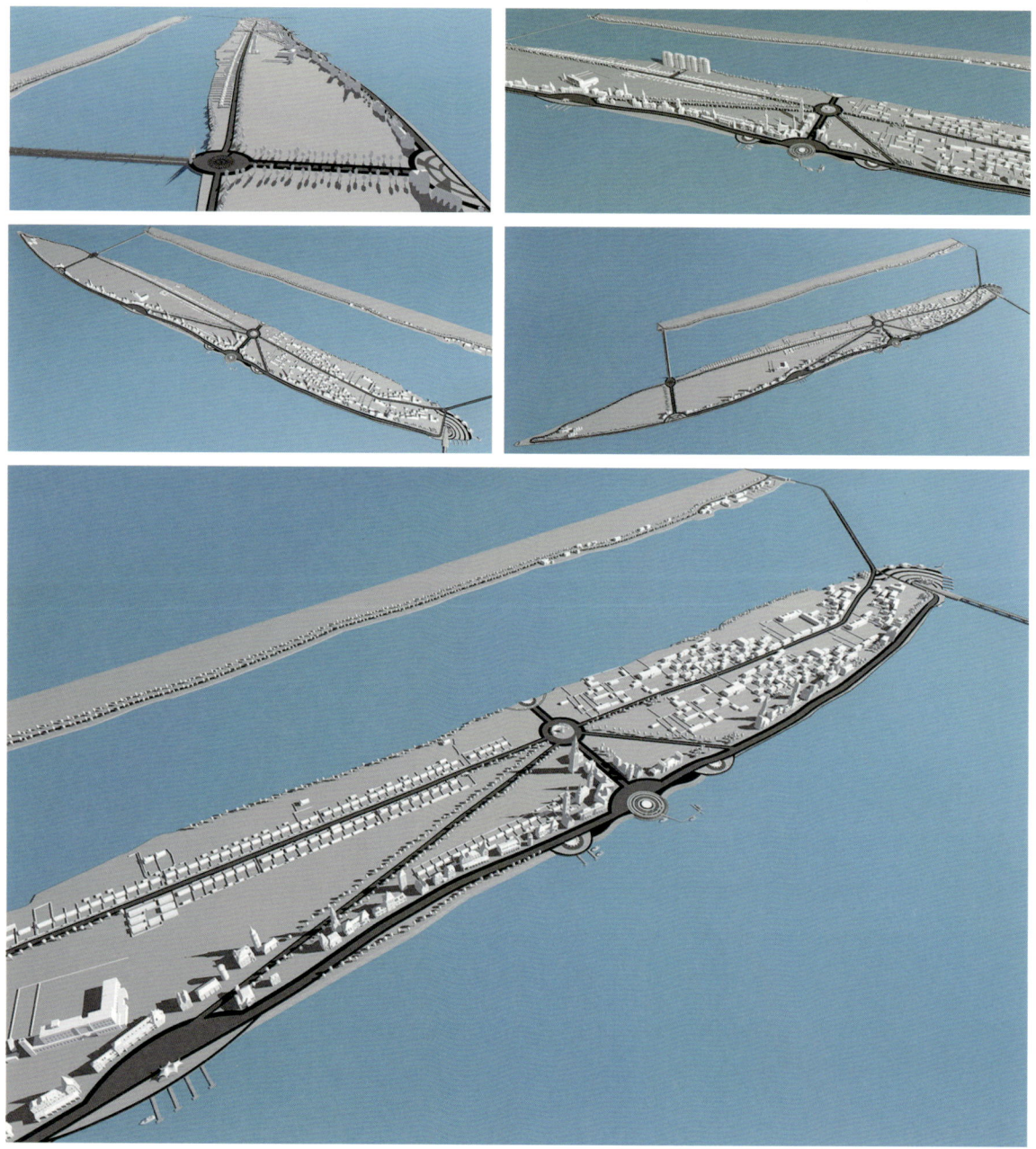

城市设计

九、产业规划

旅游度假、商务服务、贸易物流、酒店论坛、养生保健、休闲地产、商业地产、运动娱乐、文化创意、科技研发、观光农业、农业加工、生态景观、新农村建设等。

十、核心项目

1. 一轴三岛旅游主题公园：欧洲风情小镇、高丽王水寨、六甸古驿站；

2. 江上邮轮度假酒店；

3. 休闲度假论坛；

4. 有机高效示范种植业；

5. 疗养康复中心；

6. 中朝跨国一日游；

7. 一类口岸贸易物流港区；

8. 江上运动娱乐广场；

9. 边境观光码头；

10. 燕红桃、板栗、蘑菇等农副产品深加工基地。

十一、开发原则

政府主导、统一规划、市场运作、分期开发。

十二、开发时序

1. 一年整理土地、布局架构。

2. 三年初具规模、品牌推广。

3. 五年基本建成、效益彰显。

十三、经济指标

1. 村庄规模 河口村目前人口现状2894人，按自然增长率0.5%计算，2012年人口增加到2920人；由于扩大旅游、港口等产业范围，人口将增加到5000人，用地来源一是本村集体土地，二是河口村十组村民宅基地和河滩造地共约200亩。

2. 重点建设区域：（1）河口村五、六、七组；（2）长河岛（河口村八组）；（3）河口村十组。新增人口安置在新规划的河口村十组。

3. 新建村庄用地总量为40亩，为村民建设新农村居住区面积为6万平方米，容积率为2.3。可减少现有宅基地面积1407亩。

4. 经济指标：项目总规划用地370万平方米，总建设用地70万平方米，总投资规模10.5亿元人民币。

5. 2011年至2012年动迁安置村民，丹东鸭绿江旅游集团有限公司建设环岛路2.5公里，倒出村民的房宅基地和闲置土地1407亩用于旅游开发。

6. 河口村目前人均收入现状每年平均7千元，项目实施后人均收入增值3万元左右，在种植业、养殖业、旅游业上的发展会增值更高。

36

沈阳北市地区城市改造总体规划（2003）

沈阳市政府重大城市组团改造项目，三大商业板块之一

一、城市历史背景

沈阳北市地区文脉久远，是著名的清朝皇家第一家庙实胜寺、锡伯族家庙太平寺、中共满洲省委旧址等一大批国家级文化遗产集聚区，民国时期张作霖曾在北市地区开发建设。历史上沈阳北市场人文荟萃，是中国传统十大闹市区之一。新中国成立后至今，北市场开始衰落，城市基础设施陈旧，交通不畅，建筑破败，商业衰落。如今北市已经沦为沈阳的棚户区。由于北市城市功能复杂、用地零碎、文物保护众多等因素，北市规划必须是一个兼顾复杂要素和可持续动力的综合解决方案。

二、地域现状分析

1．周围城市现状：北市位于沈阳市中心地段，其周围城市环境有市府广场、皇寺广场、八一公园、城市高架快车道及金融商业机构，极具商业价值。

2．周围道路现状：北市地处城市交通核心地段，北临总站路、哈尔滨路快车道，南靠市府大路，东近三经街，西临南京街。

3．区内功能现状：北市地区为沈阳市中心最大的低矮棚户区，只有沿南京街、总站路及用地中部现有部分多层住宅。用地内有三处国家级文物保护单位：实胜寺、锡伯族家庙、中共满洲省委旧址。另有两所小学、一所医院，商业设施主要是北市百货大楼。用地内道路主要有新开和平大街、皇寺路、营口路、北市一街、北市二街等。现存主要绿化有华丰巷、八号巷等处，树龄70年，直径约80厘米的大树68棵。

三、地区发展概念

皇寺（实胜寺）始建于1636年，基于中国"庙市合一"的史实，北市场开阜已有367年，堪称真正的东北第一市。

1．城市定位

整合历史文脉，创新城市买点，以打造东北最大的传统概念商业步行街坊为品牌，构建东北最久远的，集观光旅游、休闲购物、餐饮娱乐、金融商务为一体的现代商业航母。

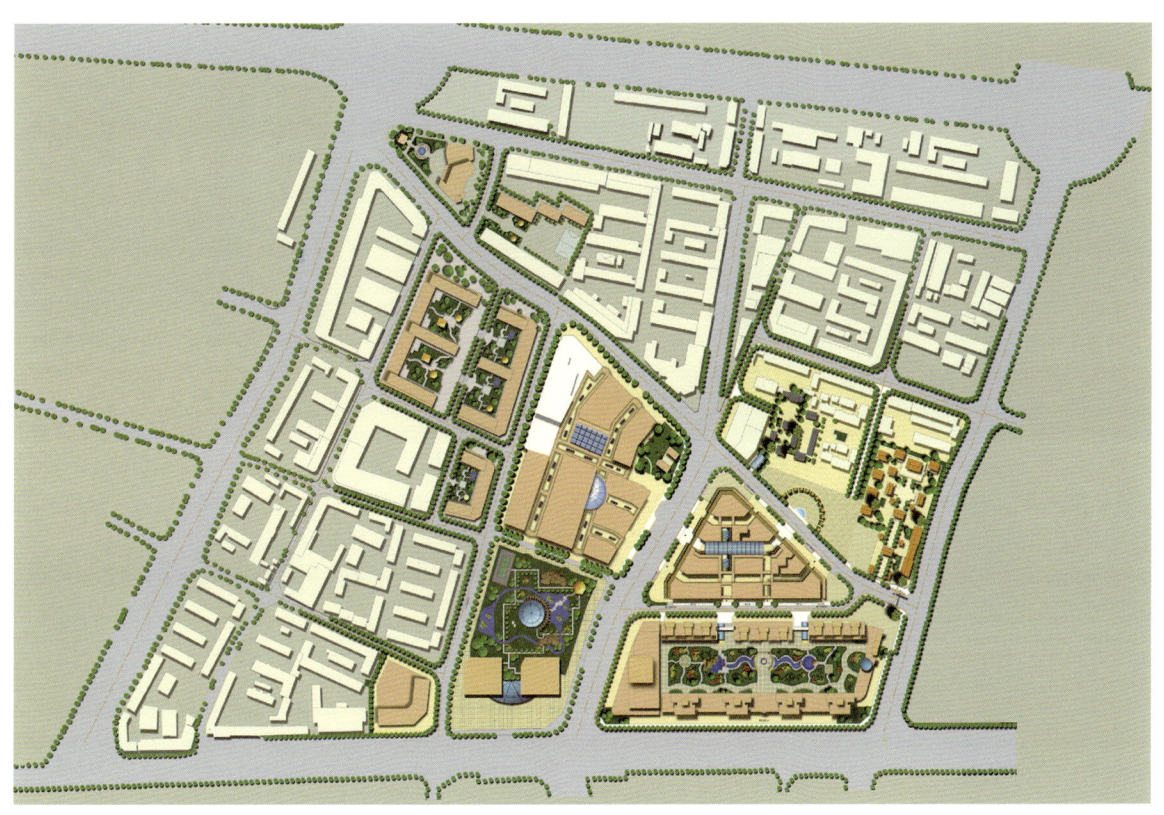

总平面图

2. 核心概念

东北第一市——中国传统十大闹市区之一，皇寺观光中国跳哒节，北市大门十二帝王像，传统主体步行街，品牌概念购物街，沈阳核心商业板块。

四、规划设计思想

以人为核心为理念、以多结构重叠为手法组织城市功能，创造一个内涵丰富、充满活力的现代都市商业中心区。

1. 实践经验证明，单一功能区域不利于形成有活力的城市中心区，集居住、商业、办公、娱乐、文化为一体的区域，特别有助于形成有活力的城市区域，有利于区内的发展和进步，有利于城市管理和现代化，有利于可持续发展。

2. 关注原有城市人文资源，对传统文脉及老城怀旧文化进行保护与整合，形成具有地方特色的文化旅游新卖点，以提高北市地区的城市品位。对皇寺、锡伯族家庙进行保护，恢复晨钟暮鼓，再现盛京八景之一的"皇寺鸣钟"。

3. 创造一个植根于城市之中的与原有城市和谐相处的新综合商业区，充分尊重原有城市结构和肌理，使新规划成为城市的有机组成部分。结合用地内现状特点，确定合理的功能布局。将现状用地内东侧的文物保护区和和平大街以西的原有商业区，连接起来形成一个贯穿东西的主商业区。在皇寺路上，结合规划中的商业中心广场、文化绿地广场及道路改造，形成一条重要的文化景观轴。在满足城市规划整体要求的前提下，提供尽可能多的商业开发面积，为城市的进步和发展提供一个崭新的平台。中心商业区的设计，打破了一条街的设计模式，从传统的空间结构出发，形成主步行商业街与辅助商业街结合的街坊式商业中心，提升商业街的文化内涵，创造丰富的商业购物空间，增大可接触的沿街商业面积，提供更大的商业机会。

五、城市功能分区

规划六大功能区：中心商业区、酒店功能区、办公商业综合区、居住生活区、文化保护区、广场与集中绿化区。

1. 中心商业区

中心商业区贯穿整个用地，将西侧文物保护区与东侧商业街连成一个整体。建筑以多层为主，主商业街设计成地下、地面、多层空间交织的结构形式，形成有文化气息的繁华的商业街市。

2. 酒店功能区

根据用地现状及周围连接条件，将区内最大的酒店及附属用房，面向市府大路布置。在其南侧形成酒店前广场、北侧为市政道路、酒店主入口位于二层高架平台上。使酒店即满足了城市景观的要求又相对独立、交通流畅、使用方便，与中心商业区可分可合，形成一个相对独立的区域。

3. 办公商业综合区

本区以办公为主，在群房中辅以商业设施，由于其使用上的特殊性质及用地的现状条件，将其布置在市府大路南侧和和平大街两侧的三角地内，既提升和平大街、市府大路两侧的商业氛围，又有利于其独立使用，不受中心商业区的干扰，和平大街布局双塔式地标建筑，增强了北市地区的形象，使和平大街更加壮观。

4. 居住生活区

将居住分为两个区，一个利用皇寺路北侧一块狭长用地布置了一组板式住宅，另外在市府大路办公商业综合区的北侧，酒店的西边，布置了两个居住组团，首层商业区的顶部布局了两个大型屋顶花园，为居住区在闹市中提供了一个安静的休息区，同时也保障了该区的日照要求。

5. 文物保护区

文物保护区是一个相对独立的区域，沿皇寺路两侧布局，将数处文物保护单位连在一起。该区内注重对文物的保护与开发利用，并将其与中心商业区的西广场结合在一起，成为中心商业区的一个节点，文物保护区内大量种植绿树，使该区成为一个相对安静的文化休闲区。

6. 广场与集中绿化区

广场与集中绿化区的设计中采用主动设计的手法，将皇寺路、文物保护区、中心商业区、华丰巷等古树结合在一起形成一个点、线、面相结合的整体结构。构成了一个融观赏、休闲、购物为一体的综合区域，使广场和绿化区成为本区内一个重要的构架。

六、交通组织规划

路网设计是整个区内规划的骨架，是区域形成后正常运转和充满活力的主要先决条件。由于该区内的功能复杂，建筑众多，用地较分散，道路的设计尤为重要。

1. 市政道路

根据规划条件要求，在用地的中心地段，规划了一条连接和平大街及皇寺路的市政道路。该路的开通满足了城市路网的宽度要求，同时为区内居民提供方便。

2. 内部交通与停车场

新规划的北市地区是一个集商业、办公、文化、娱乐、居住为一体的大型商业综合开发区。在区内必须解决下列各项功能对车行路的要求。为了尽量减少北市地区交通对周围城市干路的压力，尽量减少用地内直接向市政道路的出入口，尽量利用内部环路及新规划的小区路，解决复杂的交通路线，并使区内酒店、居住区、办公区的车流与商业区的车流分开，减少相互干扰，使内部路网高效、合理地解决各种功能问题。

本规划设计了大型的地下停车场，并将商业、酒店、住宅、办公等车库及出入口分别设计，便于使用。

3. 步行街

步行街是北市地区规划设计的重要组成部分，我们将步行街与建筑紧密结合在一起。形成高、中、低的多层流线，并与内部车行路分开；步行街道的构架及细部设计，在满足使用功能的前提下，利用其宽度、长度、高度与建筑和广场的关系，采取传统建筑的空间及现代商业街的空间手法，使其成为本区内的一个最重要、最具特色的商业空间。

4. 消防通道

本规划在区内主要建筑周围均形成环路，并利用高架路、步行街，使消防车在火灾发生时能顺利到达各建筑周围，满足消防规范对道路的要求。

七、重点开发项目

规划范围：东至三经街，西至南京街，南至市府路，北至哈尔滨路。

1. 五条概念商业步行街：20 万平方米，华丰巷老树酒吧街、新予巷老井盖购物街、生厚巷老城雕塑餐饮街、有贤巷金砖铺地服装街、作颂巷市井人物雕塑娱乐街。

2. 大型品牌购物中心。

3. 帝王大厦 150 米高双塔式建筑。

4. 关东老街老字号老市幌一条街。

5. 大型休闲购物广场（SHOPPING MALL）。

6. 皇寺、锡伯族家庙、中共满洲省委旧址观光旅游街。

八、主要技术经济指标

1. 总用地面积：18 万平方米；

2. 规划总建筑面积：69.9 万平方米；

3. 分区建筑面积：

中心商业区 12.7 万平方米，酒店功能区 12.1 万平方米，办公商业综合区 30.8 万平方米，居住生活区 14.3 万平方米，文物保护区 1.5 万平方米，道路面积 5.1 万平方米，广场面积 3 万平方米；

4. 建筑密度：37.8%；

5. 容积率：3.88；

6. 绿地率：13.9%。

建筑设计

37

沈阳太原街地区城市改造概念规划（2003）

沈阳市政府重大城市组团改造项目，三大商业板块之一

百年荣耀，珍藏无数商业神话；商贾云集，打造东北商贸旗舰

东北购物天堂——太原街

一、城市定位

站在城市新经济革命的高度，全面启动大太原街商业板块概念，全面提升城市定位及其资源价值。

构建东北三省商贸旗舰、国际商贸文化中心，打造世界品牌。

形成旅游酒店、休闲购物、餐饮娱乐、文化会展、健身表演、信息咨询、金融商务等多功能，超大型东北核心商圈。

二、核心概念

东北购物天堂——太原街。

三、经营理念

让城市更具人文激情和发展空间。

四、创新空间布局

文化先行，引领时尚，精心打造主题性城市开发空间：以三横三纵，四大主题广场，六大概念商街、十大开放空间、十大漫步中庭为城市大框架，整合资源，全面创新城市商业概念，全方位点燃太原街充满人文激情的不夜灯火。

五、创新消费理念

"因为休闲，所以消费，而非因为购物所以消费"，打造全方位"24小时"消费模式和大太原街不夜城。

六、创新业态理念

大规模整合创新现有的商业业态，形成优势互补，业态组合，引进世界品牌，抓好概念项目，着力开创休闲、文化、娱乐、观光产业，如：满洲古玩市场、沈阳艺术画廊、东北人文博物馆、国际艺术品拍卖行、酒吧、咖啡厅、茶楼、网吧、时代华纳影城、沈阳艺术表演中心、国际展览中心、洗浴桑拿广场、休闲健身中心、亚洲天天娱乐广

场、世界美食大观园、五星级酒店、国际旅行社、国际金融商务中心、信息网络咨询平台等。

七、创新卖点理念

整合策划、发掘引进、办好知识经济、休闲经济、娱乐经济、文化经济、节日经济、夜晚经济、会展经济等，打造好国际化大品牌。

八、创新交通理念

开创快捷、立体、板块式商业交通网络，链接整合构造商业地上、地下平台大势。

九、规划范围

东至和平大街，西至胜利大街，南至南八马路，北至市府大路。

十、核心项目

1. 四大主题广场、注入城市精神——日夜光芒四射的城市名片

（1）沈阳站广场——独具古典气息的城市漫步广场

她来自 20 世纪初叶，现代沈阳最古老的广场，太原街及沈阳城市之门。

（2）中山广场——沈阳城市之心、银行金融广场

东北百年经典建筑群，世纪标志性雕塑群。

（3）民主广场——商业休闲广场

太原街唯一原生态广场，商业潜力巨大。

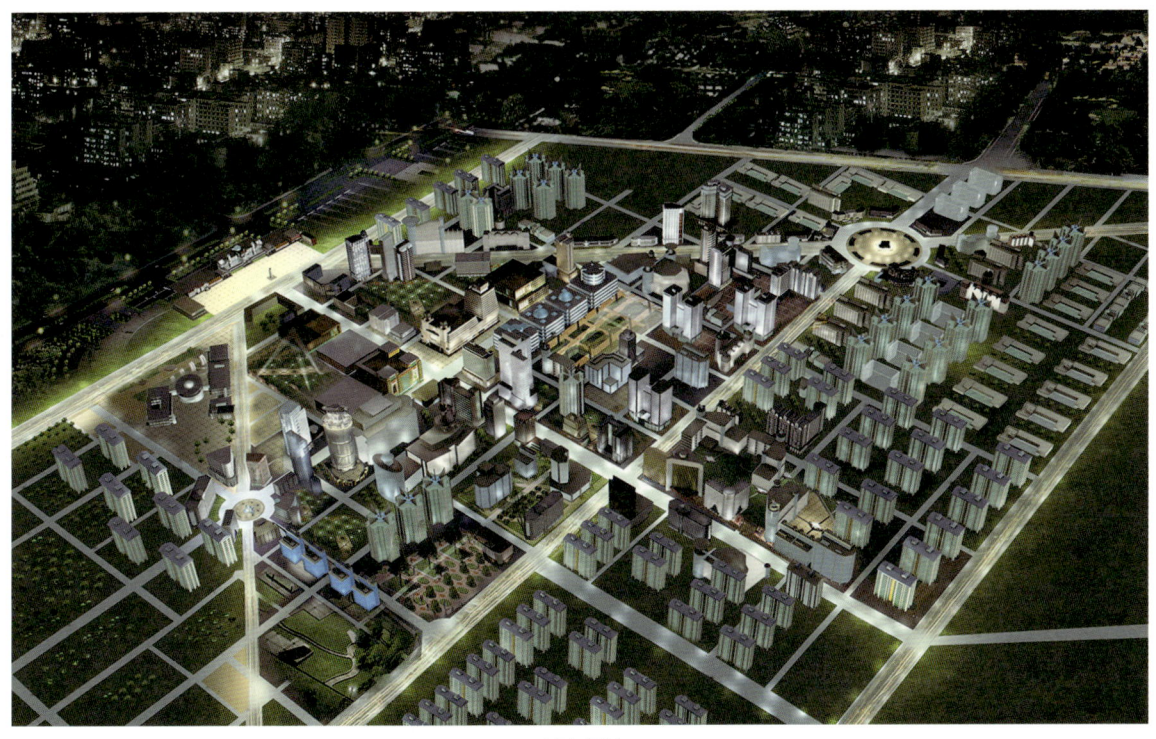

城市设计

（4）和平广场——东北顶级行政商务广场

辽宁政治核心区，东北最具历史意义的解放纪念碑。

2.六大概念商街，三横三纵

太原街——东北购物第一步行街；

中华路——国际精品商厦步行大街；

中山路——世纪欧风商业大街；

南京路——沈阳商务酒店大街；

和平街——国际金融行政大街；

民主路——亚洲娱乐影视大街。

3.十大城市行销空间，商业概念中庭广场

国际影视不夜广场，商务漫步灯光广场，文化步履休闲广场，女人星空假日广场，沈阳老街怀旧广场，青春街舞音乐广场，酒吧喷泉下沉广场，沈阳之父雕塑广场，屋顶花园空中广场，世界美食大树广场。

4.标志建筑

天赐大厦，天赐广场。

5.行销推广

（1）太原街国际时尚节——国际时尚商品交易会，沈阳国际展览中心；

（2）世界步行街文化周——国际品牌专题推广活动；

（3）国际电影狂欢夜——时代华纳独家商务周；

（4）沈阳世纪发现之旅活动——寻找心中沈阳，呼唤城市激情；

（5）中国沈阳全球购物天堂节——全球商业品牌推广，引进消费概念。

6.经济目标

2002 年：GDP 29 亿元；

2005 年：GDP79.5 亿元，年增长 32%；

2007 年：GDP 138.6 亿元，年增长 32%。

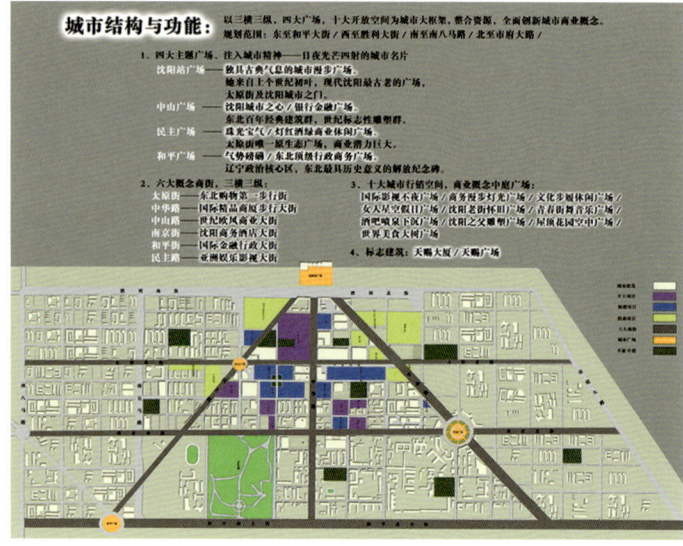

总平面图

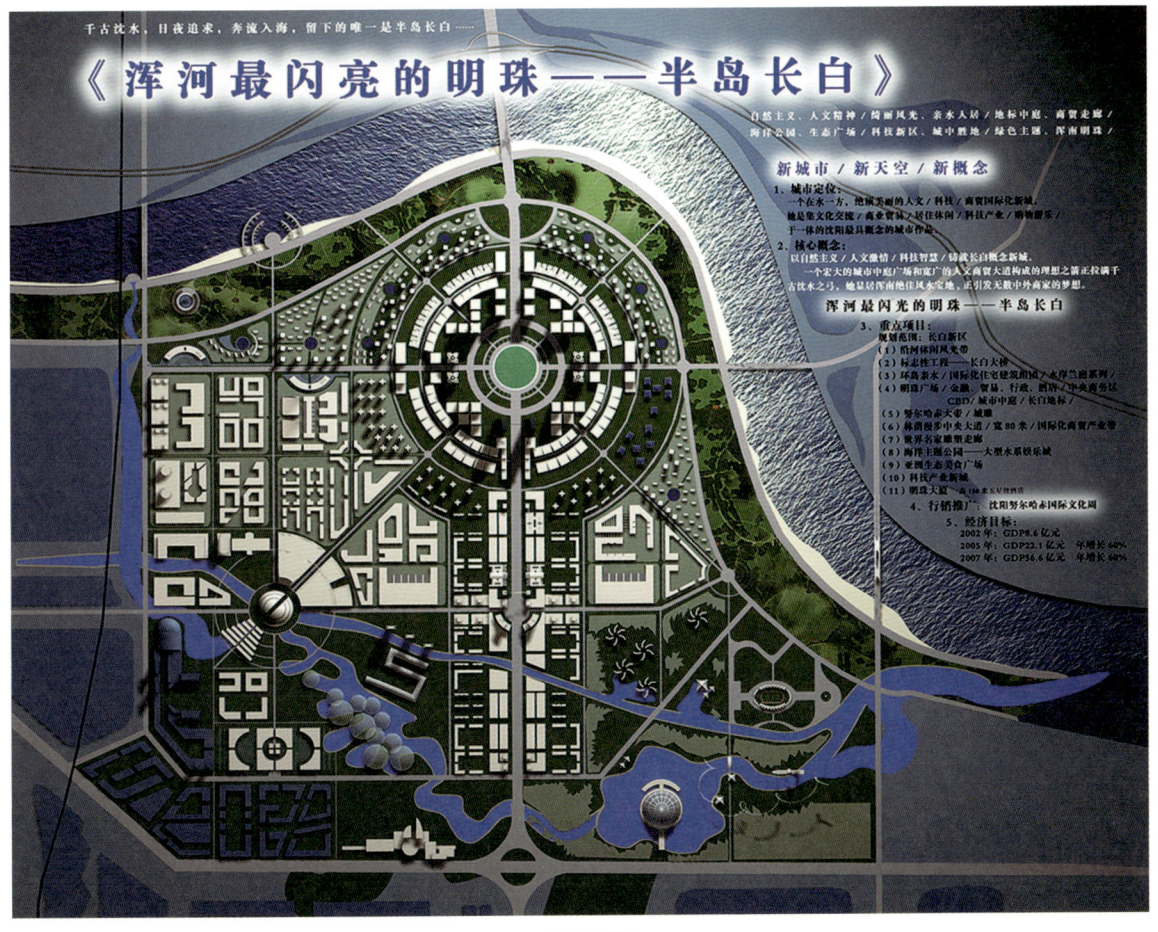

总平面图

沈阳市政府重大城市组团改造项目，三大商业板块之一

千古沈水，日夜追求，奔流入海，留下的唯一是半岛长白

一、城市定位

一个在水一方，绝顶美丽的人文、科技、商贸国际化新城。

她是集文化交流、商业贸易、居住休闲、科技产业、购物游乐于一体的沈阳最具概念的城市作品。

二、核心概念

以自然主义、人文激情、科技智慧铸就长白概念新城。

一个宏大的城市中庭广场和宽广的人文商贸大道构成的理想之箭正拉满千古沈水之弓，她是百里浑河绝佳风水宝地，正引发无数中外商家的梦想。

城市设计

三、规划范围

长白新区。

四、重点项目

1. 沿河休闲风光带；

2. 标志性工程——长白大桥；

3. 环岛亲水空间，国际化住宅建筑组团，水岸兰庭系列；

4. 明珠广场，金融、贸易、行政、酒店，中央商务区 CBD，城市中庭，长白地标；

5. 努尔哈赤大帝／城雕；

6. 林荫漫步中央大道，宽 80 米，国际化商贸产业带；

7. 世界名家雕塑走廊；

8. 海洋主题公园——大型水系娱乐城；

9. 亚洲生态美食广场；

10. 科技产业新城；

11. 明珠大厦。

五、行销推广

沈阳努尔哈赤国际文化周。

六、经济目标

2002 年 GDP 6 亿元；

2005 年 GDP 22.1 亿元，年增长 60%；

2007 年 GDP 56.6 亿元，年增长 60%。

39

本溪城市核心发展轴解放路城市规划（2005）

一、城市问题

本溪，是东北典型的资源型重化工业城市，城市发展长期滞后于工业，城市无力支撑工业是其结构性发展误区。而解放路是其典型代表，火车站广场到永丰立交桥之间环境质量又最差。

（1）站前广场功能混乱，空间紧张，缺少主题，急需改造。

竖向空间差异多达 20 个，广场轴线被反复阻断，火车站出口、出租车站、长途客运站、公园、广场管理处、过街地下道口、地下商场入口、交通干线、游戏场、小卖部……都在这个城市核心中庭广场上缤纷上演。

（2）永丰立交桥，桥上桥下到处是停车场，毫无商业氛围。

（3）临街违章建筑及单位门前画地为牢，小街口等无法形成共享。

（4）解放路地面铺装细节和品质差，路口、便道、台阶、栅栏、临时建筑、特别是站前广场至永丰立交桥段，出行不便。

二、城市文脉

本溪以山水为文脉，以钢铁为情结，已历经千年。

从远古走来的太子河，平顶山神奇的传说，至今还在山城夜色里流淌，其钢铁情缘，至今还在人心中激荡，千百年来，河水、钢水、血水奔流不息……

新文脉主义认为：城市家园是一个故事，文化是一种叙述，是人类之梦，城市发展要进入主题概念和主流精神。

三、等待金街

公元 2004 年，东北再次成为中国之热土，媒体频率极高的一个主题词就是"东北老工业基地振兴"。

本溪的城市功能近年来有了巨大的发展，但从市场化，产业化，全球化等当代经济趋势来考察，还存在着种种问题和巨大的发展空间。

（1）缺少新概念

一个城市，一个地区，一个项目，一定要有鲜明的发展概念，要在充分整合战略资源的基础上创新卖点，塑

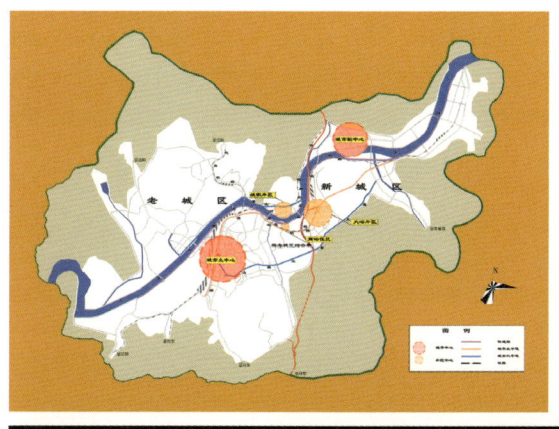

问题和必要性：
就解放路而言，火车站广场到永丰立交桥之间环境质量最差
1、站前广场功能混乱，空间紧张，缺少主题，急需改造。
　　竖向空间差异多达20个，广场不明建筑单体有12处，广场轴线被反复阻断，火车站出口、出租车站、长途客运站、公园、广场管理处、过街地下道口、地下商场入口、交通干线、游戏场、小卖部……都在这个城市核心中庭广场上缤纷上演。
2、永丰立交桥把整个城市割裂的满目灰尘、四个巨大的黑洞、桥上桥下到处是停车场，毫无商业氛围。
3、临街违章建筑及单位门前画地为牢，小街口等无法形成共享。
4、解放路地面铺装细节和品质极差，路口、便道、台阶、栅栏、临时建筑、特别是站前广场至永丰立交桥段、简直难以行走。

功能分析图

造品牌和发展空间。概念本身就是资源，就是生产力。

（2）缺少大项目

本溪城市战略资源走向分散，主题性差，明显缺少具有战略意义、提升城市功能、拉动城市综合效益、投资潜力巨大的战略项目。

（3）缺少新机制

体制和机制是市场化的核心动力，城市化建设也必然要引入市场机制。即统一规划，市场运作，全面创新，共同发展。

（4）缺少大推广

城市的灵魂是文化。在本溪就是如何演绎好山水文脉和钢铁情结的主题故事。

总之，历史走到今天，本溪的城市发展手里要有几张牌，要打好几张牌，还要叫得响才行。

四、市场定位

站在战略资源的高度，以发展的目光，解放路急需再认识，再定位。

解放路的概念除交通之外，更重要她还是城市综合功能平台，在这个巨大的城市开放空间内，包含着历史文脉、文化休闲、信息交流、商业购物、餐饮娱乐、公共服务、金融商务……只有她才真正代表这座城市的主流精神，解放路之于本溪不是交通问题，而是发展战略。而交通功能是原始的、可变的，城市功能才是本质的、唯一的。

站在东北老工业基地振兴的高度，关注老工业基地城市基础设施建设，关注资源枯竭城市接续产业发展平台，关注重工业基地结构调整经济转型战略项目，整合资源，创新卖点，打造东北老工业基地城市改造主题品牌。

城市功能包括：公共服务、金融商务、商业购物、餐饮娱乐、酒店商住、旅游观光、信息咨询、文化休闲、会展体育等，打造本溪城市商业文化战略平台。

城市功能分区包括：商业金融行政区、酒店旅游服务区、文化体育会展区。

产业内涵包括：城市地产经济、休闲服务经济、商业餐饮经济、体育娱乐经济、旅游文化经济、会展假日经济。

五、战略意义

用发展的眼光看问题，这些年来解放路走的是下坡路，其资源严重流失，解放路的地位是新城市发展所无法取代的，解放路的意义并不在其本身，而是整个城市。

（1）完善城市功能，提高城市竞争力

面对东北老工业基地振兴，本溪急需不断完善和提升其城市战略地位，以适应市场及资源，经济全球化及区域发展的多方面竞争。

（2）创新主题工程，创立战略品牌

解放路从城市空间结构上是本溪的中轴线。经过半个世纪的建设和发展，具有相当充足的城市资源和战略成本，经过整合创新必将成为本溪的地标与象征。

（3）强化产业创新，拉动投资热点

将金街打造成为新的产业带和经济平台，从而提升土地价值，形成新的投资热点。

六、核心概念

如果说解放路现在还停留在城市交通层面的话，那么"金街"则首先是个资源概念、城市概念、平台概念，她关注的是整个城市战略成本及其未来的发展。

以解放路为轴线，以"千年古道、十里金街"为品牌概念，以一轴双翼、三区四节点、五大开放空间为大格局，以东方精神和休闲文化为理念，注重城市体验经济和阅读空间，以泛步行街业态为商业模式，以文脉风情地域景观为城市形象，激情打造本溪城市第一品牌，中国东北著名商街。

七、交通组织

关注城市战略资源配置，创新城市交通思路，树立大交通观念，遵循功能调整、交通分流、设施完善、公交优先、以人为本、创新发展的原则。

为此，将对解放路及其周边的交通资源进行充分的整合与创新，特别是对其现有的交通组织进行必要的调整。

（1）弱化解放路的交通概念，提升其城市综合功能平台的作用。

拆除永丰立交桥，恢复提升周边的商业氛围；限速，禁止或限时禁止货车等通行，提升城市功能价值；拆除解放路封闭栅栏，按泛步行街组织交通形态；确立主题空间形象，路灯、公交车站、绿化、广告、地面铺装、过街地下道口等等；放松城市开放空间，注重打造城市节点，关注人文精神和城市主流文化。

（2）充分发挥高速公路、滨河南路、地工路、文化路区域交通三纵骨架作用，组织好横向网络和城市环路，及相关干线的网络交通组织功能。

彻底解决铁路货场地段货车通行问题，及火车站广场停车场问题，强化解放路的商业资源价值。

（3）城市发展战略东移、周边工厂转产、城际高速公路贯通、市场机制的调整等，特别是东北老工业基地的振兴，为解放路的改造和发展提供了历史性机遇。解放路的改造是历史的必然，是发展的要求。

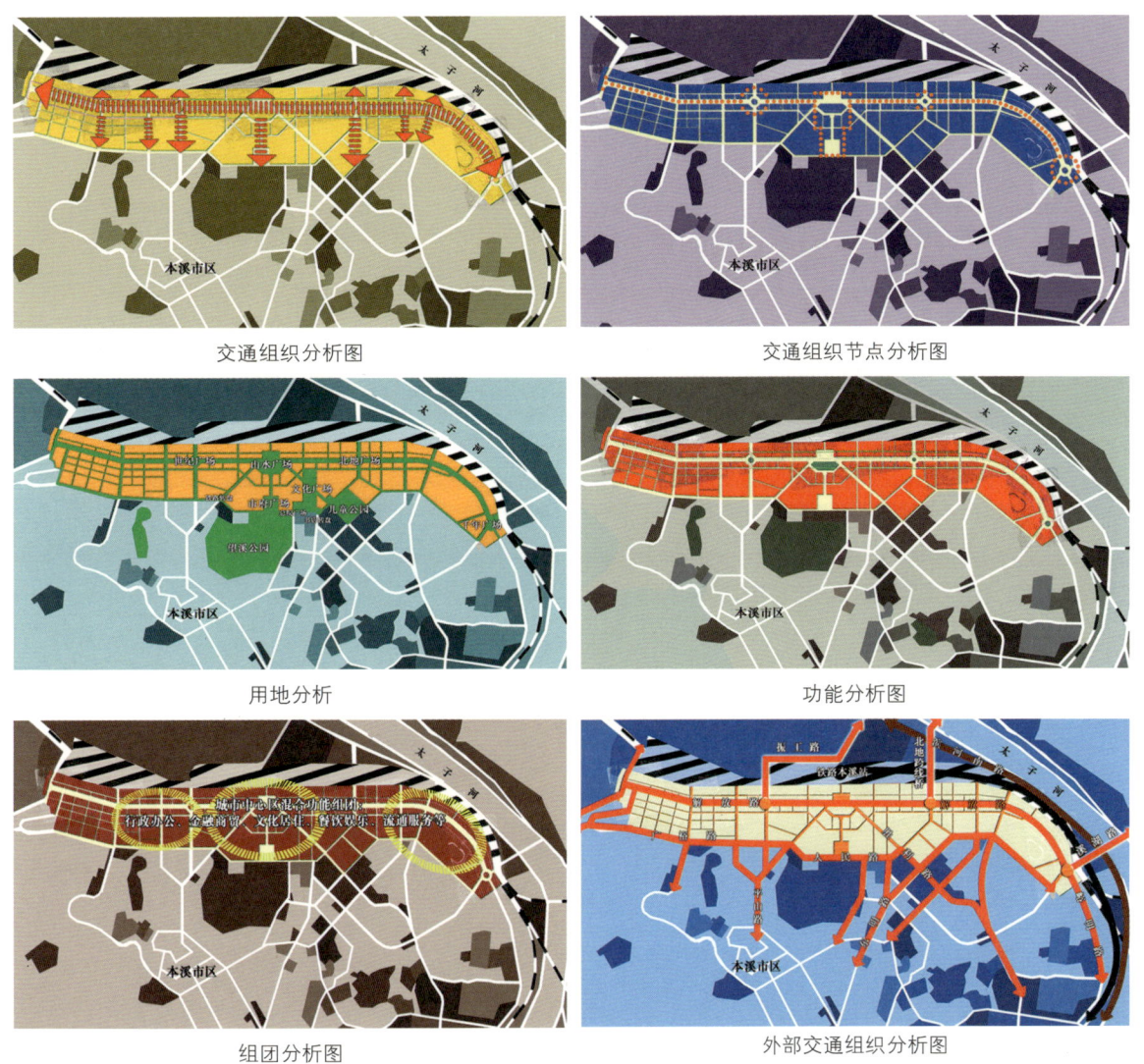

交通组织分析图　　　　　　　　交通组织节点分析图

用地分析　　　　　　　　　　　功能分析图

组团分析图　　　　　　　　　　外部交通组织分析图

八、重点项目

（1）世纪广场——主题雕塑《铁流》（永丰立交桥）

拆除永丰立交桥，重新组织城市节点主题概念及交通系统，弘扬本溪百年产业精神和钢铁情结。

（2）山水广场——主题雕塑《风云》（站前广场）

城市功能、开放中庭，环岛轴线，文脉精神、山水主题。

拆除杂乱建筑，打造本溪山水文脉主题城雕，弱化交通功能，关注人文精神和休闲文化，取缔站前多种停车场，整理城市开放空间，强化品质和形象。

《风云》：风生水起，气势磅礴，一个大时代正在开篇。

（3）千年广场——主题雕塑《古道》（东芬转盘）

讲述城市传说，步入千年古道，提升区域文化内涵。

城市设计

《古道》：单骑快马，千古消息，一直传到今天；单骑快马，千古扣问，一直留到今天。

（4）全路改造，按泛步行街概念进行地面铺装及竖向设计，引入主题概念：路灯、公交站、广场、地面、绿化、雕塑等等。并对沿街建筑立面进行必要的整理，控制景观天际线的表现。

九、金街招商

整合资源，创新思路，全面规划，确立发展分区，重点引入品牌业态和文化项目，充分鼓励市场机制和金融机构进入城市改造。要起动大概念，大品牌，进行国内外招商。

其原则是：统一规划，整体改造，市场运作，分期实施，树立品牌。

十、经营理念

让城市更具人文激情和发展空间。

（1）创新城市理念

文化先行，引领时尚，精心打造主题性城市开放空间。

（2）创新消费理念

"因为休闲，所以消费"，打造全方位 24 小时消费模式和不夜金街。

（3）创新业态理念

引进世界品牌，开创休闲产业，如：博物馆、画廊、茶楼、影城、艺术中心、健身广场、娱乐城、五星级酒店，美食大观园……使非直接购物业态有较大的发展，从而形成 24 小时消费模式。

（4）创新卖点理念

整合策划，发掘引进，办好知识经济、休闲经济、娱乐经济、文化经济、节日经济、夜晚经济、会展经济等。

（5）创新交通理念

以泛步行街为模式，开创快捷、立体、板块式商街交通网络，链接整合商业平台大势。

（6）创新推广理念

以文化推广为核心，打造金街品牌。

第三篇
旅游规划

　　中国经济新常态已进入以供给侧结构性改革为主线的发展关键期。而空间规划则是这一时期政府主导公共政策和公共产品，进而配置资源的"牛鼻子"。其中的关键通过供给侧结构性改革，拓宽空间发展公共产品的有效供给，以应对多重而复杂的严峻挑战。

40

青岛琅琊台黄金海岸旅游空间发展总体规划（2005）

WTO 世界旅游组织山东沿海旅游规划项目，青岛旅游产业核心项目

一、区域背景

从外部看，全球经济一体化特别是世界性产业转移对中国沿海经济带来的机遇与挑战；从内部看，山东省对区域经济的战略重构，最近出台《山东半岛城市群发展战略》。

二、区域战略

山东省提出"环黄海经济圈"新概念，使山东半岛发展内涵发生了重大变化，并深刻地影响着整个青岛结构和走向。

1. 从以济南为核心的腹地经济，转向以青岛为龙头的沿海经济。

2. 从以内海为特征的环渤海经济圈（京津唐、山东半岛、辽东半岛），转向以外海为特征的黄海经济圈。

3. 战略目标是打造以青岛为龙头，以沿海为平台的半岛开放经济带。

4. 融入东北亚经济圈大循环，构筑面向韩日的"海岸跨国城市走廊"。

三、青岛空间战略

以青岛为主城，以黄岛为副城，两点一环，以七大组团形式沿岸线向西发展。以海湾为平台，发展临港经济、旅游经济是西线的主要特征。

四、发展概念

青岛琅琊台黄金海岸旅游经济带。

以青岛为依托，以胶南为平台，以琅—珠为支点，整合西海岸旅游资源，全面创新发展新概念，打造国家 5A 级旅游风景名胜区和东北亚旅游黄金海岸，从而形成以旅游为战略品牌，以临港经济为后发优势，山东半岛新崛起的海湾新型经济产业带。

1. 千古帝王怀古系列——创建太平洋沿岸旅游景观新地标。

2. 东方夏威夷度假系列——龙湾金沙海浪旅游度假功能系列开发。

城市设计

3. 渔岛、渔港、渔村文化旅游系列——渔家客栈、渔家海宴、渔家风情等。

4. 秦城、汉城第三产业开发系列——商业地产、小城镇改造、产业结构调整。

五、产业带内涵

1. 琅—珠黄金海岸工程，将辐射带动小珠山、灵山岛等胶南150公里海岸线，打造旅游产业带。

2. 推动临港经济、三产经济、都市经济发展。

六、创新开发理念

1. 放大旅游产业，综合发展，可持续发展。

2. 城市基础设施引导机制，交通走廊"TOD"模式，加强发展概念的塑造。

3. 结合老城改造，小城镇改造与土地置换，推动三产等新型产业的发展。

七、规划原则

1. 以科学发展观为原则，关注城乡协调发展、可持续发展。从城市本位的思维模式向区域统筹、城乡统筹进行战略变化。

2. 要站在区域经济的高度，构建旅游产业内涵和特色，对青岛旅游产业集群的发展做出战略响应。

3. 控制生态资源容量，修复生态环境，留有发展余地，创新旅游经济增长理念，从规模增长向内涵增长转变，从一元增长向多元增长转变，从 GDP 增长向竞争力增长转变，从资源增长向可持续增长转变，从快速增长向适度增长转变。

4. 参与全球经济一体化大循环，同国际旅游产业接轨，创新旅游产品特色，走主题性、差异性发展战略和注意力经济模式。

5. 以市场为导向，整合资源，优化产业结构，优化环境结构，优化空间结构，实现经济社会协调发展。

6. 创新开发模式，坚持有效控制和适度开发相结合，坚持长期规划和短期规划相结合，坚持旺季经营和淡季开发相结合，坚持旅游产业和其他相关产业相结合，坚持城市发展和农村发展相结合，坚持自然生态和文化生态相结合。

7. 以城市地理为条件，以环境文脉为理念，以人为本，注重场所精神，以山海走廊为城市底图，构建城市空间模型，打造旅游胜地百年身份。

八、战略目标

1. 世界知名旅游度假胜地，东北亚旅游度假目的地。

2. 世界一流、特色鲜明的旅游产业。

3. 国家 5A 级海滨风景名胜度假区。

4. 中国特色，海滨特色，国际理念，国际标准。

5. 大概念，大格局，大品牌。

6. 环太平洋沿岸旅游名胜地标。

7. 以旅游为核心的第三产业经济带。

8. 环境和社会协调发展，可持续发展。

九、琅琊台国家 5A 级海滨名胜度假区

太平洋沿岸第一古郡、华夏古国第一海港、千古帝王第一神台；

1. 城市形态设计：秦汉文脉，海岸风光；

2. 城市内涵设计：千年古郡，海岛渔村，黄金海岸；

3. 城市空间结构：一台，一湾，一岛、组团连绵，海岸廊带、轴向辐射，框架开放；

4. 组团发展概念：整合千古文脉，唤醒海岛渔村，惊现黄金海岸。

十、郡都水城（岸线组团）

1. 水上渔村，环水城度假岸线，休闲温泉，休闲码头；

2. 水城翠岛，核心服务区，停车场；

3. 水城，黄金水街，购物中心；

4. 琅琊古郡，影视城，客栈，购物，娱乐，休闲；

5. 秦始皇行宫，徐福营，生态庄园，野营地；

6. 原生态渔港，渔家船坞；

7. 瞭望，救生，服务，保安；

8. 水上情景步行街，荡舟海鲜坊，购物，娱乐，休闲；

9. 滨水娱乐区，游泳，日光浴，沙滩运动；

10. 琅琊郡街，服务区。

十一、亮将海坛（码头组团）

1. 亮将台，三星级度假酒店，徐福驿站，直升机坪，泳池，停车场；

2. 海坛神火，徐福寻仙栈桥，地标秦始皇雕塑；

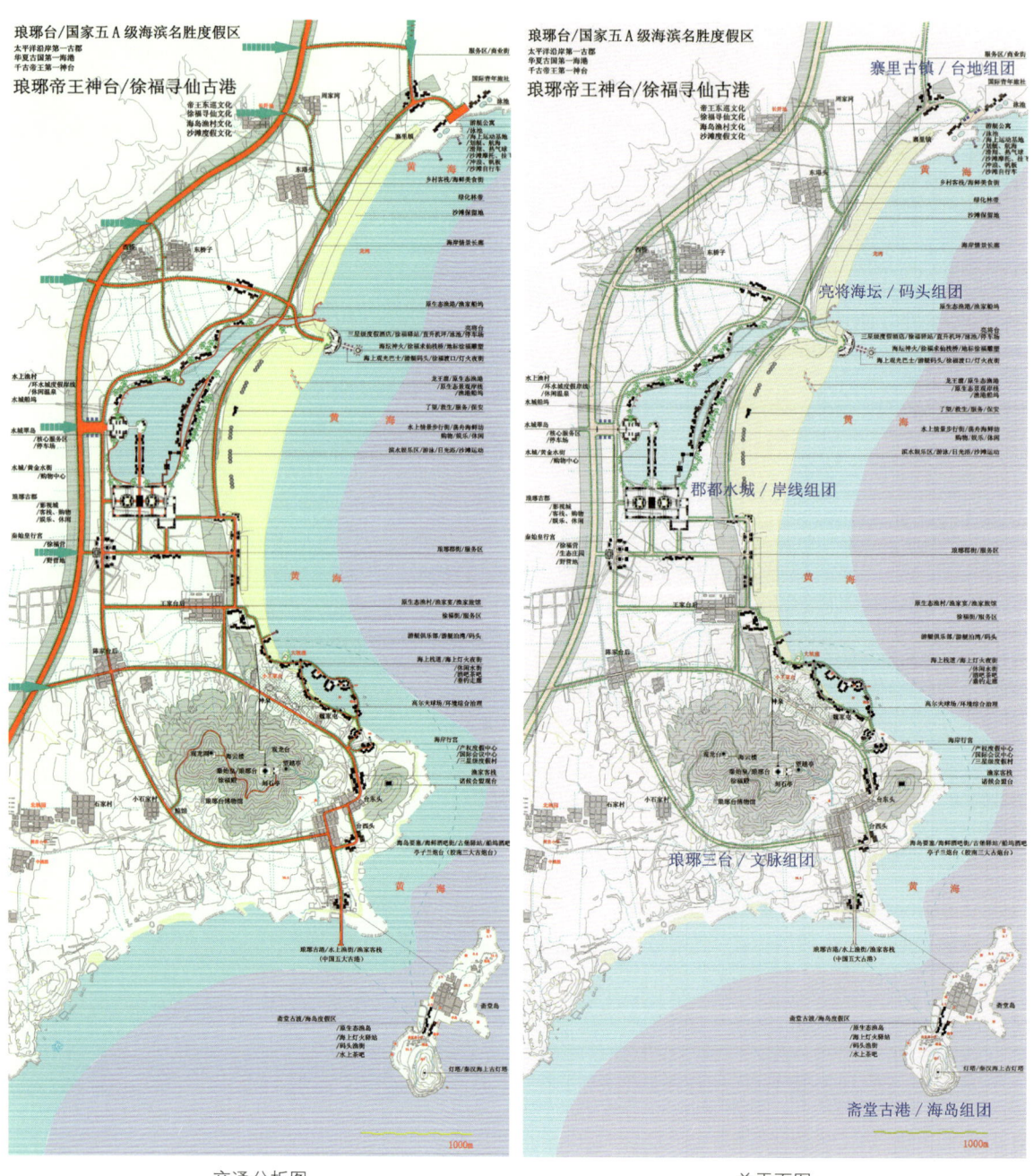

交通分析图　　　　　　　　　　　　　　　总平面图

3. 海上观光巴士，游艇码头，徐福渡口，灯火夜街；

4. 龙王溜，原生态渔港，原生态景观岸线，渔港船坞。

十二、琅琊三台（文脉组团）

1. 秦始皇琅琊台；

2. 越王诸侯会盟台；

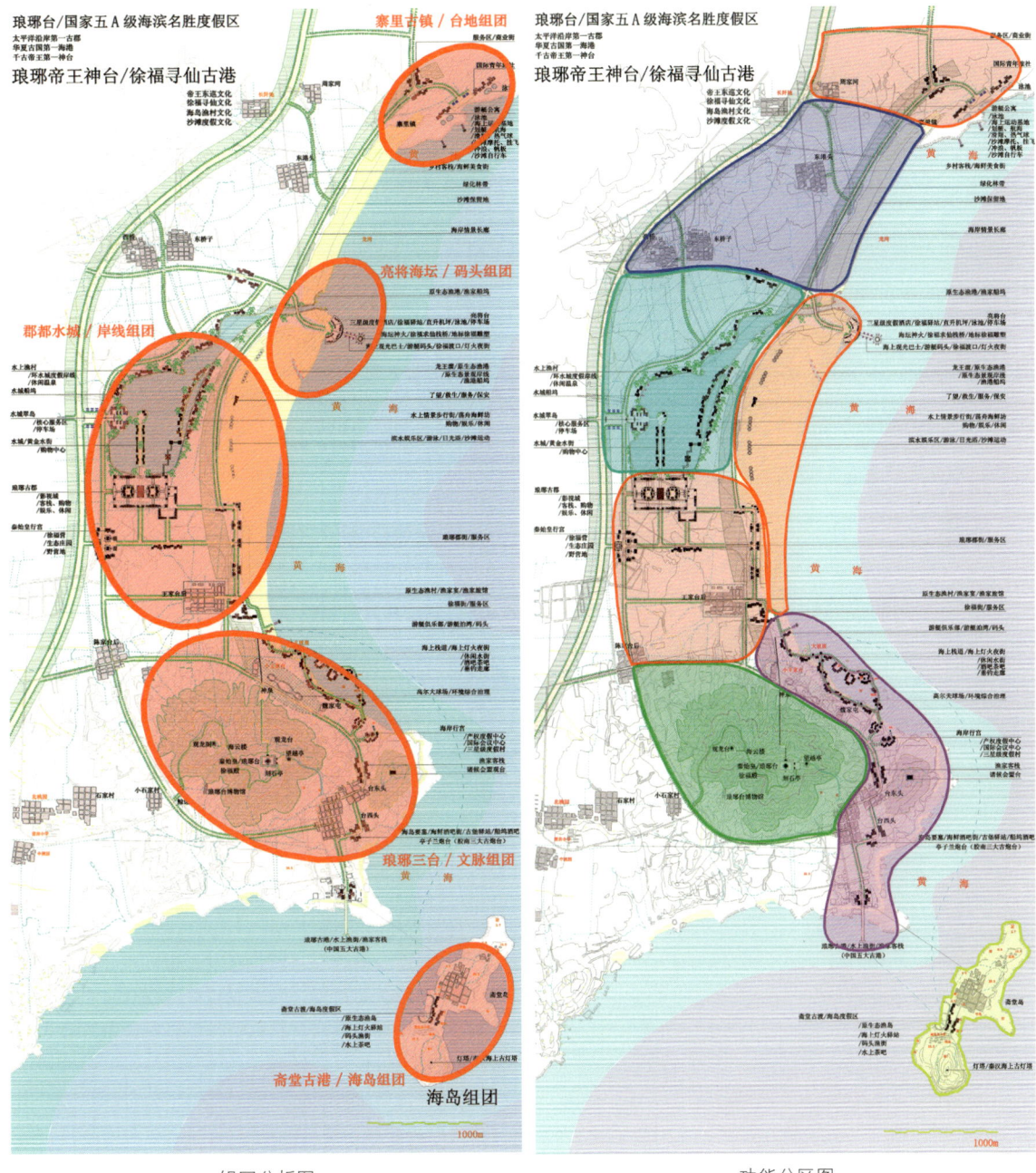

组团分析图　　　　　　　　　功能分区图

3. 千古观龙台；

4. 海云楼；

5. 望越亭；

6. 刻石亭；

7. 琅琊台博物馆；

8. 神全阁；

9. 徐福殿；

10. 观龙阁，御街，云梯；

11. 鲸馆；

12. 原生态渔村，渔家宴，渔家旅馆；

13. 徐福街，服务区；

14. 游艇俱乐部，游艇泊湾，码头；

15. 海上栈道，海上灯火夜街，休闲水街，酒吧茶吧，垂钓走廊；

16. 高尔夫球场，环境综合治理；

17. 海岸行宫，产权度假中心，国际会议中心，五星级度假村；

18. 渔家客栈；

19. 海岛要塞，海鲜酒吧街，古堡驿站，船坞酒吧，亭子兰古炮台；

20. 琅琊古港，水上渔街，渔家客栈（中国五大古港）。

十三、斋堂古港（海岛组团）

1. 斋堂岛；

2. 灯塔，秦汉海上古灯塔；

3. 斋堂古渡，海岛度假区，原生态渔岛，海上灯火驿站，码头渔街，水上茶吧；

4. 海上运动项目。

十四、寨里古镇（台地组团）

1. 服务区，商业街；

2. 国际青年旅社；

3. 泳池；

4. 游艇公寓，泳池，海上运动基地，划艇，航海，滑翔，热气球，沙滩摩托，冲浪，帆板，沙滩自行车；

5. 乡村客栈，海鲜美食街；

6. 绿化林带；

7. 沙滩保留地；

8. 海岸情景长廊。

十五、经济指标

总建筑面积：60万平方米；

总造价：12亿元人民币；

开发周期：3/5/7年。

41

世界文化遗产永陵旅游产业总体规划（2012）

"十二五"辽宁文化产业战略项目，辽宁省级文化产业开发园区

中国历史文化名镇、全国重点镇、国家级文化产业示范基地

女真族统一的唯一国都——硕里阿拉城（1606 年）

后金建国后的第一京都——赫图阿拉城（1616 年）

大清开国后的第一帝都——满洲兴京城（1636 年）

两汉东北亚地区首府玄菟郡

日本入侵中国曾规划过的新京

一镇三都，世界文化遗产，全国重点文物保护单位

一、国家文化产业战略

自全球金融危机以来，国家先后出台了一系列大力发展和振兴文化产业的规划和举措，文化产业已成为中国新时期"保增长、扩内需、调节构"的战略新路径，同时，文化产业作为软实力在全球竞争中的战略意义也日益显现。

永陵作为拥有世界文化遗产及众多国家级文化遗产、辽宁唯一国家级历史文化名镇、全国重点镇试点镇、国家 4A 级风景名胜区，能否在新一轮发展中参与中国文化产业创新与建设，对永陵未来的走向意义重大，对中国农村文化产业的组织和发展，文化产业在中国农村城镇化进程中的作用和价值等，都具有重大的示范意义。

二、地区资源禀赋优势

永陵被认为是中国历史 500 年以来第一风水宝地。以努尔哈赤为代表的建州女真人崛起的国都，后金开国的京都，大清征服天下的第一帝都。十二峰绵长的启运山五水环绕左右拱卫，以山为印的烟囱山耸立案前，气象亘古恢宏，运势日月磅礴。

两汉时期的玄菟郡也正设于永陵苏子河畔。

在永陵镇辖区内现有 48 项各级文物保护单位，其中 8 项为重点保护单位：清永陵、赫图阿拉故城、显佑宫和地藏寺（皇寺）、汉玄菟郡遗址、硕里阿拉城遗址、觉尔察城遗址、永陵渡、点将台。

城市设计

永陵是辽宁省唯一国家级历史文化名镇，全国小城镇建设试点镇，全国重点镇，中华满族第一镇。

三、永陵当前主要问题

1. 顶层战略缺失，发展路径特色不突出，优势资源沉淀。

2. 制度设计缺失，缺少战略平台支撑，开放创新不足。

3. 产业研发缺失，缺少重大项目拉动，要素低端配置。

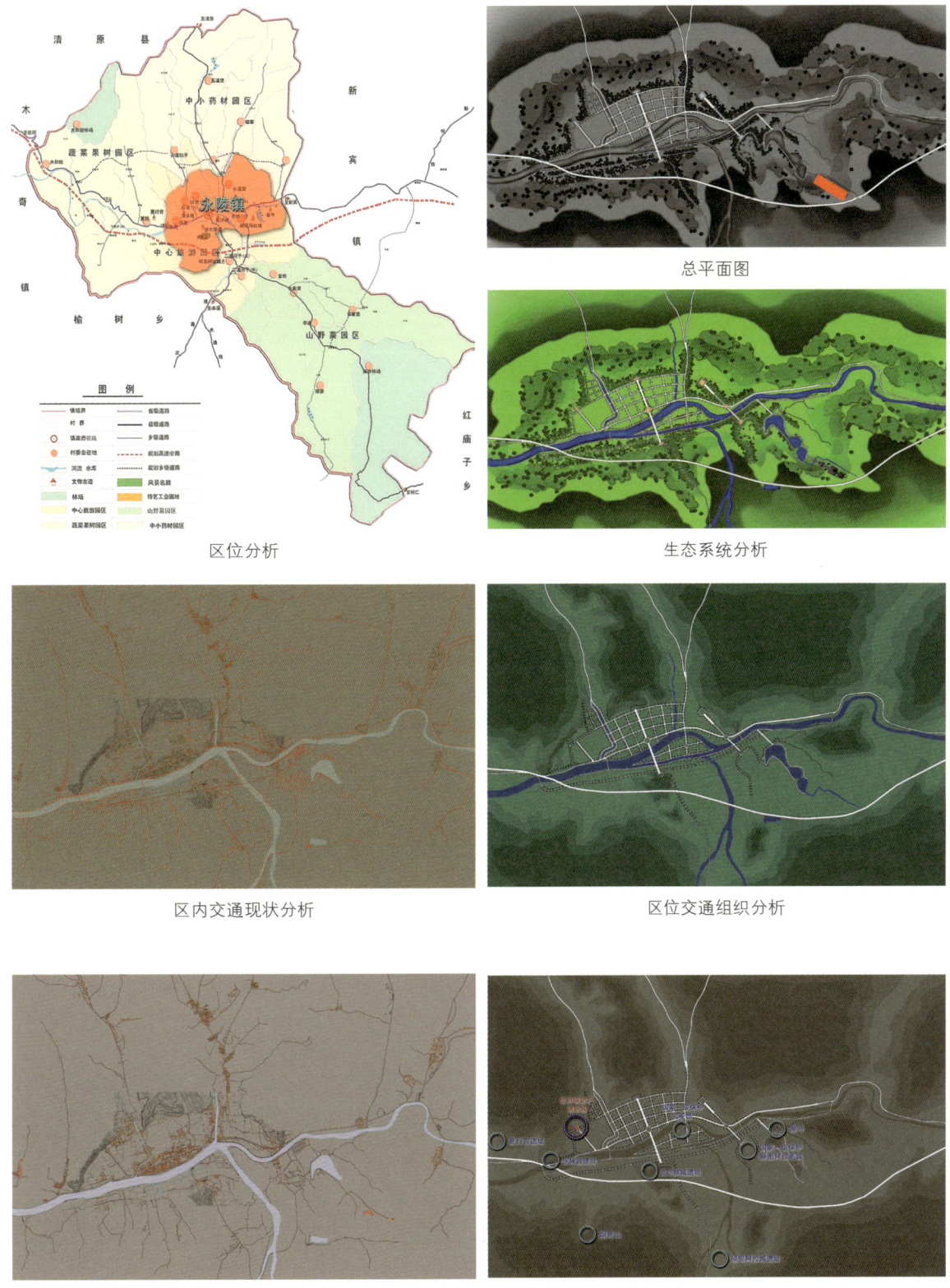

区位分析

总平面图

生态系统分析

区内交通现状分析

区位交通组织分析

区内建筑用地现状分析

历史文脉及文化遗址节点

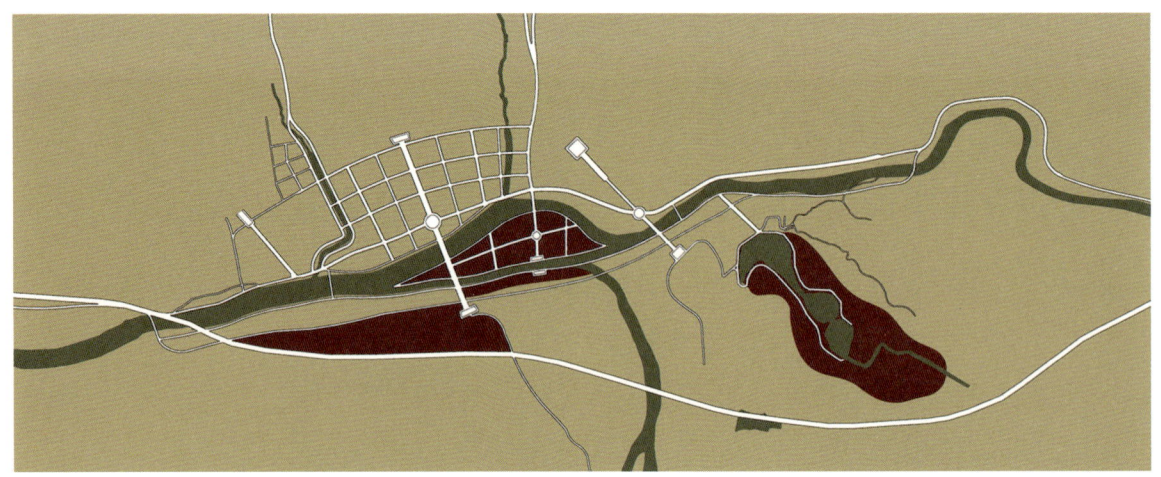

土地利用

功能分区

四、省级文化产业园区

中国新一轮文化产业发展必须进行制度创新，要素配置创新，构建叠加战略和注意力经济，组织综合解决方案，设计多元发展路径和可持续增长方式。

五、区域发展战略定位

1. 中国历史文化名镇，中国满族文化中心，中国最具竞争力的乡镇文化产业基地之一，中国最美丽的生态小镇之一。

2. 生态持续，保护优先，宏大叙事，创新洗牌，三农发展。

城市设计

六、城市发展空间重构

以永陵为中心，约 100 平方公里，一圈、一带、三横、三纵，空间新格局。

一圈：以北部和南部山区相互围合的永陵核心山地生态圈。

一带：以苏子河流域河谷为平台的城市混合功能带。

三横：永陵城市功能轴、苏子河开放空间轴、水岸旅游产业轴。

三纵：山水文脉启运轴、努尔哈赤功业轴、祖庙文化推广轴。

七、文化产业功能组团

1. 永陵世界遗产组团：清永陵、永陵渡等保护区；

2. 赫城文化遗产组团：赫图阿拉城、点将台等保护区；

3. 永陵镇城市混合组团：核心城区；

4. 水岸旅游休闲组团：亲水景观步行街、觉尔察城遗址、汉玄菟郡遗址保护区；

5. 满族文化推广组团：努尔哈赤祖庙、中国满族博物馆、论坛、皇寺保护区；

6. 硕里阿拉城遗址组团：硕里阿拉城、烟囱山；

7. 温泉小镇养生度假组团：旅游、养生、度假；

8. 旅游工艺品产业组团：设计、加工、物流、保税；

9. 永陵区域国家级有机高效农业示范组团；

10. 小城镇及新农村建设组团。

城市设计

城市设计

八、文化产业业态设计

遗址保护推广、旅游观光度假、餐饮娱乐购物、赛马滑雪漂流、萨满演艺传媒、文化发展基金、影视文化基地、文化研究中心、民族民俗风情、水岸步行街坊、流域综合治理、城市功能优化、满族联谊论坛、工艺创艺加工、养生健康产业、有机高效农业、休闲租赁农业、温泉休闲地产、文化名镇建设、人文生态景观、信息贸易物流、产业就业扶贫、职业教育培训、产业创新园区。

九、核心项目叠加塑造

1. 国家级文化产业示范基地；

2. 省级文化产业开发园区；

3. 中国满族文化发展基金；

4. 中国满族博物馆、努尔哈赤国际文化中心；

5. 努尔哈赤功业轴、点将台、努尔哈赤大汗巨石雕塑景观；

6. 苏子河流域综合治理、土地一级开发；

7. 水上民俗风情步行街、满族风情影视基地；

8. 喜莱屋生态度假酒店；

9. 温泉养生度假小镇；

10. 国家级有机高效示范农业，地理特色产业基地；

11. 《萨满响声》全球原生态行动舞蹈；

12. "萨满"世界非物质文化遗产研究中心；

13. 永陵手工艺品进出口加工贸易保税试点区；

14. 硕里阿拉城、烟囱山旅游景区、滑雪场、赛马场；

15. 赫图阿拉城国家 5A 级景区；

16. 苏子河八旗漂流营；

17. 区域性职业教育基地；

18. 地域文化新农村小镇建设示范；

19. 交通组织结构优化；

20. 产业园区结构创新。

十、发展组织机制设计

以省级文化产业开发园区为主导，引入市场战略合作机构，全面创新，统一规划，整体操盘，分期开发。

十一、主要经济指标

规划范围：100 平方公里；

规划用地：10 平方公里；

投资规模：50 亿人民币；

开发时序：1/3/5 年。

42

青岛大珠山旅游空间发展总体规划（2005）

WTO 世界旅游组织山东沿海旅游规划项目，青岛旅游产业核心项目

一、区域背景

从外部看，经济全球化、区域一体化，特别是世界性产业转移对中国沿海地区经济带来的机遇与挑战；从内部看，山东省对区域经济的战略重构，最近出台《山东半岛城市群发展战略》。

二、区域战略

山东省提出"环黄海经济圈"新概念，使山东半岛空间内涵发生了重大变化，并深刻影响着整个青岛走向。

1. 从以济南为核心的腹地经济，转向以青岛为龙头的沿海经济。

2. 从以内海为特征的环渤海经济圈（京津唐、山东半岛、辽东半岛），转向以外海为特征的黄海经济圈。

3. 战略目标是打造以青岛为龙头，以岸线为平台的半岛开放经济带。

4. 融入东北亚经济圈大循环，构筑面向韩日的"海岸跨国城市走廊"。

三、青岛空间战略

以青岛为主城，以黄岛为副城，两点一环，以七大组团形式沿岸线向西发展。以海湾为平台，发展临港经济、旅游经济是西线的主要特征。

四、发展概念

结构调整，统筹城乡，全面开放。

五、产业带内涵

1. 琅、珠黄金海岸工程，将辐射带动小珠山、灵山岛等胶南150公里海岸线，打造旅游产业带。

2. 推动临港经济、三产经济、都市经济发展。

六、创新开发理念

1. 放大旅游产业，综合发展，可持续发展。

2. 城市基础设施引导机制，交通走廊"TOD"塑造，加强发展概念的推广。

3. 结合老城改造，小城镇改造与土地置换，推动三产等新型产业的发展。

七、规划原则

1. 以科学发展观为原则，关注城乡协调发展、可持续发展。从城市本位的思维模式向区域统筹、城乡统筹进行战略变化。

2. 要站在区域经济的高度，构建旅游产业内涵和特色，为青岛旅游产业集群的发展做出战略响应。

3. 控制生态环境容量，修复生态环境，留有发展余地，创新旅游经济增长理念，从规模增长向内涵增长转变，从一元增长向多元增长转变，从 GDP 增长向竞争力增长转变，从资源增长向可持续增长转变，从快速增长向适度增长转变。

4. 参与全球经济一体化大循环，同国际旅游产业接轨，创新旅游产品特色，走主题性，差异性发展战略和注意力经济模式。

5. 以市场为导向，整合资源，优化产业结构，优化环境结构，优化空间结构，实现经济社会协调发展。

6. 创新开发模式，坚持有效控制和适度开发相结合，坚持长期规划和短期规划相结合，坚持旺季经营和淡季开发相结合，坚持旅游产业和其他相关产业相结合，坚持城市发展和农村发展相结合，坚持自然生态和文化生态相结合。

7. 以城市地理为条件，以环境文脉为理念，以人为本，注重场所精神，以山海走廊为城市底图，构建城市空间模型，打造旅游胜地百年身份。

八、战略目标

1. 世界知名旅游度假胜地，东北亚旅游度假目的地。

2. 世界一流、特色鲜明的旅游产业。

3. 国家 AAAAA 级海滨风景名胜度假区。

4. 中国特色，海滨特色，国际理念，国际标准。

5. 大概念，大格局，大品牌。

6. 环太平洋沿岸旅游名胜地标。

7. 以旅游为核心的第三产业经济带。

8. 环境和社会协调发展，可持续发展。

九、大珠山——国家 AAAAA 级风景名胜度假区

石佛 / 石室 / 石门寺——望山 / 望花 / 望海楼——珠山秀谷 / 水云唐城——寺庙文化 / 隐士文化——奇石文化 / 山海文化

大珠山景观

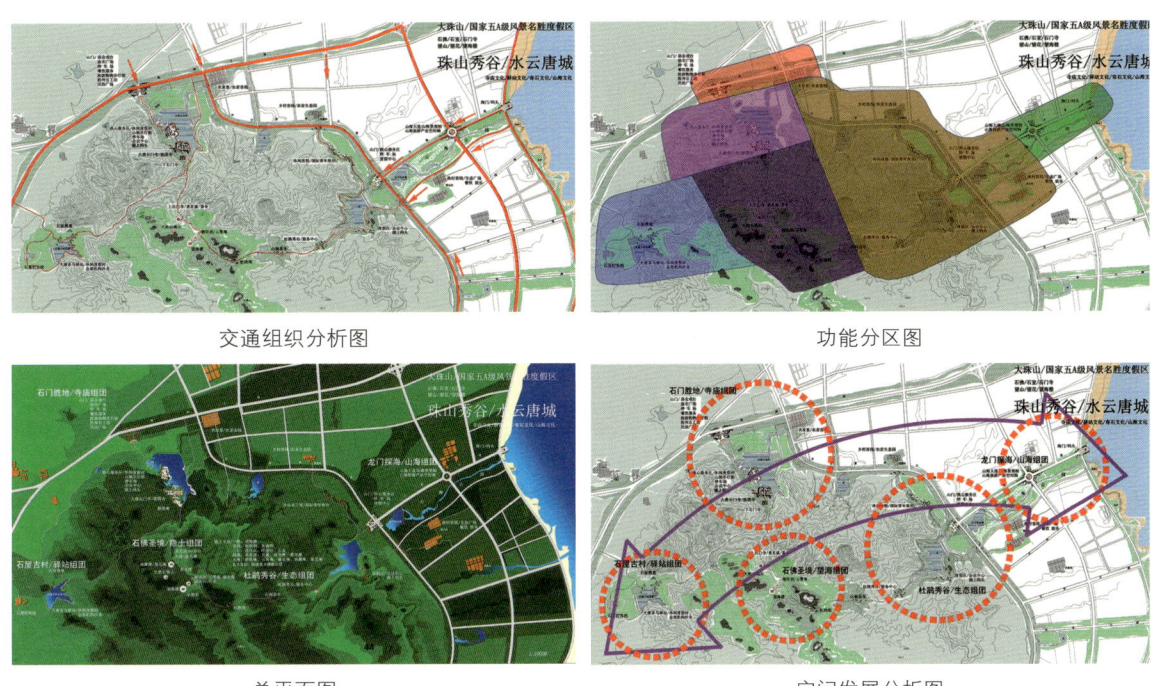

交通组织分析图　　　　　　　　　　　　　　功能分区图

总平面图　　　　　　　　　　　　　　空间发展分析图

1. 古代寺庙，隐士文化系列——全面整合，打造地标项目：寺庙、山门、广场、核心服务区等。

2. 山海风光名胜系列——深入开发自然风光旅游产品，完善旅游服务功能，沿着历史文脉重点开发唐城等旅游度假系列。

3. 旅游产业综合项目——结合城市发展和村镇改造，重点开发山海景观轴等第三产业项目和城市环境景观目。

十、城市形态设计

大唐文化，山海情结。

十一、城市内涵设计

千古寺庙，人文市井，茶马驿站。

十二、城市空间结构

一山、双寺、三城，组团连绵，山海走廊，结构开放，轴向发展。

十三、组团发展概念

构建山海一脉，重现唐宋双诗，寻找珠山三城。

十四、核心项目

1. 石门胜地（寺庙组团）

（1）山门，庙会戏台，庙市广场，停车场，餐饮服务，旅游购物，步行街，胶南百工坊，民俗广场；

（2）农家宴，农家客栈；

（3）核心服务区，休闲度假村，山涧步行街，停车场，会议中心，休闲游船；

（4）大唐石门寺，报国寺。

2. 杜鹃秀谷（生态组团）

（1）乡村客栈，农家生态园；

（2）背包者之家，国际青年旅社；

（3）山门，核心服务区，停车场，度假中心；

（4）度假区会议中心，休闲游船；

（5）杜鹃秀谷，服务中心。

3. 龙门探海（山海组团）

（1）山海大道，山海景观轴，山海旅游产业空间轴；

（2）海门，码头；

（3）渔村客栈，生态广场，餐饮，娱乐；

（4）山海公园。

4. 石佛圣境（望海组团）

（1）隐士文化，一楼，双洞，三石，四溪，五庵，九十九窟；

（2）天然石佛山；

（3）杜鹃阁；

（4）山涧茶亭；

（5）杜鹃秀谷，服务区。

5. 石屋古村，驿站组团

（1）大唐茶马驿站，休闲度假村，总部机构沙龙；

（2）石屋村客栈；

（3）石屋佛龛。

十五、经济指标（概念）

总建筑面积：40万平方米；

总造价：8亿元人民币；

开发周期：3/5/7年。

43

本溪水洞国际旅游度假区概念规划（2012）

"十二五"东北资源型老工业基地转型发展路径设计

古老火车蜿蜒穿行在太子河谷，

寻找世界第一可乘船充水溶洞，

寻找世界第一百里枫叶大峡谷，

寻找失落在历史中神秘的皇庄、王庄、官庄，

寻找大清三京（新京、盛京、北京）皇家第一温泉，……

一、项目理念

1．应对全球经济衰退和国内增长压力，构建本溪注意力经济新战略，调整产业结构，创新市场边界，打造新价值链体系和消费模式。

2．创新资源配置，设计对要素有号召力的战略项目和综合解决方案，组织城乡一体化机制和路径，推动新农村建设，组织资本和土地战略平台，参与区域发展大循环。

3．复合式开发，组织城市混合功能，优化环境生态体系，构建东北亚"一站式"旅游度假胜地及全球旅游度假网络。

二、战略叠加

1．中国太子河流域高效有机农业国家级示范区；

2．中法（本溪—科翰思）世界有机农业发展论坛；

3．新农村建设城乡统筹国家级重点镇示范基地；

4．全球名牌折扣店风情小镇；

5．本溪水洞—温泉寺"一站式"国际旅游度假区。

三、项目背景

全球金融危机以来，中国经济社会发展面临新的机遇和挑战，全球化、市场化、城市化进程进入了新的结构调整和转型发展时期。中国区域经济社会发展正面临新一轮创新，特别是战略转型、制度安排、机制设计，结构调整、发展模式、组织方式、价值取向等。

"十一五"时期，本溪依据科学发展观，引入了资源枯竭型城市接续产业发展战略，对城市空间结构和产业发展布局进行重新定位，确立了医药、旅游两大新战略。

四、项目设计

1. 中国太子河流域高效有机农业国家示范区

从化肥农业、温饱农业向有机农业、市场农业转型。

打造中法（本溪—科翰思）世界有机农业发展论坛。

引入欧洲第一有机城镇法国南部科翰思（CORRENS）发展理念，携手友好城市，共建低碳发展方式，组织中法世界有机农业发展论坛。在本溪推动有机农业及产品国家示范区建设、构建生态农业、高效农业、有机农业、市场农业、品牌农业、网络农业、产业农业、特色农业、示范农业、观光农业、休闲农业。

组建总部机构，创建东北资源型城市生态农业发展基金。

2. 城乡统筹新农村建设重点镇示范项目

组建国家重点镇市场化股份制开发公司，设计开放型创新机制，统筹城乡高水平规划重点镇建设，创建国家级新农村建设示范基地，参与本溪水洞—温泉寺国际旅游度假区产业结构调整与创新。

3. 全球名牌折扣店风情小镇

全球折扣店体验经济，是继便利店、大卖场、超市、购物中心之后最具市场影响力的商业模式之一。以奥特莱斯为标志的全球品牌直销折扣店及购物步行街正在向中国市场进行战略转移。而选址距核心城区 1~2 小时车程的旅游目的地则是其成功模式。

4. 本溪水洞—温泉寺国际旅游度假区

一轴：太子河流域（RBD）国际旅游度假区核心发展轴。

重建太子河谷水域，塑造远山静湖景观，寻找山水之魂，全流域生态修复、环境治理，特别是牛心台等地区。

两区：水洞—温泉寺两大旅游度假功能区，RBD 旅游综合体。

六镇：

（1）温泉小镇——山谷松林温泉、高山星空温泉、皇家康复养生温泉、医生处方 SPA 温泉、高山湖泊温泉等。打造喜来屋五星级国际分时度假酒店、中法世界有机农业发展论坛、国际有机农业科技研发信息中心。

（2）高尔夫小镇——国际大师原创度假村落之旅。

（3）赛马滑雪狩猎小镇——皇庄马场、鹿场，高山滑雪。

（4）奥特莱斯小镇——体验购物，城市混合功能。

（5）全国重点镇——土地置换，新农村建设，基础设施城市化。打造职业教育技术培训基地、物流中心、东北亚康复养老基地、世界第一水洞探秘主题公园。

（6）燕东古镇，影视基地。

六场：国际高尔夫球场，森林滑雪场，河谷赛马场，山地车运动场，国际极限运动场，满乡狩猎场。

七街：山地温泉（SPA）街，满族乡土美食街，湖上冰红酒吧街，奥特莱斯品牌购物街，渔家客栈原著风情街，望佛山巅星空宿营街，明清休闲购物街。

八部：太子河水上俱乐部（游艇、漂流、垂钓），国际青年旅社驴友俱乐部，皇庄东方养生俱乐部，国际溶洞探险俱乐部，高山飞行运动俱乐部，世界地质公园俱乐部，国际登山俱乐部，机构拓展野营俱乐部。

五、城市功能

太子河流域（RBD）创新型城市组团，其城市功能为：旅游度假、休闲运动、温泉疗养、国际论坛、影视创意、教育培训、科研商务、宜居养生、体验购物、宗教文化、有机农业、生态景观、村镇整合，基础设施、商业地产等。

44

大鸭绿江流域旅游发展轴山城子旅游度假小镇总体规划（2011）

前阳组团城市功能创新战略

一、项目背景

辽宁沿海经济带国家战略强势推进，中国"十二五"规划蓄势待发，丹东北黄海临港战略组团前阳经济区迅猛发展。山城水库地区作为前阳经济区唯一山水生态用地，在其城市功能、产业结构中具有独特的战略意义。

二、发展概念

丹东临港产业带城市组团生态度假区、休闲商务区、农业观光区等，前阳组团城市结构调整，创新发展战略平台。

三、规划范围

丹大高速以西，祥瑞村、长川村与山城子之间，以山城水库为核心，约10平方公里范围的山地、台地、河谷、水面、村落等。

四、现状分析

山城水库区位优势明显、山水资源突出、生态环境优良，是北黄海临海产业带，特别是前阳组团重要的山水

城市设计

生态发展用地。

五、城市功能

生态农业、养生康复、度假地产、休闲商务、山水运动、餐饮娱乐等。

六、制度安排

根据辽宁沿海经济带国家战略，特别是丹东东港同城化前阳城市组团的建设和开发，山城水库原有的生态农业定位已经不能适应前阳组团新一轮的发展需要。作为前阳经济区的一部分和战略要素，山城水库有必要从生态农业向生态度假、休闲商务等混合城市功能转型，以利于前阳经济区城市组团功能的优化和结构创新。

七、核心项目

1. 水岸风情小镇；

2. 山地度假地产；

3. 山地度假酒店、五星级休闲商务区；

4. 水上垂钓运动码头；

5. 水岸步行街；

6. 山地观光农业；

7. 康复疗养中心。

八、主要经济指标

1. 规范范围：10平方公里；

2. 建设用地：20万平方米；

3. 建筑面积：30万平方米；

4. 投资规模：3.5亿元人民币。

区位分析

组团分析

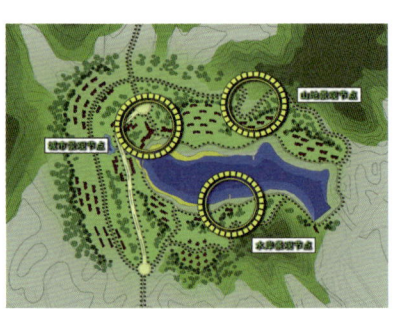

总平面

功能分区

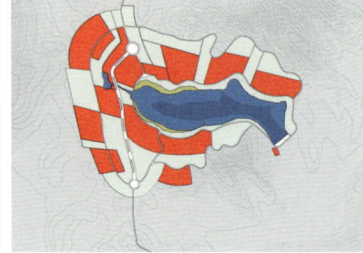

用地分析

空间发展分析

45
大鸭绿江流域旅游发展轴集龙谷生态组团总体规划（2011）

辽宁沿海经济带丹东"十二五"规划，结构调整新战略

汤池山水旅游产业园区，"集龙谷·万宝山水"新概念

动力源自全球后金融危机时代低碳革命与中国区域经济国家战略创新

——汤地山水旅游产业园区概念规划

一、区位分析

1. 随着辽宁沿经济带及沈阳经济区、吉林大图们江等，东北地区三大国家战略的先后实施，加之中朝跨界国际大通道干线的建设，丹东地区区位得到了战略提升，其东北亚地区的特殊区位优势越发显现。丹东已成为中国东北振兴、对外开放及东北亚地区区域城市和大移动网络战略枢纽，创新型要素集聚区，东北地区三大国家战略的节点和新的经济增长极。

2. 随着丹东—东港同城化战略和新的临港产业带的构建，丹东城市功能和空间布局得到了进一步优化和提升，丹东老城、新城、前阳、东港等多组团廊带结构已经形成，从而使汤池山水生态组团已进入城市核心区位和战略结构，其以山水生态和战略区位的后发优势，对丹东传统城市居住功能和旅游地产具有洗牌意义和示范效应。

3. 随着沈丹、丹大高速，沈丹、丹大客运专线，东北东边道高速、铁路，丹东机场，丹东港及中朝跨界国际大通道干线等区域性移动交通网络的先后建设，汤池山水组团已成为新的城市功能要素节点，其差异化战略必将成为丹东新一轮发展中最具竞争力的增长点。

二、要素分析

1. 汤池山水旅游产业园区，是辽宁沿海经济带北黄海布局中最具生态环境优势的战略组团，原生林、次生林、绿化带、果园、农田作物等植被系统丰富，鸭绿江、铁甲水系、萌芽水系及山城水系集中环绕。第一、第三产业结构优化，为最适宜人居环保。

2. 集龙线以北，集龙谷与万宝山水项目用地，分谷地、台地、浅山坡地等，地貌完整，形态丰富，空间开阔，没有任何公共建设项目及环境污染项目，非常适宜旅游度假、休闲地产开发建设。

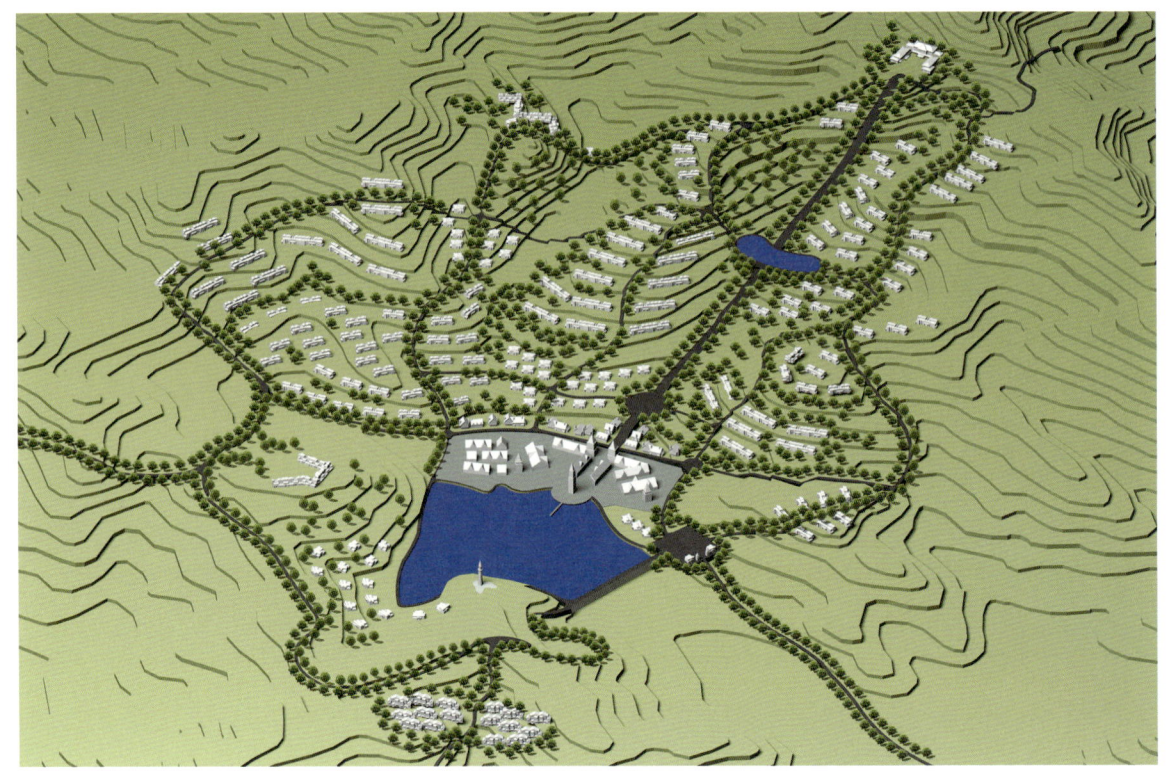

总平面图

3. 集龙谷与万宝山水项目范围内，原住户较少，两地所涉及的项目占地总计不超过 100 户，构建农民新村择地安置方便易行。

三、核心概念

以国家辽宁沿海经济带北黄海战略为核心动力，纳入区域"十二五"发展规划和丹东—东港同城化新战略，构建丹东老城、新城、前阳、东港等多组团带状岸线城市带，最具注意力和差异化的山水组团，参与新一轮城市结构调整与创新发展。

四、规划范围

汤池山水旅游产业园区集龙路汤池段交通线以北，至萌芽水库四周谷地、台地、山地及丘陵山脉最外层山脊；萌芽水库至铁甲水库山地廊道，及万宝村一侧的铁甲水库汤池镇所属的全部岸线、山地。总规划面积 20 平方公里。

五、城市定位及产业业态设计

辽宁沿海经济带旅游网络重要节点，东北亚国际旅游目的地，丹东旅游产业创新品牌。

通过产业集聚和连绵，形成以旅游度假为主题，以城市综合功能为基础的山水新城组团，其功能包括：旅游度假、商务服务、酒店论坛、餐饮娱乐、温泉疗养、养生保健、休闲地产、商业地产、运动健身、文化创意、科技研发、观光农业、生态景观、新农村建设等。

六、空间结构和布局

1. 一轴双城，即以山水廊道连接"集龙谷"山城和"万宝山水"水城。

2. 空间布局为 8 大片区，22 个开发组团。

3. 集龙谷：东部浅山区 4 个开发组团，西部浅山区 6 个开发组团，中部台地区 2 个开发组团，近水核心区 5 个开发组团，岸线临水区 1 个组团，湖湾浅水区 1 个开发组团，前山新村区 1 个开发组团。

4. 万宝山水：半岛台地区 2 个开发组团。

七、城市形态包括

以大组团和廊道为主导的多元空间形态，如：小镇式、部落式、城堡式、庄园式等多元原著空间形态和布局结构。

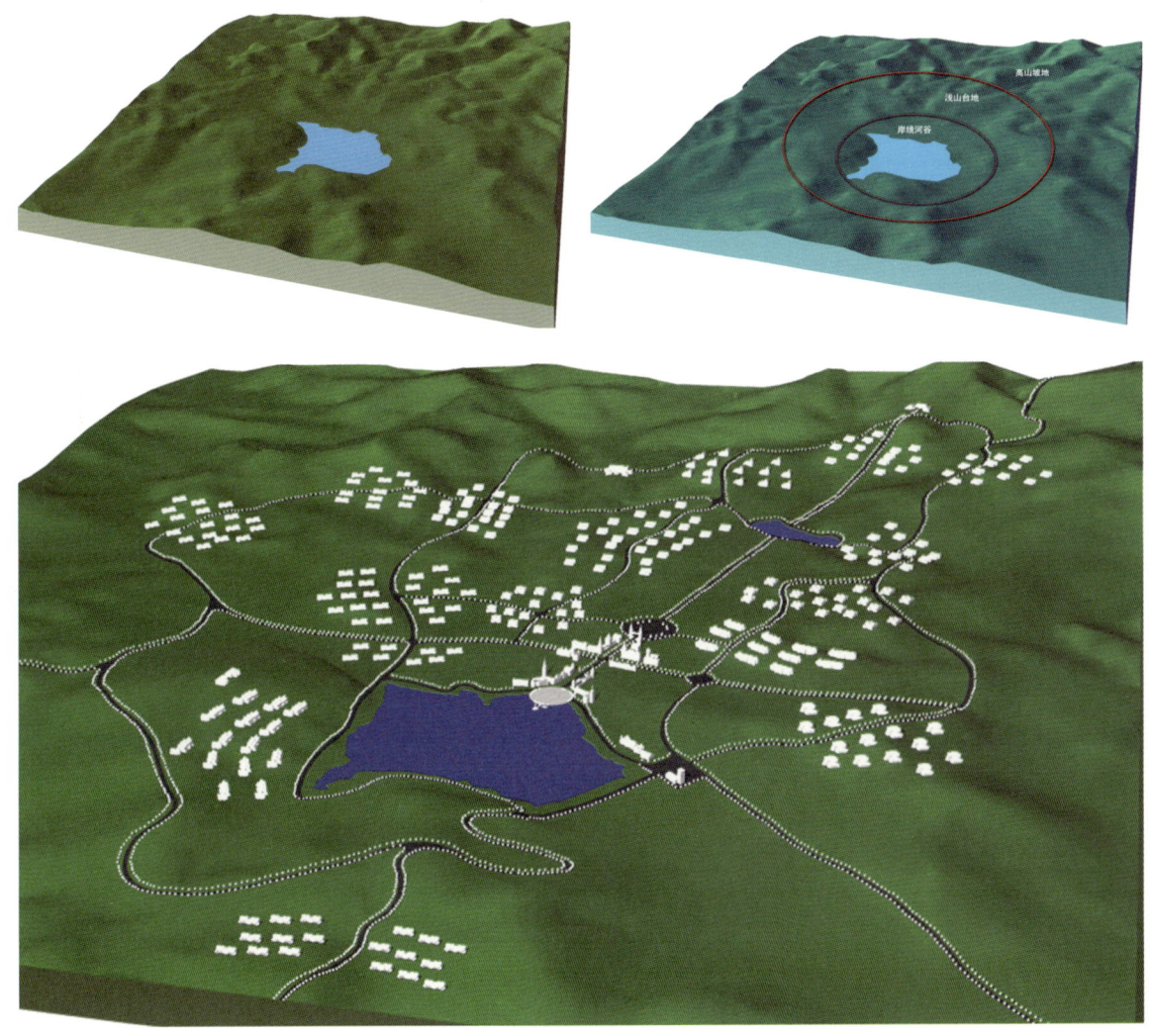

地形分析

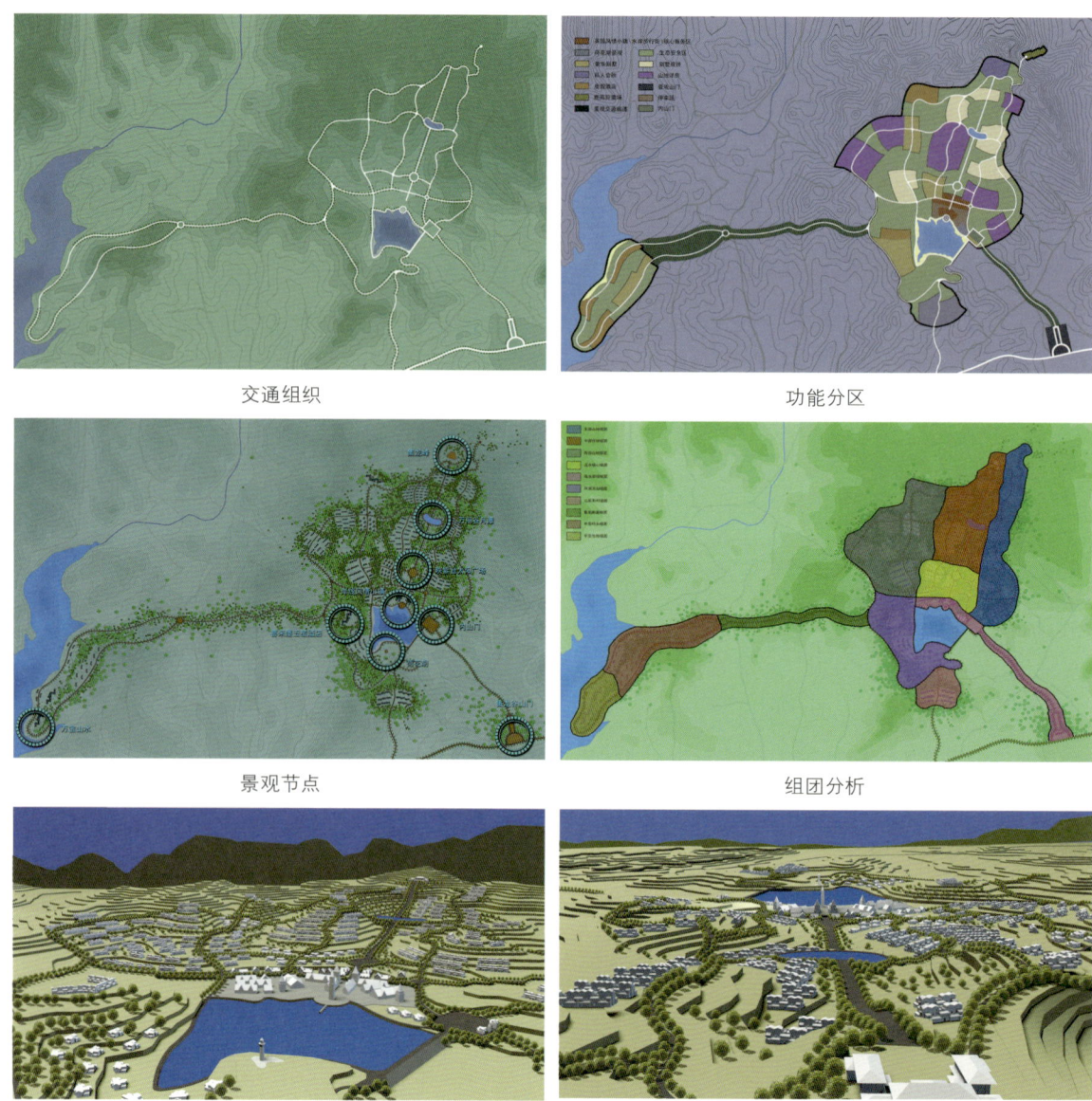

交通组织

功能分区

景观节点

组团分析

城市设计

城市设计

八、城市规划理念

生态空间、自然脚印、山水栖息、场所精神、人文村落。

九、项目开发理念

创新市场结构，重建市场和产业边界，为买方提供创新价值，为卖方规划多赢项目和创新增长机制，为政府规划产业战略平台，创造有活力可持续旅游度假产业蓝海。

十、城市发展方式

1. 以人为本，生态优先，经济、社会、环境和谐发展；

2. 城市、农村、区域统筹发展；

3. 产业结构调整，空间结构优化，环境结构持续；

4. 混合功能，注意力经济，差异化发展战略；

5. 要素叠加，综合解决方案。

十一、核心项目

1. 集龙谷旅游度假休闲地产；

2. 荷花湖核心服务区，水岸步行街；

3. 丹东植物园生态景观项目；

4. 山地英国风情小镇；

5. 五星级喜莱屋国际品牌产权度假酒店；

6. 中法丹东—科翰思有机城市国际论坛；

7. MCA 原著山地度假酒店；

8. 赛马场；

9. 鹿苑狩猎场；

10. 半岛水上俱乐部、码头、水街；

11. 半岛度假城堡；

12. 景观式交通廊道；

13. 集龙谷山门；

14. 中信私人银行国际高端客户俱乐部。

十二、开发原则

1. 政府主导，统一规划，主体操盘，市场运作，分期开发。

2. 开发时序：第一年：整理土地，布局架构；第二年：战略开发，品牌推广；第三年：初具规模，效益彰显。

十三、主要经济指标

1. 规划范围：20 平方公里；

2. 建设用地：15~20 万平方米；

3. 建筑面积：30~40 万平方米；

4. 总投资：6 亿 ~8 亿元人民币。

46

大鸭绿江流域旅游发展轴河口欧洲风情小镇总体规划（2011）

一、区位分析

1. 随着辽宁沿海经济带及沈阳经济区、吉林大图们江等国家区域战略的先后实施，大鸭绿江流域区位优势得到了战略重构，已成为三大国家战略区域辐射的汇合节点，其生态环境、山水景观、地域文脉等战略要素资源则越发彰显，并成为东北亚旅游度假产业战略目的地。

2. 随着大鸭绿江旅游产业的崛起，从太平湾电厂到拉古哨大坝一线库区地带已成为全境旅游业的核心地段，距丹东城区 30~50 分钟车程。便捷的区位，充沛清澈的大江，近在咫尺的异国风情人文遗址，四季如画的山水，原生态景观环境等，已成为东北乃至东北亚地区新的旅游目的地。

二、要素分析

河口岛组团，区位险要、景色壮丽、环境优良、产业自主发展，以旅游服务、餐馆娱乐、种植养殖、物流贸易为主导，农民安居，社会和谐。生态系统以果园水系为主，城市形态自由蔓延，开发无序，交通组织落后，发展战略缺失，制度创新和机制设计亟待构建。

三、核心概念

积极参与辽宁沿海经济带国家战略，特别是鸭绿江结构调整与创新，构建以主题公园为标志的混合功能旅游

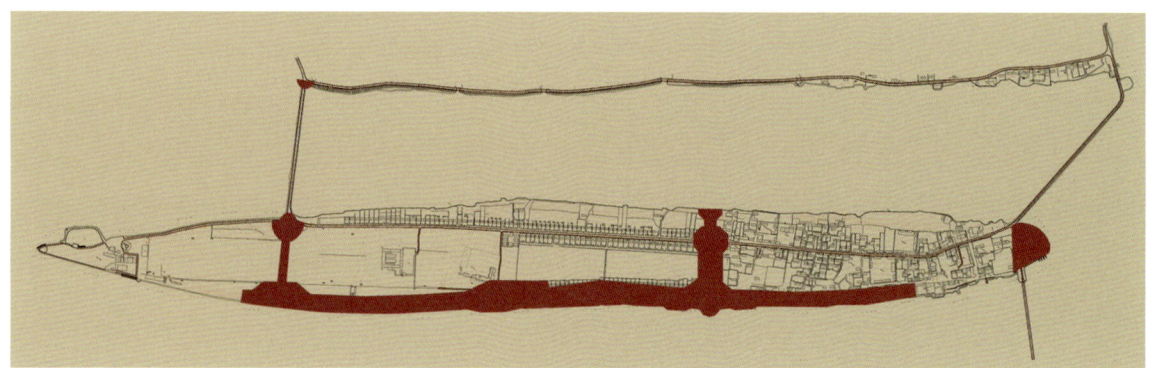

用地分析图

产业的大鸭绿江绿色生产力。

四、规划范围

鸭绿江岸线交通轴以东，鸭绿江河口段为核心，上至长河岛，下至桃花岛。

五、项目定位和业态设计

1. 大鸭绿江旅游网络核心节点，东北亚国际旅游目的地，中国以旅游为主题的混合功能经济增长极，国家 5A 级风景名胜区。

2. 以鸭绿江岸线为核心景观轴和产业功能轴，构建山水景观廊道式多组团文化风情小镇式主题公园，鸭绿江新时期旅游产业风向标。

3. 功能结构为旅游度假、商务服务、贸易物流、酒店论坛、养生保健、休闲地产、商业地产、运动娱乐、文化创意、科技研发、观光农业、生态景观、新农村建设等。

六、空间结构和布局

一轴三岛三大主题公园：河口岛欧洲风情小镇，长河岛高丽王水寨，桃花岛六甸古驿站。

七、规划理念

生态空间、山水栖息、场所精神、经典文脉、大众娱乐。

八、项目理念

1. 世界可持续发展战略，正在从依赖资源向依靠思想转型。

2. 消费空间与空间消费已成为新一轮产业布局核心战略。

3. 中国正在从"生产型社会"向"消费型社会"转型，"调结构，扩内需，保民生"已成为中国结构消费的核心动力。

4. 引入"场所与事件"，从岸线和节点出发，构建新的消费空间和创新业态，使城市空间和内生要素在极化和扩散中创造溢出效应，创造更新价值，开启大鸭绿江旅游产业主题公园新时代。

九、发展方式

1. 以人为本，生态优先，经济、社会、环境全面和谐可持续发展；

2. 城市、农村、区域统筹发展；

3. 产业结构调整，空间结构优化，环境结构持续；

4. 主题品牌，混合功能，差异化战略。

十、核心项目

河口岛欧洲风情小镇，包括下列设施：

1. 环河口岛亲水景观路；

2. 亲水游艇码头；

3. 亲水休闲步行街观光、餐饮、娱乐、购物、度假、演艺等混合功能；

4. 3 万平方米核心服务广场；

5. 核心广场水岸码头；

6. 核心广场亲水餐饮、娱乐、观光、购物多功能景观区；

7. 入岛廊桥主题景观；

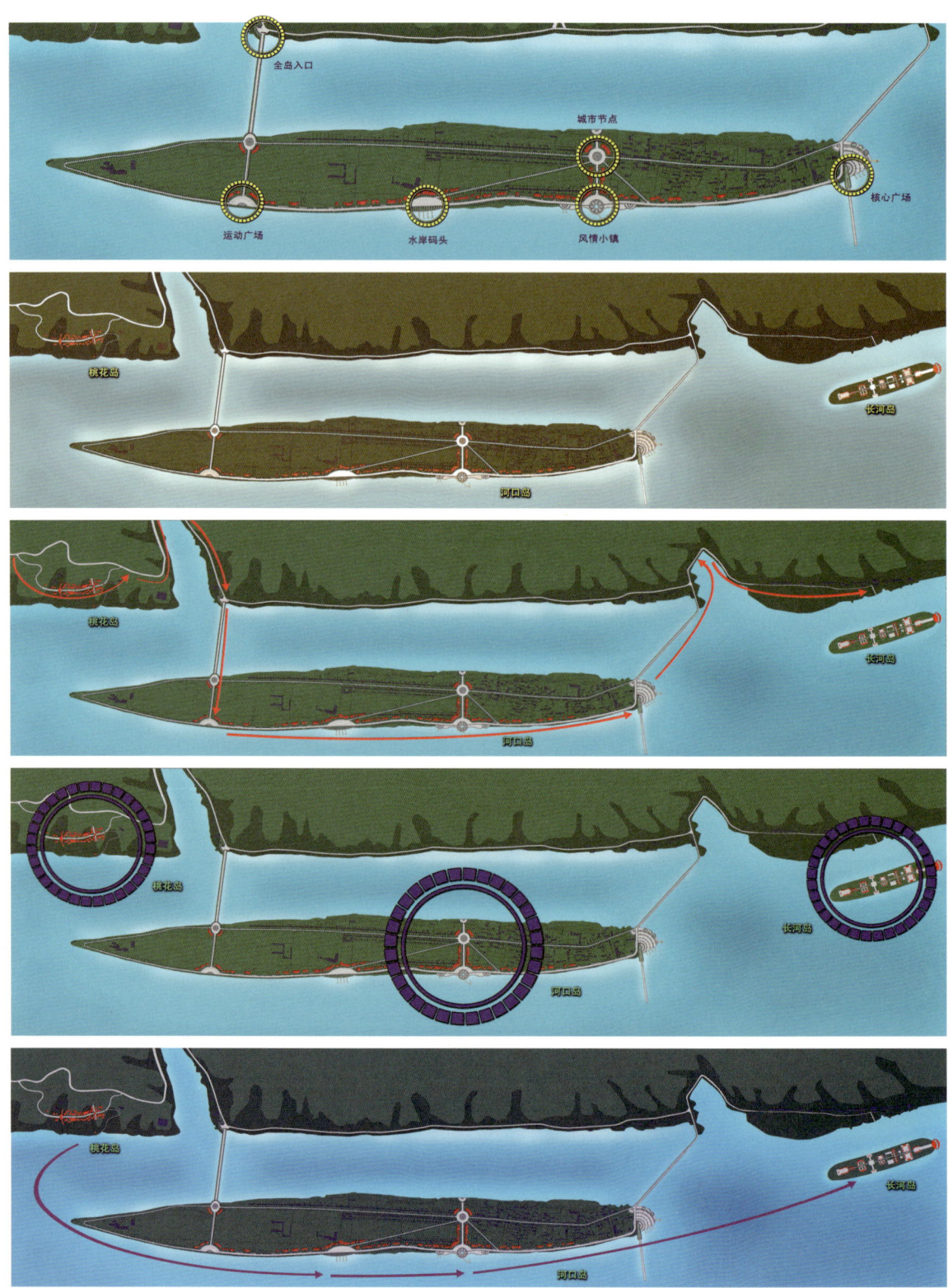

交通组织分析图

8. 喜莱屋全球连锁品牌酒店；

9. 奥特莱斯（OUTLETS）全球名牌折扣店步行街。

十一、开发原则

政府主导、统一规划、主体操盘、市场运作、分期开发。

十二、开发时序

调整城市布局，从陆路交通轴向岸线景观轴转移，重点开发以主题公园为标志的混合功能旅游产业。

1 年：整理土地，布局架构；

3 年：初具规模，品牌推广；

5 年：基本建成，效益彰显。

十三、用地模式

1. 以政府审定的总体规划为条件，市场总体开发 50 年。

2. 商业开发用地按红线征用，并及时变更土地使用性质。红线之外，非建设开发用地，按原有生态环境加以保护和优化。

3. 生态景观、园林绿化工程及区内交通、耕作通道等维持原有用地性质。

4. 河口岛核心景区内迁出全部农民住宅，另选住宅用地，投资重建农民新村，确保条件改善。所有置换出的农民宅基地变更使用性质，集中用于商业开发建设。出岛村民按照自身意愿，原则上全部安排在旅游产业就业。

5. 河口环岛亲水景观路、桥头核心广场及廊桥工程属于城市基础设施项目，由政府负责用地和建设。

十四、制度设计

组织市级河口旅游产业园区，创新产业政策和开发机制，积极推动和配合上述战略项目的落实和建设。

十五、主要经济指标

河口岛主要经济指标如下：

1. 规划用地：180 万平方米 +10.8 万平方米 +1.5 万平方米 =192.3 万平方米

2. 建设用地：20 万平方米 +3 万平方米 +0.5 万平方米 =23.5 万平方米

3. 建筑面积：39 万 ~50 万平方米

4. 投资规模：6 亿 ~8 亿元人民币

5. 水晶餐厅：980 平方米，投资规模 980000 元人民币。

城市设计

城市设计

47

大鸭绿江流域旅游发展轴长河岛高丽王水寨建筑规划（2011）

一、资源优势

长条河岛组团位于大江要冲，现有旅游产资源缺乏主题性，概念支离破碎，战略高度缺失，属于资源严重浪费。

二、项目概念

长河岛高丽王水寨。

汉唐已降数百年，高句丽山城水寨遍布大鸭绿江流域约百处有余，尤以世界文化遗产桓仁五女山高句丽王城、吉安古城及数十处国家级文化遗产为最。

规划朝鲜族民俗风情主题观光、度假、餐饮、娱乐、演艺等水上主题公园项目，打造水上国际游艇码头。

三、经济指标

规划范围：78000 平方米；

建筑面积：7500 平方米；

投资规模：7500000 元。

城市设计

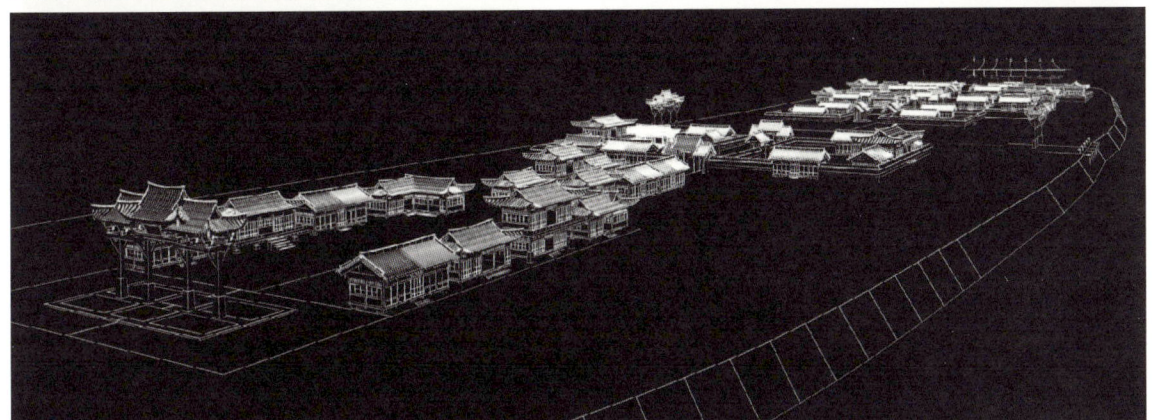

城市设计

城市设计

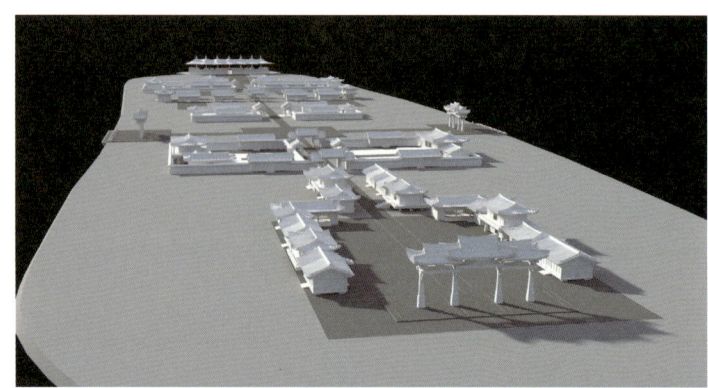

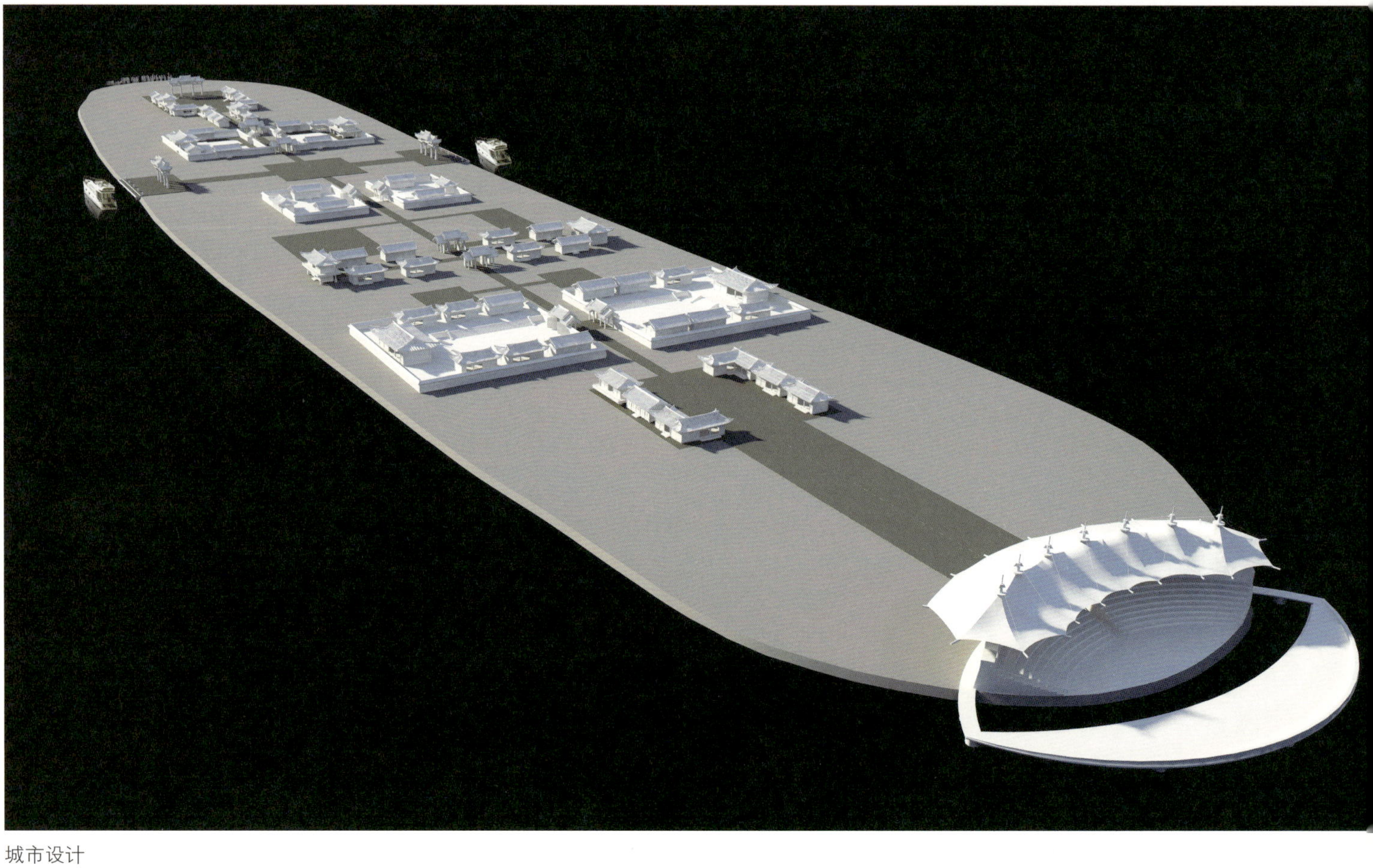

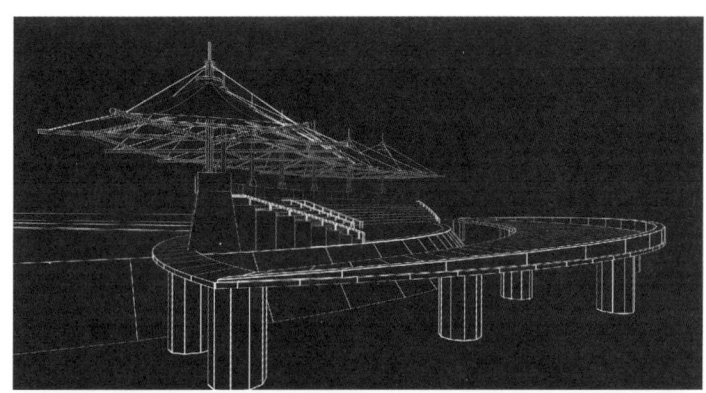

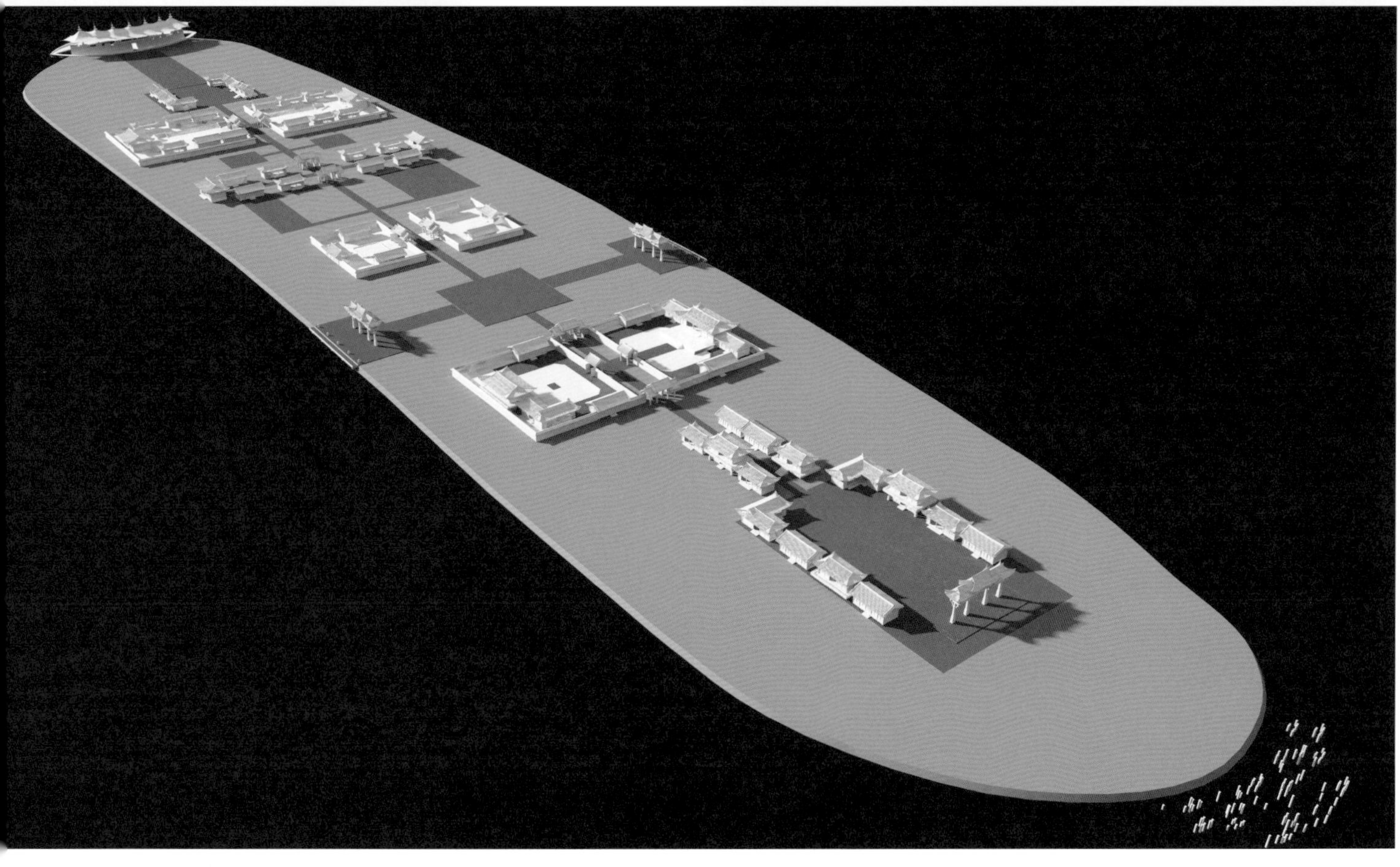

城市设计

48

大鸭绿江流域旅游发展轴桃花岛明清六甸古驿站建筑规划（2011）

一、区位条件

桃花岛组团为鸭绿江之交通要道，桃花烂漫，燕红映江，名闻天下。然严重缺少旅游度假基础设施和创新型项目业态，好看不中用，效益单一。

二、项目概念

桃花岛六甸古驿站。

明长城及明清六甸屯兵要塞为鸭绿江流域最核心的人文遗迹，鸭绿江流域为女真人、满族人发祥地和集居区，人文久远，民风淳朴，地理胜迹。

三、旅游业态

业态包括明清古驿站及影视基地、满族风情、餐饮娱乐、旅游度假等，打造山地临江步行街、水岸码头。

四、经济指标

规划范围：30000 平方米；

建筑面积：8000 平方米；

投资规模：8500000 元。

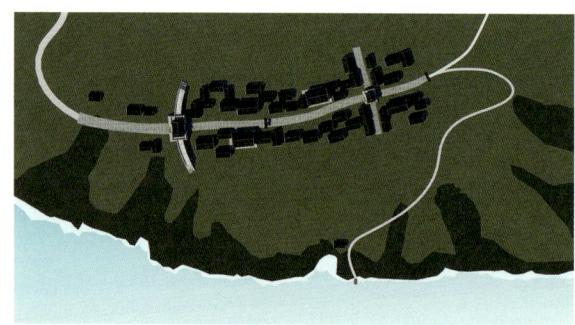

总平面图

总平面图

六驿城门 钟鼓楼

江岸码头

总平面图

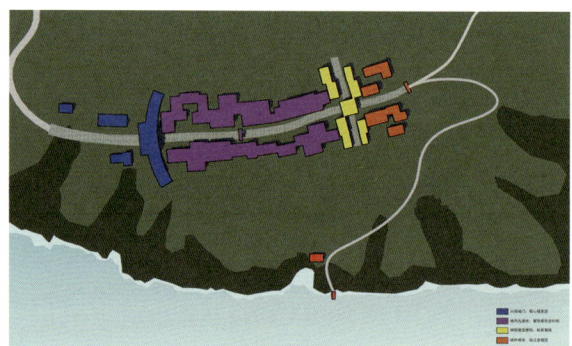

功能分析图

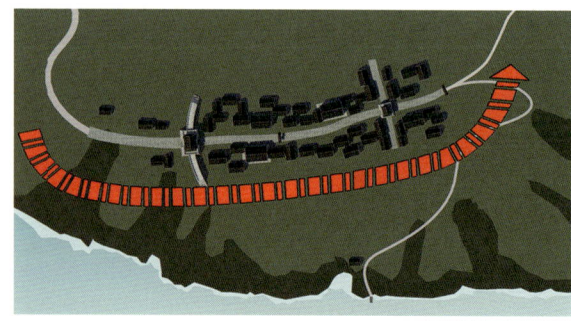

空间发展分析图

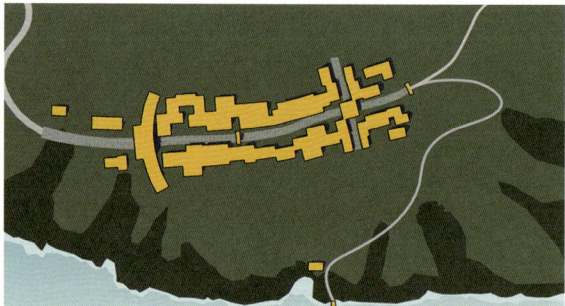

用地分析图

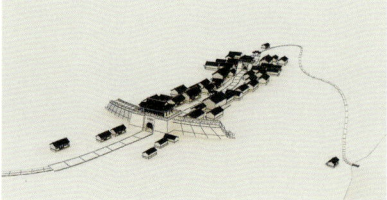

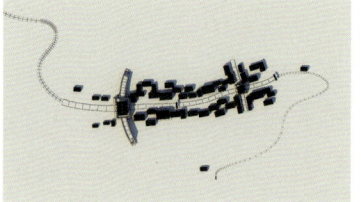

城市设计

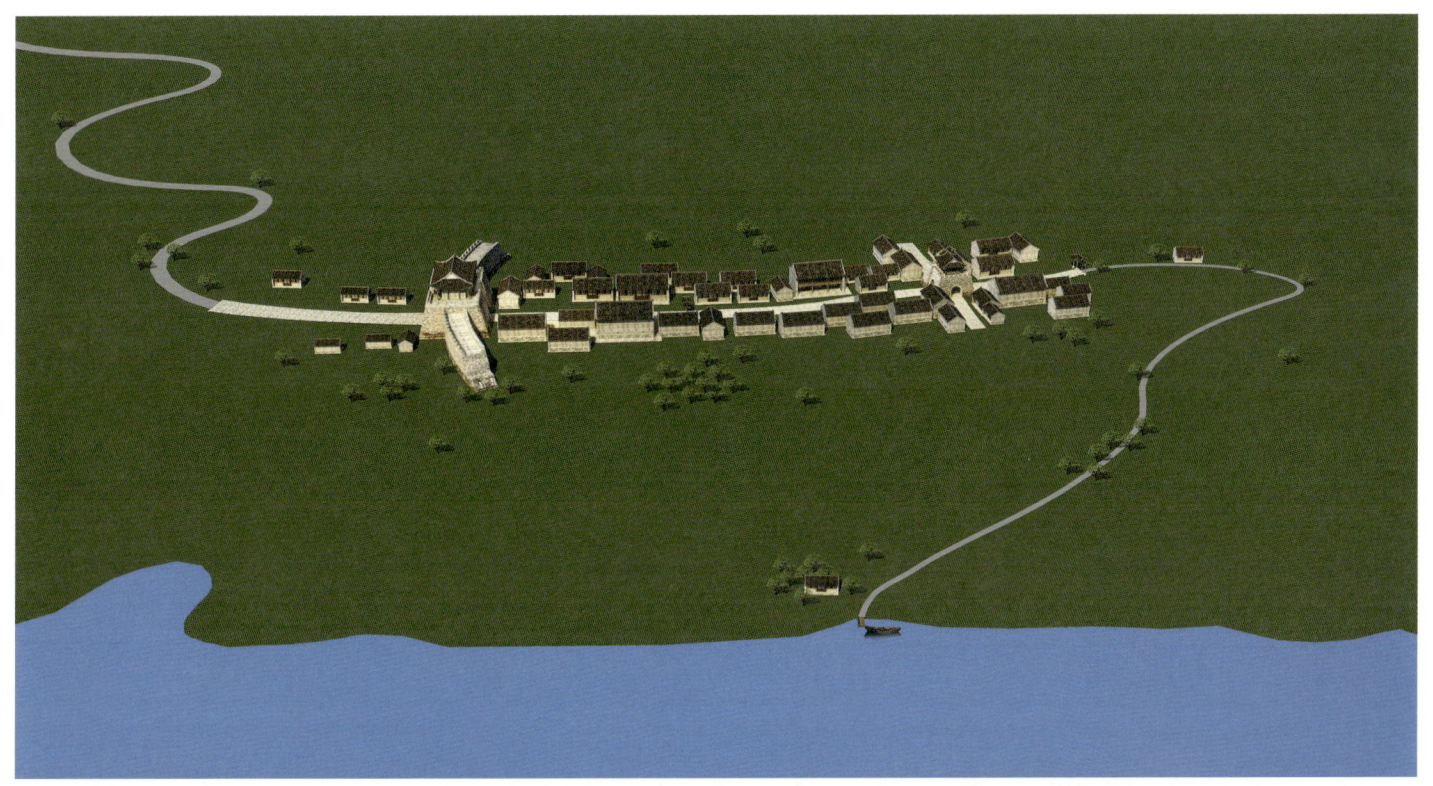

城市设计

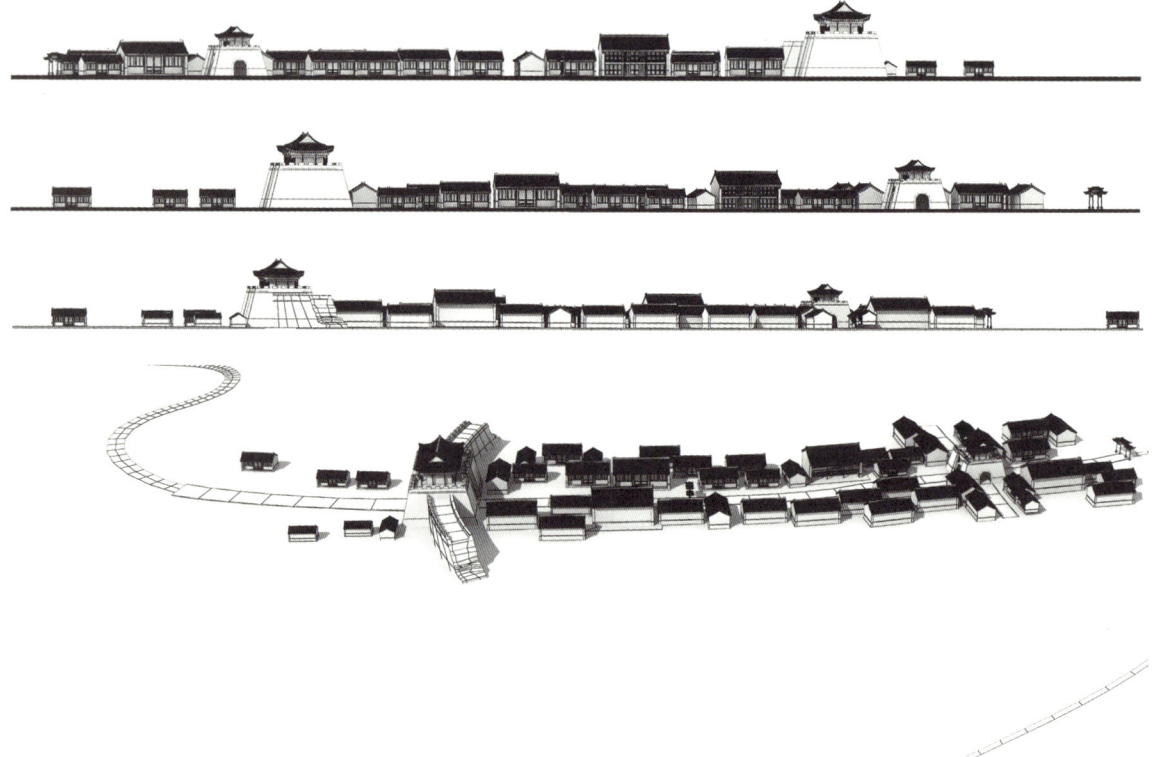

49

大鸭绿江流域旅游发展轴拉古哨要塞总体规划（2011）

一、国家旅游产业战略

2010 年 3 月 30 日，国家出台自《海南国际旅游岛发展规划》后，第二个区域性旅游产业国家战略规划——《东北地区旅游业发展规划》。东北东部是本规划设计的三个战略发展轴之一，其主要节点是滨海、鸭绿江、长白山。鸭绿江以其无与伦比的美丽再一次吸引世人眼球，走进国家层面旅游战略。

二、传说中的鸭绿江

鸭绿江发源于长白山，鸭绿江流域 16 万平方公里，年平均流量 327 亿立方米。是当今世界生态环境品质最完好，水流最清澈、最充沛的地方之一。而传说中的人参中的人参——石柱参，就生长在鸭绿江右岸。

鸟瞰图

三、拉古哨要塞小镇

鸭绿江药王谷、东北亚养生堂。

功能结构：旅游度假、避暑休闲、会议论坛、养生保健、滑雪赛马、游艇垂钓、产权置业、乡土美食、温泉酒店、有机农业、土产特产、中医中药。

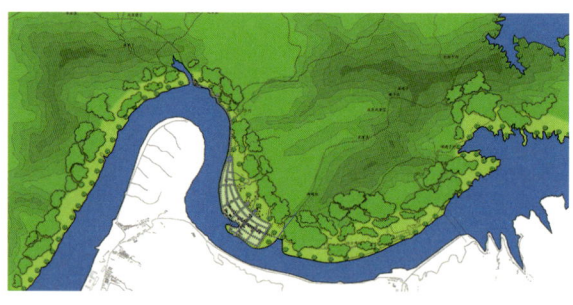

四、核心项目

石柱参药王谷；

有机种植养殖业；

东北亚养生堂；

温泉小镇；

世界养生大会高峰论坛；

喜莱屋五星级酒店；

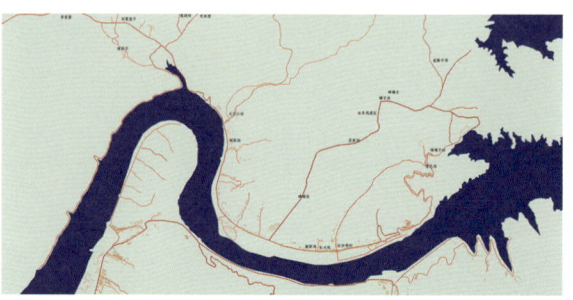

滑雪场；

赛马场；

游艇俱乐部；

乡土美食街。

五、开发机制

1. 鸭绿江流域治理堤坝工程；

2. 国土修复工程，一级土地开发；

3. 统一规划，市场操盘，分期开发。

六、经济指标

规划范围：5平方公里；

开发用地：1平方公里；

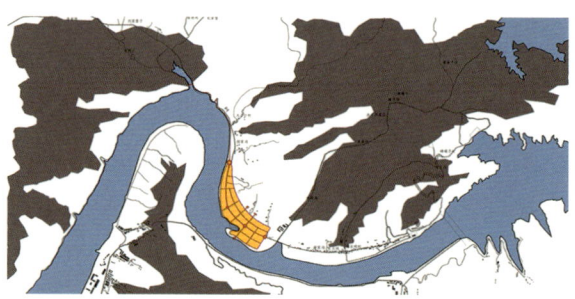

投资规模：5亿元人民币；

建设周期：1—2—3年（整理土地、初具规模、基本建成）。

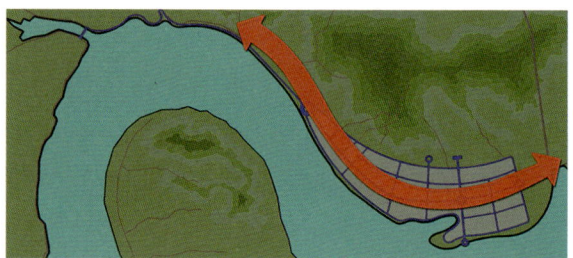

空间发展分析图

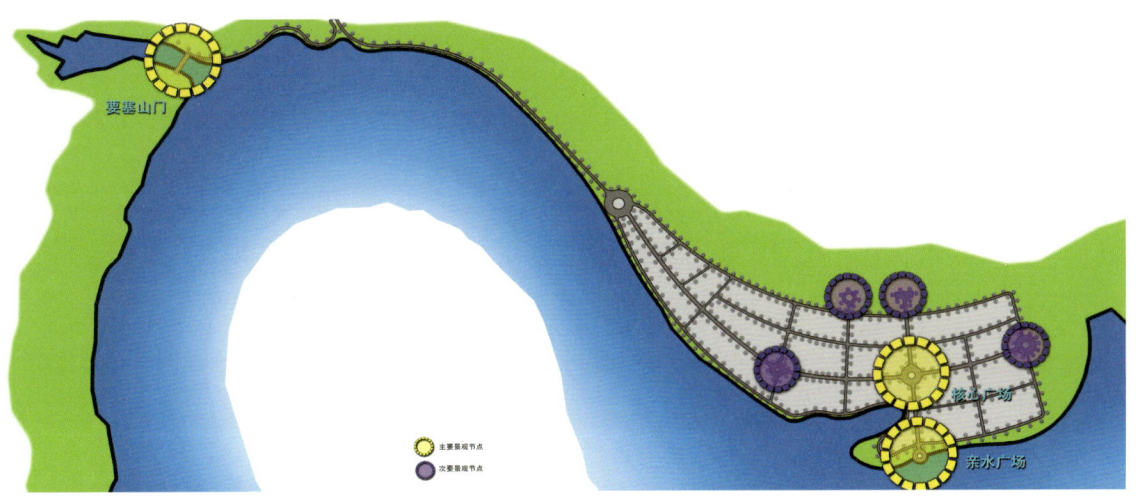

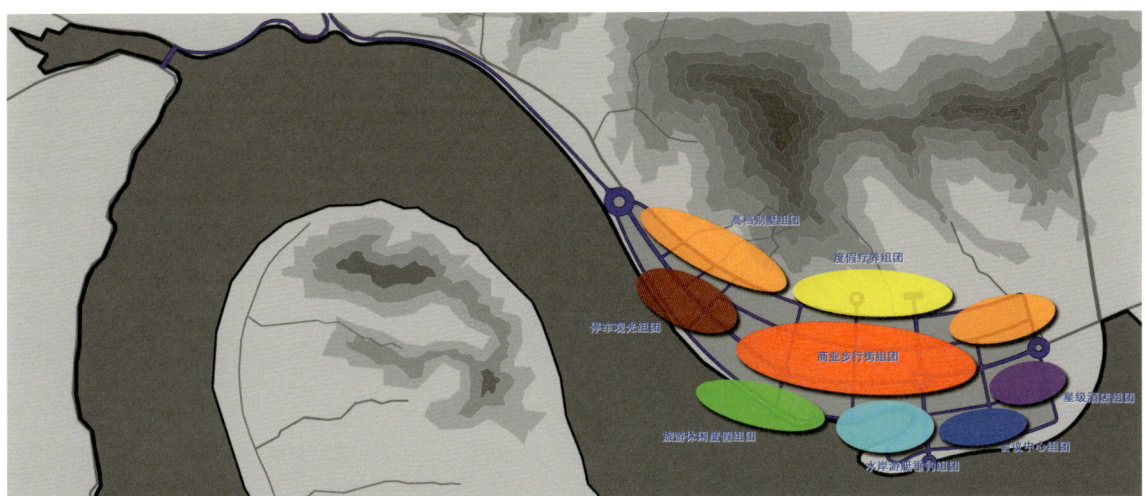

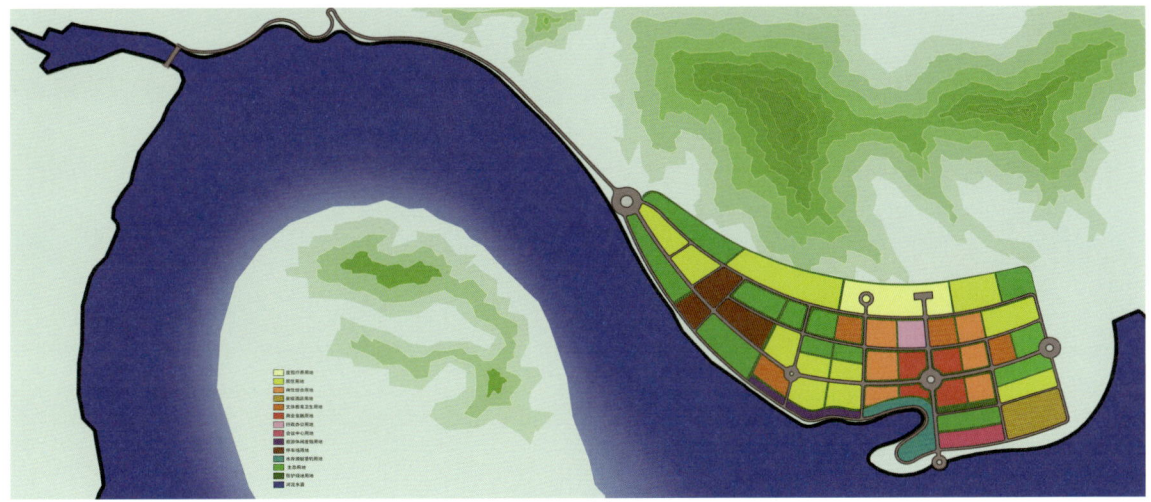

总平面分析图

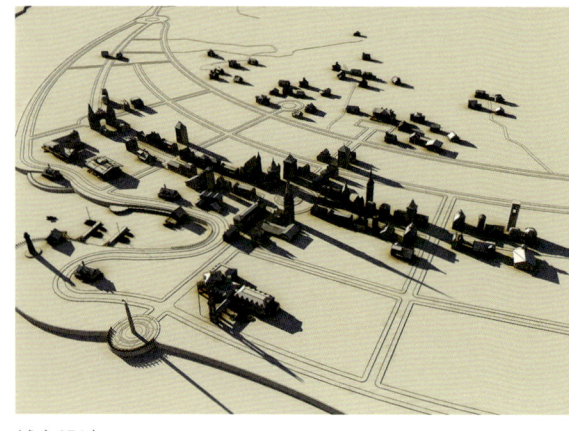

城市设计

城市设计

50

世界玉石王主题公园概念规划（2006）

岫岩地方经济发展新战略，国家县域经济示范项目

一、市场定位

1. 岫岩是个好地方。

岫岩人杰地灵，山清水秀，物产丰富，文明久远。岫岩玉蜚声海内外，有"中华国石，世界瑰宝"美誉。为东方文明带来璀璨曙光的中华第一龙；为全世界所瞩目的汉代金缕玉衣；为岫岩人赢得骄傲的国宝华夏灵光塔……岫岩人民以自己的智慧与勇敢，在创造人类玉文化的同时，建设了美好的家园。

2. 整合创新，再造辉煌。

岫岩应对其战略资源进行顶层整合，提升经济整体概念。特别是以岫岩玉为龙头，对玉雕产业、旅游产业、服务产业进行整合创新，创新大手笔，大品牌，大项目。中国是一个资源相对短缺的国家，岫岩在这方面有独特的优势。如何打好岫岩这张牌，作足玉文化文章，已成为岫岩人的历史使命。

3. 我们的蛋糕做多大？

以整个岫岩乃至辽东半岛为背景，整合地方旅游、玉雕、服务等相关产业，打造具有龙头效应、国际品牌，岫岩核心概念产品，带动一方经济并辐射国内外的大项目——岫岩世界玉石王国家级主题公园。

未来的主题公园将成为集玉石资源保护、开发、利用，玉器产业雕刻、生产、推广，中国玉文化、佛教文化、旅游文化产业发展，休闲度假、三产服务经济开发等为一体的综合性，国家级不可复制的旅游大品牌。

4. 其核心竞争力项目：世界玉石之王及释迦牟尼佛祖雕像。

二、方案概念

1. 发展战略：以玉为龙头，整合资源创新卖点，打造国际化大品牌。

2. 核心概念：世界玉石王国家级主题公园。

3. 城市功能：组合业态——旅游，玉产，服务。

4. 规划精神：大格局，大尺度，大概念，着眼于环境，着眼于未来，着眼于品牌。

5. 全力打造：打造世界玉雕大峡谷、世界玉石王大佛等核心项目。

三、布局理念

因地就势，顺乎造化，天地人和，脉运相生。大佛即大雄宝殿初步定为坐东偏南，面西而造。

1. 依主峰而立气势雄浑，紫气东来，有龙虎之势。

2. 顺山势来龙，步步登高，君临群山，天地远驰。

3. 回避玉石矿地质受损部位。

四、制度设计

为推动世界玉石王国家级主题公园的建设，确保玉石王国家所有权和企业开发，落实政府政策支持带动相关产业发展的战略，特确定如下原则：

1. 世界玉石王所有权归国家，企业有权开发、经营、推广，利益归投资开发的企业所有。

2. 开发项目有利于推动地方经济的发展，同时政府保护开发投资者的合法利益。

3. 政府为推动龙头品牌项目的开发，带动一方经济，在产业布局、结构调整、资源整合、环境保护等方面对该项目给予重点扶持和政策支持。

鸟瞰图

245

4. 在环境规划、建设规划方面充分保护核心景区及玉雕大峡谷环境的整体性。特别是大佛所处的核心景区，山地林木应完整地划归景区统一管理、开发、绿化、保护。

5. 政府出台强有力的综合治理政策，统一规划山、水、林、路、厂、店、村、矿等，使之与主题公园核心景区形成一体。

6. 出台相关积极的经济扶持政策：在土地使用、出让、动迁、税收等方面支持该项目的建设。

7. 在大规模的土石方平整山地、环境，包括大佛雕刻过程中出现或剥落的各种石料、玉石毛料均归开发方所有，开发方可自行处置。

8. 开发方所投资建设的土建工程和其相关项目所有权归投资方所有，雕刻制成的大佛所有权归国家，使用权、维护权、经营权归开发方所有。

9. 按相关政策动迁换建住宅的土地，使用权归投资开发方所有，政府负责办理相关手续。

10. 景区内的高等级公路，属公建项目，由政府出资建设完善。政府同时负责电力、给水、通信等必要的城市管网配套工程建设。

11. 政府组建世界玉石王国家级主题公园工程项目指挥部，统一组织推动：申报、规划、征地、审批、动迁、招商、市场等协调工作。特别是起动岫岩世界玉石王国家级主题公园立项报批工程。

12. 成立岫岩世界玉石王国家级主题公园发展有限公司，承担整体开发政策、工程运作。

六、主要项目

1. 世界玉雕大峡谷：岫岩城北山口大型主题进山牌楼——世界玉雕大峡谷山门。从进山开始至玉石王处35公里形成以岫岩玉为龙头，集玉雕业、旅游业为一体的独具特色的国家级主题公园。

2. 世界之最大雄宝殿：中国传统经典式廊柱重檐结构大雄宝殿，长90米，宽80米，高60米，空中三层观瞻环廊，建筑面积7200平方米。佛寺名为：华夏灵光禅寺。如果说，35公里玉雕大峡谷是一条摆动的巨龙，那么，龙头就是大雄宝殿。

3. 世界玉石王释迦牟尼大佛：视玉石料最终剥落情况进行策划。方案概念是集世界佛雕之大成。

4. 组建世界玉石王大佛慈善事业基金会，广播佛教文化，弘扬人类文明。

5. 创刊《世界之最》，作为事业推广。

6. 挂牌中国玉石文化博物馆：充分利用现有资源，打出中国牌，组建中国玉文化博物馆——展现玉石历史、文化、珍藏、名家作品。

7. 山顶峰灵光宝塔：远远望去，山势磅礴，画龙点睛。

8. 玉石铺路天街：大雄宝殿两侧配殿形成旅游、佛事、休闲、购物中心。

9. 玉龙腾飞景观大石街坊：山下为汉白玉拱桥式过街大牌坊，300米宽大石台阶，两侧配滚梯可直达山上广场，天街大牌坊如在云端。

10. 山下核心服务区：停车广场，玉石王山谷度假村，直升机坪。

11. 哈达碑玉器作坊一条街：整合利用当地资源，重新规划仿古建筑，营造景观风情，建设生产基地。

12. 山间水上公园：位于刘家堡村民组西侧建设水上公园，包含游船、游泳、垂钓、健身、休闲等业态。

13. 松林温泉疗养地：利用沟汤自然资源，提供家庭式现代温泉疗养服务。

14. 满族风情野地马场：结合满族风情，就地选址组织牧马骑赛旅游项目。

15. 主题雕塑——天地灵光：玉乃天地之精华，经万古之磨炼，是天地人合的结晶。二龙戏珠形象，飞升的双龙口中喷火，戏炼明珠。

16. 新农村村民住宅换建工程。

七、核心策划：个 / 十 / 百 / 千 / 万

个：本尊大佛释迦牟尼主题；

十：世界十大佛教圣地；

百：五百罗汉环绕拥戴佛祖；

千：征集天下佛教千名高僧墨宝，打出名家高僧牌；

万：全世界公开征集本尊大佛一体金龛施主名录，永铭史册，佑护一生。

大殿四周征集十万玉雕佛龛施主，大佛形成上、中、下三界，气势恢宏，金玉辉煌。

总之，造就顶峰大势，开创佛家旷世奇观，形成主题公园最核心产品。

八、城市功能：1/2/3/4/5

1 个主题公园：世界玉石王国家级主题公园；

2 个核心概念：世界玉雕大峡谷，世界玉石王大佛；

3 个推广项目：世界玉石王大佛慈善事业基金会，《世界之最》大型文化刊物，中国玉石文化博物馆；

4 个产业整合：

（1）玉石产业：保护、开发、雕刻、销售，

（2）旅游产业：观光、旅游、休闲、度假，

（3）服务产业：酒店、餐饮、温泉、马场，

（4）文化产业：玉文化、佛教文化、旅游文化、满族文化。

5 大核心工程：

（1）世界玉石王大佛雕刻工程，

（2）灵光禅寺工程：大雄宝殿、灵光宝塔、天街、大拱桥、大石阶、大牌坊，

（3）山下核心服务区工程：度假村、停车场、村民住宅，

（4）主题山门工程：山门大牌坊，

（5）旅游产业工程：玉石作坊一条街、松林温泉、野地马场、水上公园。

九、推广概念

世界之最，中国之最。

世界玉雕大峡谷，世界玉石王大佛，世界之最大雄宝殿。

51

中国沈阳世界园艺博览会 5.1 林总体规划及景观设计（2006）

　　5.1 林位于沈阳世界园艺博览会标志性建筑百合塔南侧，占地 8800 平方米，以五一国际劳动节和世园会 5.1 开幕日为造园概念，以齿轮组合为平面造型结构，以 11.9 米高红色 5.1 数字造型擎天柱为主题雕塑，象征着沈阳 119 万工会会员团结与创造精神。

全景鸟瞰

景观设计

52

中朝国际合作项目
——鸭绿江旅游度假区高丽王水寨总体规划（2012）

一、项目背景

随着东北亚区域一体化进程的不断推进，中国和朝鲜首个经济合作项目——鸭绿江口黄金坪和威化岛经济特区，已于 2011 年 6 月 8 日在中国丹东举行了隆重的开发动工仪式。这标志着中朝鸭绿江战略合作进入了新的历史时期。

二、区位优势

清城，位于鸭绿江中游左岸，朝鲜平安北道朔州郡，是鸭绿江流域朝鲜第二大工业城市，重要国际口岸和交通枢纽，与中国 AAAA 级鸭绿江国家风景名胜区河口，中国二类口岸等隔江相望。无论是历史还是现在，两岸中朝人民都始终保持着紧密联系和深厚友谊。鸭绿江作为全球旅游目的地，正日益为国内外市场所关注。而朝鲜美丽的风光和纯朴的民风更为游人所向往。通过中朝合作开发跨境度假旅游，一定能造福两岸人民，带动两岸的繁荣和发展。

三、项目组织

沿着朝鲜的历史文脉，在鸭绿江水岸构建具有国际水平的高丽王水寨旅游综合体。其中包括：码头水街、高丽王水寨、民俗村、桃花岛等。

四、业态设计

游艇码头，民俗风情，高丽美食，度假疗养，会议论坛，餐饮宴会，歌舞演艺，打鱼垂钓，团体晚会，SPA 温泉，桃花岛，步行水街等。

五、经济指标

规划面积：60 万平方米；

建筑用地：10 万平方米；

建筑面积：42200 平方米；

容积率：0.07。

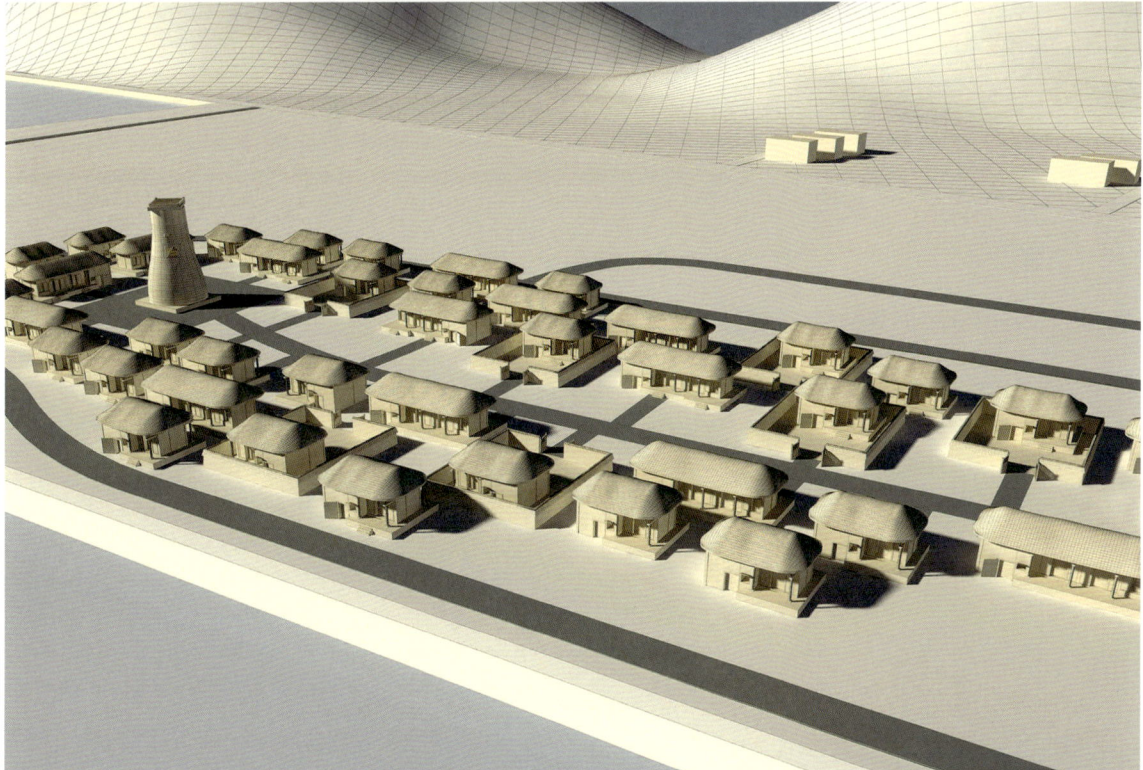

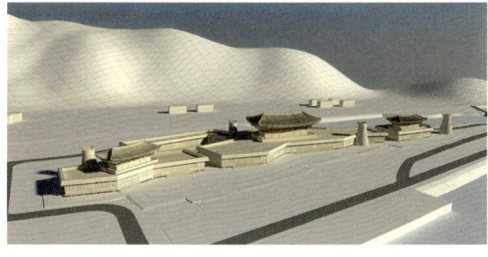

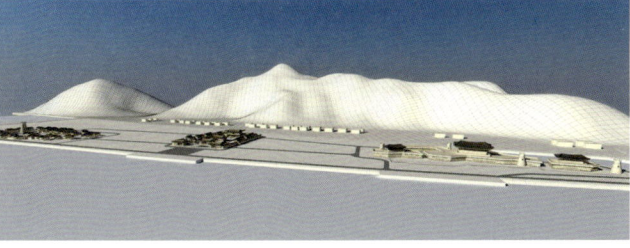

城市设计

城市设计

城市设计

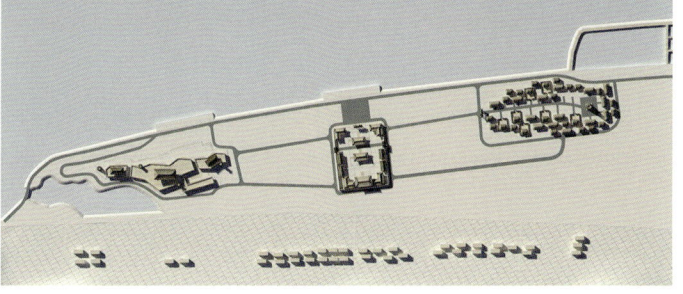

城市设计

53

中韩合作高句丽水城影视基地概念设计（2006）

沈阳"十一五"规划产业结构调整战略项目

一、城市理念

未来的五到十年，是中国城市由初级化向高级化转变，由一般性向特殊性转变，由战术性向战略性转变的关键时期，必须从中长期战略的高度，确立城市核心战略思想和整体战略布局，以拓展城市功能，完善城市形态和提升城市竞争力为重点，全面构筑和打造城市价值链体系。

二、发展机遇

沈阳市委市政府"十一五"规划建议：东部现代旅游休闲度假区，依托棋盘山国际风景旅游区，全面启动203平方公里的棋盘山新区建设，重点推进大型游乐场、雕塑园、建筑博览园等旅游度假设施建设，拓展冰雪大世界功能，开发秀湖水上娱乐项目，完成区域内浑河河道及滩地改造，形成沈棋路旅游观光带、浑河滨水休闲景观带，世园会特色景区、棋盘山休闲度假景区、森林公园景区"两带三区"空间形态和布局结构，建成国内外知名的旅游度假区。

三、主题规划

1. 沈阳石台子高句丽山城，位于棋盘山秀水湖北岸大洋山主峰地区，是古代高句丽活动的重要区域。

2. 沿着历史文脉，规划以韩国影视基地"高句丽水城"为主题的，集影视、旅游、观光、休闲、度假、娱乐等为一体的旅游主题公园。

3. 规划面积3平方公里，建筑面积1.5万平方米。

四、建筑设计

寻找高句丽原著符号，演艺水城要塞形态，组织混合功能。

城市设计

城市设计

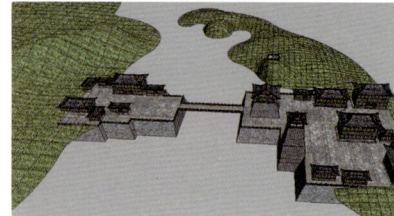  

城市设计

54

黄河青铜峡国家级生态旅游度假区概念规划（2006）

巍巍青铜峡纵览两岸无尽风光

滔滔黄河水述说华夏灿烂文明

千古西夏梦唤醒边城沉睡绿洲

一、开发思路

整合产业资源，创新发展概念，打造功能平台，着力文化推广，实现科学发展。应特别重视生态文化在西部开发中的战略意义，激情创建铭刻世界100种文字的"世界环境日"主题纪念碑，及主题文化广场，创办世界性"只有一个地球环境发展基金会"，创刊《人类家园》西部开发环境主题杂志，建设"人类生态环境博物馆"等，加强在中国乃至世界范围内的生态文化推广，即在西部大开发中打出生态文化主题牌，举起一面旗帜——生态文化。创新西部开发理念，打造西部开发生态环境工程的核心品牌项目，使生态环境向生态文化超越，从而带动生态环境建设，并实现两者的统一，最终促进经济社会和人的全面发展。

二、制度背景

1970年4月22日美国青年海斯创办了第一个"地球日"，这是人类历史上第一次规模宏大的、世界性的群众环境保护运动，仅全美就有2000万人参加。

1971年2月2日，世界各国在伊朗签署了《拉姆萨尔公约》。

1972年6月5—16日，瑞典斯德哥尔摩举行了联合国人类环境会议，提出"只有一个地球"呼声，《联合国人类环境宣言》随之诞生，并制定了保护地球"行动计划"，6月5日被定为"世界环境日"。

1993年1月18日，第47届联大做出决定，3月22日为"世界水日"。

2001年8月31日，第九届全国人大常委会第二十三次会议通过了《中华人民共和国防沙治沙法》。《中华人民共和国草原法》、《中华人民共和国水土保持法》、《中华人民共和国土地管理法》、《中华人民共和国环境保护法》、《中华人民共和国气象法》等相继颁布或修订。

2003年11月11—14日，中共中央十六届三中全会提出科学发展观。其核心思想是"坚持以人为本，树立全面、协调、可持续的发展观，促进经济社会和人的全面发展"，并强调按照"五个统筹"的要求，推进改革和发展。

2004年3月5日，第十届全国人民代表大会第二次会议政府工作报告指出："要继续实施西部大开发战略，认真总结经验，完善政策，落实各项措施，积极有序地推进。扎实搞好退耕还林，退牧还草，天然林保护，风沙源和石漠化治理等重点生态工程；加强基础设施建设，重点抓好关系全局的重大项目，不断增强经济发展后劲，继续抓好改善农牧民生产生活条件的小型工程建设；以义务教育、公共卫生和基层文化建设为重点，促进社会建设发展；积极发展特色产业，推进重点区域和地带开发。"

三、行业现状

宁夏，文明久远，山川壮丽，旅游品牌极为丰富，旅游事业、环境治理等进入一个空前发展的历史新阶段。但从市场化、产业化、全球化等当代经济趋势来考察，还存在着种种问题。

（1）缺少新概念：一个城市、一个地区、一个项目一定要有鲜明的发展概念，要在充分整合资源的基础上，创新卖点，塑造核心竞争力和发展空间。概念本身就是生产力，就是资源。

（2）缺少大项目：宁夏现有的一些旅游品牌，名气很大，但经济规模很小，基础设施落后，缺少综合服务，难以拉动相关产业，如：地产经济、商业经济、服务经济、环境经济等。很多顶级项目如——西夏王陵、贺兰山崖画等等，还停留在原始资源、粗放管理和门票经济阶段。资源缺少整合，浪费严重。

（3）缺少新机制：体制和机制是经济市场化的核心动力，也是旅游产业走向市场的必由之路。逐步放开国家级旅游产业经营权和经营模式也势在必行，在对资源进行严格有效的保护基础上，创新综合管理水平。用大概念、大品牌进行资源整合，形成规模效益，产业经济。宁夏旅游业的未来走势也必然是整合资源，创新观念，引入市场，创造品牌。

以上事实为本案的设计提供了借鉴和空间。现有的青铜峡旅游度假区属新建旅游点，是在宁夏综合农业试验场的基础上建设发展。可依托的旅游资源只有已开发的农业观光区内的红提庄园，苗圃和果园，度假区范围内的山地、沙地地貌景观以及黄河青铜峡沿岸自然和人文景观。度假区范围内系统完整的旅游景点、旅游项目、旅游设施、服务设施等都有待建设，现已修建了部分旅游服务设施，开发了黄河青铜峡水上旅游线和旅游项目，只具备接待少量游客的能力。

该旅游区的主要问题是理清战略思路和确立大盘模式，其中包括：整合资源、发展概念、市场定位、功能结构、核心项目、打造卖点、资本机制、开发模式、文化推广、品牌效应等，或者说该产品存在着诸多不确定性和未知性，无法进入真正意义的产品运作。

四、市场定位

青铜峡度假区所依托的生态环境工程地处贺兰山尾，青铜峡头，黄河之畔，高科技生态环境工程初见成效，气势雄伟、蔚然壮观，周边地理胜迹，星罗棋布，天下大观，如：青铜峡、牛首山、鸟岛、董府、108塔等。亟待大概念、大品牌去整合推动，从而形成旅游产业经济带。

站在西部大开发的历史高度，整合资源，创新卖点，打造西部大开发生态环境工程的核心品牌，全方位起动"青铜峡国家级生态旅游度假区"概念，全面提升放大市场定位及其资源价值。

未来的青铜峡国家级生态旅游度假区将以黄河、青铜峡为轴线，以西夏边城绿洲（高科技生态农业区）为核心服务区，向外辐射220平方公里，形成规模化旅游经济产业带，其产业内涵包括：城市地产经济、旅游服务经济、休闲农业经济、环境生态经济、科普教育经济、文化推广经济等等。最终形成：生态环境保护、开发、利用；山水、人文、古迹旅游度假，生态文化推广等综合开发为一体的国家级不可复制的旅游经济大品牌。

五、发展战略

以黄河、青铜峡为轴线，以"西夏边城绿洲"为核心服务区，向外辐射约220平方公里，形成宁夏最大的、具有世界品牌的、山水文化生态旅游经济产业带。

（1）西部大开发核心概念品牌、中国西部生态文化推广中心、世界环境日主题纪念碑。

（2）一水两园/沿黄河建设高科技生态园区和湿地鸟类自然保护园区，放大概念，形成中国最大的生态观光休闲农业经济带，让"天下黄河富宁夏"之说再谱新篇章。

（3）一峡两岸/沿青铜峡整合两岸千古文化遗存和绮丽自然风光，形成宁夏山水文化旅游经济大品牌。走出一条生态环境建设带动相关产业的新思路。

六、城市功能

以黄河、青铜峡为轴线，以一水两园，一峡两岸为大格局，结构旅游功能十大功能分区：

（1）高科技生态观光休闲农业区

红提采摘庄园，热带雨林广场，生态农业果园，珍禽动物公园，绿色文化长廊，药用植物山谷，骆驼草原牧场，生态科研中心。

（2）西夏边城绿洲核心服务区——宁夏旅游节点，产业经济中心

休闲购物餐饮一条街，三星级度假会议中心，西夏边城功能服务区，直升机停机坪，长河落日主题雕塑，西夏古烽火台遗址，世界环境日主题广场，世界环境日主题纪念碑，寻找失落的家园——人类环境博物馆。

（3）原生态荒漠草原体验区

原生态红柳林山地，天然红土远古马道，流动金沙落日河谷，沙漠之舟骆驼之旅，山地休闲运动中心，蒙古包草原宿营地。

（4）山水运动休闲度假区

水上运动公园，皮划艇俱乐部，青铜峡黄河古渡，贺兰山度假营地，黄河水车啤酒广场，黄河湾天然浴场。

（5）黄河湿地鸟岛自然保护区

西北第二大鸟岛，国家自然保护区，绿色植被保护。

（6）青铜峡自然人文景观区

桃花岛水上驿站，摩崖刻石天书阁，十里长峡平湖泛舟，地质大峡谷百狼洞，千古兵家要塞响号湾，佛教圣地一百零八塔，青铜峡拦河大堤，大峡谷神斧石壁，天地造化睡佛山大峡谷，一线天漂流野营，水上古摩崖青铜峡，绝壁奇观彩霞湾。

（7）牛首山古寺庙群文物区

唐朝古刹千年香客如云，宁夏庙宇古建规模之最，历史八景牛首慈云胜境，《大乘经》名扬四海，东西方文化交流瑰宝。

（8）董府古民居宗祠观赏区

三宫六院气势宏伟，南北园艺熔于一炉，千年古居兵家要塞，雕梁画栋传统工艺，碑匾题画书香传家，庭院回廊久远典雅。

（9）伊斯兰教鸿府朝圣区

伊斯兰教朝圣之地，宗教事务活动中心。

（10）古渠首秦汉灌溉工程考古区

中国历史最早的三大水利工程之一，古代劳动人民的智慧结晶。

总之，青铜峡生态旅游度假区是集瑰丽的自然山水风景、灿烂的历史文化遗产、先进的科技农业于一体，包括果园、草原、沙漠、湿地、山岳、峡谷、河流、平原等多层次奇特景观，中华黄河文明，西夏远古之梦，民族地域风情，塞上江南风光在此交相辉映，形成磅礴、雄浑、秀丽、多姿的人文景观，集旅游观光、科普文化、休闲度假、会员沙龙、餐饮娱乐等为一体的宁夏旅游大品牌，西部开发生态环境工程核心概念项目。

七、核心项目

西夏，一个古老而神秘的王国；

黄河，一条永恒而传统的血脉；

贺兰，一座曾经而失落的家园。

回眸千古丝路，呼唤失落家园——西夏边城，塞上驿站。

以现有的沿河生态科技园区为依托，沿着传统文脉和山水环境，建设具有西夏边城韵味和地域文化风情的三星级多功能核心服务区，其中包括休闲观光、餐饮娱乐、酒店服务、会议度假、信息网络、购物旅游、交通出行等。其核心项目如下：

（1）西夏边城核心服务区

西夏边城，"长河落日"主题雕塑，休闲购物步行街，西夏河东府，三星级酒店，会议度假中心。

（2）世界性生态文化推广项目

"世界环境日"世界之最全球100种文字纪念碑，世界环境日主题广场，寻找失落的家园——人类环境博物馆。

（3）高科技生态绿洲

热带雨林广场，绿色文化长廊，珍禽动物公园。

（4）原生态荒漠草原体验区

原生态沙漠之舟骆驼行，蒙古包草原星空宿营地。

（5）山水运动休闲公园

水上皮划艇俱乐部，水车屋啤酒广场，贺兰山黄河度假村。

（6）黄河湿地鸟岛自然保护区，水上步行走廊。

（7）青铜峡自然人文景观区，大峡谷黄金水道。

（8）青铜峡古渡黄河铁索桥。

八、路径设计

整合产业资源，创新发展概念，组织功能平台，打造核心卖点，确立开发模式，着力文化推广，树立品牌经济。

（1）整合产业资源：注重资源配置是经济全球化的主要市场特征，而旅游经济首先则表现为资源经济。整合资源的水平从根本上决定项目的发展战略等一系列重大问题。

（2）创新发展概念：一个项目，一个企业，一个城市资源是发展的基础，但其核心动力则来自创新，创新的重点就是概念。概念是建立在对资源、市场、战略等全局问题充分把握的基础之上，是发展的核心内涵。

（3）组织功能平台：宁夏许多品牌产品，如西夏王陵、贺兰山崖画、华夏影视城等之所以没有形成产业经济，主要是缺少与项目相适应的服务功能平台，功能平台是项目的生存基础。

（4）打造核心卖点：面向市场，创新观念，打造独具优势和核心竞争力的品牌项目、卖点项目，拉动市场。

（5）确立开发模式：任何事物的发展都具有适合自身发展的运动模式，寻找和确立适合的开发模式是一切企业和项目所必须面临的抉择。

（6）着力文化推广：推广是一切现代经济的核心部分，推广本身也是一个产业。在现代旅游经济中文化推广至关重要，可以说是不可或缺的核心环节。没有文化推广就没有真正意义的旅游，因为旅游的本质是文化。

（7）树立品牌经济：品牌是现代旅游产业的追求目标，品牌经济则是其成功的标志，而最终理想则是做大品牌，做大规模，做大产业，做大文化，实现可持续发展。

九、生态文化

（1）文化是人类一定生产力条件下所派生的一定生存方式，是血脉相传，无可阻挡的人类精神。

文化的意义对于人类生存是决定性的，最终的，唯一的。生态文化，是相对于生态环境而言，人类在需要和建设生态环境的同时，更需要建设生态文化，也只有通过人类对生态文化的需要和建设才能最终实现人类对生态环境的需要和建设。所以我们的口号是生态建设，文化先行，在建设生态环境的同时，建设生态文化，以文化推广进一步推动西部开发，走西部大开发生态环境建设新思路，打造具有西部开发主题意义的品牌项目。

（2）人类的一切生态环境工程，归根到底是人类的文化工程，文化才是人类最具有普遍意义的、最恒久的精神所在。而最终能够拯救人类的也只有文化。要把生态环境建设上升到文化的高度，以文化的精神推广人类环境理念，使人类环境家园和精神家园和谐统一。

文化推广：生态文化、自然文化、历史文化、家园文化、发展文化……以人为本，在改造环境的同时，环境也在改造我们自身。最终实现人与自然，人与环境，人与社会共同发展。

（3）经济全球化，除市场全球化、资本全球化、技术全球化、信息全球化之外，一定还包括环境全球化和文化全球化，谋求人类共同的文明进步。从文化入手，使生态环境工程成为人类新的文明阶梯。使环境成为一种最具普遍属性的社会产品，进入人类消费：认知的、精神的、体验的……成为最具有战略意义的生产力。

（4）在新的市场资本要素中，文脉、信息、社会、历史、教育、传媒、政治、法律、经济、管理等，均与文化紧密相连，文化已成为一种新的市场资本进入企业或项目，并形成核心生产力，成为最重要的系统工程。因此，建设中应充分开发运用文化资本，使其成为一种生生不息的原动力，去创造新的人类与大自然的和谐。

十、文化推广

中国沙漠总面积130.8万平方公里，每年以13.6%的速度扩大。为此，我们失去了喀拉屯、精绝、楼兰、黑城、居延、统万……

在这片广阔的大地之上，我们同时向四面八方奔去，寻找那从远古图腾时代就开始的人类家园……

使人类有衣可着，有路可行，有家可归，在夜可眠，有子孙之绵延，有文化之生发，有劳作之安详，有思想之归宿。

建设西部开发生态文化主题广场，用世界100种文字刻写"世界环境日"主题纪念碑，创建寻找失落的家园——人类环境博物馆，创办西部开发生态主题概念大型推广杂志《人类家园》，设立只有一个地球生态环境发展基金会。

打造中国大西北生态旅游文化周，中国西部黄河文化游，"西夏，一个古老而神秘的王国"主题旅游节。

55

国家 AAAA 级风景名胜区凤凰山概念规划（2006）

1500 年前，高丽好太王建造了世界著名的"凤凰山城"……

1300 年前，大唐天子李世民"东巡驻跸"御赐"凤凰山"……

300 年前，清太宗皇太极筑柳条边圈"龙兴重地"凤凰城……

一、城市定位

站在城市新经济革命的高度，整合资源，创新卖点，打造凤城第一品牌经济，全面起动"世界著名山城凤凰山"概念，全面提升凤凰山城市定位及其资源价值。

构建世界著名自然风光、人文古迹旅游品牌。

自然风光 / 人文古迹——凤凰山—西山核心风景区；

民俗娱乐 / 体育博彩——凤凰山古城（20 平方公里）；

疗养度假 / 避暑会议——玉屏山—砬子沟森林大峡谷；

休闲农业 / 森林公园——佛爷岭（180 平方公里）；

文化贸易 / 城市地产——满族商贸开发区（5 平方公里）；

形成占地 220 平方公里超大型国家级，向太平洋沿岸辐射的旅游产业航母。

二、核心概念

1. 著名兵家要塞。

2. 一山三城，一水两园新概念。

三、重点项目

一山三城：凤凰山，高句丽古城，大唐边城，大清凤凰城。

一山：凤凰山。

核心项目：

1. 山荫城重建三重宝顶，金碧辉煌，前后广场拓宽一倍，加匾"龙原金瓯"。

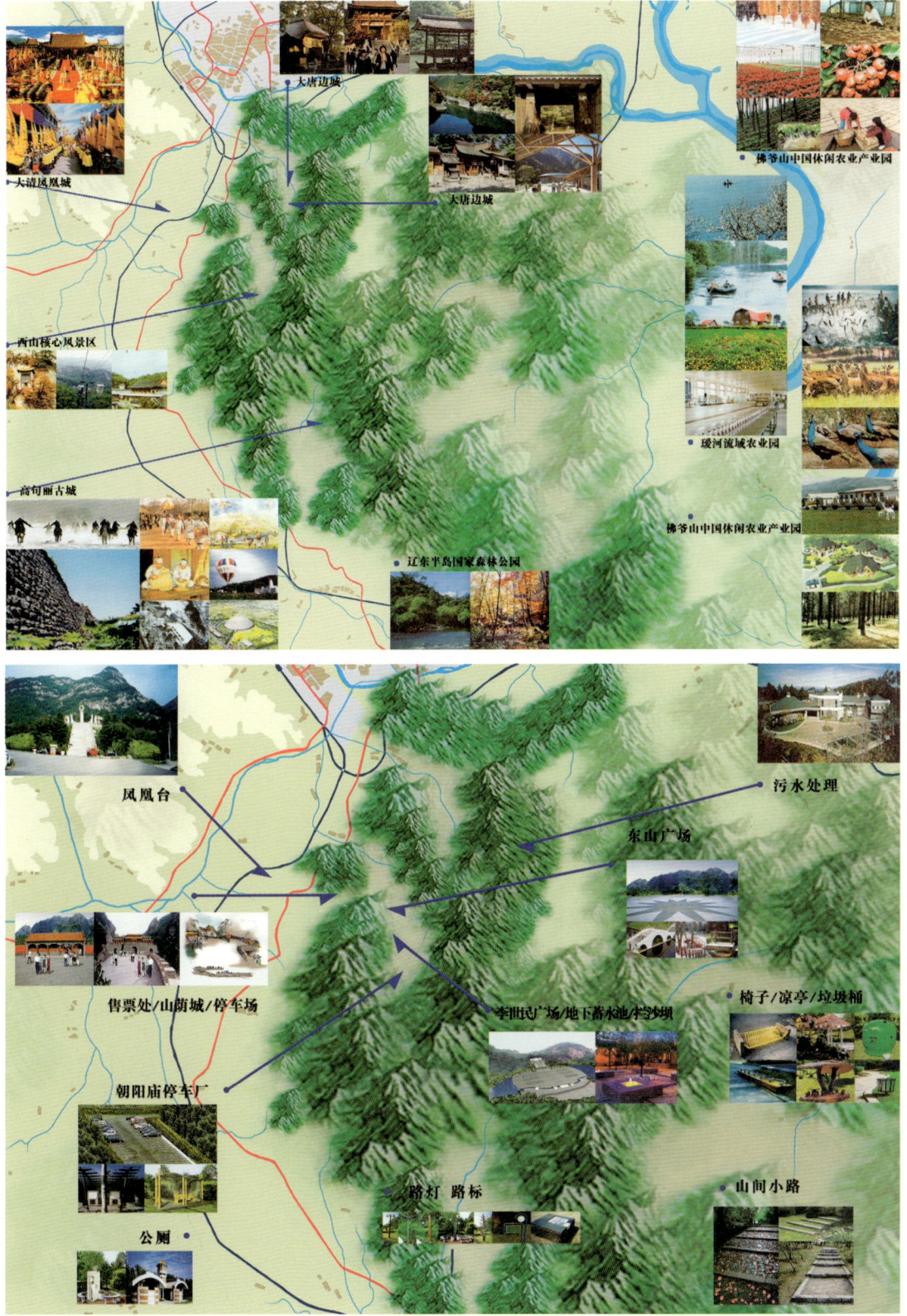

大唐边城

大清凤凰城

大唐边城

佛爷山中国休闲农业产业园

西山核心风景区

暖河流域农业园

高句丽古城

佛爷山中国休闲农业产业园

辽东半岛国家森林公园

凤凰台

污水处理

东山广场

售票处/山荫城/停车场

李世民广场/地下蓄水池/拦沙坝

椅子/凉亭/垃圾桶

朝阳庙停车厂

路灯 路标

山间小路

公厕

项目分析图

2. 山谷空中广场核心服务区，五龙景观瀑布。

3. 五龙潭。

4. 据《全辽志》、《重修朝阳寺碑》打造东山摩崖雕塑群主题概念工程。雕刻唐太宗李世民金銮宝座图。还原"帝王东巡、凤凰拜祖、万方朝贺"场景。

5. 修复工程：修复寺庙、刻石、古迹、栈道等。

一城：高句丽古城，以古堡文化为概念。

核心项目：

1. 申报世界文化遗产，打造世界古山城博物馆。

2. 世界远古山城主题公园，千年怀古山城一日游；修复山门、点将台、哨台、风火台、城墙、庙宇等古迹。

3. 世界最大的山城古堡体育娱乐中心（20平方公里）包含高丽古典狩猎场，东北原生态赛马场，国际滑翔俱乐部，天空滑翔、热气球观光、直升机停机坪，高山滑雪场，3000米人工雪道，民俗村，餐饮娱乐中心，高丽原著乡土度假村，古堡要塞广场，停车场等业态。

二城：大唐边城——1300年前，大唐天子李世民"东巡驻跸"凤凰山，曾留下"凤凰拜祖"传说，从此大唐情结已成为凤凰山千百年来永恒的主题。

打造世界一流森林大峡谷疗养保健休闲中心，东北亚著名放松心灵现代都市疾病疗养地，以大唐文化为概念。

核心项目：

1. 唐风幽谷山水马道，进山牌楼；

2. 玉屏峰森林山谷驿站：酒肆、茶室、驿馆、桥坊、水榭、湖亭、渡口、山路；

3. 玉屏湖：峡谷泛舟、水上垂钓；

4. 森林峡谷疗养地：保健中心、洗浴中心。

三城：大清凤凰城——300年前大清皇帝皇太极曾筑柳条边圈"龙兴重地"凤凰城，凤凰山下凤凰城。

打造中国最大的满族文化商贸开发区，凤城最大的城市发展项目、地产开发项目，以满族文化为概念。

城市功能包括旅游商贸、餐饮娱乐、购物休闲、酒店服务、住宅小区等。

核心项目：

1. 帝王广场，清十二帝王像；

2. 凤凰山下凤凰城；

3. 满族民俗商业步行街；

4. 大型休闲购物广场；

5. 中国满族风俗博物馆；

6. 凤凰山大酒店；

7 大型住宅小区——凤凰家园系列；

8. 公建项目；

9. 中国庙会发展论坛，市场推广中心。

四、一水二园——中国最大的休闲农业产业园区

一水：叆叆河流域——环山浅水农业创新业态示范区，全方位推出十七公里"黄金水道"。

发展经典农业、科技农业、养殖农业，开发水上公园（浴场、江河海漂流、垂钓等）、庄园风光式农户度假村、国际化产权农业水岸庄园（地产开发项目）。

草河、叆河以南流域，西大砬子山、口子里山地、佛爷山、太平山约200平方公里峰峦秀美，山势连绵，树木葱郁，绿水环绕，特别适合发展山林浅水休闲农业产业经济带。规划中国最大的休闲农业产业开发区：包含采摘农业、科技农业、订单农业、古典狩猎场、野生动植物园、果蔬基地、果园农庄、鲜花基地、乡土农舍度假村、开放式产权分时自助农庄、农业地产项目等业态。

二园：辽东半岛森林公园

1．政府项目：统一规划，资源整合，打造品牌，实施凤凰山生态文化经济战略。

2．资本运作：（1）商业：城市地产开发项目、商业推广项目；（2）公建：考古发掘、遗址保护、文物保护、城市设施、博物馆、公共建筑。

五、行销推广

1．世界古山城文化节。

2．中国满族风俗节。

3．四月二十八庙会药王节。

4．中国满族风俗博物馆。

5．中国庙会发展论坛，推广中心。

56

内蒙古宁城温泉旅游小镇总体规划（2008）

宁城旅游产业战略节点项目组织方案

一、产业背景

宁城是著名的"契丹文化"发祥地之一。她历史悠久，文化底蕴深厚，自然景观壮美，历史文化遗产璀璨。境内有辽中京遗址、西汉右北平郡治所黑城遗址、清代"法轮寺"和300年"陪嫁牡丹"、汉代军事哨所福峰山、打虎石水库、黑里河国家自然保护区、疗养胜地热水温泉等。如果说丰富的旅游资源会让人流连忘返，那么境内的矿产资源和野生动植物资源更值得人们去发掘和探究，老哈河、坤都伦河两大河流清水潺潺，七老图山、努鲁尔虎山两大山脉绵延相伴。境内的植被类型复杂，尤其黑里河原始森林动植物区划在蒙东区、华北区、东北区三大区系交替过渡带，木本、草本植物资源极具代表性且非常宝贵。山头乡道虎沟村地下埋藏着异常珍贵的古生物化石群，与朝阳地区化石群属同一类型，在严格保护之列。

二、提升战略定位，参与国家区域经济大循环

整合区域性战略空间，布局大概念产业项目，构建新的价值观念，通过体制机制创新，发展对策与路径创新，以差异性发展战略和注意力经济参与蒙东及环渤海区域性经济一体化大循环。

1. 蒙东区域性开放前沿门户和桥头堡。

2. 京津冀、辽宁、内蒙古三地经济聚集与辐射新区位。

3. 塞外旅游度假金三角：天义镇大明镇，热水镇黑里河，大城子葫芦峪。

三、构建项目节点，打造塞外第一温泉风情小镇

通过整合空间和资源，组织新节点，重点建设特色空间，组织重大项目进行塑造和突破，构建国家级小城镇发展示范区。

1. 资源整合：以古都、温泉、湖泊、森林等组合为可持续发展概念。

2. 项目核心：塞外第一温泉风情小镇。

3. 功能内涵：旅游休闲、会议度假、商务疗养、健身娱乐、山地运动、生态观光、环境保护等；产权地产、

第二地产、疗养地产、度假地产等；民俗村、农家乐、影视城、步行街等。

4.项目设计：

国际疗养度假中心；

品牌温泉度假山庄；

中京温泉度假国际会议中心；

中国医科大学温泉康复研究中心；

国际名家温泉理疗诊所；

塞外第一温泉山地别墅；

温泉主题景观公园；

虎石湖水月山庄；

白桦林汽车大本营；

黑里河森林狩猎场。

5.设计理念：生态空间、自然脚印、山水栖息、人文村落。

6.空间结构：

由天义镇、大明镇经热水镇至虎石湖、黑里河，组织古都、温泉、湖泊、森林等多元资源，构建一轴双核、组团连绵、廊带发展旅游产业空间布局新结构。

四、调整产业结构，引入新农村建设

1.旅游度假，混合功能地产等。

城市设计

2.特色农业、绿色农业、品牌农业、生态农业、设施农业等，调整种养结构，组织旅游休闲农业产业带。

3.调整区域支柱产业推广战略，整合区域品牌资源，构建新的旅游产业链、产业集群。

五、创新价值体系，设计项目可拆分结构与机制

创新市场要素组织结构，重建市场和产业空间边界，为买方提供创新价值，为卖方设计多赢项目和增长机制，为政府规划产品战略平台，创造有活力可持续的旅游度假产业蓝海。

规划好项目资本介入路径，可持续放大平台，安全退出机制。

六、混合开发模式，全面创新多元开发路径

1.国际品牌塑造模式；

2.交通走廊开发大道引导模式；

3.创新业态打造注意力模式；

4.一级土地整理战略开发模式；

5.混合功能综合效益模式；

6.东北振兴、新农村建设、生态环境保护等多元产业政策推动模式；

7.事件经济推广模式；

8.产业链空间组织模式；

9.国家小城镇发展示范模式。

七、创新组织理念，按照新产业空间组织机制推动项目

1.从资产经营、资本运作转向资源管理。

2.从传统规划、等待市场转向项目研发。

3.从单纯旅游、单一项目转向全面统筹。

4.从地方经济、传统产业转向区域战略。

5.从政府组织、招商引资转向主体创新。

景总平面图

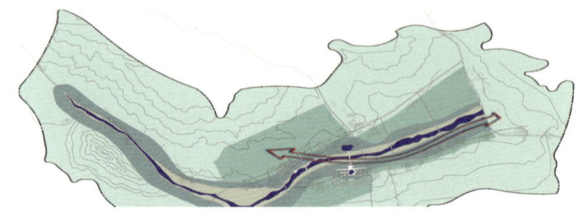

空间结构

区内交通组织分析

土地利用

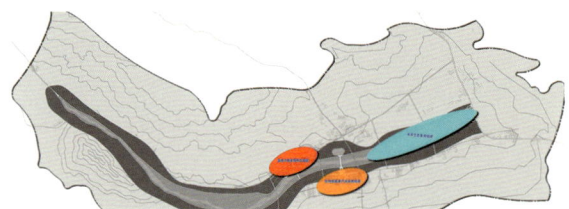

组团分析

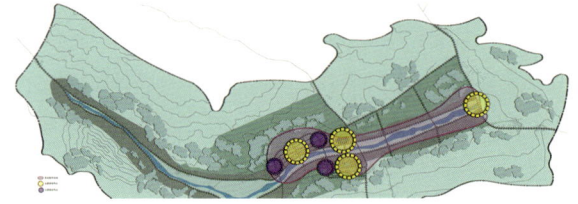

景观节点

57
林州市文化旅游产业总体规划（2015）

未来的五到十年，是中国城市由初级化向高级化提升，由一般性向特殊性转型，由战术性向战略性转变的关键时期，必须从中长期战略的高度，确立城市核心战略思想和整体战略布局，以拓展城市功能、完善城市形态和提升城市竞争力为重点，全面构筑和打造城市价值链体系。

林州城市的战略定位是世界级文化旅游目的地，世界级山水人文城市。

坚持"五大发展理念"，"生态为根、文化为本、战略转型、绿色发展"，构建重大战略、重大项目、重大举措，以文化为主导，以旅游为载体，推动全域文化旅游产业新愿景。优化宏观调控、充分发挥市场在资源配置中的决定性作用。

释放需求缓慢或需求释放效益与流动性不协调，是中国应对经济下行压力的突出问题。对此，中央果断决策在供给侧和需求侧两端进行改革，重点是供给侧结构改革。供给侧结构改革也是林州发展文化旅游产业面临的突出问题。

申报红旗渠（红旗渠、太行大峡谷、石板岩古村落）世界自然—文化双遗产；同时申报国家公园。

太行大峡谷、红旗渠作为中国战略题材必须重新出发，参入中国创新，为中国示范。太行山、红旗渠的真正意义除了文化旅游以外，还是林州参入中国及全球性顶层战略的塑造。

红旗渠作为中国经典水故事，亟待在更高的层面向中国和世界传播。沿着红旗渠塑造的发展方向，构建林州"水"文化，实施全球性"水"战略，重塑林州顶层格局势在必行。题材主导，内容为王，重新发现林州势在必行。

以目标、市场和问题为导向，以制度设计为引领，构建叠加战略，组织综合解决方案，是实施全域文化旅游新战略的主线。

风景就是生产力，文化就是竞争力，乡愁就是战略资源，绿水青山就是金山银山。美丽乡村，文化古镇，民俗村落是新一轮城镇化战略新方向。

推动农民新四化"资源财产化、财产资本化、资本股权化、收益多元化"。注入创新规划、盘活沉淀要素，实施大众创新、万众创业、"个十百千万工程"。

2015联合国《文化多样性宣言》指出：文化是人类发展和创新的源泉，决定着人类的未来和方向。

第一章　规划总纲

一、规划年限

本次《林州市文化旅游产业总体规划》的时限分为近期、中期和远期三个阶段：

近期：2016—2020 年；

中期：2020—2025 年；

远期：2025—2030 年。

二、规划范围

林州市文化旅游产业总体规划编制项目	市域 2046 平方公里	林州市文化旅游产业发展战略研究
	浅山区约 120 平方公里	红旗渠文化旅游产业园区概念规划
	3 平方公里	重点项目启动区控制性详细规划

三、规划总目标

根据全国、河南省和林州市文化旅游业发展实际情况，预期林州市文化旅游业发展前景为：

（一）近期（2016—2020 年）

到 2020 年，林州成为"中国优秀旅游城市"；大峡谷、红旗渠申报国家 AAAAA 级旅游景区、国家公园、世界文化与自然双遗产。文化旅游业将成为县域经济发展最快的先导产业，支柱产业。国内外游客人数达到 1000 万人，其中入境游客人数 20 万人，旅游业总收入达 100 亿人民币。文化旅游事业全面发展。

（二）中期（2020—2025 年）

到 2025 年，林州市成为东北亚区域性旅游目的地，国内外游客人数达到 1500 万人，其中入境游客人数 30 万人，市域内将建成国家 AAA 级以上的旅游区有 20 处。林州市文化旅游业规模达 200 亿元人民币。林州市文化旅游基础设施完备，旅游产品丰富、特色鲜明、功能健全的国家级文化旅游经济大市。

（三）远期（2025—2030 年）

到 2030 年，国内外游客人数达到 2200 万人，入境游客人数 40 万人，旅游业收入占全市国民生产总值的比重达到 40% 以上，总规模达 400 亿人民币以上。林州市成为国家级文化旅游经济强市。林州初步建成世界级旅游目的地，世界级山水人文城市。

三、规划性质

（一）本规划是林州市"十三五"开局时间窗口、"一带一路"中国空间窗口、全面实现小康社会任务窗口关键叠加期的重大产业发展规划。

（二）本规划为林州市文化旅游产业统筹发展总体规划，政府主导性文化旅游宏观战略性发展规划，林州市文化旅游产业发展规划与建设实施规划，林州市文化旅游业组织与项目开发建设的指导性文件。

四、规划依据（略）

五、规划要求

（一）要求规划编制必须强化全球视野和战略思维，正确处理好政府与市场的关系，科学设定规划目标指标，全面创新文化旅游发展规划。使规划更加适应时代要求，更加符合发展规律，更加反映人民意愿。

（二）按照中共中央"十三五"规划建议的精神，中长期规划是推进治理体系和治理能力现代化的重要手段，

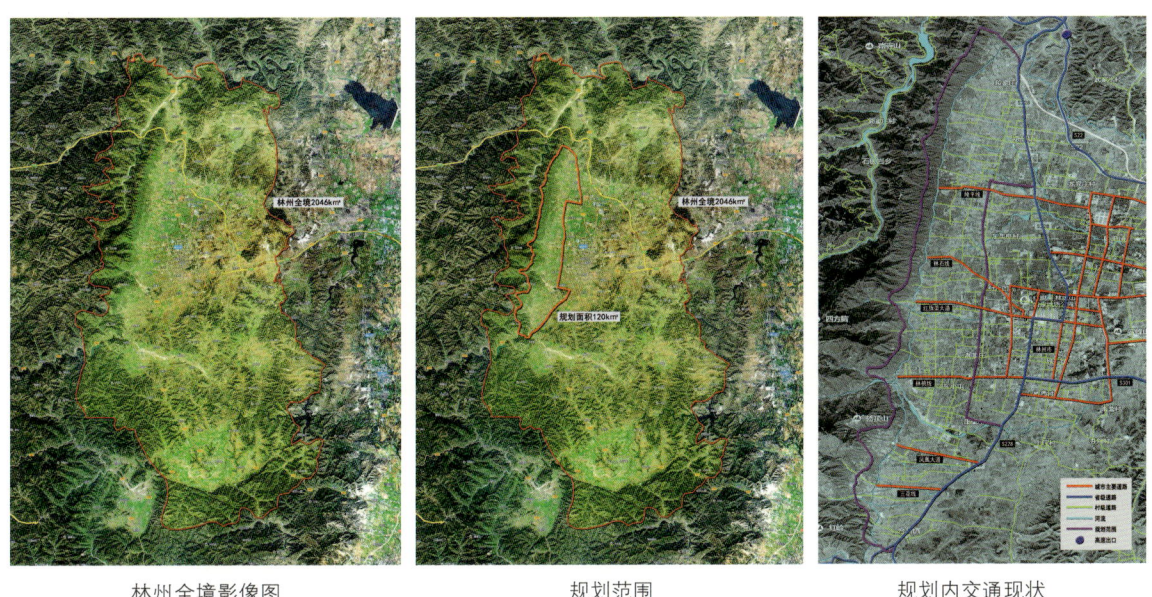

林州全境影像图   规划范围   规划内交通现状

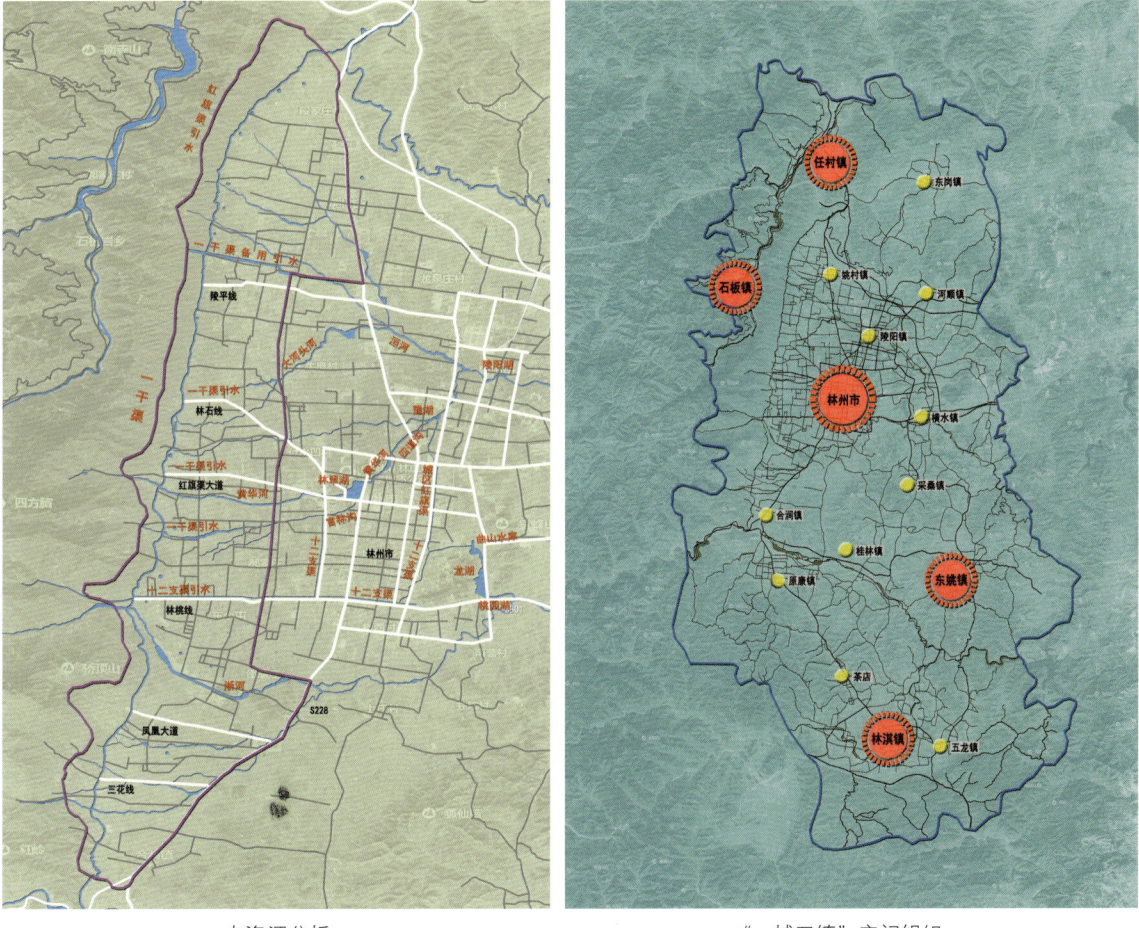

水资源分析   "一城四镇"空间组织

是健全宏观调控体系的重要内容。面对深刻变化的世情国情，面对全面深化改革的历史重任，规划编制工作必须坚持"五大发展理念"，与时俱进，在规划性质和功能定位、规划编制方法和程序、规划内容和表现形式等各方面积极探索、大胆创新。

六、规划原则

（一）目标导向、问题导向、市场导向原则

林州市文化旅游产业发展要坚持"目标导向、问题导向、市场导向"原则，确立文化旅游产业近期及中长期发展战略，充分探讨和发现产业发展问题，寻找市场方向和可实施综合解决方案。必须充分考虑需求和供给两个方面全面改革，特别是供给侧结构改革，并依此作为规划决策的基础，对文化旅游进行战略规划、制度安排、项目设置。正确预期文化旅游产业发展趋势，描绘可实施文化旅游产业愿景。

（二）全域协调，产业融合，城乡统筹原则

以协调为理念，实施全域统筹文化旅游发展战略，从重点景区导向开发向全域发展文化旅游产业转型，把文化旅游产业作为区域性主导产业进行谋划。从单纯的文化或旅游产业自身发展向一二三产业全面融合转型。从文化旅游行业发展向城乡统筹、全面协调可持续发展转型。把文化旅游构建成经济社会发展战略增长极。

（三）差异化、特色化、主题化发展原则

依托林州资源禀赋和产业优势，构建区域层面差异化、特色化、主题化发展战略，构建文化旅游产业可持续竞争力和比较优势。其中包括发展战略、城市形态、产业空间、项目设计等。走全面创新和全球范围配置要素发展路径，通过新一轮全面改革开放使林州文化旅游产业超越同质化趋势。

（四）以人为本、万众参入、人人共享原则

推动全域文化旅游产业，必须依靠和发动广大人民群众，特别是广大农民的广泛参入和创造热情，充分调动人民积极性、主动性、创造性。必须坚持以人民群众为中心的发展思想，把增进人民福祉、促进人的全面发展作为出发点和落脚点，是新一轮全域式文化旅游产业发展遵循的根本原则。

（五）超前性、富弹性、可操作性兼顾原则

作为指导地区旅游业发展的纲领、构筑地方现代旅游产业体系的行动指南，在贯彻学科理论指导的前提下，旅游规划必须具有较强的超前性、富弹性、可操作性。一是适当的功能分区，主要以交通结构、资源分布和产品类型为主要依据划分功能区，分片开发，保证建设的可操作性；二是在产品设计中将紧跟市场需求、紧扣地方资源特点，同时尽量实现对产品内容的细化，保证产品开发的可操作性；三是在时间安排上采用整体规划、分期开发的时序安排，强调旅游产品之间的互动、旅游产品与服务设施之间的互推、旅游产业与相关产业之间的互促，保证开发的可操作性。

七、规划技术方案和规划技术路线

（一）规划技术方案

1. 融入区域战略规划，全面提升专项规划地位

以区域规划、城市规划、产业规划及"十三五"规划与文化旅游规划相融合的方式提升规划战略，寻找发展对策。走出传统旅游规划过度技术性、缺少制度性、地位依附性等弱势地位问题。

2. 构建开放式编制平台，汲取跨行业智库思想

各方面的智慧是编制好规划的源头活水，集思广益是规划成功的关键，坚持开放编制规划，深化细化前期研究。通过前期关键性课题研究、实地调研、广泛听取各方意见和建议，特别是通过研讨会、论证会听取专家智库的意见

实现规划全面创新。

3. 全面创新技术线路，着眼全球性竞争力塑造

本次文化旅游产业总体规划设计工作是将林州置于世界级旅游目的地、世界级山水人文城市的宏观发展愿景下进行解读，从国际文化旅游产业发展趋势和区域经济圈层的角度着眼，对林州文化旅游产业发展的现状、背景、资源及限制条件进行调研和分析，判断产业发展预期和发展特征，梳理产业现状问题，形成对产业的整体认识，探寻林州文化旅游产业未来可能的发展方向；以林州文化旅游产业发展现状为基础，结合林州山水资源的自身特点和优势，明确文化旅游产业发展定位和目标，提出产业发展策略，拓展产业范围，调整产业结构，对文化旅游资源进行梳理、利用，提出开发设想的设计工作。其目的是保存、继承、展示和彰显太行山文化、红旗渠文化和淇水文化等，并进行内涵挖掘和外延扩展，最后转化为旅游利用和文化产业开发，促进林州文化旅游产业的跨越式发展。

（二）规划技术方法

1. 战略目标导入方法

在常规的文化旅游产业规划中，通常采用"资源分析导入"方法，正所谓靠山吃山，靠水吃水。这样的发展模式需要很长的酝酿期，并且资源本身的历史知名程度对品牌跨越提升往往有阻碍作用。在本次规划中，林州文化旅游产业的发展目标已经非常明确，是有清晰主导目标的发展模式，所以规划操作的方法是在明确的发展目标指导下，研究现有资源，探寻林州文化旅游产业发展的多种可能性，提出切实可行的项目发展战略，并指导资源开发，以"目标导入"作为主要的规划方法。

2. 宏观研究切入方法

通过宏观课题研究，对林州所处的大区位背景、区域发展条件、宏观交通环境、战略资源禀赋等进行全局分析和研判，理清文化旅游产业的发展机会和面临的问题，进行制度创新，明确林州文化旅游产业未来发展的顶层战略和具体路径，建立合理优化的城市功能结构和产业布局空间。

3. 微观分析技术方法

建立场地空间肌理变迁、产业结构发展演变、人口及经济等的分析结构，以此确定适合片区更新及文化旅游产业发展的模式并制定相关发展策略和可实施项目。

4. 时间维度与空间维度相结合方法

建立与城市动态发展变迁相适应的产业结构和空间布局，合理分配土地的业态组织功能，同时也建立各有侧重的不同产业发展策略和具体落地项目实施方案，在谋划长远战略的同时，重点强调近期制度设计的可实施性和落地项目的可操作性。

5. 构建多学科复杂系统分析方法

本次规划面临的问题不是简单的调整文化旅游产业结构，或者完善管理机制，而是要对林州整体文化旅游产业发展模式的重新审视和定位，结构复杂、涉及多种学科领域和知识体系，传统方法已无法胜任这样的分析、设计任务。因此，在本次设计中，通过构建多学科复杂系统分析结构，从资源引领、市场引领、问题引领等不同切入点入手，利用各领域现有的研究成果，对产业设计融合型、空间组织协调性的综合解决方案进行探索，以系统最优为目标，协调各子系统的耦合关系和优化过程，来取得兼顾制度支撑、价值支撑、项目支撑的系统最优设计方案。

第二章 文化旅游产业发展背景（略）

第三章 文化旅游资源分析

文化旅游资源的形成是一种综合性、地域性的自然地理基础、历史文化传统和社会心理沉淀相融合的四维时

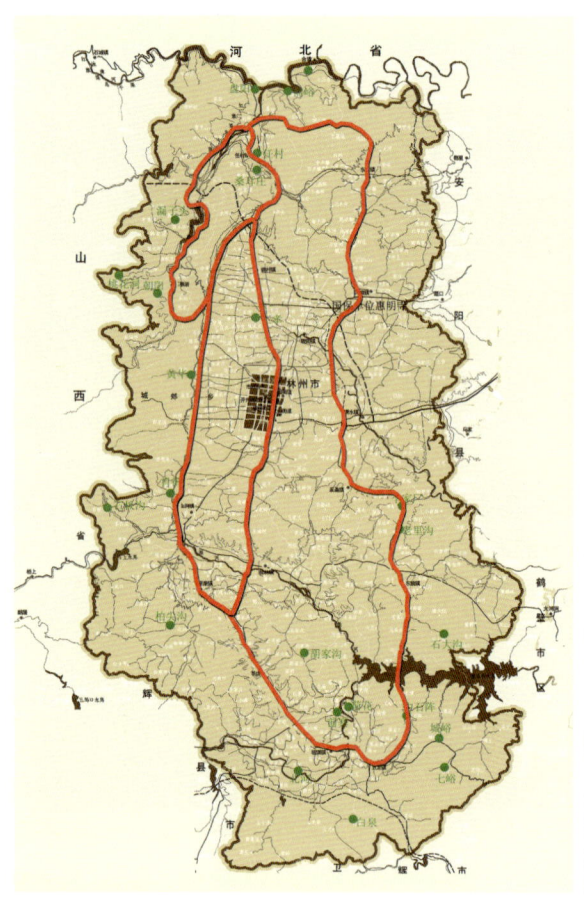
文化旅游路线图

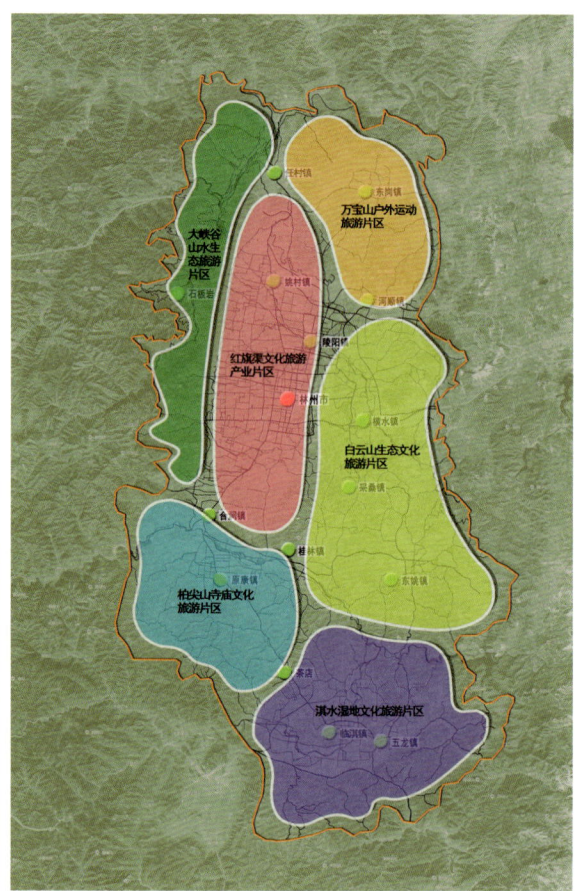
六大文化旅游片区

空组合，涵盖自然环境特征（地质、地貌、气候、水文等）、人文环境特征（历史、社会、经济、文化等）两方面内容。林州市文化旅游资源的形成背景可具体从这两个层面进行全面剖析。

一、文化旅游产业发展现状（略）

二、林州市文化旅游产业发展问题分析

（一）战略资源被拆分割，总体规划和统筹发展失落

长期以来，林州以优质旅游资源号召市场资本和要素，进行战略合作和开发，如太行大峡谷、天平山、洪谷山及城市西部浅山区等。在推动旅游产业发展的同时，也存在着战略资源割裂的问题。传统的办法以"五龙治水"进行应对：林州市旅游产业发展指挥部、林州市旅游产业发展管理委员会、林州市旅游局、林州市风景名胜区管理委员会、林州市林虑山风景名胜区管理委员会等单位都承担有旅游业发展和管理职能。其结果政出多门，职责划分不明，职能重叠交叉，造成了管理体制不顺，政府产业政策主导作用没有体现出来。

纵观林州旅游资源现状，功能布局不明确，核心功能轴缺失，无论是在地域上，还是在各资源联系上，其分布相对分散，各景区（点）之间的内在联系不强，且有各自为政之势。缺少发展理念、社会价值、制度设计、机制路径、顶层战略的引领，地脉、文脉等资源之间没有得到很好的融合，资源被分割，投资被分散。能够充分整合要

素的项目缺失，旅游产品开发小打小闹，形不成拳头和优势，不能形成强力发展态势，导致林州旅游业呈现出大资源、小市场，大文化、小产品，大品牌、小效益的局面。旅游业态不足，没有构成有序的旅游格局体系，品牌效应缺失，影响了文化旅游资源整体优势发挥。

作为一个着力培育、快速发展的新兴重要产业，林州的文化旅游产业发展还缺乏必要的具有前瞻性、科学性、系统性较强的文化旅游产业发展总体规划和景区（点）详细规划。部分景区景点已有的规划，多数仅只限于满足于审批项目、争取资金和近期开发建设，在详细程度、操作实施、合理利用资源等方面，均不足以指导景区开发建设和发展提高，更没有充分考虑林州文化旅游产业整体可持续发展的问题。

（二）产业结构失衡，粗放发展质量和效益不高

从林州旅游业综合收入和旅游接待量的数据分析来看，林州文化旅游产业的发展陷入了单纯追求规模扩大，而忽视产业体系构建的误区。20世纪90年代后，林州的旅游业发展迅速。2013年全市共接待游客487.4万人次，实现旅游综合收入10.3亿元，分别增长14%和22%。但是旅游人均消费水平只有200多元，年增长率不足1%，如果将通胀率考虑进来的话，旅游收入的质量不但没有提高，还略有下降。这说明林州旅游业发展多年赚的是人气，旅游收入的主要来源还是门票。游客数量增加，无疑会为承载力有限的生态环境带来沉重的负担，而人均消费没有明显增长，表面上人山人海，实质上是经济效益低下，社会总成本增加。

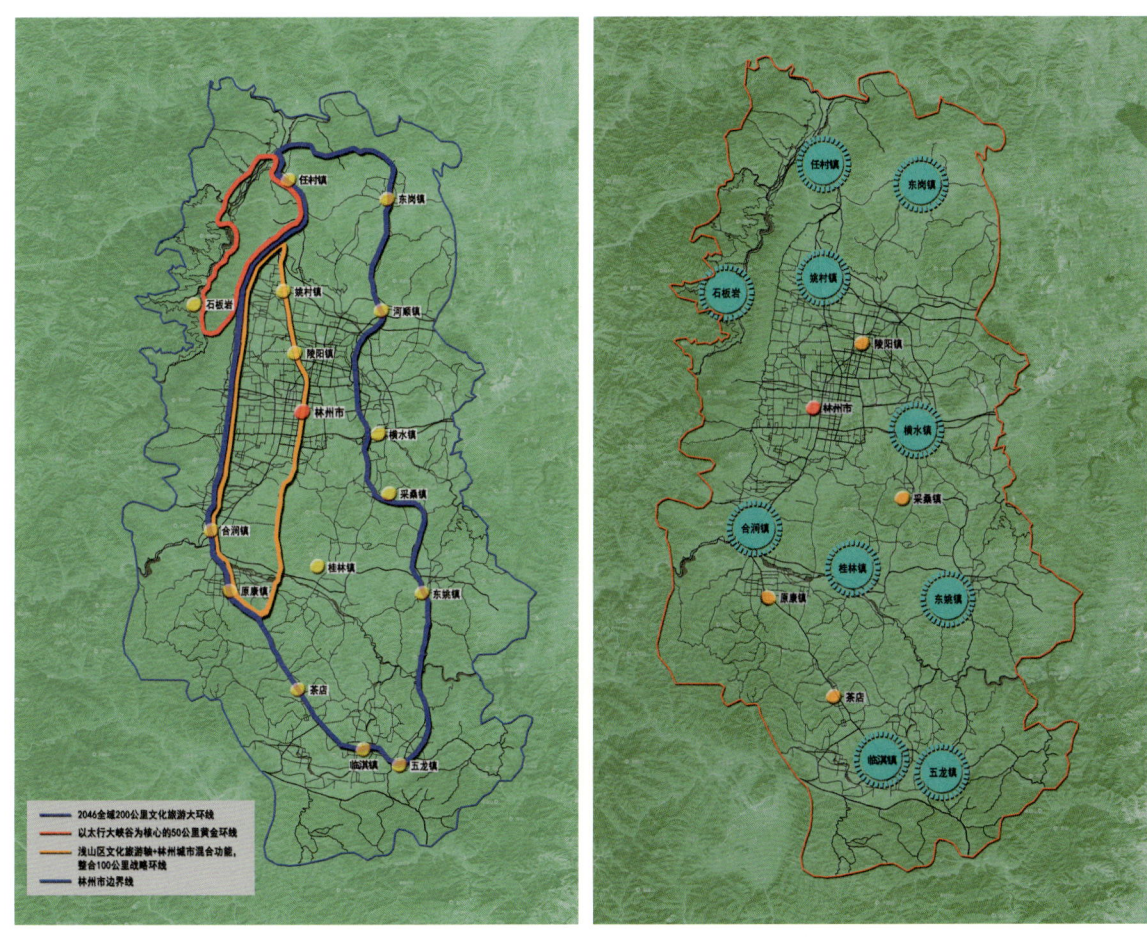

交通组织分析图　　　　　　　　　　　十大古镇布局分析图

从文化旅游产业结构来看，林州文化旅游产业现状水平只能满足游客在"游"方面的需求，并且存在着旅游线路不连贯，旅游消费上不去的问题。近几年，来林州的游客逐年增多，但游客的旅游消费始终停留在"一个茶叶蛋，两根火腿肠"的初级消费阶段，旅游产品严重匮乏。附加值更高的礼品、娱乐、运动、会展、商务、金融、信息服务、科研技术服务等处于空白或起步阶段，市场细分和个性化服务基本没有，更缺乏对高端旅游消费市场具有吸引力的产品。这也使得林州文化旅游产业国际化程度不高，创汇能力还不够强，尤其对于远程的欧美客人而言，旅游认知度偏低。2013年林州全市共接待境外游客约6万多人次，几乎全部是韩国游客，虽较2012年（2.2万人次）在境外游客数量上有大幅度的提高，但总体规模偏小，在国际旅游市场仍有很大的发展空间。

（三）要素配置路径缺失，战略资源保护问题显现

从林州文化旅游产业发展模式来看，依然遵循着工业发展的传统模式——资源导向型产业发展模式，认为资源的优势与其所获得的市场地位是相对应的，有什么样的资源就开发什么样的旅游产品。这是一种以初级生产要素作为竞争基础的开发模式，在旅游业发展初期，这种模式确实能起到相当促进作用，但其缺点也是显而易见的：在该模式下，经济效益成为唯一的评价标准，缺乏可持续性以及和周边环境（包括生态环境和社会环境）寻求共赢的和谐性；游客数量的猛增给林州的生态环境保护带来了巨大的压力；忽视市场的需求，要素配置路径缺失，导致竞争力低下；管理要素整体落后、体制不健全，粗放型的初级开发，造成资源浪费和破坏；资本要素严重缺乏，旅游产业

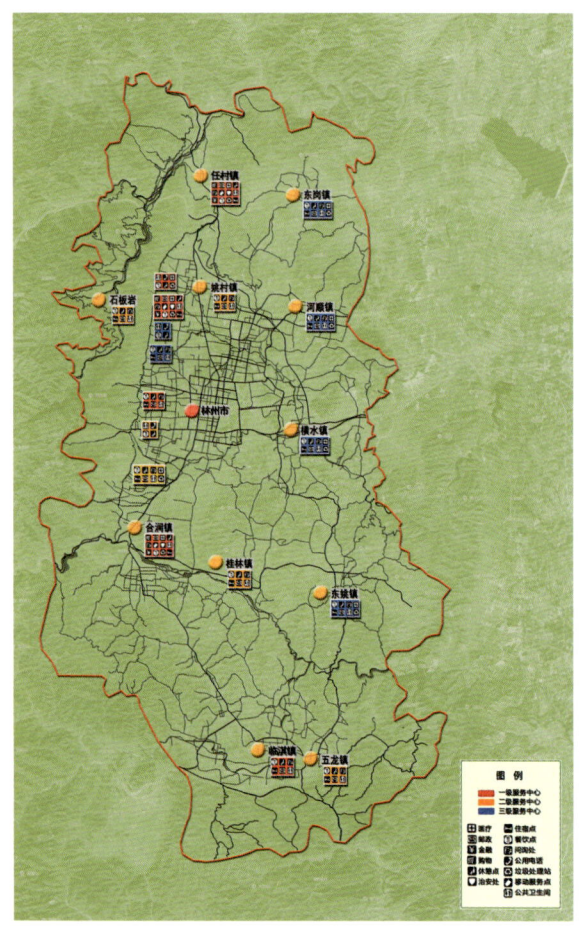

服务设施规划图　　　　　　　　　　　　　　用地现状图

发展面临"成长上限"等种种问题。林州旅游业迫切需要转变现有的发展模式，重新确立价值取向，衡量标准；重新审视旅游发展的各项限制因素。这不仅是提高资源利用效率的有效途径，也是整个旅游产业健康发展的内在要求。

（四）项目运作体制机制缺失，产品开发效率低下，缺乏创新性

文化旅游资源是文化旅游产业发展的基础，在林州现有的文化旅游资源中，包含了自然生态、历史文化、古城文化、遗址文化、名人文化，以及红色文化等诸多国家级甚至国际级的顶级旅游资源。从林州文化旅游产业多年发展的经验来看，坐拥如此美丽山水但保护和利用好这用之不尽、取之不竭的宝贵资源意识薄弱，文化旅游产业整体"号召力"和"震撼力"不够强劲，未能将旅游资源优势转化为产业优势、经济优势。

从林州文化旅游产业发展的现状来看，能够起到产业带动和引领作用的顶级项目依旧缺乏，未能形成对外统一宣传的品牌形象。正着力打造的以红色教育游、太行大峡谷绿色生态游和蓝天滑翔游为代表的"红、绿、蓝"三色旅游品牌虽已初具雏形，但这只是对具体旅游项目的品牌宣传，离塑造真正叫得响的"林州旅游"整体大品牌还有很长的路要走。

从目前林州旅游资源开发利用的情况来看，多数景区处于传统的自然发展状态，景区产品大都是单一游览观光的初级开发状态，缺乏参与性、娱乐性、体验性的旅游项目，对外影响力不高，资源整合和空间整合不足，资源转化为产品的力度不够，产品开发深度不到位，特别在衍生产品、联动产品、新兴产品等方面，更是缺乏一定的创

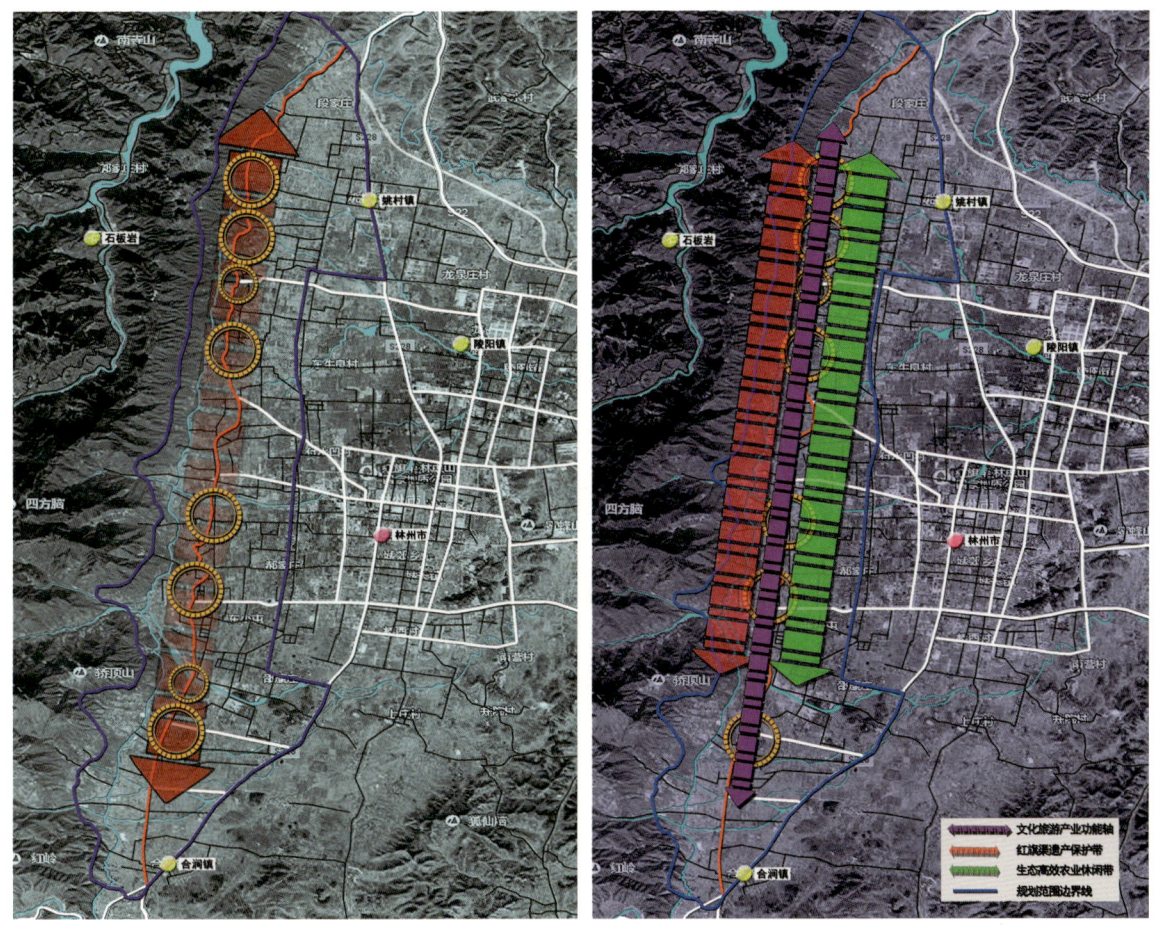

空间结构分析　　　　　　　　　　　空间结构分析

新性。

（五）城市空间形态发展同质化，地域传统性格和文化特征消失

经过城镇化、工业化洗礼的林州，在城市演化过程中获得了新的功能和形态，空间结构也表现出扩散的特征，即经济地理空间的蔓延和经济空间的重构。科技的发展使人们摆脱了山水边界的限制，道路渐渐取代河流成为划定土地边界的因素，历尽千百年沉淀的自然肌理逐渐被秩序化的道路网格所覆盖。在人为因素的制约和影响下，林州的城市空间形态已显现出工业城市的面貌特征，与周边城市的面貌逐渐趋同。

随着工业经济增长趋缓和城市转型发展的大趋势，与邻近同质旅游城市间的竞争在所难免，如何突出城市的特色文脉与地脉，提升旅游产业综合实力，在激烈的竞争中脱颖而出？山水田园如何与现代生活达成融洽？当我们把网格秩序加在一片有历史的土地上时，我们真的还能透过这些秩序去汲取和感受这片土地的历史吗？

（六）利益结构严重偏移，可持续发展和共享价值失落

一段亲身的经历，可以很好地说明这个问题。2014年4月，当我们来到太行大峡谷石板岩镇走访时，陪同我们考察的副市长身边一下子聚拢了五六个农民，大家拉着市长的手向他反映旅游产业的问题。一位五十岁上下的农民说：他在景区打工，一天报酬是20元，扣掉盒饭钱15元，他一天收入5元钱。村民们认为太行山是他们的家园，大峡谷百里山路是他们几代人献工修建的，如今景区开发了，而他们确没有得到实惠。这表明在林州文化旅游产业

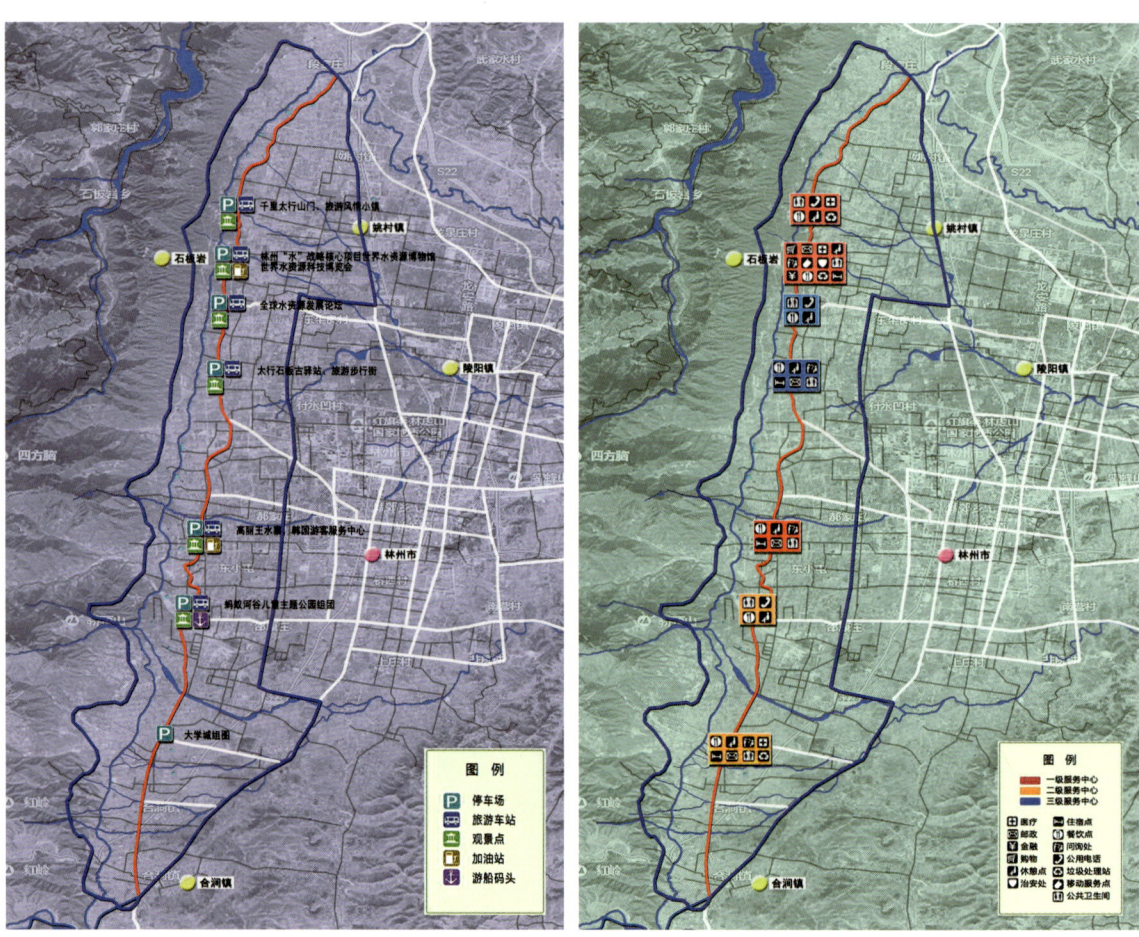

交通设施规划图　　　　　　　　　　服务设施规划图

的发展过程中，资本以开发运营权覆盖资源所有权，利益结构偏移，特别是农民对资源持有的权益在非对称式格局中被溢出，可持续发展价值失落。

第四章　文化旅游产业发展机遇与挑战（略）

第五章　文化旅游产业发展总体规划

一、规划背景

（一）中国经济发展背景

全球产业竞争格局正在发生重大调整，中国在新一轮发展中面临巨大挑战。国际金融危机发生后，发达国家纷纷实施"再工业化"战略，重塑制造业竞争新优势，加速推进新一轮全球贸易投资新格局。一些发展中国家也在加快谋划和布局，积极参与全球产业再分工，承接产业及资本转移，拓展国际市场空间。中国经济面临发达国家和其他发展中国家"双向挤压"的严峻挑战。中国经济下行压力前所未有，地方经济面临更加严峻的挑战。

（二）林州面临战略转型

挑战和机遇并存。中国经济迎来了结构调整历史机遇期。文化旅游产业迎来了战略发展机遇期。基于构建世界级旅游目的地、世界级山水人文城市，林州市"十三五"文化旅游发展战略面临全面创新。林州文化旅游产业发展面临重构总体思路和重点突破领域，包括指导思想、基本原则、主要目标、重点任务、发展路径及政策取向等。

二、指导思想

全面贯彻党的十八大精神，深入贯彻习近平总书记系列重要讲话精神，坚持"四个全面"，贯彻"创新、协调、绿色、开放、共享"五大发展新理念，加快形成以文化旅游产业为主导的引领经济发展新常态的体制机制和发展方式。统筹推进文化旅游产及经济社会发展，做大做强文化旅游产业，为全面建成小康社会做出积极贡献。

三、总体要求

（一）构建文化旅游主导产业发展地位

"十三五"时期，是中国全面建成小康社会，保持中高速迈向中高端，优化结构，协调发展的关键时期，是林州全域文化旅游作为主导产业发展关键时期，必须做好应对国际金融危机持续影响等一系列重大风险和经济下行压力的严峻挑战的积极准备。努力适应经济发展新常态，不断创新文化旅游产业宏观调控方式，尽快推动形成文化旅游产业结构优化、发展动力转换、发展方式转变的新态势。推动文化旅游产业同新型城镇化、农业现代化融合发展。促进城乡统筹、区域协调、农民增收、农业发展、农村美丽。

（二）构建文化旅游差异化发展新战略

以新格局、新举措、新模式，从全球及区域层面高度谋定林州城市未来发展的总体思路，发展理念、战略定位、功能结构、产业布局、空间组织等顶层规划和相关制度设计，提供基于区域经济发展战略的可实施综合解决方案，推动城市产业结构和空间结构战略转型，构建参入中国创新的差异性发展战略和注意力经济。

（三）构建"一带一路"中国文化新地标

以改革创新为理念，以开放合作为路径，以制度设计为引领，在更大的发展格局和更高的战略层面，构建全球性文化交流与合作平台，推动红旗渠文化、太行山文化、淇水文化融入"一带一路"，向中国乃至全球更大范围传播。要对中国"一带一路"做出战略响应，实施走出去战略，在全球范围内传播红旗渠故事，以文化旅游为出口和切入点，引领林州参与中国创新。

（四）构建全域文化旅游产业发展新局面

文化旅游、休闲度假、运动养老、论坛会展大产业初步形成。特色鲜明、服务完善、功能凸显。文化旅游在新一轮城镇化中起主导作用。文化遗产和生态环境体保护体系建立。大型旅游板块、生态廊道、重点村落基本确立。以交通和生态共同主导的文化旅游移动网络显现成效。外部文化旅游合作平台基本形成。

四、总体战略——"显山露水，战略转型"

（一）举全市之力，实施全域文化旅游战略

林州在新一轮发展中，将以改革创新为理念，以开放合作为路径，以制度设计为引领，关注区域经济发展战略的顶层设计及可支撑叠加战略，可实施综合解决方案，以更广阔的战略视野，在全球范围内配置要素，构建大区域差异化发展战略和基于资源禀赋的注意力经济，举全市之力，实施全域文化旅游新战略，组织和构建"显山露水，战略转型"区域顶层新战略。推动产业结构从传统的二产为主导的"二三一"结构，向现代的三产为主导的"三二一"进行战略转型。

（二）"显山露水，战略转型"创新发展路径

"显山露水"即在中国及全球范围内重新寻找和定义林州山水资源价值，在中国及全球层面重新组织和构建林州山水战略。重塑文化旅游主导产业新地位及未来城市发展新方向。

"战略转型"即以"显山露水"战略对林州发展规划进行最高覆盖和顶层设计，其核心理念是"生态为根、文化为本、战略转型、绿色发展"，参与中国创新，参与全球化新一轮要素重构，创建世界级旅游目的地、世界级山水人文城市。

以优化空间组织、优化资源配置、优化发展路径为对策，以重大战略、重大项目、重大举措为抓手，推动林州全域文化旅游"十三五"及中长期发展规划。

五、战略定位

（一）战略路径

紧紧抓住"十三五"时间机遇期、"一带一路"空间机遇期和全面建成小康社会目标机遇期三期叠加形成的中国结构调整机遇期，以开放合作为路径，以制度创新为引领，构建可支撑叠加战略，可实施综合解决方案，以更广阔的战略视野，在全球范围内配置要素，构建全域文化旅游差异化发展战略和基于资源禀赋的注意力文化旅游经济。

（二）战略定位

（1）世界级文化旅游目的地，世界级山水人文城市。

（2）中国中部晋冀豫三省区域融合文化旅游中心城市。

（3）智慧城市、森林城市、绿色城市、海绵城市、宜居城市。

（三）产业定位

山是林州的脊梁，水是林州的命脉，林州的优势在生态环境，竞争力也在生态环境。文化旅游产业是唱响林州未来新乐章的主打旋律，是林州未来产业结构发展的核心部分，是参与创新发展、成为中国示范的有效路径，是主导和引领城市经济发展的新增长极。

（四）城市理想

未来的林州不仅要让林州人民安居乐业、引以为傲，更要吸引中国和世界的目光，成为 "近者悦、远者来、留得住人、拴得住心"的创新型、国际化的魅力城市。

六、红旗渠精神再定位——2016 年代新诠释

（一）中国红色经典

当前，中国正在进行全球战略布局，实施互联互通，"一带一路"和区域一体化协调发展新战略。同时，中国所面临的复杂挑战和经济下行压力前所未有。中国改革和结构调整正进入攻坚期。中国正在从传统的规模经济向效率经济，进而向价值经济进行战略转型。红旗渠作为中国战略题材必须重新出发，参与中国创新，为中国示范。要把红旗渠作为"一带一路"传播中国精神、讲述中国故事、进行文化交流的战略题材和创新主题，让世界重新阅读中国，了解中国共产党领导中国人民的伟大奋斗历程和不屈不挠的伟大民族精神。以红旗渠为全球化窗口，规划林州开放新战略已成当务之急！

（二）人类伟大精神

红旗渠是新中国成立以来，中国共产党领导中国人民进行的伟大实践，她已远远超越了引水工程本身和艰苦奋斗自力更生朴素精神，是中国共产党执政为民，中国人民当家作主的伟大典范，是中国大地上人民生存与发展的意志与诉求的宏大叙事，作为中国故事其本质是人民的伟大胜利，是人与自然的伟大拥抱。她是中国共产党实事求是，理论联系实践，密切联系群众及实践是检验真理的唯一标准的伟大教科书；是现代科学发展，绿色生态零排放，可持续发展的最高范式；是中国天人合一、包容和谐的不朽传奇。她是延续民族血脉中国最伟大的文化现象，文化载体和文化景观地标，是世界级文化遗产，充满着"顺天意、利民生、福子孙"的中华民族血脉与梦想。以红旗渠精神和内涵推动林州新一轮改革发展已势在必行！

七、战略对策

（一）从资源型重点布局，向全域型制度协调转型

以全域文化旅游为核心战略，重构文化旅游业发展空间布局，突出核心组团、重大项目的带动引领作用。对基础条件好、发展潜力大的重点组团和龙头项目进行政策、资金、技术、人力资源等多方面支持，塑造战略品牌，打造文化旅游产业示范项目和要素集聚区，新一轮文化旅游业增长极。

（二）从文化旅游业自身完善，向一二三产融合发展转型

构建全域文化旅游产业，必须走一二三产融合发展道路，同新型城镇化、农业现代化相结合，构建更大范围的承载平台和发力空间。使文化旅游产业在新一轮结构调整、方式转变中起到引领和推动作用，并在政府宏观政策、规划布局、开发用地、投融资支持等方面同红旗渠国家开发区具有同等优势。

（三）从林州的事靠林州人，向全面开放国内外两个市场转型

改革开放的基本经验就是通过合作共赢，在更大范围内配置要素，实现产业转移和结构优化。林州新一轮全域文化旅游发展的基本路径就是通过更高层次的对外开放，引入区域性、全球性战略要素，人才和发展理念，品牌及战略资本等，把林州的事做成中国的事，世界的事。这是林州构建世界级文化旅游目的地、世界级山水人文城市的必由之路。

八、基本原则

（一）坚持全域战略

在全域范围内推动文化旅游产业协调布局均衡发展，共享新一轮转型发展机遇期。以文化旅游产业为主导产业和未来方向，同新型城镇化、农业现代化、新型工业化融合发展。构建全新的供应链、价值链和产业升级发展路径。通过全域发展文化旅游新战略，充分实现增量部分对存量的塑造，进而参入新一轮利益调整。塑造要素有序自由流动、资源环境可持续承载的区域协调发展新格局。

（二）坚持全面创新

创新是发展的强大动力。加快形成有利于文化旅游产业创新发展的市场环境、产权制度、投融资体制、分配制度、人才培养引进使用机制等。优化劳动力、资本、土地、管理等要素配置，激发创新创业活力，推动大众创业、万众创新，释放新需求，创造新供给。全面推动文化旅游新项目、新产品、新业态蓬勃发展，加快实现发展动力转换。

（三）坚持以人为本

推动全域文化旅游产业，必须依靠和发动广大人民群众，特别是广大农民的广泛参入和创造热情，充分调动人民积极性、主动性、创造性。必须坚持以人民群众为中心的发展思想，把增进人民福祉、促进人的全面发展作为出发点和落脚点，是新一轮全域式文化旅游产业发展遵循的根本原则。

（四）坚持开放发展

开放是全域文化旅游产业发展的核心路径。以合作共赢为理念，通过新一轮对外开放，推动要素在国内国际两个市场更大范围内优化配置。以文化旅游产业发展为契机，推动林州新一轮开放热潮。重点引入人才智库、大数据、互联网、项目及全球性总部级战略合作伙伴。实施负面清单管理，简政放权，构建开放发展生态新环境。

九、发展目标

（一）总体目标

以建设"世界级文化旅游目的地，世界级山水人文城市"为总体目标，优化宏观调控、推动改革开放；优化制度安排、布局全域战略；优化空间组织、加强项目集聚；优化发展路径、壮大产业集群；优化人才战略、创新文化旅游品牌等措施，将林州打造成为国内外独具特色的文化创意旅游目的地和集散中心，全市经济发展战略增长极。

（二）经济目标

到 2020 年，全市接待游客总人数达到 1000 万人次，其中海外游客 20 万人次，文化旅游业总收入达到 100 亿元，成为国民经济主导产业、创新型产业。

（三）产业规模

到 2020 年底，新建文化旅游 A 级景区 10 家，总数达到 20 家，其中包括 2 家 5A 级风景区，5 家 4A 级景区，4 家 3A 级风景区。新增具有我市餐饮特色的星级农家乐 200 家，总数达到 330 家，农家乐总规模达到 1000 家。新增国家标准星级酒店 10 家（五星级 1 家，四星级 2 家，3 星级 3 家）。增加旅游就业岗位，使全市旅游行业直接就业人员达到 30000 人，间接就业人员达到 100000 人以上，五年内累计培训旅游从业人员 30000 人次。

（四）制度目标

申报红旗渠（太行大峡谷、红旗渠、石板岩古村落）世界双遗产，申报国家公园。

第六章　文化旅游空间发展战略

一、空间战略结构评价（略）

二、空间组织问题分析

（一）全域文化旅游空间碎片化，顶层战略缺失。亟待确立发展战略，进行空间重构。

（二）城市空间过度蔓延，空间层次模糊，功能隔离空间缺失。城市形态同质化严重，老城区发展战略空缺。城市天际线作为战略资源被严重忽略。城市功能分区缺少清晰定位。空间结构正面临战略转型，包括形态、功能、布局等应该向以文化旅游主导的方向转变。

（三）城乡空间组织尚没有建立文化旅游可参入要素配置新格局。空间资源闲置，空间布局还滞留在自然形态状况。

（四）文化旅游消费空间短缺，消费空间意识薄弱，战略空间、产品空间、环境空间系统尚需构建。

三、空间发展理念

（一）进行供给侧结构改革，降低制度性交易成本，推动更加广泛的创业创新，以文化为引领，以旅游为载体，以全域文化旅游为战略，以构建文化旅游消费空间和消费产品、消费服务、消费环境为主线，以产业融合发展为路径，以重构山水空间新格局为目标。

（二）城市空间发展应突出强调城市核心理念：适宜人居、机遇均等和环境生态三要素。林州应全面创新城市空间发展概念，文化先行，从文化中寻找主流精神和创新动力。城市千差万别，但其最重要的竞争魅力就是文化。文化是从最高层面对城市战略资源、发展概念、城市动力等方面进行整合。林州应该充分加强以文化旅游为主导的山水文化、城市文化、产业文化、市场文化、公民文化等系统工程建设，让城市更具人文激情和发展空间。文化的意义是如何估量也不为过，它是城市开放推广，招商引资，区域发展综合竞争力的核心组成部分。

四、空间发展总体目标

文化旅游产业也必须放眼全球，加紧战略部署，化挑战为机遇，抢抓全球及中国新一轮产业竞争制高点。城市发展的动力来自产业推动力、空间支撑力和管理协调力。林州现在的突出问题是空间支撑战略滞后于城市区域战略，已严重束缚着城市的跨越式发展。林州亟待站在区域性城市发展概念的高度，以市场、问题、目标为导向，对林州空间战略进行重新认识和评价，对城市资源进行战略整合，从而寻求一种既能应对经济下行压力挑战，又能构建未来区域竞争力的空间发展发展新战略，并制定出相应的城市发展策略，以及一个能充分兼顾城市及区域经济平衡发展、综合发展、可持续发展的效率和秩序并重的空间结构模式。

城市设计

林州的新一轮文化旅游空间发展战略是以世界级文化旅游目的地、世界级山水人文城市为战略目标，构建能够充分反映区域资源禀赋、秩序和效率协调、保护和发展兼顾、城乡和环境统筹的，能够参与中国创新和创新要素配置的，全域型文化旅游空间新结构。

五、空间组织战略布局

"显山露水，战略转型"，"一山双水、一城四镇、双轴三环、六大发展片区"，全域文化旅游空间大格局，和"十大功能组团、十百千万工程"全域文化旅游发展新目标。

（一）"一山双水，一城四镇、双轴三环、六大发展片区"全域文化旅游空间组织新格局

1．一山双水

一山即有"中国地理脊梁"之称，南北纵贯华夏大地一千五百里太行山之门的世界大峡谷林虑山。双水即被誉为"世界第八大奇迹"的红旗渠和被誉为"诗经之水"的淇河。一山双水，左右逢源，汇流大势。其内涵包含了大自然的鬼斧神工、千古文明的爱情咏叹和红色经典的中国传奇。一山双水，以其丰富内涵、气势磅礴和不可复制的世界级自然和文化遗产，共同支撑林州区域战略最高格局和参与中国创新顶层塑造。

2．一城四镇

一城即晋冀豫三省通衢林州城，全域层面文化旅游服务核心区、混合要素配置战略节点，林州行政资源公共资源中心。四镇即北部任村镇、南部临淇镇、西部石板岩镇、东部东姚镇。一城四镇，虎踞龙盘，四面贯通，塑造林州全域文化旅游新战略，空间组织价值新方向。其内涵是从重点理念向协调发展战略转型，更加关注边缘地区在新一轮发展中的制度性利好机遇和要素共享，高度重视林州空间战略布局的进一步优化和转型。北部任村镇将建设成太行古镇、南部临淇镇将建设成淇水古镇、西部石板岩镇将保护全域原著古村落、东部东姚镇将建设成文化古镇。

3．双轴三环

（1）双轴即西部文化旅游战略功能轴、中部城镇混合功能核心轴。

①西部文化旅游战略功能轴

西部文化旅游战略功能轴即重新定义西部山水，并以西部山水进行全域覆盖，组织以太行山浅山区为主导的，

城市设计

纵贯西部南北的文化旅游战略功能发展轴，西部以文化旅游为主要特色的融合发展一级功能轴。从根本上改变了西部功能轴缺失、空间发展战略碎片化等问题。西部文化旅游战略功能轴的确立将参入重构西部一山双水顶层战略，为市场提供强大的号召力，为政府塑造新的要素战略平台，为发展构建可持续新路径。

西部文化旅游战略功能轴，将从文化旅游产业布局入手，从北向南组织八大组团：千里太行山门、旅游风情小镇、林州"水"战略核心项目世界水资源博物馆、世界水资源科技博览会、全球水资源发展论坛、太行黄华石板古驿站、旅游步行街，高丽王水寨，韩国游客服务中心，蚂蚁河谷儿童主题公园，国际大学城，太行山养老度假基地等。一个充满无限魅力的林州，必将同千里太行山一样在中国大地崛起。

②中部城镇混合功能核心轴

中部城镇混合功能核心轴即以文化旅游产业为引领，继续保持二产优势，一二三产结构不断调整创新的，林州城镇化混合功能核心发展轴，林州产业核心走廊。在原有内部交通组织平台的基础上，以"一城四镇"为2046全域空间布局组织节点，以新型城镇化为发展战略，以产业集聚为主要抓手，确立和构建中部新型城镇化核心发展轴，对林州的空间组织和产业布局具有根本性意义。

（2）三环即一大环、两小环，环环相扣，全长200+100+100=400公里，全域文化旅游空间网络新格局。

①一大环，2046全域200公里文化旅游大环线。

一大环北起林虑山口任村镇经石板岩镇，南下穿越大峡谷一路过合涧镇、原康镇、茶店镇、临淇镇，经由五龙镇而北上过东姚镇、采桑镇、横水镇、河顺镇，至东岗镇向西转回任村镇。

全线200公里，覆盖林州市2046全域。为林州全域文化旅游空间网络组织新格局，一级交通大动脉，充分整合全域文化旅游资源和要素配置，是"十三五"及中长期盘活存量文化旅游资源，塑造增量文化旅游消费产品和消费空间的战略性大平台；是林州空间组织、交通组织的顶层优化战略，是区域协调，共享发展的基础性工程。对创新城乡体系及城乡统筹具有重大意义。

一大环"以生态为根，以文化为魂"，进行结构调整和空间塑造，从战略层面对参入全域发展方式创新，全

城市设计

面提升空间发展内涵，对林州全域文化旅游战略做出战略响应。重塑林州新一轮协调发展和可持续发展新格局。是后GDP时代林州总体战略的一次战略重构，在中国"十二五"收官，"十三五"启动的转变时期具有重要的积极意义。

②两小环，100公里大峡谷—西部浅山区文化旅游核心环线、100公里林州城市混合功能环线。

100公里大峡谷—西部浅山区文化旅游核心环线，即北起林虑山口任村镇经石板岩镇，南下穿越大峡谷至桃园，然后掉头北上经西部浅山区红旗渠文化旅游核心功能轴，直至任村镇起点，全程计100公里，是林州文化旅游资源集聚区，红旗渠文化旅游产业核心区。

100公里林州城市混合功能环线，即北起西丰南下进入林州城至大峪然后掉头北上经原康、河间进入西部浅山区文化旅游核心功能轴，直至回到西丰起点，全程计100公里，是林州要素优化配置核心区、文化旅游产业创新示范区。

基于全域文化旅游发展战略构建"一大两小三环"路线，是以资源和要素为主线，实施新一轮协调发展和共享发展新理念，通过制度安排重组林州文化旅游大格局，重塑消费空间战略流动性。特别是为红旗渠以传统施工作业道为载体的旅游交通干线退出，而进入遗产保护提供了抓手和可能。从根本上释放了西部浅山区南北纵向交通压力。推动以大峡谷、红旗渠为代表的双遗产保护进入新阶段。

（二）六大文化旅游发展片区

1. 大峡谷山水生态旅游片区：以山水和文化资源融合为特色，以山岳型大峡谷为标志。

2. 万宝山户外运动旅游片区：以山岳为特色，以大自然原生态和户外运动为标志。

3. 红旗渠文化旅游产业片区：以国家级文化遗产为特色，以中国精神传播为标志。

4. 白云山生态文化旅游片区：以寺庙文化为特色，以生态文化旅游为标志。

5. 柏尖山寺庙文化旅游片区：以中国最早的庙宇为特色，以度假休闲旅游为标志。

6. 淇淅河湿地文化旅游片区：以淇水淅河湿地为特色，以休闲度假怀古为标志。

（三）十大文化旅游功能组团

1. 林州城区旅游服务功能组团：林州市文化旅游要素配置集聚区，产业核心支撑平台。

2. 红旗渠文化创意产业组团：林州文化产业核心集聚区，文化旅游先导示范项目。

3. 任村太行红色文化旅游组团：林州红色旅游资源集聚区，历史文脉保护项目。

4. 石板岩写生绘画度假组团：世界级绘画写生集聚区，文化旅游休闲度假基地。

5. 万宝山野营运动旅游组团：区域性野营运动基地，原生态战略资源保护区。

6. 坝顶草原生态休闲旅游组团：生态休闲度假区，生态环境保护发展示范区。

7. 洪谷山北方山水画艺术组团：中国山水绘画发源地，中国山水画第一圣地。

8. 柏尖山村落养老旅游组团：生态养老度假区，生态环境可持续发展示范区。

9. 石阵刘家大院古民居组团：河南著名的古民居遗址，东方原著乡愁博物馆。

10. 淇水湿地古魏邑贸易组团：古老诗经之路，历史的脚步留住淇水之畔。

（四）"个十百千万"全域文化旅游新目标

1. 个——"一个大环线"

即北起林虑山口任村镇经石板岩镇，南下穿越大峡谷一路过合涧镇、原康镇、茶店镇、临淇镇，经由五龙镇而北上过东姚镇、采桑镇、横水镇、河顺镇，至东岗镇向西转回任村镇。覆盖2046全域，全程200公里的文化旅游大环线如一条美丽的项链，将十大文化古镇、一百个美丽乡村串联起来，是林州新一轮文化旅游产业发展的空间组织战略一环。

2. 十——"十大文化古镇"

任村镇——太行文化古镇任村镇，

石板岩——大峡谷石板岩古村落，

河涧镇——浅山区合涧民俗村落，

临淇镇——淇水诗经之路古临淇，

五龙镇——五龙历史文化古村落，

东姚镇——东姚商贸文化古村落，

横水镇——横水历史文化古村落，

姚村镇——太行历史文化古村落，

东岗镇——万宝文化历史古村落，

河顺镇——历史文化遗产古村落。

3. 百——"四个一百项目"

第一个一百：即开发建设100个以文化旅游为特色的美丽乡村，构建一村一品休闲旅游村落发展新模式，如菊花茶村、相州瓷村、石板岩村等。实施"五村工程"，即打造一比名村、改造一批老村、守住一批古村、建设一批新村、弘扬一批红村。

第二个一百：结合传统文脉和场所肌理，依托传统戏台、庙市、祠堂、街坊、谷场等，打造100个乡愁村落广场，创新型公共基础设施，惠民文化工程，在民间打下实实在在的山水人文基础。

第三个一百：即在全球范围内吸引100个文化艺术产业创新人才，聘任为文化旅游村主任，推动开放式要素配置，通过制度设计创新文化旅游发展机制。

第四个一百：即用五年时间实现红旗渠文化旅游100亿产业集群发展新目标。通过显山露水，战略转型，实现农民增收、农村美丽，农业可持续。

城市设计

4. 千——"四个一千工程"

第一个一千：通过创新规划等制度支持和乡村金融服务，推动1000家特色农家乐示范工程，构建全域参入式文化旅游大格局。

第二个一千：通过制度创新体制机制创新，引入1000个文化创意人才，参与林州文化旅游产业发展。

第三个一千：给以政策等全方位支持，号召1000人返乡创业。

第四个一千：扶持和支持1000家公司创业，林州全域文化旅游社会动员工程。

5. 万——"全域万众创业"

推动大众创新万众创业，推动农业转型和农业新一轮现代化进程。以产业支撑应对经济下行压力，以文化旅游产业引领进行结构调整，为全面实现小康社会释放新动力，创造新机遇，实现新跨越。推动林州市"十三五"互联网经济、跨境电子商务产业与文化旅游产业融合发展。构建林州市"十三五"社会保障体系与广泛就业、普惠民生、公共服务等公共政策机制新平台。

第七章　重大项目规划

一、文化旅游项目评价（略）

二、项目核心理念（略）

三、文化旅游重大项目库

（一）核心理念

1. 大文化、大旅游、大就业、大民生，全域文化旅游新战略。

2. 以目标、市场和问题为导向，以制度设计为引领，构建叠加战略，组织综合解决方案，实施全域文化旅游新愿景。

城市设计

3. 风景就是生产力，文化就是竞争力，绿水青山就是金山银山，乡愁就是战略资源，美丽乡村，文化古镇，乡土村落是新一轮城镇化战略新方向。

4. 推动农民新四化"资源财产化、财产资本化、资本股权化、收益多元化"。注入创新规划、盘活沉淀要素，实施大众创新、万众创业、"十百千万工程"。

（二）重大项目库

1. 十大博物馆：林州山水人文城市支撑工程

（1）世界水资源博物馆：与联合国教科文组织合作工程，河南省"十三五"规划重大文化工程，红旗渠第二个50年创新工程，林州文化旅游地标工程。同时包括林州"水"战略：包括世界水资源博览会，水资源产业服务贸易及水产业园区，是林州结构调整，战略转型新方向。

（2）赵中都博物馆：以文物15000件，寻找赵中都往昔历史的辉煌。

（3）大峡谷世界写生博物馆：构建世界级写生艺术创作殿堂。

（4）太行山地质博物馆：探索太行山自然运动的奥秘和人类家园之谜。

（5）世界滑翔博物馆：与全球滑翔运动合作，构建世界滑翔圣地。

（6）相州瓷遗址博物馆：留住历史文脉，建设乡土文化遗产博物馆。

（7）刘家大院古民居遗址博物馆：林州规模最大、保存最好的古民居博物馆。

（8）石板岩古村落遗址博物馆：世界级石板岩古村落遗址，大峡谷人文巅峰。

（9）荆浩纪念馆：寻找中国北方山水画派开山鼻祖，世界绘画巨匠。

（10）八路军豫北遗址纪念馆：一定要留住那段艰苦卓绝的岁月，意义重大。

2. 十大地标性工程：林州文化旅游塑造工程

（1）太行门：林州新地标，集自然景观大佛谷、交通枢纽太行隧道、文化旅游核心服务区于一体，市场要素配置集聚区。

城市设计

（2）高丽王水寨：韩国游客服务中心，中韩产业合作论坛，中韩战略合作新平台。

（3）太行之巅滑翔微型古堡：林州最高天际线旅游新地标，世界滑翔大会。

（4）淇水魏邑：以淇淅国家湿地公园为契机，寻找失去的商旅魏都。

（5）《河南老家礼物》：林州"乡愁"及核心创意创新工程。

（6）太行驸马驿：留下一段传奇，塑造一个驿站。

（7）赵中都：林州老城区开发战略抉择，文化旅游战略项目，林州城市功能转型工程。

（8）太行大峡谷向南贯通工程：林州旅游线路普遍呈断头路回头路现象，大峡谷向南贯通是整个林州全域文化旅游景区大循环的关键。

（9）航空滑翔产业：林州区域发展战略结构调整新方向，战略性新兴产业。

（10）淇淅国家湿地公园建设工程：是对林州公共发展战略价值试金石，工程具有战略层面的带动性。

3. 十大全球活动：林州文化旅游推广工程

（1）世界水资源发展论坛：林州新一轮开放顶层战略项目，全球配置要素创新工程。

（2）"重读诗经，寻找淇水——中国故事论坛"："一带一路"文化创新工程。

（3）红旗渠中国精神论坛：新时期社会主义核心价值观建设重大工程。

（4）中国北方山水画派论坛：与文化部艺术发展中心合作，寻找中国北方山水画之源。

（5）中韩产业发展论坛：依托韩国游客集聚区，与韩国大使馆、三星集团合作。

（6）世界佛教大会：林州有寺庙遗址249座。在太行门举办世界佛教大会是文化旅游战略性人气塑造工程。

（7）国际友好和平艺术节：通过更广泛的合作，把国际友好和平艺术节办成品牌。

（8）世界新娘大会：继续承办世界新娘活动，突出地方文化旅游和民俗特色。

（9）世界滑翔大赛：联合全球组织，把太行山滑翔大赛办成一项国际赛事。

（10）世界大峡谷发展论坛：WDO世界旅游组织合作，举办世界大峡谷发展论坛。

4. 十大基础性工程：林州文化旅游公共产品工程

（1）申报太行山红旗渠世界双遗产：申报世界双遗产工作已达成共识，申报过程就是全球性推广过程。可借鉴乌镇经验。

（2）申报国家级红旗渠文化旅游产业示范园区：以制度创新为引领，提升要素配置能力，申报国家级文化旅游示范区条件充分。

（3）申报太行山AAAAA风景名胜区：申报太行大峡谷国家AAAAA级风景名胜区，以带动其他景区A级建设和申报工作。

（4）构建林州文化旅游产业发展基金：文化旅游作为战略性新兴产业的龙头，对市场具有强大的号召力，组织发展基金条件十分成熟，如何操作成为关键。

（5）红旗渠文化遗产保护工程，大峡谷生态景观保护工程：政府应迅速出台制度安排，进行文化和自然遗产保护，事关林州未来和发展全局。

（6）数字电视平移前端全覆盖工程：广播电视是党和国家信息主要来源，是关键性民生工程，是政府标志性文化工程。

（7）非遗抢救保护宣传推广传承工作：是一项留住乡愁，刻不容缓的文化基础性建设。

（8）图书馆、文化馆等文化公共场所配套工程：是群众性文化基础性工程，对发展文化旅游产业意义重大。

（9）"五古丰登"工程：古戏楼、古寺庙、古村落、古石碑、古文物进行专项登记保护，是林州文化旅游产业的战略性基础工程。

（10）整顿和规范了全市文化市场经营秩序：是政府产业政策和文化旅游产业服务的一部分。

5.十大创新项目：林州文化旅游全域战略工程

（1）"双百工程"：100个美丽村落、100个乡愁广场及"百村、千项、万众工程"，林州全域文化旅游最关键性工程。必须从发展文化旅游主导产业及广大人民群众共同富裕的高度来认识。

（2）"三个1000工程"：即引入1000个文化创意人才、号召1000人返乡创业、推动1000人大众创业，林州全域文化旅游社会动员工程。

（3）"北京—红旗渠•大峡谷"旅游专列工程：适应北京人"走出去，深呼吸"的强烈愿望。参入京津冀协调发展。

（4）安阳—林州城市轨道交通工程：打通最后一公里，塑造林州区位新优势。

（5）全球人工呼叫《游遍中国》项目：联合大数据平台，构建林州全球化战略举措和重大项目。

（6）互联网林州，电子商务林州：利用微博、微信、互联网促进文化旅游宣传，举办微电影大赛，提升文化旅游资源在百度等搜索引擎上的排位；建设红旗渠网络电视台，争取年内投入使用；发挥途家和蚂蜂窝在旅游营销网络中的战略作用，激活林州旅游房源和农村房源，中韩、中法、海峡两岸文化交流活动。

（7）大型实景演艺《红旗渠》、《太行门》：以社会各方共识和前期工作为基础，进行制度机制创新，走市场化发展之路。

（8）全球性文化旅游发展智库：把林州的事做成中国的事、世界的事才能形成发展创新动力。构建走出去林州、智库林州。

（9）林州主城区文化旅游转型工程：林州主城区是文化旅游产业支撑核心，是标志性形象。以山水人文城市为理念，以文化旅游城市为目标，势在必行。

（10）林州地标广场及大景观廊道工程：寻找景观节点和组织大空间景观廊道，从节点和轴线空间在第一时间和空间塑造林州。

6.十大西部工程：红旗渠文化旅游产业园区工项目

（1）太行山黄华古驿站：休闲购物步行街，华夏手工坊。

（2）大学城：林州国内外合作教育工程，房地产转型战略，人气工程。

（3）太行山四合院：区域性养老养生，国际康复度假项目。

（4）蚂蚁河谷儿童主题公园：区域性儿童娱乐项目，人气工程。

（5）新农村风情小镇：土地整理工程，新农村示范工程，政府支持项目。

（6）30公里核心功能轴：交通基础设施工程，战略性平台工程，PPP模式。

（7）生态水系景观工程：红旗渠及小流域水系生态景观工程。

（8）红旗渠休闲走廊：红旗渠作业道转型工程，休闲运动健身廊道。

（9）浅山区整体风貌管控工程：以总体规划为依据，出台法律法规全面治理。

（10）浅山区旅游信息标示系统：统一规划，系统设计文化旅游标示示范项目。

7.十大文化古镇项目：文化遗产保护工程（略）

8.林州市100个文化旅游美丽乡村规划（略）

58

东胜卫城 –RBD 文化旅游综合体战略规划（2015）

沿着托克托资源禀赋，寻找托克托战略题材

塑造区域顶层战略抓手和全球要素配置发力平台

规划托克托"十三五"新时期文化旅游重大落地项目

托克托—黄河流域文化旅游经济带

世界级旅游目的地，中国历史文化名城

"一带一路"全球战略布局——中国文化新地标

一、中国新时期发展背景研究

1. 战略转型，结构调整，中国面临复杂挑战和经济下行压力前所未有。

2. 中国"一带一路"全球布局对腹地战略调整影响巨大。

3. 制度创新及顶层战略是"十三五"规划的关键。

4. 发现中国题材，讲好中国故事，提升中国预期，创新中国项目已成中国当务之急。

二、托克托面临"十三五"开局及中国新常态等多重机遇和挑战

37.5 公里黄河岸线，200 平方公里流域，塑造托克托区域新未来，亟待顶层战略。

依托大山、大河、大草原、大遗址，构建大文化、大旅游、大格局、大项目，传统农家乐或碎片化节点面临战略洗牌，世界级文化旅游目的地及中国历史文化名城战略势在必行。

构建宏大叙事，其标准是地标性和全球性。

托克托—黄河文化旅游经济带应上升为国家级示范战略。

沿着资源禀赋构建区域比较新优势，参入一带一路，重塑托克托城市竞争力和世界性。

以水资源可持续及农民致富为双主题的产业结构调整，应上升为区域顶层战略和国家创新示范。

三、中国草原第一城托克托"一带一路"全球战略背景研究

托克托的最高参照系是全球化，这是云中郡时期就注定了的。云中郡历史上曾经是一个伟大的战略性城市，

中国草原第一城，是传统亚欧大陆人类文明和民族迁徙的古老驿站，是饱含着人类绵绵乡愁的精神家园，是华夏游牧—农耕两大文明、东方—西方两大文明大融合的全球性历史节点。

内蒙古规模最大保存、最完整东胜卫城作为文化遗产保护仅仅是其最低诉求，而其最高战略则是托克托参入中国乃至全球顶层战略的塑造。当年的云中郡作为现在中国乃至全球性战略题材必须重新出发，参入中国创新，参入"一带一路"全球战略布局。

四、托克托文化旅游产业新战略——200 平方公里—黄河文化旅游经济带

1. 依托大山、大河、大草原、大遗址，构建大文化、大旅游、大格局、大项目，对传统农家乐或碎片化要素进行战略洗牌，打造世界级旅游目的地，中国草原文化名城。

2. 托克托—黄河文化旅游经济带空间组织新结构：一轴一梁一岸线，四大组团，十个节点，大空间新结构。

一轴：沿黄河景观大道构建文化旅游核心功能轴。

一梁：黄河左岸 20 公里东梁及台地构建黄河绿化功能轴。

一岸线：黄河 37.5 公里岸线构建亲水功能轴。

四大组团：

一城：大要塞——东胜卫城—RBD，文化旅游综合体。

一湖：大湿地——120 平方公里大湖泊大湿地大水面。

一谷：大果园——东梁葡萄谷，现代农业示范区。

一园：大工业——托克托电厂，循环经济大工业旅游园区。

十个旅游景观节点：东胜卫城、生态湖泊、海眼神泉、水上游览、海生不浪、葡萄庄园、黄河大峡谷、工业旅游等。

五、东胜卫城—RBD，中国文化全球布局新地标，迎接高铁—空港新机遇

1. 打造中国文化新地标

文化旅游创意产业全球要素配置新高地；

托克托"十三五"文化旅游产业战略增长极；

丝绸之路经济带大融合发展论坛永久会址；

全球骑射大赛永久性运动中心；

胡服骑射 2320 年——全球高峰论坛；

中国草原第一城云中建城 2405 年——中国草原城镇化可持续发展论坛；

内蒙古第一山水要塞城堡演艺广场——《云中古郡、胡服骑射、鲜卑史诗》；

大型生态人文景观——《古堡燕归来，黄河落日圆》；

世界草原城镇博物馆，全球骑射博物馆。

2. 卫城 RBD 文化旅游商务中心——古城、古镇、古渡、一湖

打造骑射古堡、论坛会展、国际会议中心、世界文化活动交流中心、影视基地、文化演艺、博物馆、创意中心、古堡音乐广场、婚礼殿堂、展览画廊、古玩市场、美食步行街、餐饮娱乐、酒店驿站、旅游观光、休闲度假、城市景观、文化旅游总部基地等等。

六、东胜卫城 RBD 空间形态设计与规划范围

沿着古老的明代卫城要塞建筑文脉，构建明清骑射古城、民俗古镇，黄河古渡、托克托旅游景观新地标。

PPP 项目规划范围包括：三古一湖——东胜古城、双河古镇、黄河古渡、湿地南湖，规划范围约 9 平方公里，

总投资 16 亿元人民币。

七、参入中国体制机制创新

东胜卫城实施项目总承包和 PPP 机制，其中包括项目总体规划设计，项目施工设计、项目投资建设、项目开发招商、项目特许经营等。政府采取积极的政策支持和规划审批监管。组建中国卫城文化旅游控股有限公司、旅游文化总部。

东胜卫城 RBD 旅游综合体项目政策性内涵和路径：

（1）内蒙古自治区十个全覆盖重大示范项目；

（2）内蒙古自治区 70 年大庆重点项目；

（3）地方政府主导的区域性整体城镇化建设项目。

第四篇
建筑设计

　　人类只能以空间的方式生存和发展。没有最好的方式，只有更适合的方式，和不断变化的方式，方式是个历史。而方式的价值在于，方式改变结构及内容，而结构和内容决定发展。工业革命以来，特别是随着全球化的迅速扩展，人类的外部性特征主要表现为多边方式和集聚方式。而场所从一开始就是一切建筑叙事形式的部分或起点，个性、偶然性、分离是其精神内涵。

59

中国社会科学院研究生院东西方文化交流历史博物馆建筑方案设计（2013）

沿着古老的东方丝绸之路，

寻找西方十七世纪兴起的"中国风"

您只要捐献一件文物，或贡献一句寄语

让我们共同见证东西方文化交流的悠久历史

——东西方文化交流历史博物馆

东西方文化交流开始于两千年前，东方古老的"丝绸之路"曾跨越千山万水，穿过中亚、西亚和北非，最终抵达非洲和欧洲。开辟了一条东方与西方之间经济、政治、文化进行交流的宏大叙事之路。

在全球化风起云涌的今天，我们希望能继续沿着当年的"丝绸之路"，寻找和发现东西方文化交流的宝贵历史，特别是历史时空节点上的文化交流现象。而兴起于欧洲十七世纪的"中国风"则是东西方文化交流的重要景观，欧洲大陆的陶瓷、版画、家具、工艺品等融入了浓浓的东方元素，一股强劲的"中国风"吹遍欧罗巴。

为此，我们在全球寻找那些始终关注东西方文化交流历史的目光和思想，用于塑造今天的新丝绸之路。我们希望用每一个人捐献一件文物或贡献一句寄语的全新方式，组成全球唯一具有最广泛参与性的论坛式博物馆——北京东西方文化交流历史博物馆，在东方古老的"丝绸之路"开辟两千年的历史时刻，用以人类共同回望历史或开启新的未来。

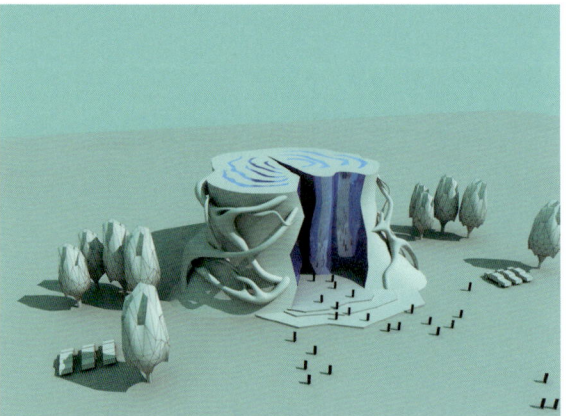

城市设计

60

浑河西峡谷遗址博物馆建筑设计（2012）

一、历史背景

浑河，是沈阳的母亲河，她纵贯辽宁省东中部，全长 415 公里，流域面积 1.14 万平方公里，年径流量 30.52 亿立方米。

浑河古称沈水，又称小辽河。发源于抚顺市东部，自东向西流经清原、新宾、抚顺、沈阳、辽中、灯塔、辽阳、鞍山，台安、海城、盘锦、大石桥、营口等县市境内，最后于营口市西炮台注入辽东湾。

浑河流域山川壮丽、文明久远，她不仅哺育了辽宁中部多民族人民生息繁衍，其广阔资源还支撑了包括沈阳、抚顺、本溪、鞍山、辽阳等辽宁中部城市群的可持续发展。浑河流域是中华文化的重要发祥地之一，浑河文明是辽河文明的核心组成部分。

早在战国时期，燕昭王派大将秦开在辽东拓地千里，设辽西、辽东二郡，开中国东北地区郡县制之先河。其中辽东郡襄平，就在浑河中游辽阳市境内，襄平从此成为东北地区的政治经济中心。汉武帝时期，玄菟郡于公元前 1 世纪移于浑河上游苏子河畔，成为西汉王朝在东北地区首郡，浑河流域产生了继襄平之后的第二个政治经济中心。唐朝时期，安东都护府北迁至浑河流域，先在辽东城（襄平），后至新城（今抚顺市区高尔山上）。安东都护府成为东北第三个政治中心。元朝大统一后，设辽阳行中书省，省会辽阳，浑河流域成为统一政权治下的东北行政中心。明朝时期，设在浑河流域的东北地区最高军政机构辽东都指挥使司，不但统率东北驻军，而且代表中央政府直接行使管理权。

17 世纪初期，浑河流域民族开始新的大融合，诞生了一个对中国历史发展进程产生重大影响的少数民族——满族。以努尔哈赤为代表的满族八旗，抓住了千载难逢的历史机遇，建立了割据一方的民族政权，并奠基于浑河中游的东京（辽阳）和盛京（沈阳），进而问鼎中原，建立了大清帝国。

浑河流域文化灿烂，世界文化遗产如：永陵、福陵、昭陵、沈阳故宫等灿若星河，而各级文物保护单位如：新乐遗址、玄菟郡遗址、皇寺、锡伯族家庙等更是不胜枚举。

今天的浑河，则是沈阳经济区最重要的发展空间和生态支撑廊道。

建筑设计

建筑设计

二、特殊意义

传承浑河文化，就是传承沈阳文脉，就是寻找历史动因。可是，沈阳至今还没有一所以浑河为主题和命名的博物馆。建设浑河西峡谷遗址博物馆，为推动沈阳文化产业的发展意义深远。

三、场所精神

大峡谷、大历史、大时代，不期而遇，不是复原场景，而是寻找全新的境界和空间体验。

四、经济指标

规划面积：7700 平方米；

建筑面积：3200 平方米；

广场面积：2530 平方米；

陈列面积：1100 平方米。

建筑设计

61

丹东"境内关外"自由贸易试点区建筑设计（2011）

辽宁沿海经济带对外开放新战略，国家综合配套改革区域战略示范专项

丹东"十二五"新时期顶层战略，先行先试先导参与全球经济机制治理

东北亚国际自由贸易中心——北黄海"境内关外"国际自由贸易专项试点区

一、区位优势

1. 中国最大的边境城市丹东，位于东北亚大"十"字空间结构经济地理战略节点，东北亚国际大通道战略桥头堡，辽宁沿海经济带国家战略核心区。

2. 核心理念：洗牌与创新，以制度设计为引领，参与国家顶层战略。

二、区位现状

1. 丹东国际大通道核心出口，铁路、高速、航运及城市交通组织枢纽；

2. 海关、边防、检疫、口岸、金融及综合行政服务中心；

3. 物流、人流、信息流、资金流等要素聚集区；

4. 岸线、公园、码头、大桥等景观节点；

5. 城中村、危房险房、边境贸易地摊市场，丹东灯下黑。

三、顶层战略

东北亚（5+1+N），北黄海国际自由贸易区。

沿海沿边"境内关外"国际自由贸易先导区——东北亚国际自由贸易中心。

四、核心项目

1. 东北亚"境内关外"国际自由贸易平台；

2. 东北亚国际贸易人民币结算中心；

3. 东北亚国际贸易总部基地；

城市设计

4. 全球国际贸易信息服务中心；

5. 北黄海国际交流与合作论坛；

6. 北黄海国际会展中心；

7. 北黄海国际合作基金。

五、区域功能

以东北亚国际贸易为主题的城市综合体——包含国际贸易、总部基地、信息咨询、会展论坛、行政服务中心、金融中心、物流保税、要素市场、五星级酒店、创业公寓、步行街、美食广场、精品百货等功能业态。

六、城市设计

鸭绿江岸线核心地标，第一景观节点；

丹东对外开放战略新窗口，新名片。

七、主导路径

1. 以制度创新为引领，打造辽宁沿海经济带"十二五"新时期制度叠加型、要素聚集型、对外开放新高地。

2. 引进广西东兴、云南瑞丽、新疆喀什等成功经验。

3. 调整丹东沿江开发区行政区划。

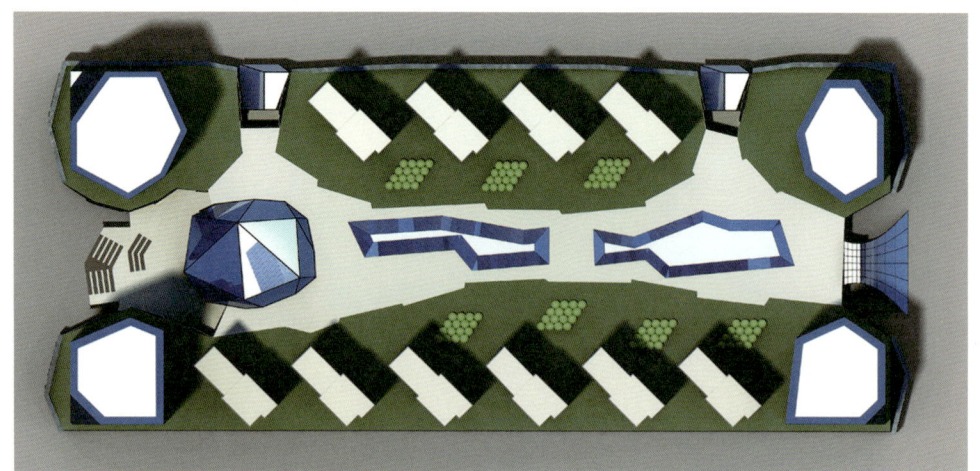

总平面图

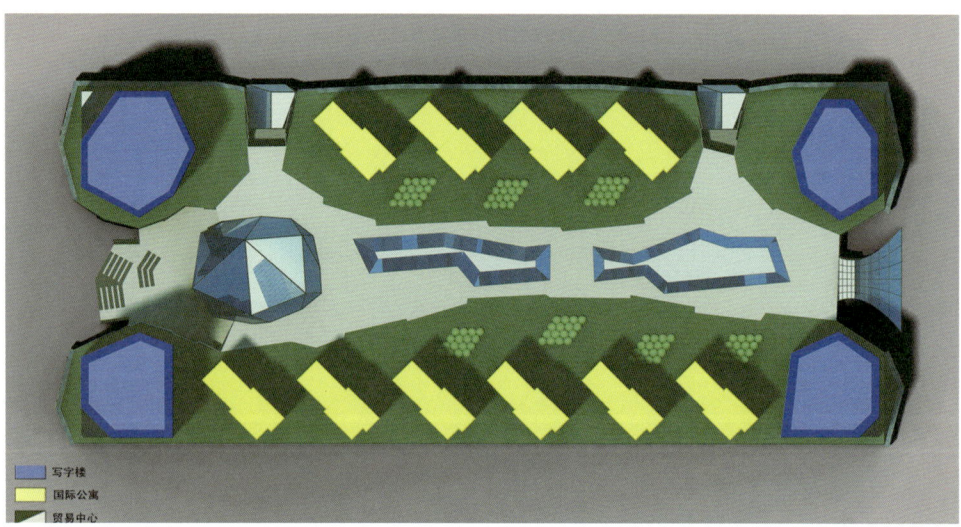

写字楼
国际公寓
贸易中心

功能分区

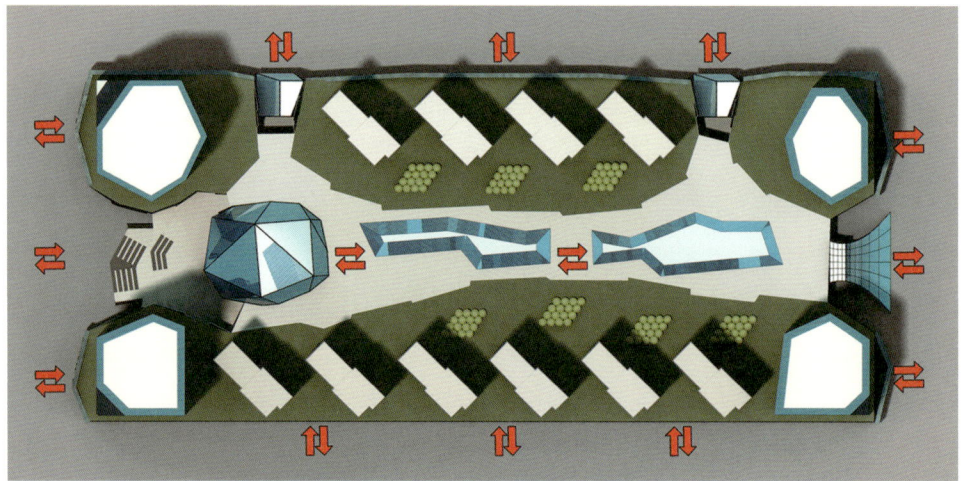

交通组织

八、经济指标

1. 规划面积：51300 平方米；

2. 建筑面积：818650 平方米；

地下 3 层停车场、设备间面积：126000 平方米；

地上 5 层贸易中心面积：210000 平方米；

总部、金融、酒店 50 层面积：

A 座 101250 平方米，B 座 73800 平方米，C 座 67200 平方米，D 座 64000 平方米；

江景国际公寓 45 层面积：176400 平方米；

3. 建筑高度：地下 3 层，地上 5-45-50 层 -177 米；

4. 容积率：15.9；

5. 总投资：人民币 35 亿元；

6. 开发周期：1-2-3 年。

城市设计

62

沈阳城市核心发展轴金廊 5 号工程
——E 时代广场总体规划（2005）

沈阳核心功能轴沈阳都市走廊——金廊，是沈阳城市功能布局的战略空间，如何盘活存量，创新增量，避免同质化竞争，是金廊 5 号面临的严峻挑战。整合东北最大的 IT 产业，塑造产业创新高地成为金廊 5 号的核心理念。

在全长 17 公里的沈阳中央都市走廊（CUC）有一处代表未来的产业——IT，她名叫三好街。

一、工程概况

5 号地块，位于沈阳金廊工程和平区地段内，东面青年大街，西至五里河路，南靠万科地产，北临文萃路。地块规整，三面临街，交通便捷，占地总面积 2.8 万平方米。特别是同沈阳硅谷三号街紧密相连。

二、方案概念

E 时代广场——打开金廊之门，引领沈阳硅谷。

在全长 17 公里的沈阳中央都市走廊（CUC）重要节点打造科技产业顶级平台、世界总部、IT 超市、信息中心、东北最大的硅谷之门。

三、总体布局

临三好街商业开放，组织地上地下 IT 超市，前后构建两组 150 米高巨门式建筑，形成 E 时代广场的核心，以此来联系金廊和三好街，形成城市建筑景观节点，中间部分用开放式商务中庭组织写字楼和商务公寓。

四、交通组织

以商业人流为主入口，三面开放，以二层屋顶为建筑中庭，组织商务车流和人流。双门式概念建筑为 E 时代广场的标志，其交通组织既自成体系又向整个广场开放。

五、经济指标

1. 总用地面积 28000 平方米；

2. 总建筑面积 299100 平方米，其中商业 41700 平方米，公寓 55500 平方米，写字楼 201900 平方米；

3. 建筑密度 74%，容积率 10.6，绿地率 45%。

城市设计

63
沈阳市长江街商业中心长江广场总体规划（2007）

一、项目概况

1. 项目背景：长江街同太原街、西塔街商脉贯通、同属一轴、人气鼎沸，商业地产开发处于历史黄金阶段，但定位普遍偏低，为大盘开发留有巨大空间。

2. 开发理念：长江广场以长江街、特别是对面北行农贸大市场及北京华联超市为商业资源，制定差异性战略和注意力经济模式，商业走廊及开放式的景观轴线，独具商业战略优势。

城市设计

3. 城市形态：以商业走廊概念整合地产大盘，打造长江广场、激情金街。在三大节点处设计灯光空中走廊、下沉大树广场、美国风情小镇等商业文化景观。

建筑风格以新文脉主义为理念，并注入其他元素，追求多元开放的休闲文化。将新古典怀旧思潮、自然山水亲情和东方古典园林回廊结构融为一体，使商业步行街魅力波澜起伏。

4. 业态设计：关注大盘的复合业态，功能整合，让城市在住宅、娱乐、购物、休闲中充满激情，打造长江广场 24 小时不夜之城。

二、规划概况

1. 长江广场，位于沈阳市皇姑区长江街核心商业地段，北京华联、北行农贸市场对面至乌江街老城区内，占地 15300 平方米。

城市设计

2. 大盘概念差异性地产战略，注意力经济模式。

3. 城市功能：商业购物、餐饮娱乐、写字商住、精品住宅。

4. 核心项目：

长江广场——双塔结构、写字商住、金融银行、精品购物、空中走廊、长江地标。

银杏金街——休闲购物、银杏中庭、荧光喷泉、下沉广场、屋顶花园、风景走廊、不夜金街。

地下食府——坡道滚梯、大树天光、名吃美食。

精品住宅——创新户型、落地采光、长江新贵。

三、经济指标

占地总面积：15300 平方米；

总建筑面积：85598 平方米；

写字楼面积：17600 平方米；

步行街面积：17400 平方米；

步行街长宽：20~26 米 ×165 米；

步行街沿长：912 米，（1）260 米，（2）252 米，（3）200 米，（4）200 米；

地下商街面积：12750 平方米；

住宅面积：37848 平方米；

容积率：5.0；

绿化率：35%；

建筑高度：地下 1 层，地上 2/3/6/17/21 层。

64

辽宁沿海经济带大连复州湾渤海星座城市综合体总体规划（2011）

瓦房店"十二五"老城结构优化新战略

一、区位优势

由于辽宁沿海经济带国家战略的积极推进，瓦房店市区位结构发生了根本转变，由传统的地区性腹地城市转变为开放的区域性岸线城市，特别是长兴岛作为辽宁沿海经济带五点中的第一点，越发使复州湾瓦房店区位意义更加险要。今天，瓦房店已挺立在国家区域大战略的岸线潮头。

二、要素优势

瓦房店作为中国百强县的先锋，东北振兴中县域经济的领跑者，在中国新一轮城镇化发展中具有明显的综合优势。"十二五"时期是中国城市化重要转型期，中小城市化、小城镇化、全域城镇化、就地城镇化、城市个性化、差异化等，已成为新一轮发展的突出特征。

三、面临挑战

"十二五"时期瓦房店在迎来新的战略发展机遇期的同时，也面临新的区域挑战。特别是城市空间结构和发展战略面临战略转型，新组团面临岸线布局，老城区面临调整优化等压力。

四、项目宗旨

重构城市地标，组织要素战略平台和混合功能业态，实现综合效益和谐发展。

五、设计理念

场所与事件，渤海星座。

六、业态组织

步行街、美食坊、购物中心、写字楼、创业商住、精品住宅、院线娱乐、演艺广场、金融服务、信息物流等。

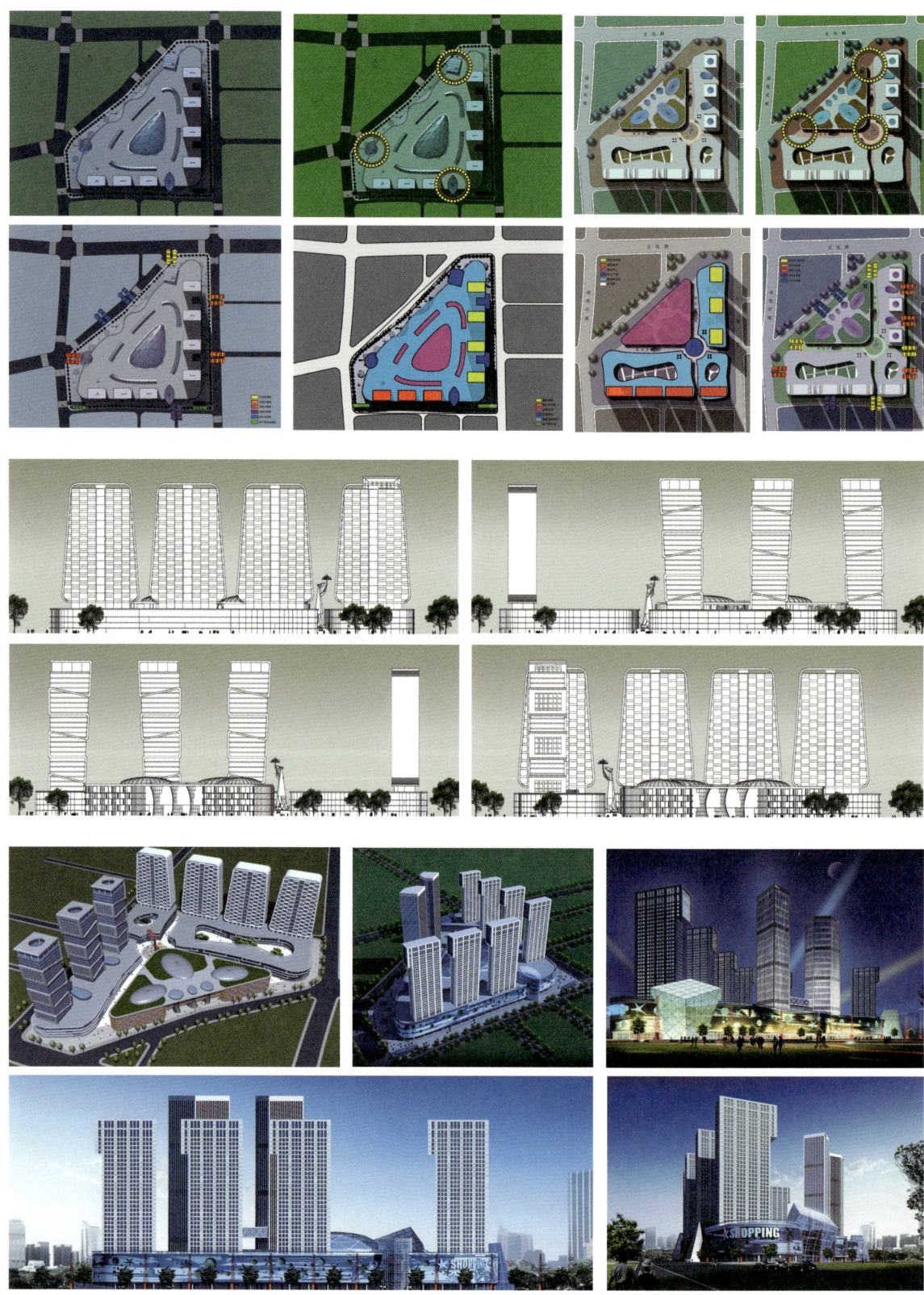

建筑设计

七、经济指标

用地面积：60437 平方米；

总建筑面积：537486 平方米；

住宅建筑面积：220512 平方米；

写字楼建筑面积：48384 平方米；

商业建筑面积：268590 平方米；

地上商业建筑面积：179060 平方米；

地下一层建筑面积：44765 平方米；

地下二层建筑面积：44765 平方米；

标准层建筑面积：756 平方米；

建筑层数：地下 2，地上 4~36 层；

地上住宅建筑总高度：128 米；

地上写字楼建筑总高度：146 米；

地上商业建筑高度：20 米；

地上住宅建筑高度：108 米；

地上写字楼建筑高度：126 米；

容积率：11.24；

总投资：22 亿元人民币；

工期：2 年。

建筑设计

一、经济背景

2012 年，后金融危机时代全球面临严峻挑战，沈阳经济区恰逢国家战略"十二五"发展关键机遇期，金融在中国乃至全球则扮演越来越重要的角色。

二、区位优势

青年大街是沈阳南北核心功能轴，被定位中央都市走廊（CUC），有沈阳金廊之名。

国家开发银行辽宁分行选址位于金廊核心轴线东侧，沈阳唯一南湖之北岸，其区位优势及其险要，尽收金廊之脉运和南湖之风水，可谓集一城之大观于一翼。

三、设计理念

金融山—银行谷

1. 支撑，玄黄伟业，负阴抱阳，养生生不息；

2. 吸纳，两山拥湖，玉带系腰，发万千荷花。

四、经济指标

1. 规划用地　9693.1 平方米；

2. 总建筑面积 31000 平方米；

3. 建筑高度：

A 座 28 层，标准层面积 600 平方米，4.5 米，120 米；

B 座 20 层，标准层面积 480 平方米，4.5 米，90 米；

A 区一层，2500 平方米，10 米；

B 区一层，1650 平方米，10 米；

容积率：3.2；绿化面积：1900 平方米；绿地率：19%；建筑密度：42%。

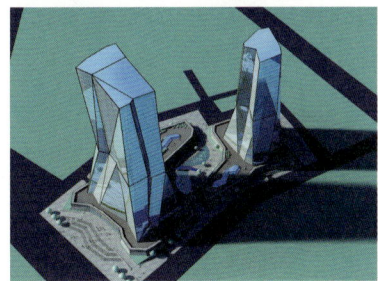

建筑设计

盘锦辽滨新城科亚大学城总体规划（2010）

一、项目背景

科亚大学城，位于营口和盘锦双城交汇的大辽河右岸，辽宁沿海经济带战略节点的盘锦辽滨新城核心区，大辽河和渤海环抱之地，区位优势险要，生态环境一流。规划用地为城市核心功能区、景观地标区。

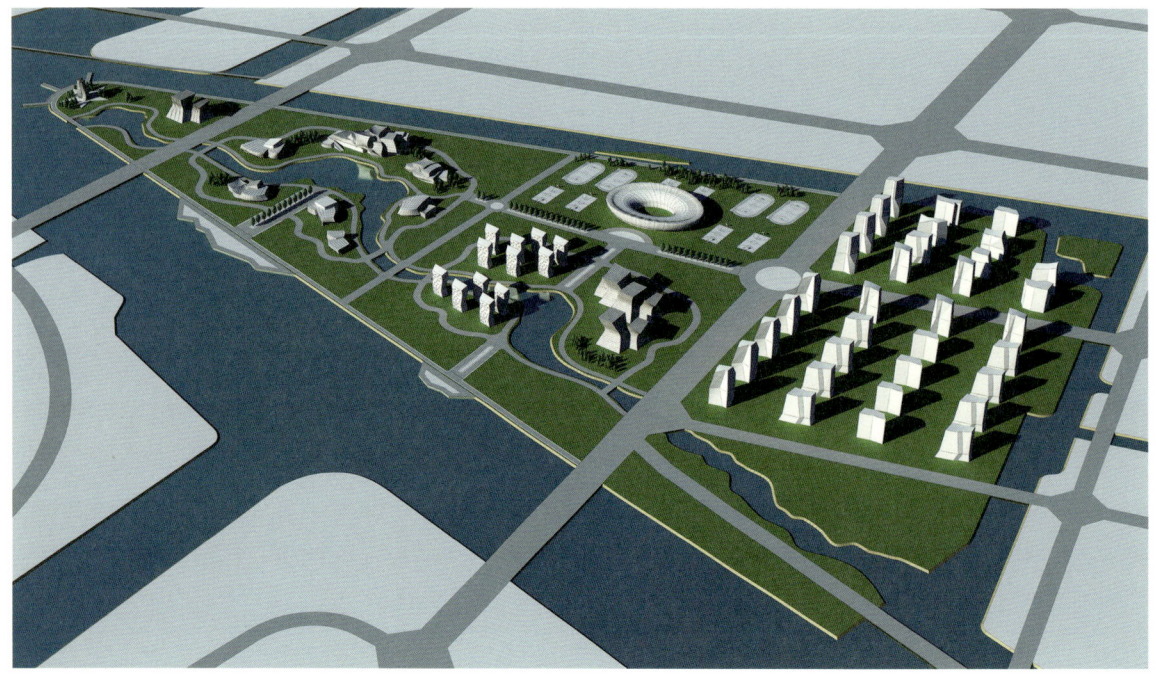

城市设计

二、空间结构

科亚大学城规划用地 1.0 平方公里，空间结构为一水两岸三组团。

三、城市设计

依据场所和城市未来战略，城市设计现代而具有表现力，在充分满足功能需要的同时，追求生态湿地和湖泊的融合。

四、经济指标

1. 规划面积：1.0 平方公里；

2. 建筑面积：97800 平方米；

3. 容积率：0.978。

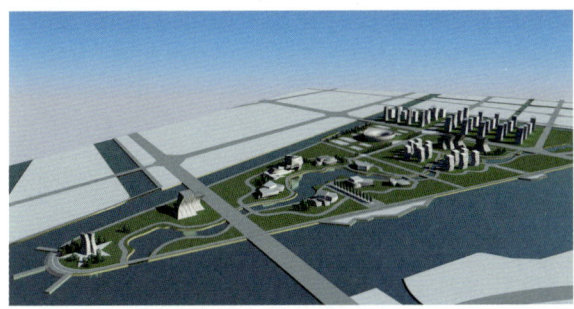

城市设计

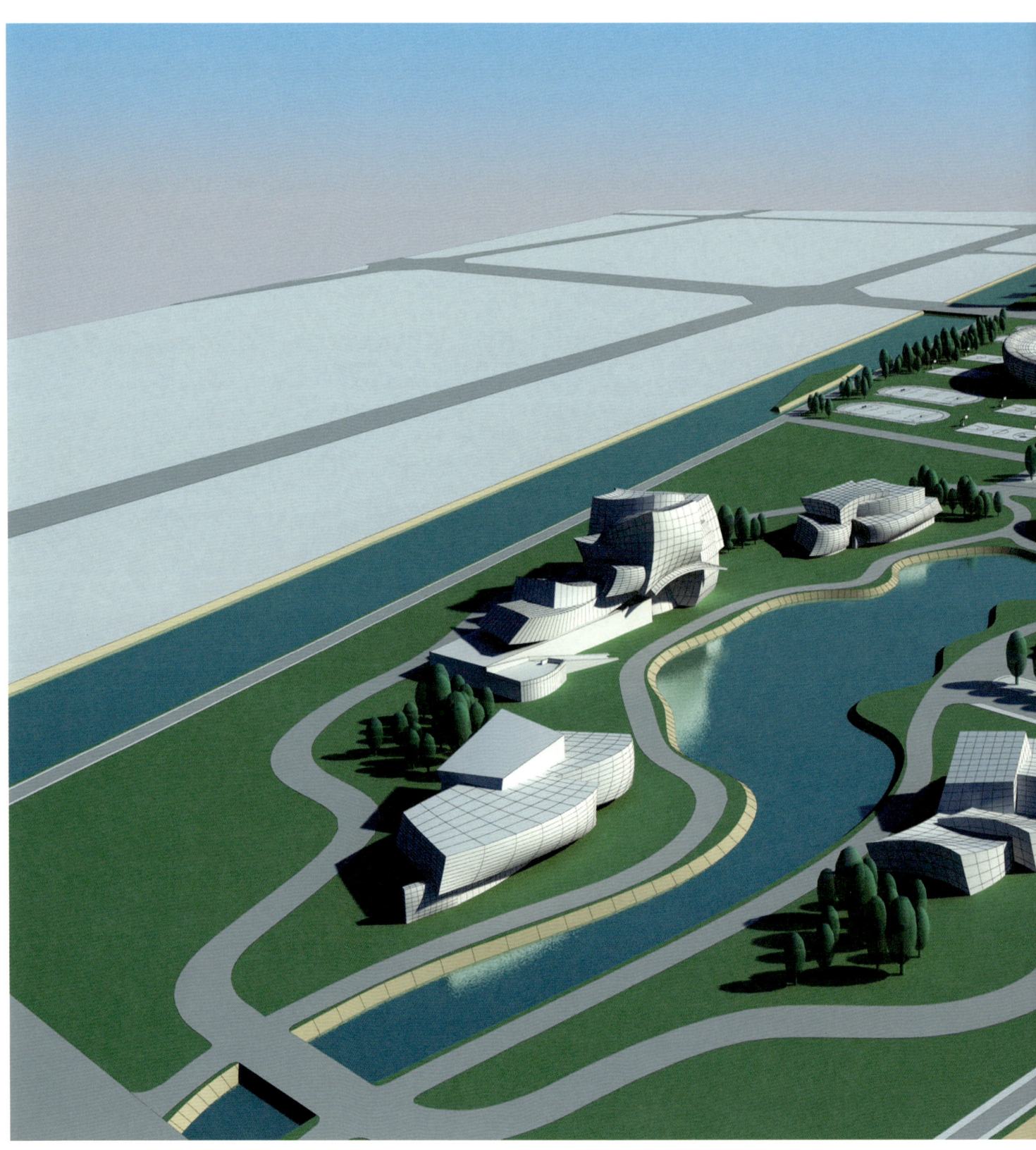

城市设计

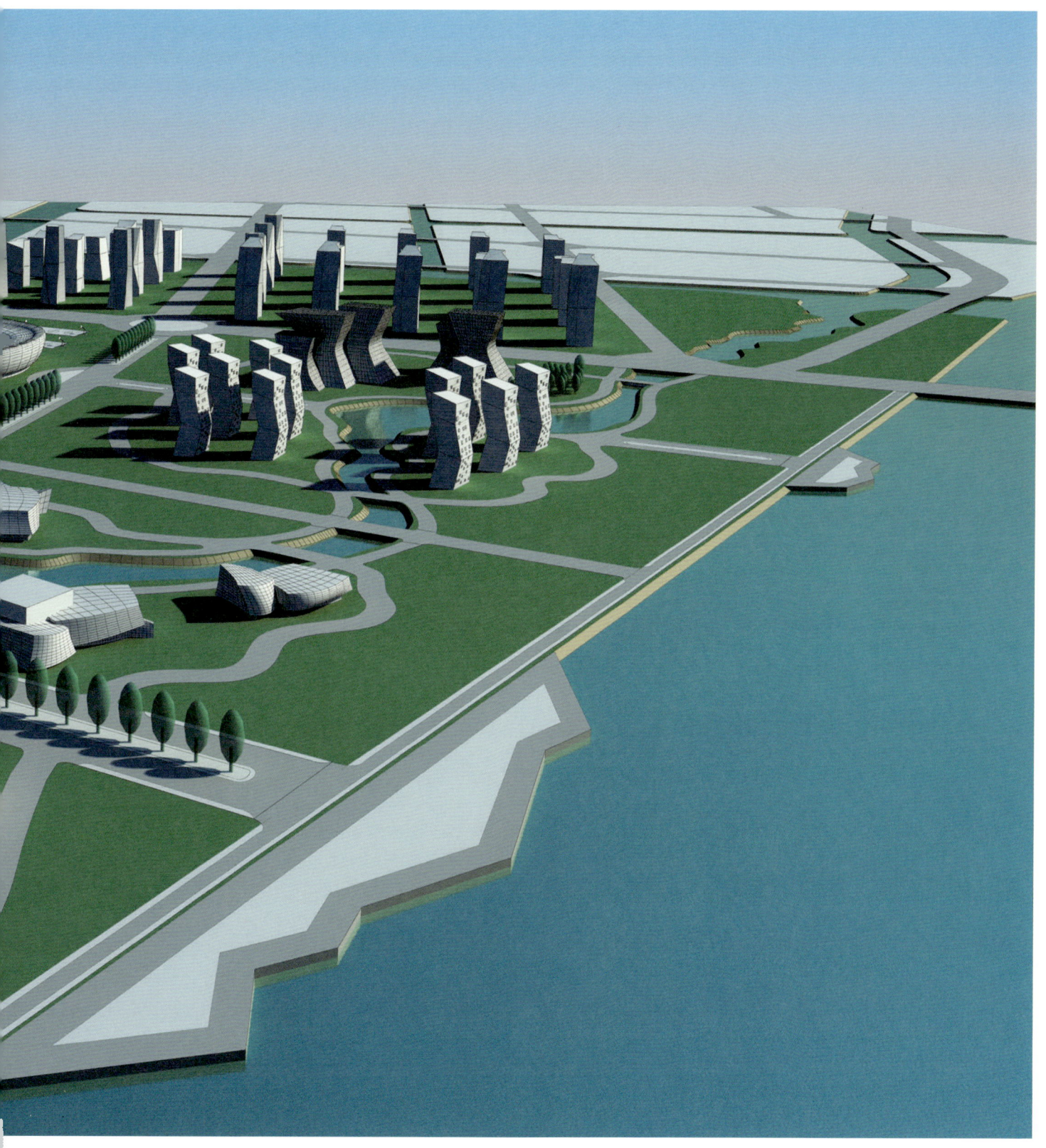

67

黄海鲸——全球世贸中心协会新地标（2013）

一、核心理念

均衡、普惠、多赢。

二、主导宗旨

贸易促进繁荣、贸易促进和平。

三、机构性质

基于新时期国家及地区间、企业及公司间等经济贸易的共同价值框架，基于经济全球化和贸易自由化的结构创新和方式转变，基于促进全球贸易广泛的交流与合作，组织亚太地区及专业国际组织，特别是相关专家广泛参入的、专注于全球贸易设施及咨询服务，特别是以规划和促进地区传统贸易合作及新型贸易物流、贸易陆路干港、转口贸易、国际贸易合作区、贸易口岸、自由贸易区、物联网贸易、贸易投资融资、贸易总部基地、贸易教育培训基地、贸易课题研究等项目实施为主要目标的，非盈利、非政府间的全球合作组织。

四、发展战略

秉持贸易促进繁荣，贸易促进和平之宗旨，以均衡、普惠、多赢理念服务全球贸易，组织创新型世界贸易咨询平台，构建全球贸易价值链新体系，积极推动国家地区、企业公司、大学智库、国际组织等广泛的以贸易项目为载体的交流与合作，为亚太地区及全球可持续发展做出积极贡献。

五、工作重点

以具体贸易项目为抓手，围绕项目组织全球专家团队，通过同地方政府、工商企业、大学智库等广泛的参与合作，推动和实施项目规划设计、课题研发、信息调查、学术交流、政策咨询、产业布局、制度建议及投融资合作等工作，通过全球战略要素再配置和体制机制创新，从价值链、供应链、产业链的全局高度，打造世界贸易交流与合作示范项目，走扁平化推动和纵深化实施相结合发展之路。

六、发展路径

将努力建立全球战略视野，加强顶层设计，构建以制度设计为引领的叠加战略和综合解决方案，全面创新价值体系，积极参入全球贸易项目的发展实践，组织国际化开放型人才平台和网络机制，逐步打造成具有创新能力和品牌效应的世界一流贸易咨询机构。

七、主要经济指标

世贸中心：规划用地（200x112）平方米，建筑面积150000平方米，建筑高度125米；

世贸广场：规划用地（370x345）（200x144）平方米。

建筑设计

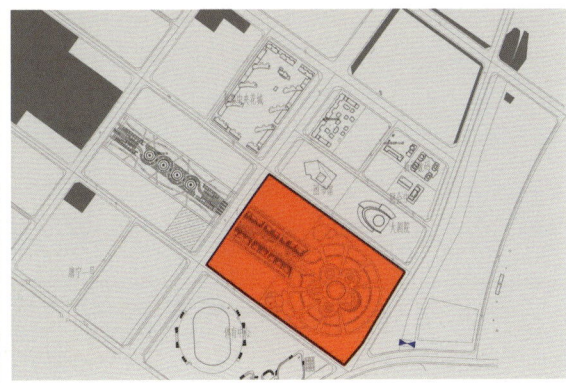

区位分析

68

本溪老工业基地沉陷区改造
——治沉广场、建设广场城市公共空间规划设计（2007）

一、城市背景

东北老工业基地本溪，是我国主要的资源枯竭型城市，采煤沉陷灾害严重，全市采煤沉陷区面积 50.6 平方公里。推进沉陷区治理，为人民群众创造安居乐业的生活环境，已成为本溪市委、市政府的重点工作。"十一五"时期，在党中央、国务院的高度重视下，再次加大力度拓展了治沉范围，并落实了国家增加 10.5 亿元的投资规划。使沉陷区治理改造步伐进一步加快，先后建成了程家、卧龙、新立屯、田师付等集中安排沉陷区居民小区，共安置沉陷区受灾居民近 2 万户，使本溪市大部分沉陷区居民得到妥善安置。

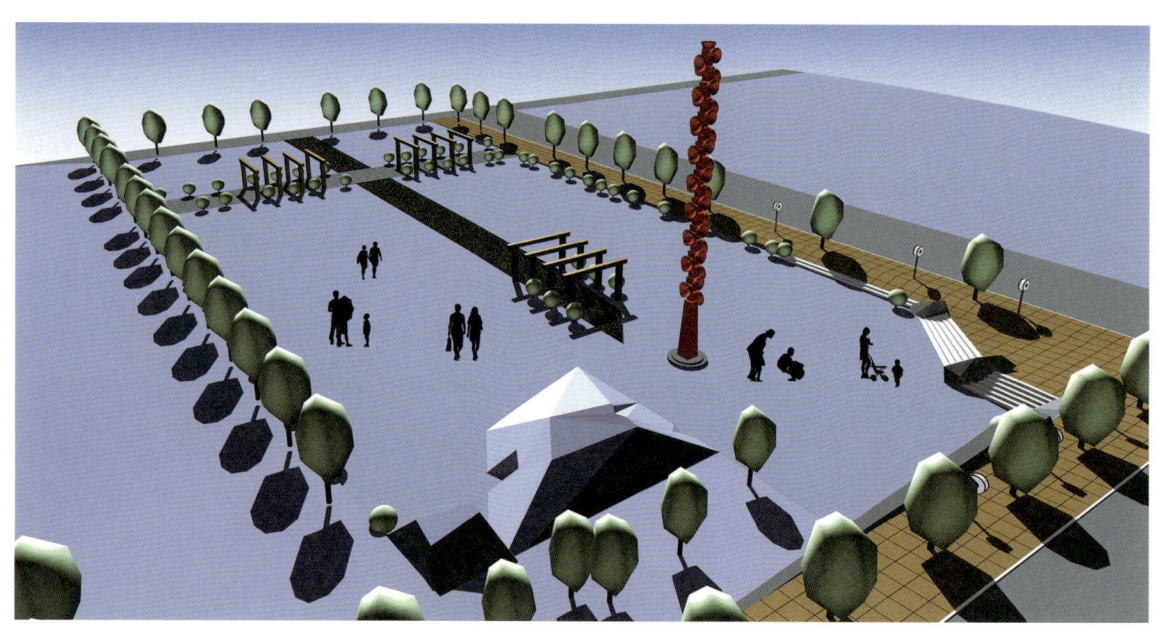

景观设计

二、项目理念

充分关注城市社区公共功能对环境的支撑，特别是广大市民对开放空间需求，将不适宜开发建设的沉陷区改造成市民公园。

三、形态设计

寻找百年城市记忆，将沉陷矿井、巷道枕木、煤铁之路、不灭矿灯等原著符号楔入空间形态，作为对以往曾经辉煌岁月的敬意。

四、规划面积

总面积 20000 平方米。

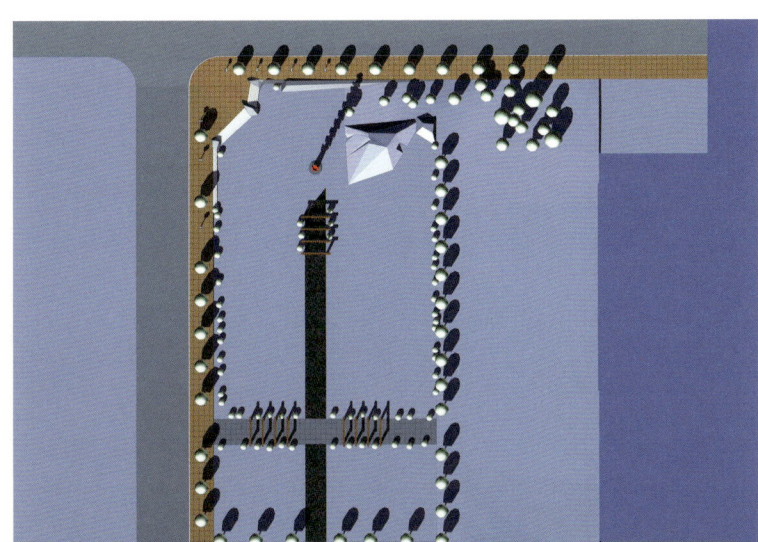

景观设计

69
辽宁省棚户区改造遗址公园总体规划（2007）

一、事件背景

棚户区是我国东北等地一些资源型老工业城市的特定历史产物，那里几乎全是危房，拥挤不堪，居民吃水难、行路难，生活条件十分艰苦。2003年国务院作出了改造棚户区的决策，辽宁省委、省政府认真组织实施了这项工作。

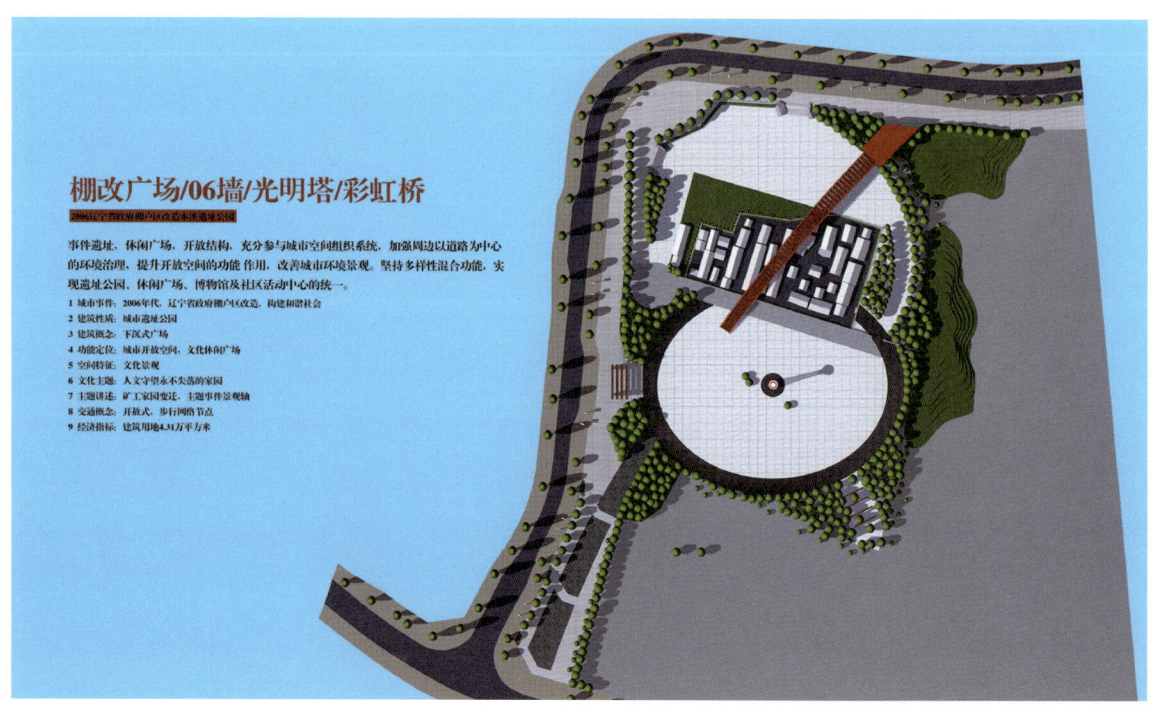

总平面图

二、设计理念

事件遗址，休闲广场，开放结构，充分参入城市空间组织系统，加强周边以道路为中心的环境治理，提升开放空间功能和作用，改善城市环境景观，坚持多样性和混合功能，实现遗址公园、休闲广场、博物馆和社区活动中心的统一。

三、项目设计

1. 项目事件：2006 年开始，辽宁省政府启动大规模棚户区改造工程，构建和谐社会。

2. 建筑内容：城市遗址公园。

3. 建筑概念：下沉式广场，文化景观。

4. 功能定位：城市开放空间，文化休闲广场。

5. 文化主题：人文守望永不失落的家园。

6. 规划面积：4.33 万平方米。

景观设计

70
世界文化遗产五女山红酒坊建筑设计（2008）

1. 项目背景：世界文化遗产五女山城，位于辽宁省桓仁县五女山，原为高句丽开国王城。

2. 设计理念：我们在寻找城市空间主题和意义，同时更认为时间比空间更重要，因为要保持时间太难，因此，我们的城市会失去他的特征和记忆，而最终会被加工成为"普遍的社区"。我们在回望传统，沿着新文脉主义去关注场所精神，把割裂的历史重新连接起来，将建筑概念转向城市文脉。

3. 城市功能：城市环境和城市公共功能提升。酒吧、茶舍、咖啡厅、风味餐厅等。

4. 空间结构：十字中轴，庭院围合，市井街坊，寻找东方建筑空间结构精神。

5. 开发模式：土地租赁，市场开发，转让经营。全面启动老城改造工程，引入公共物品市场化新机制。

6. 经济指标：总用地面积 2.1 万平方米，建筑面积 5800 平方米。

城市设计   现状照片

建筑设计

71

沈阳亚洲之星城市综合体建筑规划（2012）

一、功能组织

政府行政中心、东北商务中心、沈阳购物中心、东北亚总部中心、东北亚创业中心。

二、功能分区

行政服务、金融服务、写字楼、国际公寓、购物中心、步行街、美食广场、院线娱乐。

三、经济指标

1. 总建筑面积：333490 平方米；

2. 地上五层面积：12632x5=63160 平方米；

3. 地下三层面积：14000x3=42000 平方米；

4. 住宅面积：350x35x3=36750 平方米；

5. 公寓面积：1060x45=47700 平方米；

6. 写字楼总面积：143880 平方米；

A 座：1404x55=77220 平方米；

B 座：1212x55=66660 平方米；

7. 容积率：22.8。

建筑设计

建筑设计

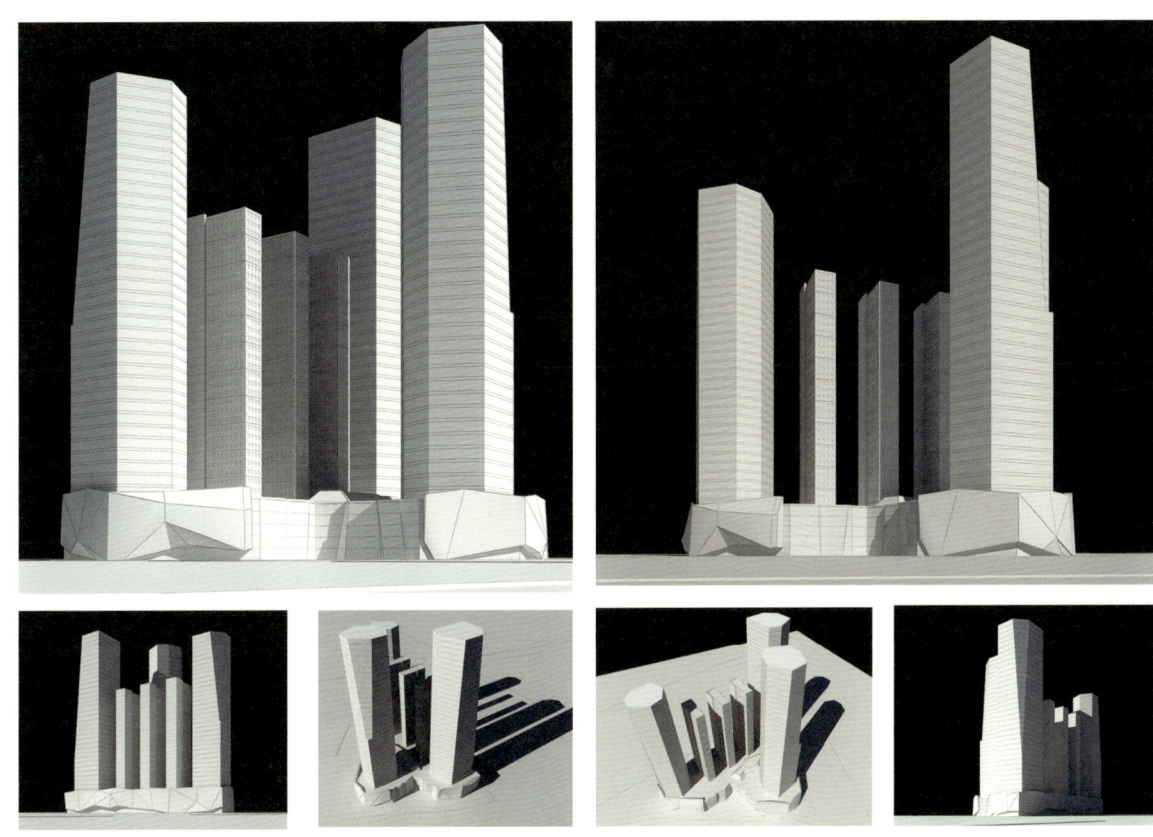

建筑设计

建筑设计

72

大连现代博物馆陈列空间组织设计（2000）

一、对大连现代博物馆的认识及定位

1. 一般意义博物馆

（1）博物馆是一个文化产物，它历史悠久，诞生于历史上的皇家收藏。随着工业化进程，20世纪以来风靡于世界。而文化产物的第一个标志就是特色，世界上凡成功的博物馆都具有自身的文化特色，或者其定位是特色博物馆。

（2）博物馆的特色不是凭空想象的，它取决于：

①文物（展品）特征，而文物是博物馆信息的主要载体，是博物馆内容的基石。

②诞生文物（展品）的社区文化，即城市历史文化特征。

③城市文化期盼，创立博物馆本身就是一个文化期盼情节，是对未来文化的展望。

2. 大连现代博物馆

（1）"百年风雨洗礼，北方明珠生辉"，江泽民在大连百年之际的提词为我们认识大连，进而认识大连现代博物馆作了形象的概括。

中国大地正在自觉与不自觉地开始一场以城市为主题的文明变革，民族复兴运动，而大连具有典范意义。"但求最好"的城市宣言体现了大连日升月恒般的追求精神，她的开放气势、人文精神、知识经济、环境意识等使她成为一座美丽的新世纪国际名城。

大连现代博物馆的文物展品，是大连开埠以来百年历史人文遗存，其主要部分是现代、当代社会变革见证物。它为我们带来更多的是世纪文化主流的风貌。

大连现代博物馆又是一个特定历史时间的产物，恰逢大连百年盛典，世纪之交、千年跨越，它为大连现代博物馆在时间上提供了高峰体验和历史回眸。

（2）基于以上的认识，我们对大连现代博物馆的定位是：现代理念与人文精神，即大连现代博物馆是现代文化的载体，在陈列思想上要具有鲜明的开放思维，现代意识和人文精神，在陈列语言上要具有高科技表现形式，使博物馆具有很强的参与性与可读性，走出传统经典博物馆高傲、冷漠的误区，提高博物馆的"收视率"。这也是当

建筑设计

代世界博物馆的主要发展方向。

使中国第一个城市现代博物馆能一炮打响，同大连一样具有知名度，使其具有认识科研、教育审美及旅游休闲、信息交流等综合效应。

二、大连现代博物馆陈列空间秩序结构

博物馆内部空间秩序结构基于两点：

1. 博物馆建筑环境，即内部空间结构应考虑外部环境因素。

2. 博物馆建筑本身，即内部陈列的空间结构是从属于建筑结构，是建筑结构的发展和变化。大连现代博物馆是一个现代建筑，其原有建筑语言特征十分鲜明，外部白色开放式廊柱、玻璃共享空间，内部阳光大厅、顶部观光回廊。建筑环境开放，面对星海广场、绿色半岛、蓝色大海，具有鲜明的现代平民意识和人文精神。

以上，为陈列选择空间语言约定了条件。因此，我们对现代博物馆内部空间秩序结构的定位是：开放、通透。既充分发挥建筑及环境的原有优势，注重共享空间、阳光大厅等结构原有特征。发掘建筑及环境提供的内在秩序和意义，创造现代、诗意的博物馆空间氛围。

三、大连现代博物馆陈列内容结构

依照 "百年风雨洗礼，北方明珠生辉"，内容展开特征为双百结构：

其横向发展为 "百科全书" 式。采取以独立单元为主，各部分同时展开，如：城建、服装、旅游、名人、礼品等。

其纵向开展为 "百年历程" 式。每一单元又以个案形式作深入表现，如："老照片馆"作个案陈列，反映"大连世家·百年传奇"等。

四、大连现代博物馆陈列思想

总体思想：现代意识，人文家园。

1. 水、天、地陈列方案，山海之恋，空中旅游，城市家园，百科全书，尽收眼底。认识大连不能没有水，大连地理之美七成在水。海是大连人的精神家园，蓝色是大连的永恒之梦。

2. 体现 21 世纪现代高科技，信息网络时代，现代意识与开放精神。

3. 以人为本，注重观众的参与性与陈列的可读性。

4. 但求最好，追求文化高品位。

五、序言大厅陈列构思

序言大厅的主题为 "千年颂歌"，由 "蓝色星球·北方之春·世纪之门" 系列组成。

1. "蓝色星球"：位于共享大厅中心，蓝色现代金属地球雕塑。它是一个抽象、通透式结构，用蓝色光照射，在静止中旋转，具有强烈的现代意识。

其创意因素：

（1）开宗明义，树立一种世界性与开放精神，在进入博物馆的第一时间让你放眼世界，或者说以世界为坐标，述说人类共同话题。

（2）那抽象的、放射着蓝色光芒的星球只存在于理念与梦想之中，意在体现人类跨入新千年的一种超越精神。

（3）地球和足球作为物质运动的现象，其哲学内涵是一致的，即时间和空间的统一，它提供一种时空意识，暗示着城市内在文化精神。

（4）它的框架式、通透结构与建筑自身协调统一，其蓝色创意与白色建筑交相生辉，使偌大的共享空间有了

灵魂和归宿。

2. "北方之春"：是一组槐树花系列金属雕塑，用钢索悬挂在四层高的共享大厅空中，金光闪烁，具有诗意的内涵，它向人们述说着春天的故事——新千年第一个春天正在姗姗走来，大连这颗北方明珠也迎来了她的世纪之春、千年之春。大连的槐树花正在绽放。

3. "世纪之门"：为一段弧形展示结构，分左右两个部分，中间用梁柱相连的门式造型。

其创意因素：

（1）面对正门入口处的观众和"蓝色星球"雕塑，它如巨人一般敞开双臂呈拥抱之势，象征着大连巨大的开放气势。

（2）门的左右两部分是彩色壁画（照片由电脑制作，逼真而高科技），左侧为"辉煌历程"，以反映大连建设成就为主，右侧为"蓝色梦想"，反映人类对未来的追求，画面上表现蔚蓝色的星空，蓝色的大海，海中的生物与人共生共存，体现东方古老的哲学天人合一的至高境界，大连就是一首蓝色的诗。

（3）历史与未来在此对接成"世纪之门"，光荣与梦想同在，在人类跨越千年之际，它体现了追求最好的永恒追求精神。

（4）在门的过梁上放置一束金质槐树花，从天而下的光束，洒落在用纯金锻造的槐树花上，象征着大连物华天宝，人杰地灵之美是汲取了宇宙日月之精华，面对"蓝色星球"暗喻大连是经过万年进化、千年等待、百年追求的结晶，是献给我们生存的这个蔚蓝色星球的一束美丽之花。

（5）"世纪之门"背面如城墙斜坡，用花岗岩饰面，其上镶嵌用青铜浇铸的中英文对照的《百年献词》铭文、江泽民手书"百年风雨洗礼，北方明珠生辉"，体现一种伟大的历史感。

4. "千年颂歌"：当我们随着新千年来临如海涛般的脚步声，步入一个透明的共享空间，那蓝色的星球开放通透，放射着理想与智慧的光芒，仰望其上，点点星空中是金光闪烁的槐树花。千年伊始，北方之春已经到来。向前走去，是张开双臂拥抱世界明天的"世纪之门"，那"辉煌历程"和"蓝色梦想"正在述说着现代城市歌谣。大连现代博物馆陈列正从这里开始讲述……

（1）"千年颂歌"陈列构思特征：充满人类对宇宙的思辨精神和对未来的永恒追求。是一首追赶人类文明的世纪梦想和千年颂歌。

（2）"千年颂歌"空间组织形态特征：

①中心部位的"蓝色星球"雕塑，在结构上同共享空间具有同一性，支持和丰富了原有建筑的结构秩序。

②环抱结构的"世纪之门"位于圆形共享空间与方形陈列大厅之间，它在建筑空间结构上及前后秩序上，起到了过渡与引导作用，使内外建筑形态更趋和谐。

（3）"千年颂歌"灵感来源于：

①美丽的大连。当我们来到久违的故乡大连，夜幕已经降临，那如诗如梦的景色使我们陶醉，驱车从市区到海边，几乎走遍了她每个角落，直至天明。

②人类超越千年时刻的体验。

六、专题馆装饰陈列构思

1. 建筑馆主题：百年风雨洗礼，北方明珠生辉

在一般文物陈列形式（板面、图表、展台、沙盘……）基础上，构思中心陈列"时空走廊"，作纵深表现，它以大连百年开埠为起点，选用历史照片资料，以现代城市建筑为主导内容，电脑制作三维动画，追求画面的视觉

冲击力，以超大型电视投影屏幕为媒介，模拟过山车座椅的起伏动感（丘陵起伏地带），让观众从历史走来，走进大连的每一个广场，每一个建筑，每一个街道……身临其境，去感受认识大连沧海桑田百年变革。观众可使用多媒体触摸屏进行内容任意选取。如：曾经住过的老街道……，提高观众的参与性。

2. 综合馆主题：人文家园，国际名城

（1）如果建筑馆以城市为内容，那么综合馆就应该体现大连人的精神。以《大连人》巨型彩色幻灯照片墙壁系列为主题画面，表现生于斯长于斯，勤劳智慧的大连人形象。

（2）"衣、食、住、行"生活日历，现代风情，选取个案作深度陈列。

（3）工业、农业、港口、文化、教育陈列。

3. 旅游馆主题：山海之恋，都市田园

（1）制作具有高科技水平及环保意义的水幕陈列大厅：放送《星海日出》以海为主题的系列专题片，如：海底世界、蛇岛纪行、金石滩日落、海上人家等。将海水由银幕引入板面陈列形式及地面，把水作为陈列内容的一部分，用蓝色灯光强化，形成蓝色大厅，同原建筑的阳光大厅形成对比，创造阳光地带、蓝色海岸、光天水色回廊。观众可以使用多媒触摸屏自由翻阅大屏幕。

（2）《大连空中一日游》利用全景技术低空、超低空拍摄具有强烈视觉冲击力的高楼、街道、海岸……。画面配以风声、涛声、人声，制作巨型电视大屏幕陈列板面，配以动感座椅，观众如同坐在飞机之上，高楼擦肩而过，海风扑面而来，都市田园，尽收眼底。

4. 服装馆主题：名模如云，世纪经典

以大型T形台复原陈列为主题，同时利用触摸屏任意翻阅、检索报道历届服装节盛况。也可结合小型服装发布、订货、研讨会，做现场表演陈列。

5. 老照片馆主题：百年落叶、沧海桑田

百年落叶——乡土意识，大连情结。个案："大连世家·百年传奇"。

沧海桑田——城市变迁，百年童谣。个案：多媒体三维动画重新演义历来与现实。

6. 名人馆主题：人杰地灵、群星灿烂

陈列：名人画廊，世纪回眸。以图片、实物为主线陈列，以大型触摸屏为深度陈列。个案：王军霞，……走在街上，2000年第一时间里接受采访，回眸一笑：我是大连人。

7. 礼品馆主题：世界瑰宝、友好情怀

以封闭展柜形式进行陈列，上方用一排光束照射，渲染陈列氛围，给人以"宇宙精华尽收眼底，天下珍宝尽显其中"之感。

个案：（1）联合国秘书长加利来大连的活动，如授予荣誉市民及签字赠送礼品；（2）友好城市介绍。

8. 蓝色多功能厅（略）

七、陈列设计原则与基础

1. 世界成功博物馆比较研究；

2. 博物馆识别体系与特色；

3. 城市文化内涵与城市文化期盼；

4. 环境、建筑秩序与陈列空间结构的统一；

5. 陈列空间功能与观众参与行为的统一；

6. 文物展品的信息传播；

7. 超前意识与高新技术陈列手段的应用；

8. 博物馆经营、管理。

八、博物馆智能空间主要技术范围

1. 多媒体技术；

2. 大型投影屏幕、电视屏幕、水幕技术；

3. 绿色光源新技术：显色性好（指数为 100）光束温度低发光效率高、节能（40%）、使用寿命长（是白炽光源的 2.5 倍）、安全（吸收 95% 的紫外线、85% 的红外线）等；

4. 高科技复原陈列技术；

5. 自动讲解系统、背景音乐系统、广播传送系统；

6. 观众行为模式系统；

7. 综合环境管理系统；

8. 交通、安全、报警、防火、空调、除湿、防尘等系统；

9. 计算机管理、信息采集、网络传播、卫星通信等。

在陈述结束的时候，想引述一段对博物馆的定义：它是人类文明发展一定阶段下所诞生的一种文化现象。它是以文物为信息载体、以文物陈列为语言特征、以观众阅读参入为展开方式的一种综合文化传播范式。

73

大连金石滩国家 AAAAA 级旅游度假区
世豪庄园五星级度假酒店总体规划（2005）

一、方案背景

世豪庄园五星级度假酒店，位于大连金石滩国家 AAAAA 级旅游度假区海湾中心地段，占地 12 万平方米。

二、城市现状

金石滩国家旅游度假区成立已 10 年，是大连核心旅游产业。而最近启动由中新合作共同投资 3 亿美元，占地 237.6 万平方米，堪称国际一流的金石滩主题公园使该区的产业概念凸显出来，大型游乐场的投产将主导未来金石滩旅游娱乐城市功能的市场走向。

三、投资环境

金石滩的产业投资环境，随着大连市政府重点工程——金石滩主题公园、大型室内游乐广场、城市轻轨的启动或建成，从而带来新的发展空间及对原有商业卖点的再认识再定位，新一轮商机正在酝酿和涌动。

12 万平方米的世豪庄园，地处已建成的城市轻轨终点站和正在起动的金石滩主题公园，大型室内游乐广场三者的交汇地带，位置极具商业价值，升值空间巨大。

四、产业定位

随着金石滩核心旅游项目主题公园的启动及周边产业投资的变化，原有的世豪庄园方案已不能成立，比邻地块已建成的兰梦庄园别墅区也将拆除。规划主管部门建议该地块应从现状和发展出发，依托大型游乐项目开发以服务为主的旅游产业：餐饮、购物、住宿、停车等相关项目。

规划还提出了一些具体要求：

1. 建筑层高：2~3 层，天际线局部可以 4 层；
2. 建筑风格：浪漫、现代、海滨度假色彩，以暖色为主。

五、方案概念

欧洲风情小镇——大连世豪庄园

1．功能定位：以金石滩主题公园等周边大环境为依托，其主要功能为：餐饮（西餐、中餐、风味），购物（精品走廊、规模超市），洗浴（洗浴、桑拿、美容），酒吧（酒吧、咖啡、茶室），住宿（国际品牌、产权模式、度假酒店），停车场，公建楼盘（沿临街两侧规划开放式公共楼盘）等。

2．建筑语言：为欧洲风情小镇，追求文化和品味，具有鲜明的观光、休闲、旅游特色。

3．市场卖点：（1）主题公园服务区；（2）独立休闲度假区；（3）社区综合公建；（4）产权模式消费区。

4．经营模式：（1）由国际知名品牌喜来登综合管理；（2）分割出售产权；（3）度假型五星级酒店。

5．经营概念：

（1）引进世界先进经营模式——产权式酒店；

（2）引进世界品牌管理机制——如：喜来登管理集团；

（3）引进双赢经营理念——实现旅游物业开放。

总平面图

74

沈阳宁官西部休闲小镇总体规划（2007）

一、项目背景

西部休闲小镇位于沈阳铁西宁官地区，为城乡接合部，自发式农贸大市场，流动人口众多，棚户区聚集区。

二、开发理念

环境提升，社会融合，安居乐业，持续发展。

三、项目概念

新西部步行小镇，随便消费区。

新置业私人社区，每个商铺都临街。

使当地自发功能和业态得以提升和持续。

使居住和就业得以融合。

四、城市设计

充分关注商铺档口功能和交通组织的便利性，以流线结构空间形态，让场所充满现代激情。

五、经济指标

规划用地：23000 平方米；

建筑面积：78000 平方米；

容积率：3.39。

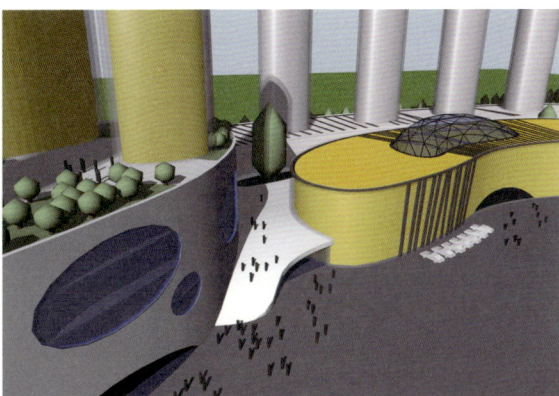

城市设计

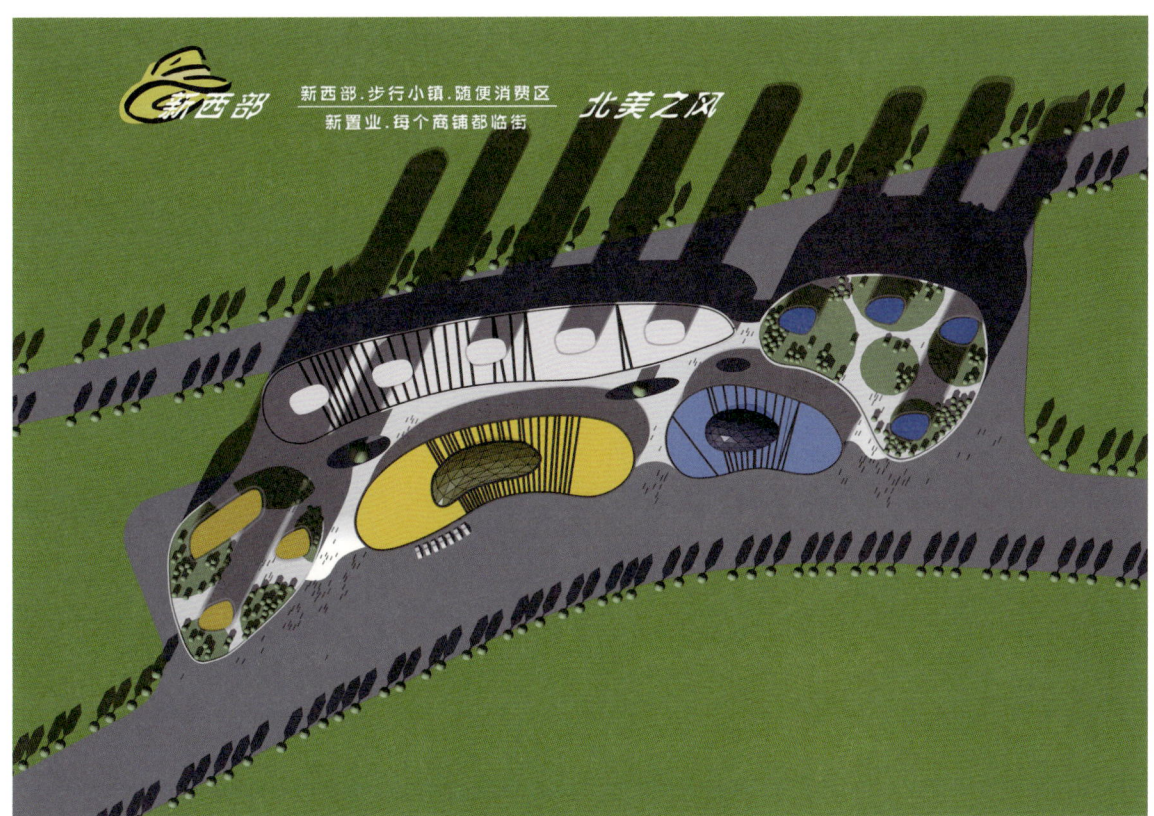

城市设计

75

翰林小镇城市组团概念规划（2006）

一、区位优势

翰林小镇，位于沈北大学城核心区，交通便利，环境一流，地块宏大，区域发展潜力巨大。

二、城市功能

1. 综合操盘：组合业态、复合系统、人文社区。

2. 城市功能：地标广场、步行商业、城市公建、休闲经济、社区底商、农贸大厅、住宅公寓、地下车场。

3. 核心项目：地标建筑沈北之门、大树广场百年银杏、城市中庭荧光喷泉、休闲漫步落叶金街、教育产业大学走廊、连水绿地院士公寓、大型超市品牌业态、人文激情风情小镇。

4. 城市雕塑：风、水。

三、发展概念

1. 环境资源、教育产业、人文关怀、天地人和。

2. 沈北国际大学城：碧水蓝天，翰林小镇，星汉人文，太阳广场，水木假日，百年置业。

四、翰林小镇功能业态

复合业态，市场消费：中、底层，充分关注与大学功能对接。

1. 政府机构：工商、银行、税务、保险、邮局机构等；

2. 公寓住宅：连水公寓、院士小楼、商业住宅、农民新居；

3. 消费层次：教师学生、职业白领、市场精英、有车一族、个体业主、外地旅居；

4. 经营特点：产权公寓、分时公寓、出租公寓、以租代购、银行按揭等；

5. 概念商街：休闲购物、餐饮娱乐、连锁服务；

6. 大学走廊：信息中心、出国留学、就业考研、社区服务、休闲度假；

7. 品牌业态：品牌超市、特许经营；

8. 社会服务：便利店、书店、商业网点、家政中心、药店、诊所等。

五、环境项目

环湖连水，大树广场，主题城雕：风、水。

六、经济指标

1. 占地面积：324700 平方米；

2. 建筑面积：585788 平方米。

城市设计

第五篇
课题研究

以"一带一路"、京津冀协同发展、长江经济带为引领，中国已经开始进行经济地理层面的空间生产和陆权重振。这一轮中国空间的生产，是中国空间进入世界舞台中心的历史性战略机遇期，它将决定和预期中国空间生产和空间组织的未来。

76

中国向北开放国家空间发展战略研究（2015）

习近平总书记在嘱托内蒙古各族干部群众时指出："望，就是登高望远，规划事业、谋划发展要跳出当地、跳出自然条件限制、跳出内蒙古，有宽广的世界眼光，有大局意识。"

一、中华民族历史上一直在为自己的生存与发展进行战略布局，历经五千年的不懈努力和运筹经略，终于形成了今天能够屹立于世界民族之林的发展空间大格局。我们只能继续开拓前进。

在中华民族漫长的融合发展过程中，北中国一直是其空间布局的核心，无论是早期炎帝、黄帝、蚩尤的部落大融合，还是自秦汉以降华夏大一统空间格局的塑造等，北中国一直是中华民族政治、经济、文化、军事活动在中心舞台和布局谋划的主体功能区。这其中的原因是一个复杂系统，但最主要的还是由中华民族的生存和发展所决定的，其中包括中华多民族的融合和集聚，同外部民族的交流与合作等。其最高空间景观形态是滥觞于燕赵、磅礴于秦汉、完成于明清的万里长城。作为冷兵器时代的空间布局形态，长城除了规划国家防御底线之外，也是游牧文明与农耕文明、东方文明和西方文明融合的战略走廊，历史上政治和军事活动总是伴随着文化、贸易和民族融合同时发生。

清乾隆二十四年（1759年），大清帝国最终奠定了中华民族宏大的国家一统疆域之华夏与亚洲新格局。形成了北起萨彦岭、额尔古纳河、外兴安岭，南至南海诸岛；西起巴尔喀什湖、帕米尔高原；东至库页岛，其国土面积达1300多万平方公里的多民族的、统一的、屹立于世界东方之大国。中国国家之空间防御格局则呈现出北依万里长城，南凭海岸防卫、西部屯垦戍边、东北移民禁封的以防御为主导和辅之以陆路及海上有限开放的大格局。腹地则形成了黄河流域、长江流域和运河大动脉、东部海岸线等纵横而宏大的功能格局及网络体系。其思想遗产是大一统、大纵深、大边界理念。

我们今天所能构建的所有经济地理空间战略，都是建立在中华民族五千年对空间运筹经略的基础之上，"一带一路"也不例外，我们只能沿着民族血脉开拓前进。

二、十八大以来，中国经济地理空间正在进行新的战略重构。

中国传统行政区划的空间变革与重构始于改革开放，中国以开发区为发端和路径，创新组织城市新产业空间，包括经济特区、经济技术开发区、高新区、保税区等，及世纪之交迅猛崛起的一系列以城市群为依托的区域经济国家空间战略，包括东部沿海开放、中部崛起、西部大开发、东北振兴及相继推动的众多国家级综合配套改革实验区，其规模之大，发展之快前所未有，对空间结构及中国城镇化进程产生了重大的影响。中国的经济地理区域大格局也由之显现，长三角、珠三角、环渤海引领新的东、中、西部国家主体功能区战略，并在中国经济全球化过程中发挥着空间力量和主导作用。中国政府积极把握着"看得见的手"和"看不见的手"，参与全球产业结构调整与经济空间治理，中国已成为全球经济的重要核心。中国的城市由此发生新的嬗变，无论从规模、形态、内涵、结构、功能等方面，我们都经历了前所未有和始料不及的城市革命。中国一边在塑造空间集聚区，一边在由东部沿海至中、西部布局梯度推移经济地理新格局。以应对经济结构调整对空间布局的需求，以更大的回旋空间对冲主要来自时间维度的全球性金融危机和复杂挑战。

十八大以来，中国经济空间治理格局正在进行新一轮更高层次的战略重构。

习近平总书记提出"一带一路"：丝绸之路经济带、21世纪海上丝绸之路，已成为中国全球布局及中国经济地理空间的顶层战略。寻找历史和文化认同、跨区域规划、亚欧传统腹地崛起和全球战略布局成为其显著标志。重大事件经济对要素的号召力和对经济空间的重塑值得特别关注。中国同时在更广泛的层面参与全球经济合作与创新，如由中国主导的亚洲基础设施投资银行、亚太自由贸易区、丝路基金、全球布局人民币结算中心、以高铁为代表的大规模境外投资与产能合作、中俄能源协议等，中国正在赢得与美日为代表的遏制势力博弈的主动权。中国经济地理空间治理格局，已经从传统的行政区划及东、中、西部梯度推移，向以"一带一路"为最高战略的，包括京津冀协同发展、长江经济带等提升和转型，其内涵是全球布局及产能合作、陆海统筹、南北贯通、全面开放。在经济地理空间上更加关注腹地战略和跨国经济走廊，及全球互联互通。

中国经济从十八大开始，以"一带一路"为标志，已经进入一个改革开放新纪元。从经济地理角度进行观察，是以中国为中心的，同沿线国家战略相融合的，传统亚欧腹地的一次空间重组和以投资便利化贸易自由化为主题的新一轮全球化进程。中国提出的"一带一路"主要空间模式是全球性经济走廊和以节点城市为载体，以跨国合作产业及贸易园区为功能平台的，点—轴—面支撑系统的跨国空间新格局。在中国已经引发了新一轮以开放为主导的经济地理空间重构。特别是"一带一路"空间组织呈现出空前的门户、枢纽、始发地大战。中欧货运班列已成为争夺的标志物。综合保税区、自由贸易区、跨境经济合作区势如破竹。几乎所有省市都将"一带一路"纳入"十三五"规划，并积极争取参与国家战略。同时"一带一路"也得到了沿线国家的普遍响应。中国已经开始大踏步地走出去，并取得早期收获。

中国及全球经济已经进入"一带一路"年代。

三、中国向北开放，是继中国向南、向东、向西开放布局基本完成后的国家空间战略新议题。中国已经进入全方位开放，全球布局新时期，中国正在赢得与美日为代表的遏制势力博弈的主动权。

"一带一路"是中国空间发展战略第一次进行全球布局，其路线图延续了历史的肌理，但其本质则是第二次世界大战以来，特别是20世纪末全球性金融危机以来，在传统的北美及欧洲主要经济体之外，离散的经济斑块逐渐在确立其新的经济发展集聚方向，特别是以中国为代表的新兴市场已成为全球新的发动机，新的空间组织和战略布局已在新的空间方向和内在联系中塑造产生，如金砖国家、上海合作组织、东盟10+1等，其中的全球性新空间布局与战略就是中国提出并主导的"一带一路"，是跨世纪以来全球各经济体寻找经济空间路径的必然结果和最高代表。

长期以来，由于中国经济地理空间布局由东部开放和海上贸易主导，及地缘政治、发展阶段性、空间梯度性束缚等因素，同东部沿海比较腹地空间长期被边缘化，像乌兰察布历史上战略枢纽之地，竟然出现归宿的尴尬——乌兰察布即不属于呼包鄂榆城市群、也不属于东北振兴范围、还不属于京津冀协同发展。

"一带一路"作为中国乃至全球空间组织的顶层战略，为中国开辟了全新的战略大通道，中国开始由主要向南走太平洋，开始向西、向东、进而向北，走亚欧腹地大陆桥。全球性新一轮腹地大崛起伴随着金融危机和经济治理结构及地缘政治的调整应运而生。

　　中国向北开放，是继中国向南、向东、向西开放布局基本完成后的国家空间战略新议题。中国"一带一路"乌兰察布国家空间战略呼之欲出。

　　中国向南开放经历了东亚、东南亚、南亚漫长的布局，先后组织和推动了东盟 10+1 自由贸易区、孟中印缅经济走廊、中巴经济走廊、泛亚铁路、大湄公河次区域经济合作等。《推动共建丝绸之路经济带和 21 世纪海上丝绸之路愿景与行动》则在更高的层面对中国向南开放进行了顶层覆盖，制定了中国至东南亚、南亚、印度洋及 21 世纪海上丝绸之路重点方向，从中国沿海港口过南海到印度洋，延伸至欧洲；从中国沿海港口过南海到南太平洋的总体向南开放战略。并做出一系列空间布局，包括：加快北部湾经济区和珠江—西江经济带开放发展，打造西南、中南地区开放发展新的战略支点，形成 21 世纪海上丝绸之路与丝绸之路经济带有机衔接的重要门户。发挥云南区位优势，推进与周边国家的国际运输通道建设，打造大湄公河次区域经济合作新高地，建设成为面向南亚、东南亚的辐射中心。支持福建建设 21 世纪海上丝绸之路核心区等。

　　中国向东开放也在 20 世纪改革开放后就已渐次推动，主要布局东北亚开放战略大通道，如中国东北亚区域一体化新战略，东北东部两江一河（图们江、鸭绿江、绥芬河）开放枢纽战略等。在《推动共建丝绸之路经济带和 21 世纪海上丝绸之路愿景与行动》框架下的空间组织包括中俄能源大通道和完善黑龙江对俄铁路通道和区域铁路网，以及黑龙江、吉林、辽宁与俄远东地区陆海联运合作。

　　中国向西开放正风起云涌，新疆作为丝绸之路经济带的前沿，依照《推动共建丝绸之路经济带和 21 世纪海上丝绸之路愿景与行动》布局，重点畅通中国经中亚、俄罗斯至欧洲（波罗的海）；中国经中亚、西亚至波斯湾、地中海；依托国际大通道，以沿线中心城市为支撑，以重点经贸产业园区为合作平台，共同打造新亚欧大陆桥。发挥新疆独特的区位优势和向西开放重要窗口作用，深化与中亚、南亚、西亚等国家交流合作，形成丝绸之路经济带上重要的交通枢纽、商贸物流和文化科教中心，打造丝绸之路经济带核心区。

　　中国向北开放，贯通第一欧亚大陆桥是一个传统战略，但由于地缘政治等原因长期被边缘化。《推动共建丝绸之路经济带和 21 世纪海上丝绸之路愿景与行动》开始重新进行战略布局，明确提出发挥内蒙古联通俄蒙的区位优势，构建中蒙俄经济走廊。乌兰察布蒙古高原古老而弥新的山口，再一次进入国家战略和全球化视野，注定了她风云际会的未来。

　　四、中国"一带一路"乌兰察布国家空间战略呼之欲出——中蒙俄经济走廊桥头堡，京津冀、环渤海、呼包鄂榆、辽宁中部城市群及太原城市群等向北进入第一亚欧大陆桥大枢纽，"一带一路"全球布局中国第三核心区。

　　乌兰察布，蒙语的意思是红色山口，历史上蒙古部落会盟的地方，是蒙古高原千里阴山山脉的天然通道和军事要塞。

　　在游牧文明和农耕文明时代，通道与要塞就意味着政治、经济、军事、文化、贸易、物流的生命线和人类文明活动空间布局的制高点，而阴山山脉千百年来的空间结构和经济地理意义塑造了整个蒙古高原历史空间大格局。从"一带一路"的空间意义看，中国的任何一座名山都不及阴山山脉具有全球性。阴山山脉东引大兴安岭、西连天山山脉、南拥黄河、北雄蒙古高原，是内蒙古草原自然景观和生态肌理的关键锁钥；阴山山脉是传统亚欧大陆人类文明和民族迁徙的古老驿站，是饱含着人类绵绵乡愁的精神家园，是华夏游牧—农耕两大文明、东方—西方两大文明大融合的全球性历史节点。乌兰察布作为整个阴山山脉的大通道，就是整个华夏文明的向北开放的大通道。

　　乌兰察布进入元代集宁路时期，已成为中国古代历史商旅物流一个极其重要的枢纽。元朝元太宗正式建立驿站制度，有三条从中原通往岭北、中亚和欧洲的驿道，即帖里干、木怜道、纳怜道。集宁路即为木怜道（木怜，蒙古语意为"马"），是一个具有国家战略区位意义的驿站和跨国商贸大通道。明隆庆五年（公元1571年），明朝与蒙古族开展互市贸易，《明史·食货志》记载："明初，东有马市，西有茶市"，杀虎口（西口）德胜口、新平口、张家口（东口）等明长城关口边堡先后辟为市场，长城内外商旅浩荡。乌兰察布再次成为商家云集之地、草原丝绸之路商贸重镇和繁荣的交通枢纽。清中期至民国初年，随着晋商的崛起，又形成了一条由山西经乌兰察布至库伦（今蒙古国乌兰巴托）进入俄罗斯的中蒙俄万里茶道。

乌兰察布这条代表国家战略布局的中西大通道，是整个华夏腹地向北开放的战略门户和兵家必争之地。其本质是制度层面的空间战略布局和自然地理，历史地理、经济地理共同塑造的全球性。乌兰察布以山口的名义一次次镶嵌的历史的空间时间中，并不断表现出区位的力量。乌兰察布的历史空间意义和价值至今犹存，并显现出从未有过的可能性。

空间的力量来自区位，而距离导致核心区与边缘的差异，距离是核心区的基础，并对整个要素集聚形成影响。方向的集聚形成空间结构，中心的密度最大，其边缘则依次递减。当外部离散结构在一个空间中具有新的方向性主导地位时，这个空间则成为新的中心。这就是区位的演进和重构，即通过制度设计和空间布局对要素和资源进行重组，推动原有的集聚空间转型、扩散，如京津冀协同发展战略的中心重构。其中的本质是联系，没有联系的空间意义只能是潜在的。紧密联系和结构协同是区位空间塑造的本质，是空间表达的主要形式。而当今世界正在从多边主义向区域主义转型，区位空间的力量正在不断显现。

1. 中蒙俄经济走廊桥头堡

中国向北开放，进入第一亚欧大陆桥区位优势最明显、交通最便捷、经济地理最具价值、覆盖面最广阔的非乌兰察布莫属。其一，乌兰察布紧邻蒙古国，在整个北中国区位前凸且居中，其北上大通道直逼蒙古国经济核心区及俄罗斯腹地，经济地理表述意图明确而坚决，是中蒙俄经济走廊中国向北开放的战略桥头堡。其二，乌兰察布在中国向北开放中，组织中蒙俄经济走廊空间布局最具经济价值，中蒙俄经济地理关系最紧凑，经济互补性最强，交通网络最便捷。其三，乌兰察布是中国所有开放前沿腹地经济规模最大，最具创新与活力的地区。其腹地包括：京津冀、环渤海、呼包鄂榆、辽宁中部城市群及太原城市群等，其经济规模仅环渤海就占中国总量约30%。而丝绸之路经济带核心区新疆及21世纪海上丝绸之路核心区福建的腹地经济规模和资源均无法与之相提并论。开放的决定性力量来自腹地。所谓口岸能力其实是腹地能力的表现。乌兰察布作为中蒙俄经济走廊桥头堡具有无可限量的可塑空间。其四，乌兰察布区位的另一个战略优势还在于其同广阔腹地的经济地理与经济制度的紧密联系。从"一带一路"出发，寻找中蒙俄经济走廊，重新认识北中国经济地理布局，乌兰察布是必经的战略山口。

2. 京津冀、环渤海、呼包鄂榆、辽宁中部城市群及太原城市群等向北进入第一亚欧大陆桥大枢纽

从经济地理点、轴、面及走廊或增长极关系出发，从大区域移动网络及节点或枢纽出发，乌兰察布是名副其实的京津冀、环渤海、呼包鄂榆、辽宁中部城市群及太原城市群等向北进入第一亚欧大陆桥大枢纽。是北中国跨区域移动网络参入第一亚欧大陆桥的提纲挈领部分，是整个网络组织的关键和抓手。其一，从环渤海、天津港经北京天竺国际空港等物流移动网络，北上张家口经乌兰察布进入第一亚欧大陆桥。其二，从呼包鄂榆东进，经乌兰察布进入第一亚欧大陆桥；从通辽、赤峰、承德西进，经乌兰察布进入第一亚欧大陆桥。其三，从辽宁中部城市群及辽东半岛跨京津冀经乌兰察布进入第一亚欧大陆桥。其四，太原城市群北上大同经乌兰察布进入第一亚欧大陆桥。乌兰察布的枢纽特征不同于新疆枢纽轴线漫长和腹地纵深松散，也不同于福建枢纽岸线宽阔、出口众多、缺失唯一性。而乌兰察布枢纽则表现出明确的半围合性、向心性、前凸性和唯一性。经济地理效益突出，腹地空间关系紧密、制度安排方向明。相比较之下，乌兰察布战略枢纽意义重大，后发优势明显。

3. "一带一路"全球布局中国第三核心区

《推动共建丝绸之路经济带和 21 世纪海上丝绸之路愿景与行动》在空间布局中规划了支点、中心、核心区及产业园区、经济走廊等不同功能和层级的空间组织格局。基于中国向北开放和中蒙俄经济走廊空间布局的需求，中国亟待构建能够适应"一带一路"全球战略，适应京津冀、环渤海、呼包鄂榆等腹地经济进入第一亚欧大陆桥的战略支撑平台。新疆作为丝绸之路经济带向西开放的核心区、福建作为 21 世纪海上丝绸之路向南开放的核心区已经纳入《推动共建丝绸之路经济带和 21 世纪海上丝绸之路愿景与行动》，而向北开放的核心区则唯有乌兰察布可堪此任，这应该是乌兰察布的顶层战略定位和应有的经济地理格局。

提出建设中蒙俄经济走廊乌兰察布桥头堡、枢纽及核心区基于以下几点考虑：

其一，依据《推动共建丝绸之路经济带和 21 世纪海上丝绸之路愿景与行动》确立的发挥内蒙古联通俄蒙的区位优势和建设中蒙俄国际经济合作走廊的战略部署。

其二，是建设中蒙俄经济走廊的战略需求，没有桥头堡、枢纽及核心区的建设，中蒙俄经济走廊就只是一句口号，是不可能成功的。这是中蒙俄经济走廊建设下一步实施规划和战略预期的必然结果。

其三，乌兰察布作为中蒙俄经济走廊桥头堡、枢纽、核心区的定位是个比较的结果。而呼和浩特、二连浩特、满洲里及张家口均不合适。

其四，中蒙俄经济走廊桥头堡、枢纽及核心区建设是个历史过程。《推动共建丝绸之路经济带和 21 世纪海上丝绸之路愿景与行动》确立新疆为新亚欧大陆桥及中国—中亚—西亚经济走廊的窗口、枢纽、贸易物流文化科教中心及核心区也是个历史过程。当前新疆处在建设窗口、枢纽、贸易物流科教文化中心开始阶段，据预测其核心区建设至少需要 10 年。

其五，乌兰察布当前的路径和对策，是在"十三五"新时期抓住三大战略：一是依据中蒙俄经济走廊进行战略定位和空间布局，因为中蒙俄经济走廊是对其他战略的顶层覆盖。二是向全世界大声讲好乌兰察布故事，因为没有预期的经济是注定无法成功的。为此建议按照《推动共建丝绸之路经济带和 21 世纪海上丝绸之路愿景与行动》的路径，把研讨会办成中蒙俄经济走廊全球论坛及中蒙俄全球贸易博览会。三是全力抓好以大集宁综合保税物流功能为核心的乌兰察布桥头堡、枢纽建设，为未来核心区战略做好准备。

中国改革开放初期曾经选择了一个小渔村，他叫深圳。十八大以来，中国改革开放重新出发，并以中蒙俄经济走廊的名义选择了乌兰察布。乌兰察布不必徘徊和犹豫。一个城市必须要有梦想。

乌兰察布从传统的阴山山口的历史空间出发，参入北中国经济地理空间布局创新，依托京津冀、环渤海、呼包鄂榆等广阔的腹地经济体，以制度创新为引领，组织综合解决方案，通过全球配置要素，规划中蒙俄经济走廊桥头堡，跨区域大枢纽和中国向北开放核心已势在必行。

乌兰察布正面临中国"一带一路"全球布局的重新塑造，其在经济地理中的区位、距离、方向等空间要素正在从离散向集聚进行战略转型，一个镶嵌在亚欧传统大陆上的全球性山口再次显现。同时，乌兰察布也将面临战略定位、制度创新、空间组织及操盘能力等严峻挑战。

五、乌兰察布具有无可替代的综合区位优势，和中国向北开放经济地理空间布局的强烈诉求。跨越式发展，构建后发优势，后来居上是完全可能的，也是唯一抉择。乌兰察布中国向北开放核心区战略，其本质是中国一带一路全球布局。

凡事赢在前期，乌兰察布正处在中国经济地理空间重组和跨区域布局的顶层规划时期。乌兰察布兼具全球性综合区位力量和中蒙俄经济走廊发展空间战略诉求两大优势。乌兰察布只有一种发展路径可以选择，那就是把乌兰察布的事做成中国的事，世界的事。在全球范围内配置要素，走跨区域合作，跨境合作，全球合作发展之路。这也是乌兰察布战略空间和产业空间组织关键。

乌兰察布新一轮空间组织的本质是中国一带一路全球战略布局，其目的是中国向北开放，空间组织的标志性形态是中蒙俄经济走廊，其空间承载平台是一级功能轴及支点、中心、核心区及跨境示范园区等物理空间和制度空间的集成。其经济地理特征是跨区域空间战略、跨境空间战略及制度创新。乌兰察布亟待规划南北纵向核心功能轴和大集宁空间新战略，即一轴、一网、大集宁一核双副、多组团、十大产业集群新格局。

一轴：中蒙俄经济走廊互联互通核心功能轴。即从天津港（自由贸易区、东疆综合保税区），经北京空港（天竺综合保税区）、张家口（金三角经济合作区）至集宁（综合保税物流园区），通过二连浩特进入乌兰巴托（蒙古国首都），北上贯通乌兰乌德（俄罗斯布里亚特共和国首府）到达伊尔库茨克（俄罗斯伊尔库茨克共和国首府）。全线空间功能分三部分，第一部分：京津冀段，即从天津港经北京空港至张家口至集宁，为制度层面和机制层面的单一窗口保税物流大通道。集宁综合保税物流园区同时是天津港综合保税物流园区、自由贸易区及北京空港天竺综合保税区的陆路干港。实施以京津冀协同发展为主导战略的综合保税及自由贸易区创新制度共享和协同发展。互联网跨境贸易、采购贸易、转口贸易、服务贸易、大数据、金融实验区、全球合作、互联互通，制度共享，要素整合，共建"一带一路"乌兰察布第三核心区。第二部分：乌兰察布段，即从集宁至二连浩特，为核心功能部分。主要空间结构为以综合保税物流园区为核心的大集宁综合功能区及二连浩特口岸。第三部分：蒙俄段，即从二连浩特开始经乌兰巴托、苏赫巴托尔（买卖城）和乌兰乌德，至伊尔库茨克。主要布局跨境合作资源型工业产业园区、包括多金属、木材、矿产、皮毛、农业等，产能合作园区，互联互通跨国物流园区，跨国基础设施建设等。从天津港至伊尔库茨克直线距离为1700公里，比西安至阿斯塔纳近1800公里，比连云港至阿斯塔纳近2500公里，物流成本优势明显。其经济地理空间延续了传统的草原丝绸之路和传统亚欧大陆桥，是"一带一路"腹地战略的典范，是历史上阴山山脉大山口通道贸易的4.0国际版。

构建以乌兰察布为核心的中蒙俄经济走廊互联互通一级功能轴，是建设中蒙俄经济走廊的战略需要，是"一带一路"互联互通的必然结果，具有巨大的跨国市场空间和广泛的国际合作诉求，及良好的地缘政治基础，其条件已经成熟。将"中蒙俄经济走廊互联互通核心功能轴"上升为"一带一路"国家示范项目战略。通过加强双边合作，开展多层次、多渠道沟通磋商，推动双边关系全面发展。推动签署合作备忘录或合作规划，建立完善双边联合工作机制，研究推进"一带一路"建设的实施方案、行动路线图。

一网：中国向北开放，大"木"字形物流移动网络。即以天津、北京、张家口、集宁、二连浩特纵轴为核心，以洛阳、晋城、太原、大同至集宁为西翼，以沈阳、锦州、秦皇岛、唐山为东翼，和由西向东从巴彦淖尔经鄂尔多斯、包头、呼和浩特至集宁，由东向西从通辽经赤峰、承德至集宁为横轴。组织以纵轴为核心、以横轴为联动，以两翼为支撑的，大"木"字形中国向北开放一级空间物流网络架构。集宁的区位优势是大"木"字之战略节点，具有瞻马首和执牛耳之地位，对于中国向北开放区位意义重大。

中国的经济地理格局是由以交通（包括公路、高速、铁路、空港、港口等）为主导的移动网络支撑，其网络布局具有多层次结构，由经济集聚中心和城市群主导，对中国经济要素的配置和区位优势的塑造具有战略意义。中国已经形成了环渤海、长三角、珠三角为代表的世界级物流移动网络架构。作为一个复杂体系，其既是一个超稳定结构，同时也始终处在演进之中。在"一带一路"战略覆盖下，上述移动网络架构的重大变化就是方向性重构，主要表现为腹地指向和亚欧大纵深空间诉求，不断出发的中欧货运班列就代表着其空间方向新价值。由集宁为空间组织新方向的中国向北开放，其大"木"字形物流移动网络正呼之欲出。其网络空间组织结构，同刚刚出台的京津冀协同发展规划纲要空间布局同构，具有战略层面的融合性，在中国向北开放的顶层布局中明确了新的空间方向。

一核双副：即以大集宁功能集聚核心区为主城，以察右前旗及察右后旗为双副城，重构空间新结构。

"一带一路"全球布局中国第三核心区，是一个跨区域、跨国界的顶层战略，传统乌兰察布的空间布局正面临战略重构。其内涵包括空间形态、空间规模、空间结构及功能组织等。一核：即以乌兰察布集宁为空间布局基础，跨交通轴同察右中旗相融合，构建一轴双翼大集宁空间组织新格局，及以综合保税物流园区为标志的，同中蒙俄经济走廊空间发展需求向适应的大集宁核心功能区。双副：即察右前旗和察右后旗双副城空间新战略。前旗重点建设世界级文化旅游目的地和全球性论坛会展之城、大学之城、生态之城。后旗重点建设跨区域物流配送产业之城，绿色加工制造业之城。

十大产业集群：即贸易物流、绿色能源、高效农业、健康产业、化工产业、数据信息、金融服务、皮草时尚、品牌家具、马业运动、全球呼叫、服务外包、论坛会展、旅游文化、教育科技、电子商务等。同时还包括：跨境飞地、跨国合作产业园区，包括多金属、木材、矿产、皮毛、农业等资源性产业园区及产能合作产业园区。沿着乌兰察布的区位优势和资源禀赋及中蒙俄经济走廊合作新需求，组织大集宁一核双副，多组团，十大产业园区空间发展新格局。

世界经济贸易格局的变迁，大国的兴衰更替无不是以其内部战略格局的变革与调整来应对外部复杂挑战。而空间的组织又总是表现出均衡和增长极之间博弈的双重战略，机遇和挑战则孕育其中。乌兰察布下一步经济地理空间组织的重点，一定是基于中蒙俄经济走廊战略布局的增长极。

六、塑造全球性区位优势，构建全球性差异化发展战略和号召力经济。

乌兰察布必须毫不犹豫坚决参入"一带一路"战略，构建中蒙俄经济走廊桥头堡、大枢纽及未来核心功能区。塑造全球性区位战略优势是件头等大事，在"十三五"战略规划中应排在第一位。区位优势是个综合战略，将影响和塑造全局。结构调整无论是存量还是增量，其坐标都是跨区域大循环，而全球配置要素则是其最高路径。

中国正在从传统的规模经济向效率经济、进而向价值经济转型，中国房地产及全行业产能过剩，投资产品匮乏，防御困局主导，归根到底是中国发展题材短缺，而题材决定结构，并对要素驱动和创新驱动具有战略引领作用。创新中国题材，讲好中国故事，对中国预期乃至全球预期至关重要。

敕勒川，阴山下。天似穹庐，笼盖四野。天苍苍，野茫茫，风吹草低见牛羊。

男儿血，英雄色。为我一呼，江海回荡。山寂寂，水殇殇。纵横奔突显锋芒。

向世界讲好乌兰察布故事，是一个宏大叙事，是个顶层战略。乌兰察布要以更大的政治勇气和智慧参与中国创新、重构中国故事题材高地。

古老大陆和宽阔海洋的世纪季风再一次在阴山山口交汇，只有一种未来属乌兰察布，那就是全球性！

77

中国国土空间陆桥轴——中国版第三欧亚大陆桥概念设计（2012）

一、第三欧亚大陆桥

第三欧亚大陆桥超越原有的"陇海概念"，东起东北亚几何中心、最新国家区域战略的大图们江，穿越东北东部崛起的东边道东北第三轴，从国际航运中心大连跨渤海湾经山东半岛至连云港。从而使东北亚地区中、俄、蒙、日、韩、朝等国进入新的战略平台，使欧亚大陆桥更具全球性和开发性。

第三欧亚大陆桥是传统的第一欧亚大陆与崛起的第二欧亚大陆的整合与优化。

二、全球战略新格局

1. 参与后金融危机时代世界政治经济秩序重建；

2. 应对中国崛起时代来自西方岛链式包围封锁；

3. 构建 G20 对话时代中国全球战略新丝绸之路；

4. 重构区域战略时代国家经济地理空间新版图。

三、中国周边新战略

1. 为建立超越意识形态和社会制度，以广泛对话和经济贸易为主导的全球化合作平台，以维护国家周边战略安全和支撑中国发展崛起。经过 10 年的努力，中国已经建成以北部湾为先导区的"东盟 10+1"国际自由贸易区，第一个中国全球区域战略。

2. 1992 年联合国计划开发署倡导以图们江为国际区域平台，推动东北亚地区中、俄、蒙、日、朝、韩等多国合作。18 年后，2009 年大图们江上升为中国国际合作战略。

3. 以新疆与哈萨克斯坦为平台，建立中亚地区国际物流大通道及国际保税陆路干港，中亚区域国际自由贸易区也应适时成为国家战略。

4. 2009 年海西经济区高调进入国家区域战略。

5. 2001 年成立以中亚地区为平台的上海合作组织。

东南亚、东北亚、中亚及东亚等以国际地区安全为最高目标的国家主场战略，集中体现了国家全球战略意图和地区比较优势。

四、中国国土空间核心发展轴

《全国主体功能区规划》将原来的"陇海轴"高调修改为"欧亚陆桥轴"，是中国沿海开发轴、沿江发展轴、欧亚陆桥轴等最重要的国土空间战略轴线之一，是贯通中国东、中、西部第一经济地理大通道。

五、超区域战略大整合

1. 第三欧亚大陆桥从东北亚几何中心到中亚腹地，整合了十一大区域经济国家战略，其中包括：中国图们江国际经济合作区、辽宁沿海经济带、沈阳经济区、天津滨海新区、黄河三角洲生态区、山东半岛蓝色经济区、江苏沿海地区、中部地区、关中天水经济区、甘肃循环经济区及天山北坡国家重点开发区等。

2. 自东向西整合了吉林、辽宁中部、环渤海、辽东半岛、山东半岛、江苏、中原、关中天水、天山北坡等十大城市群。

六、中石油全球战略布局——新疆欧亚大陆桥

能源和思想是人类文明的两大基石。

1. 从企业战略向区域战略、国家战略、全球战略跨越，从石油战略向新能源战略、超能源战略、多元战略转型。

2. 克拉玛依战略区位

《全国主体功能区规划》布局"陆桥轴"中亚桥头堡；

国家主体功能区规划"重点开发地区"向西开放最前沿；

"上海合作组织"泛中亚区域经济合作中国战略先导区。

3. 中石油战略机遇期

新疆"跨越式发展"、"长治久安"历史关键期；

中国"十二五规划"、"结构调整"战略转型期；

全球经济衰退要素重组，战略重构发展机遇期。

4. 欧亚大陆桥国家战略

新疆泛中亚地区国际物流大通道；

克拉玛依泛中亚综合保税陆路干港；

克拉玛依"境内关外"国际能源产业合作开发区；

克拉玛依国际空港；

克拉玛依国际能源战略总部；

论坛、会展、基金、网络、金融、人才、信息、研发、贸易、服务。

七、克拉玛依全球推广"双城战略"

世界石油城——创新之城，新疆国家战略；

世界魔鬼城——生态之城，申报世界遗产。

78

铁西关键方式的嬗变与"十三五"新常态下东北老工业基地方式再抉择（2016）

2008 年，中央确立沈阳铁西为中国改革开放 30 年十八个典型之一，和突出重围、实现经济振兴的东北老工业基地唯一代表。一时间，经历了"凤凰涅槃"的铁西成为东北振兴的风向标而备受瞩目。至 2012 年，铁西及辽宁，乃至整个东北进入了战略上升新时期。然而短短几年，至 2014—2015 年，由辽宁殿后，整个东北经济发生区域性塌陷，拥有中国一流的庞大国有资产、一流的技术人才、一流的基础设施、一流的城市网络、一流的资源禀赋的辽宁位列 2015 年上半年全国 GDP 排名倒数第一。用总理的话说"没道理"！东北到底怎么了？以铁西为代表的东北老工业基地发展方式再一次受到全球关注或质疑，以铁西为代表的辽宁及东北老工业基地到底走过了什么样的发展历程？其发展方式特别值得重新审视。

上篇：2014—2015 年东北经济区域性塌陷引发的方式反思

一、殖民地方式，铁西现代工业的滥觞

近现代铁西方式始于 20 世纪初叶日伪统治时期。1932 年，日本人急于向世人展示满洲国"欣欣向荣"的发展前景，关东军、满铁、伪满洲国三方共同组建奉天都市计划准备委员会。1933 年 3 月 1 日，日伪当局发表"满洲经济建设纲要"，并设想按照日本大阪模式把奉天建成工商大都市。1934 年 4 月，起草了《奉天都市计划委员会章程》，确立了水道铺设计划、公共市场计划、市内交通统一管制计划以及煤气发展计划，并决定设立铁西工业区。早在 1909 年，日本侵略者在"附属地"修建奉天火车站（今沈阳站）。1932 年 11 月，在沈阳的日本"南满洲铁道株式会社"规划在铁路西侧开辟工业用地。1933 年 3 月 1 日，日伪当局发表的"满洲经济建设纲要"中，指定奉天西侧为工业区。9 月，日伪当局成立"奉天工业土地股份有限公司"（简称"土地会社"），制定和实施铁西工业区规划。自 1934 年至 1937 年 11 月，计划分两期对铁西工业区进行规划，面积共 1089 万平方米。1937 年 11 月，"土地会社"撤销，其业务移交给伪满奉天铁西土地管理处。次年 3 月，又并入奉天都邑计划科，将铁西工业区的规划面积增加至 2347 万平方米。铁西工业区的绝大多数工业企业都是日资企业，为数极少的民族资本工业企业也是在夹缝中勉强经营。据统计，至 1944 年底，铁西区内共有工厂 401 家，其中日资工业企业 323 家，民族资本工业企业 78 家。这些日资企业在中国的土地上大肆掠夺资源，奴役中国劳工进行生产，将加工好的产品源源不断地

输入日本，并用于支持日本军事侵略中国，给中国造成了双重苦难。（2015—10—25《中国档案报》）

在统治集团的主导下，为充分满足军事及政治目的，通过编制现代城市总体规划，明确城市功能分区，布局工业聚集区及交通等基础设施，通过原材料及加工制造两头在外的战争掠夺方式，铁西开始了其非市场化路径下的现代工业发展之路。这一时期铁西方式的本质是战争主导下的指令性军需工业，即殖民地方式。

二、计划经济方式，"一五"时期铁西工业进入共和国战略

1948年11月2日，沈阳宣告解放，铁西工业区真正回到了人民的怀抱。职工群众阶级觉悟和生产积极性空前高涨，工厂迅速掀起了生产建设高潮。1948年的11月23号，第一炉钢水就出在铁西沈重，五吨蒸汽锤也是由沈重生产的。解放初期，铁西开始进入恢复生产阶段。1949年10月1日的《人民日报》有一篇通信，是黄药眠老先生写的，讲从东北现象看到共和国的希望。铁西工业为共和国的发展奠定了强有力的基础。

铁西重工业的全面恢复和建设应该是在1952—1957年"一五计划"期间。1949年之后，经过3年的准备，中国学习苏联社会主义国家计划经济发展经验，开始制定和进行第一个五年计划，铁西进入了历史性大发展时期。"一五"期间，沈阳作为一个以机械制造业为主的工业城市，成为新中国建设的重点，企业高度集中的铁西区是重中之重。国家投资超过百万进行企业改造的40多个，新建大中型企业12个。据统计，当时国家在铁西的投资占整个中国工业投资的60%，据1958年统计，铁西一年就新建了122家工厂。仅北二路两侧，从南站进入铁西十华里长街，大型工厂鳞次栉比，气势宏大。整个铁西一共有大型工厂200多家，按级别看，县团级以上占80%以上，中央部委直属企业有60多家。当时沈重、沈鼓、机床，都是中央企业，它们车间主任的任命都是由机械工业部直接任命。其原材料和生产计划及产品分配都由国家统一计划和管理。1958年—1966年，这期间铁西的建设主要围绕增加新企业、新设备，淘汰老品种开展。这段时期为国家交纳税收超过100亿。1975年，铁西一个区的税收，就已经相当于哈尔滨一个市和整个新疆维吾尔自治区。（《讲述铁西区》腾讯大辽网2014—12—29）

铁西为新中国重工业发展奠定了坚实的基础，其计划经济发展方式适应了新中国建设初期的国际国内艰难而复杂的挑战，紧紧抓住了国家战略意志和大规模恢复建设机遇期，铁西以社会主义国家强有力的计划经济方式成就了自身第一个经典和辉煌。

三、计划经济的衰落，铁西传统方式走到了尽头

被称作"东方鲁尔"的铁西区，是中国工业化的象征，曾为新中国贡献诸多"第一"，在国际上也享有很高的知名度。然而，20世纪80年代前后，由于长期受计划经济的约束，铁西区开始步入低谷，更在20世纪90年代迎来数十万产业工人"下岗潮"，从此揭开一段让铁西人刻骨铭心的艰难岁月。虽然经过政府和企业的不断努力，铁西终究未能赶上中国改革开放的大潮，整个铁西在坚守落后产能的同时缺资金、缺技术、缺市场，企业倒闭、人才南下、工人失业。铁西，这个共和国工业巨子一夜之间轰然倒下。计划经济方式在铁西彻底衰落，由国家包办一切的日子也终于走到了尽头。

1997—2002年，北二路两侧很多企业大门关闭，蒿草能有一米多高，没有几家企业锅炉冒烟了。人们形象地比喻，到北二路就等于到了铁西度假村。甚至有人说，越往西越便宜，因为街边饭店没人吃饭，打车也没人去，怕铁西人不给钱。（《讲述铁西》腾讯大辽网2014—12—29）

四、制度创新与市场对接方式，铁西实现了"凤凰涅槃"

2002年的6月18日，对铁西人来说是个非常吉祥的日子，沈阳市委市政府决定，沈阳市铁西区和沈阳经济技术开发区合署办公，成立铁西新区。目的是解决两个问题：钱从哪来？人往哪去？铁西面临市场的严峻考验。

铁西区挖的第一桶金是从土地开始的，来自沈阳毛纺厂，之后是沈阳低压开关厂。在此之前，铁西从没卖过

一寸土地。当时铁西占地总规模是 39.36 平方公里，产业发展空间特别短缺，排放污染十分严重，生产性服务设施及公共服务基础设施极度困乏，工人棚户区条件恶劣。从 20 世纪初叶，一百多年来的掠夺式工业发展方式所带来的城市问题已经到了不可收拾的境地。而张士国家级经济技术开发区由于远离主城区，工业用地面积大，土地廉价，但是没有企业来，所以政府就提出了"合署办公""东搬西建"。即铁西拿卖地的钱，除了安置原有企业，还清贷款、到张士买地盖厂房、买新设备以外，还部分解决了企业拖欠工人工资的问题。到 2012 年，已经有 180 多家企业紧紧抓住沈阳城市化进程高峰期和沈阳城市总体规划调整、城市功能重建、空间重组的战略机遇期，以空间换时间，用最好的价钱卖掉了城里的土地，搬到张士的装备制造业集聚区，快速进入新一轮发展，政府宏观调控就此强势回归。其次还应感谢国家出台的老工业基地的振兴政策，为铁西摆脱困局起到了非常大的作用。

铁西从传统的装备制造业，向现代服务业、文化旅游业、生态文明等混合功能及现代城市的战略转折从 2006 年开始。铁西的老企业搬迁以后，在保留重大工业遗址的同时，建设了中国工业博物馆、重型文化广场、浑河西峡谷生态公园、宝马产业新城等。全面提升了铁西作为城市功能的竞争力。

2007 年 6 月 9 日，铁西区被国家发展和改革委员会、国务院振兴东北办授予"老工业基地调整改造暨装备制造业发展示范区"称号。2008 年 12 月，先后被授予"全国改革开放 30 年十八个典型地区之一"称号和"2008 联合国全球宜居城区示范奖"。铁西按照国家战略部署，积极推进具有国际竞争力的先进装备制造业基地建设，努力打造铁西产业新城，加快实现第二次飞跃。2012 年 8 月 31 日，随着沈阳化工股份有限公司在沈阳经济技术开发区化学工业园的新厂区开工建设，铁西老城区内最后一座大型工业企业迁出，铁西"东搬西建"任务画上了圆满的句号。2013 年地区生产总值 1261 亿元，增长 11%；规模以上工业增加值 740 亿元，增长 11.2%；固定资产投资 762 亿元，增长 12%；公共财政预算收入 120 亿元，增长 12.9%；社会消费品零售总额 508 亿元，增长 15.2%；城市居民人均可支配收入 28757 元，增长 12%；农民人均纯收入 15220 元，增长 13.8%。（沈阳市铁西区 2014 年政府工作报告）

铁西"合署办公"、"东搬西建"的成功路径，一是把产业改造和发展从依靠国家向依靠自身转变，使企业学会自己掌握自己的命运，从传统的生产企业向现代的经营企业转型。二是紧紧抓住市场进行要素配置，把专注于产业发展同新时期城市化进程的战略机遇期紧密结合，使传统企业顺应外部时势而动，参入市场变革并分享红利。三是政府宏观调控从单纯工业资源配置向把工业资源同整个城市区域资源配置相融合转变，为产业调整和重组塑造更加广阔的发展空间。

全球性近百年来的工业革命，特别是资源型工业的演进，普遍经历了城市空间意义下的产业空间重构，即铁西的"东搬西建"。其本质是，将产业空间放在不断演进的城市集聚空间中进行全面考察，并在城市环境承载力、城市竞争力、城市功能结构、城市空间发展布局、城市更新、城市区域定位等综合因素比较中进行空间重构。而产业空间组织往往伴随着城市定位的提升及城市公共要素的再配置，从而为产业提供了制度、要素、空间等发展机遇期。而铁西通过"合署办公"的制度设计，充分优化了以土地为核心的资源配置能力，使以"东搬西建"为主要对策的产业空间重组，抓住了以房地产和商业开放为主导的城市化建设机遇期，获得了巨大成功，从而赢得了东北振兴和产业结构调整的新一轮战略发展机遇期。实现了东北老工业基地示范性"凤凰涅槃，浴火重生"。

五、铁西及东北方式面临严峻挑战

东北振兴十年来，取得了显著的成绩，但为什么去年以来，经济出现骤然下滑。2014 年，黑龙江、吉林、辽宁三省 GDP 增速分别为 5.6%、6.5%、5.8%，位居全国倒数第五、第二、第三。随后，2015 年黑龙江、吉林、辽宁 GDP 增速分别降为 5.1%、6.1%、2.6%，均低于全国增速 7% 平均水平，全国排名分别倒数第四、倒数第三、倒数第一。

全球目光再次聚焦东北，东北经济影响中国预期，东北方式受到广泛质疑。总书记、总理迅速赶赴东北调研并作出明确指示。习近平总书记强调，振兴东北老工业基地已到了滚石上山、爬坡过坎的关键阶段。坚决破除体制机制障碍，形成一个同市场完全对接、充满内在活力的体制机制，是推动东北老工业基地振兴的治本之策。（2015年07月19日 新华网，习近平：加快东北老工业基地振兴发展 ）

还以铁西经为例，东北振兴十多年来经历了两个战略发展阶段，完成了老工业基地"凤凰涅槃，浴火重生"：第一阶段是"合署办公，东搬西建"、企业改制结构调整，初步形成了以张士沈阳经济技术开发区为核心的装备制造集聚区。第二阶段是构建沈西工业走廊，全面提升城市功能和综合承载力，建设具有国际竞争力的先进装备制造业基地。铁西抓住了东北振兴战略发展机遇期，打了个翻身仗。然而，计划经济时期政府主导产业发展及国有企业的体制等问题并没有根本解决。

其一，政府更加强势，政府之手无孔不入。

政府在成功主导"合署办公、东搬西建"的同时，进一步在主导产业方向、产业结构、产业改造，包括产业投融资、产业招商、产业布局等。事实上政府在这一轮发展中乘势而上，而企业则沦为弱势群体。但由于处于中国城市迅速扩张和房地产上升期，资源型经济和卖方市场发展期，铁西的产业存量和增量都在市场中具有一定的优势地位，这不但掩盖了政府主导产业的深层次问题，还使政府进一步处于更加强势地位。辽宁乃至东北区域性经济塌陷的首要问题就是政府太强、市场太弱，严重抑制了资本和要素按市场规律自由流动。当经济进入转型阶段和调整期，发现政府的一系列决策背离了变化了的市场。东北地区政府转方式，官员转作风已迫在眉睫，且任重道远。这也是东北地区和东部沿海发达地区的关键差距。广州、江苏、浙江是在放，而辽宁是在抓。差别的本质是经济生态环境和企业乃至自然人的自由创造氛围缺失。沈阳机床集团的董事长关锡称：新一轮改革的主题是"放权"，政府必须放松对经济的控制，迫使企业自身寻找解决问题的出路，他相信这最终将恢复东北作为中国经济引擎的地位，但是正如近几年的情况所显示的那样，在中国的老工业中心，"放权"并非易事。

其二，企业规模扩张，产能过剩。

铁西是全球性最大的装备制造业聚集区，一些企业空间规模在几平方公里之上，这让日本及欧洲的合作企业印象深刻。位于铁西的沈阳机床集团原是国有工厂，就像一座封闭的城市，它为工人提供住房、学校甚至剧院。20世纪90年代的市场改革彻底打破了这种状态，三大工厂合并重组，数千名工人失业下岗。大约在同一时期，沈阳机床集团走出了一条向现代化发展的新路，通过挂牌上市、引进德国公司的专业工程技术、建立现代化厂区，公司的全球机床制造商销售排名从2002年的第36位飙升到2011年第1位。但是2011年是东北经济增长较快的一年，沈阳机床集团的在那一年发展自然是水涨船高，随着东北地区的经济放缓，该公司的销售额开始下降，而且国外的同行业竞争对手在中国市场占有的份额越来越多了。（金融家2015-04-14）铁西的问题，也是辽宁乃至东北的问题，主要是国有企业体制机制问题。一是政府长期投资主导发展，秉持卖方市场理念和传统的大规模生产模式，国企追求越做越大，产能过剩、产能单一、产能落后，根本无法适应不断变化的市场，是意料之中和在所难免。二是以国企和国有主导，所有制结构单一。政府依然延续计划经济政府投资国企的发展理念和政府与国企的关系。在所有要素配置中都优先发展国企和国企中的大企业。致使国企具有娘胎里的体制优越感，体制结构单一、结构落后、结构封闭，缺乏内在活力，严重束缚着生产力解放，使要素配置缺乏市场机制，效率低下。21世纪初，东北地区的国有企业产值占地区GDP三分之二以上，目前已经降至50%左右，但是仍高于30%的全国平均水平。更重要的是，东北经济结构日益恶化，越来越依赖投资和制造业，而这些产业都因房地产市场放缓而受到影响。

其三，民营经济薄弱，要素外流。

东北地区人口、资源、产业、人才、基础设施、区位等支撑能力很强，发展空间和潜力巨大。不发展没道理。但由于政府过于强势，国企及国有经济结构普遍单一等原因，与市场对接能力不足，创新成为发展的短板，这在东北是普遍现象。习近平总书记强调，抓创新就是抓发展，谋创新就是谋未来。不创新就要落后，创新慢了也要落后。

要激发调动全社会的创新激情，持续发力，加快形成以创新为主要引领和支撑的经济体系和发展模式。（2015年07月19日 新华网，习近平：加快东北老工业基地振兴发展）

对此，辽宁乃至整个东北显然没有准备好，其差距巨大。首先，辽宁及东北缺乏大规模创新型市场生态环境，大型国企产能落后。中小企业融资艰难，市场经济发育明显滞后。私有经济、民营经济、混合所有制经济处于弱势地位。从根本上束缚了创新发展。其次，人才外流、资金外流、企业外流。整个经济环境堪忧。按照第六次全国人口普查数据，东三省每年净流出的人口约200万人。很多东北人会到长三角、珠三角和渤海三角就业，走的基本都是年轻人，特别是新毕业的大学生。

下篇：东北经济区域性塌陷根源及对策

六、铁西及东北老工业基地的根本问题

其一，东北经济区域性塌陷主要问题是政府过度干预，政府"放手"已刻不容缓。

要坚持社会主义市场经济改革方向，积极发现和培育市场，进一步简政放权，优化营商环境，从放活市场中找办法、找台阶、找出路。新华社总编辑何平此前专程去东北调研，在《事关全局的决胜之战——新常态下"新东北现象"调查》长文中有这样一句话：我们曾问多位企业家："对政府有什么要求？"他们异口同声："放手！"

其二，东北困境的根本原因是产业不适应市场变化，还停留在计划经济时代。

辽宁省社会科学院副院长梁启东则表示，增速回落，表面上看是外部需求不足、投资拉动减弱所致，实质上则是老工业基地尚未根本解决的一些体制性、结构性矛盾的集中爆发，是长期积累的产业结构、经济结构问题的集中显现。

其三，以市场化信息化为主导方式，实施新一轮改革开放和新一轮"凤凰涅槃""腾笼换鸟"势在必行。

全球性结构调整在再工业化的布局和转移过程中，将继续面临下行压力和复杂挑战，出厂价、大综商品、进出口贸易、基础设施投资及就业继续面临深度调整，回暖缓慢。中国房地产、股市、地方债、生态环境及产业结构、经济下行等问题进入综合交汇作用和叠加期，东北老工业基地将继续面临更大的严峻挑战。经济下行和结构调整一样都将不可避免。

东北老工业基地此次结构调整的方式是以市场化信息化为主导，推动全面创新，或脱胎换骨"凤凰涅槃"，或壮士断臂"腾笼换鸟"，或加减乘除，多措并举。

七、以市场化信息化为主导方式的对策研究

后金融危机时代，迫使全球经济进行深度结构调整，各发达国家及主要经济体正在纷纷构建新一轮产业发展战略：（1）美国的先进制造业与工业互联网；（2）欧盟的再工业化；（3）德国的工业4.0与CPS；（4）日本的新经济成长战略；（5）韩国的制造业革命3.0；（6）中国制造2025。（朱宏任《中国制造2025》与中国产业转型升级路径探讨）

新一代信息技术与制造业深度融合，正在引发影响深远的产业变革，形成新的生产方式、产业形态、商业模式和经济增长点。各国都在加大科技创新力度，推动三维（3D）打印、移动互联网、云计算、大数据、生物工程、新能源、新材料等领域取得新突破。基于信息物理系统的智能装备、智能工厂等智能制造正在引领制造方式变革；网络众包、协同设计、大规模个性化定制、精准供应链管理、全生命周期管理、电子商务等正在重塑产业价值链体系；可穿戴智能产品、智能家电、智能汽车等智能终端产品不断拓展制造业新领域。我国制造业转型升级、创新发展迎来重大机遇。（《中国制造2025》）

长期以来在传统体制话语权主导下，GDP主宰中国经济价值，政府之手对经济的主要理念就是掌控，并每每表

现出一厢情愿和雄心万丈，从而使宏观调控成为某些官员的好恶，与市场并没有必然联系。城市空间成为政府的篮子，释放土地则成为政府获取财政的根本动力。新一轮全面开放改革已刻不容缓，不洗牌没有出路。

其一，从政府之手开始，大刀阔斧进行供给侧改革。

首先是政府简政放权，公布负面清单，全面放松市场准入门槛，全面释放公司在市场中的主体地位和活力，全面降低制度性交易成本。全面优化政府服务，理清政府职能，管好政府之手，限制政府乱作为、管理政府不作为。特别是要全面降低税收，从高赋税经济模式向广赋税经济模式转型，实实在在为大众创新、万众创业、全社会参入、互联网经济等创造宽松而积极的营商生态和生存环境。应创新国家发展理念，从国家富强向藏富于民过度。要构建国家级普惠式创业创新发展基金、金融支撑体系和创新兜底工程，让失败者保住生存的尊严。政府对市场的干预度最少要削减50%以上，让市场占据操盘地位。东北作为计划经济的典范，在体制内滞留的时间太久。东北经济区域性塌陷需要的是一场以政府为突破口、以体制机制为核心、以市场为目标的彻底改革开放。这场革命已经耽误了三十年。所以政府要有明确的态度、出台明确政策、释放明确信息，进行供给侧改革。这是东北全部对策的关键。

其二，以市场为根本路径，推动国企进行新一轮体制重组和规模拆分。

三十年来、东北振兴十几年来，东北老工业基地结构调整之所以步履维艰，关键是体制问题。面对国企独大，民企艰难及大批国企产能落后、产能过剩，资源型行业、传统行业资产和要素沉淀严重，东北正面临新一轮大规模产业重组，在区域、跨区域、跨行业、跨行业及全球范围内引入战略合作伙伴和先进方式，以构建充分市场化的混合所有制体制机制，以市场为导向重新塑造企业活力和未来。除对传统国企所有制进行再改造外，还必须转变企业产能结构单一、规模过大、脱离市场等上一轮盲目进行空间和规模扩张所留下的问题。以市场为导向，在突出主业的同时组织混业创新，进行结构调整和必要的规模拆分重组，构建技术创新型、区域循环型、战略叠加型发展新战略。使企业自主发展，让资本持有决策和话语权。积极参入全球新一轮产业分工和产业秩序重建。特别要推动中小企业、民营企业、私有公司做大做强，这是中国经济的内生动力的根本所在。

其三，以大数据为方向进行逆转，推动整个制造模式革命。

全球生产力危机在深刻地改变着生产方式，管理方式。从厂商推动的消费模式向消费模式推动的商业模式转型；从大规模福特式制造模式的瓦解，倒行逆转，向大规模柔性化个性化生产模式转型（"C2B—互联网时代的商业模式"，游五洋）。这一切是因为大数据的释放和移动支付新型产业的推动。任何产业革命都具有机遇期，所谓机遇期就是以理念和技术为核心的制度设计全面覆盖了传统要素及其优势，使一切创新可以站在更高巨人的肩膀上重新起步。合作分享的数字经济时代已经到了。这是市场的一次洗牌，倒逼生产力革命。互联网经济是工业革命200年来最为深刻的生产方式革命。这一伟大的进步其本质是技术的充分人化、人的充分社会化，它释放了人的创造本质和人的可能性，进而重构了生产力和整个世界，是整个人类社会通过技术革命实现机会普惠的一次公共盛宴。

其四，以轻资产方式为切入点，重构公司内生式动力。

从经营企业向经营供应链转型；从生产产品向提供服务转型；从债权融资向股权塑造转型；从追求规模向追求能力转型；从实体运行向互联网＋转型；从要素主导向题材创新转型。关注企业开放，创新企业活力，通过股权融资、产品众筹、服务众筹等，实施合伙人精神、众筹精神，使产业聚集区、经济技术开发区等向创业创新平台转型。加强知识产权制度设计和立法，是引领科技创新的关键。知识产权之路是知识产权私有化、资本化、产业化和市场化之路。保护知识产权的形势得不到根本改变，创新风险和成本过高，而侵权成本过低，整个社会就会失去创新氛围和内在动力。把知识产权完完整整的还给其创造主体，并使其享有应有的尊严，是中国未来进入战略转型和构建创新型国家的制度核心。大数据时代是一个边际成本为"0"或可以忽略不计的时代，传统的人口经济红利已经转变为数据经济红利。通过互联网和大数据构建非摩擦型经济供应链和产业链。实施服务型制造或生产服务产品，改变传统的依靠资源、能源和要素支撑被动的"僵尸"和沉淀局面。要出台新一轮产业组织空间政策，构建"东北云"、新三版集聚区、非制造业产业园区等。

其五，以产城融合为机制，创新开发区空间组织活力 。

通过产业园区及装备制造业集聚区等模式，在新产业空间组织初期，通过提供基础设施及招商服务，实现了以土地为核心的要素集约化配置。随着企业的集聚，其空间组织问题不断显现，并具有普遍性。主要表现在环境约束趋紧、社区友好缺失、城市混合功能严重不足、以交通为核心的泛在成本不断上升、白天流动性集聚，晚上则成为鬼城、人本空间荒漠化，随着文化多样性枯竭，消费空间和创新空间成为稀缺资源，最终因人的全面发展空间问题断送了产业聚集区的可持续未来。通过新一轮产城融合发展，是对新一轮中国城镇化的推动和创新，是城镇化发展阶段性和结构性调整，是对中国题材的新发现，是按照市场需求塑造公共产品，是以产业为动力以城市为载体的消费空间可能和转型。

其六，资源型、传统型沉淀行业和要素亟待盘活。

中国工业是从资源依赖型和传统制造型起步，经历了先生产后生活、先工厂后城市、先国家后个人的资源掠夺式发展过程。特别是东北，几乎90%以上的城市都是从煤铁开采和粗放加工开始。如资源枯竭型城市本溪，新中国成立初期，曾经是中央人民政府的直辖市，其生产的钢铁煤炭全部无条件献给国家经济建设，这里留下的是大面积的采空区、沉陷区、排放区、棚户区，目不忍睹，生态环境恶劣。由于东北结构重、结构单一、结构落后，在中国进入新一轮结构调整和战略转型期，发生大面积经济塌陷原因即是多方面的，也是历史的。国家应该调整战略思维，通过金融创新的方式和远见卓识的规划，盘活东北等大规模资源型、传统型沉淀行业及要素。包括以制度设计为引领的规划更新、企业重组、股权交易等，释放其巨大预期空间和利好政策。每一块石头都是财富，每一种垃圾只是放错地方的资源。这种智慧和经验中国不缺，世界比比皆是。只是我们需要立刻行动。并作为应对东北经济区域性塌陷的重大举措实施，为东北注入信心和活力。

由于传统结构原因及全球再工业化重组的原因，由于生态环境原因及全球性市场萎缩原因等，东北老工业基地经济将继续面临严峻的下行压力。对此必须保有高度的政治警惕，必须准备中长期发展对策和近期可释放生产力的重大战略、重大项目、重大举措。东北首先要找回信心、构建近期和中长期战略预期。要采取超常规举措，拿出过硬办法，以战略洗牌的精神，实施东北新一轮更为彻底的改革开放。只有一种方式属于东北，那就是市场化 + 信息化！

79

从河北三大战略节点入手，构建京津冀空间经济协同发展新格局（2016）

京津冀空间协同战略成功与否的关键是河北，而河北的关键要看石家庄、保定、唐山等三大战略节点。其主要对策是构建空间协同和结构优先新格局。

"河北经济蓝皮书"《河北省经济发展报告2016——新常态与京津冀协同发展》指出：2016年是河北自2012年低谷以来最为"难挨"的一年，预计GDP增速将保持6.5%~7%"低姿态"平稳运行 。河北正处于一个新旧产业交接、发展动能转换且充满"阵痛"与风险的艰难时刻与特殊时期。在全国"三期叠加"即增长速度换挡期、结构调整阵痛期、前期政策消化期的总基调下，河北省较全国大部分地区还多出一个"环境治理攻坚期"，这是河北省经济新常态下"四期叠加"的总体特征。尽管河北省经济大势稳中向好，但受经济形势惯性走低"余波未歇"的影响，事实上河北省经济已经被"拖"到了一个寒冷的"冬天"。对此我们予以必要的分析，并提出相应的政策建议。

一、河北经济问题及京津冀协同发展症结原因分析

河北问题，在中国区域一体化进程中颇具典型性。增长粗放、结构扭曲、野蛮发展、贫困凸显、公共服务短缺、生态环境恶化、城市功能偏弱，与其紧密毗邻的北京、天津两大直辖市形成断崖式经济社会景观，已成为中国结构调整和中国经济发展预期的焦点。

1. 宏观经济政策重大失误

长期以来，河北政府宏观经济政策一直都在积极推动以钢铁、煤炭、石化、建材等重化工业为主导的增长模式，发展水平一直在工业化早期和中期徘徊，资源型、粗放型、抛弃性发展方式成为其经济景观的主要特征。在市场经济还处于起步阶段、审批阶段、弱势阶段，政府宏观产业发展政策、发展路径、发展定位是造成河北结构问题的关键。河北问题既是发展中问题，也是政府产业政策问题，而后者是河北问题的主要原因。为此，河北已明确提出寻找新方向、新坐标和新思路。

改革开放以来，特别是金融危机以来，河北屡次错过结构调整战略转型发展机遇期，反而进一步推动了传统行业和落后产能的不断放大。2008年以前，中国的基础设施和城镇化建设处在快速上升阶段，为河北以钢铁、煤炭、

石化、建材等重化工业提供了巨大的市场和发展机遇，这一阶段也是河北结构粗放的重要扩张阶段。河北的GDP掩盖了河北结构问题，并进一步上升为国家产业发展战略问题。2008年以后，中央政府为应对全球性金融危机，采取"拆小建大"的方式，进一步加剧了河北传统行业所存在的结构问题。

　　2. 空间区位优势亟待重构

　　经济地理、空间经济、空间生产等理论，都高度肯定区位对要素配置和空间集聚的战略意义。河北的空间区位长期被计划经济和行政区划所覆盖，特别是京津两大直辖市巨大的行政资源"虹吸效应"的压制，而这种局面至今并没有改变。河北岸线空间长期衰落，腹地空间乏力，空间制度内涵长期沉淀，在经济空间博弈中城市小而弱比比皆是，所谓"灯下黑"说的就是河北现象。区位空间行政化、资源空间狭窄化、要素空间竞争化、技术空间扁平化、文化空间排他化等，是京津冀传统空间组织的主要特征，也是河北空间发展的根本问题所在。

　　河北省省会石家庄，从计划经济和行政区划看属于京津冀空间协同区域，但由于其远离京津两大直辖市273、316公里。从经济地理、区域经济看，空间聚集是收益递增的外在表现形式，是各种产业和经济活动在空间集中后所产生的经济效应以及吸引经济活动向一定区域靠近的向心力。石家庄空间区位，明显地表现出游离于京津冀核心城市群集聚空间之外的次区域结构中心性。然而，这种空间区位特征和优势并没有被充分重视或生产出来。

　　保定作为河北300年来的中心城市，在空间结构上同北京、天津（滨海新区）呈等边三角形，在1968年河北省行政中心调整后空间优势被迅速压制，并不断被边缘化，经历了几次崛起均收效甚微。京津冀协同发展以来其空间塑造并没有取得根本性改变。

　　唐山作为河北第一大经济市，已面临传统行业和过剩产能的巨大压力，并在新一轮结构调整中愈演愈烈。唐山作为京津冀东部门户和枢纽的区位优势远没有被确认，从京津冀协同发展国家战略的高度进行判读，唐山面临重新定位。

　　3. 京津冀空间组织问题分析

　　当前，京津冀协同发展中已出现各种问题和"乱象"，包括盲目引进和承接企业，以及急于求成、全面出击、没有重点等，特别是政府活动多、企业和民众参与不够。从本质上讲依然是建立在计划经济和行政区划基础之上的，其所有的空间对策都是以自身的要素博弈和空间集聚为中心。

　　由于体制机制约束，京津冀区域内的行政力量干预并主导着区域经济，各级政府为实现对自身利益的追求和保护，依托行政区划构建贸易壁垒，阻碍生产要素流动，严重削弱了市场对资源实行优化配置的能力，使区域整体经济效益下降。

　　京津冀空间发展现状是个系统性问题，这既是中国空间发展实践和发展阶段性特征，也是京津冀空间协同发展模式突破的关键。

　　京津冀经济空间协同发展问题的关键在河北。整个河北面临创新空间结构和创新空间制度的机遇和挑战。空间是全要素配置的根本，是河北寻找新方向、新坐标和新思路的破题之役。京津冀协同发展首先是空间发展战略和空间结构的协同。必须走出计划经济、行政区划的疆界，构建基于经济地理和区域经济的空间协同发展新格局。空间协同应该是京津冀协同发展整个国家战略的突破口，河北经济结构调整的总抓手。

二、参入京津冀协同发展，重构河北空间战略新格局的政策建议

　　后金融危机时代，全球岸线物流正面临严峻挑战，腹地对岸线物流支撑愈演愈烈，内陆腹地迎来新的发展机遇期。大物流一体化已成趋势，其主导模式就是陆港联动，陆港一体。围绕"一带一路"，京津冀协同发展国家战略，以石家庄、保定、唐山为节点，重构河北空间新战略已势在必行。

1. 抓住"十三五"规划机遇期，参入中国腹地空间崛起新战略

《中华人民共和国国民经济和社会发展第十三个五年规划纲要》明确提出：优化产业布局，推进建设京津冀协同创新共同体。河北应积极承接北京非首都功能转移和京津科技成果转化，重点建设全国现代商贸物流重要基地、新型工业化基地和产业转型升级试验区。

早在 2006 年 11 月 6 日，韩国釜山举行联合国亚太经济和社会理事会交通部长会议，联合国副秘书长、亚太经社理事会执行秘书长金学洙就指出，亚洲拥有世界 60% 的人口和 26% 的国内生产总值。亚洲的经济发展对高效的交通运输系统提出了史无前例的要求，世界上 30 个为陆地所包围的国家中有 12 个在亚洲。与此同时，亚洲也拥有世界上前 20 大集装箱货运港口中的 13 个。但是亚洲严重缺少"干港"，即内陆货运集散中心。亚洲目前的"干港"不到 100 个，而欧洲有 200 个"干港"，美国有 370 个。

京津冀协同发展的明显短板正是没有"干港"即国际陆港，这也是中国物流成本居高不下的制度设计缺失。京津冀核心区主要物流节点是北京和天津，天竺空港、天津港是辐射全球的国际门户枢纽，并统领着环渤海城市群。当前全球性贸易疲软，岸线长期衰落，而腹地空间正在崛起，中国布局国际陆港已势不可挡。在"一带一路"的推动下，郑州、重庆、乌鲁木齐等腹地节点城市已经表现出强劲的空间力量。在京津冀腹地核心区保定等重要节点城市适时构建国际陆港中心势在必行。

2. 建设保定国际陆港，构建京津冀协同发展"金三角"空间新格局

自然的空间正在消失，"空间中的事物"正在转移成为"空间的生产"，而任何生产方式的变革，首先是新的空间方式的生产。河北的空间战略节点在石家庄、保定、唐山，而保定与京津冀空间关系在方向和距离等方面最为紧密。河北应从京津冀协同发展战略全局和尽快参入"一带一路"、长江经济带、环渤海合作等叠加战略出发，重构区域性空间新优势。

保定自古是"北控三关、南达九省、地连四部、雄冠中州"的"通衢之地"，为直隶省会，直隶总督驻地，也是河北省最早的省会，从 1669 年至 1968 年，长期是河北的政治、经济、文化中心。保定是京津冀地区中心城市之一。改革开放以来，保定一直在寻找发展战略机遇和突破口。

"十三五"新时期保定的核心发展对策应该是"更换跑道、后来居上"，以制度设计为引领，构建保定国际陆路顶层战略，组织对要素有号召力的，差异化发展战略和注意力经济。

保定是"京津冀协同发展"向南向西开放的战略门户，"京津冀"一级功能轴"南下北上"大动脉的战略枢纽，"京津冀协同发展"金三角的重要节点。北京作为全球移动网络战略枢纽，已经布局了高铁、高速、空港等传统的物流通道。而生产性服务型、现代服务型、区域一体化服务型的国际陆港则是其短板，现已严重影响"京津冀协同发展"。塑造新的区域性大物流一体化空间机制已成当务之急，保定作为新的战略目标已责无旁贷。

保定应把国际陆港建设作为顶层战略，构建与天津自贸区、东疆综合保税物流园区、北京天竺空港保税物流区等一体化制度设计的腹地大物流通道和战略支撑平台。此举将彻底颠覆保定现状区域地位，使保定一举进入"京津冀协同发展"及环渤海合作国家层面区域一体化大格局，从而形成战略要素集聚新高地。

建议国家出台京津冀协同发展创新型政策，积极推动天津自贸区、东疆综合保税物流园区、北京天竺空港保税物流区的制度设计和服务型功能向保定战略平移，并在综合配套政策上给予相应扶持。保定国际陆港功能分区（规划范围 100 平方公里、总投资 1000 亿元）包括：物流枢纽综合保税区、中蒙俄能源合作基地、中韩国际合作示范区、东北亚出口产业园区、京津冀产业转移先行区、保定空港客货物流枢纽、转口仓储加工贸易园区、保定陆港核心服务区等。

3. 超越行政区划，重新定义石家庄、唐山空间战略

石家庄既是河北省会，又可以重新定位为中国华北南部区域中心城市，辐射山东、山西、河南、河北跨行政区划的节点城市。石家庄具有中国南北一级空间走廊和东西跨区域大通道节点战略区位优势，是一个以华北南部为中心，向山东山西两翼辐射的次区域城市群中心。石家庄应该抓住京津冀协同发展机遇期，重塑区位优势，其空间主导方向，既要强化河北行政中心地位，又要全力构建次区域中心空间新战略。双重战略是石家庄新一轮发展及战略空间生产的必然抉择。

唐山地处京津冀东北部，是中国东部沿海一级空间走廊的战略节点，区位优势明显。京津冀协同发展及环渤海合作规划，使唐山空间优势迅速提升，唐山的新一轮空间战略的关键是同保定进行空间战略协同，围绕北京、天津，构建京津冀核心城市群的东西两翼。唐山应充分发挥东部枢纽和临港口岸双重区位优势，构建京津冀全球开放次门户新战略。

基于京津冀空间协同发展，河北经济地理空间战略新格局为：以保定为国际陆港构建京津冀"金三角"，以唐山为全球开放次门户构建京津冀"东西两翼"，以石家庄为华北南部城市群中心构建京津冀新"增长极"，即"一极、两翼、三大节点"空间发展新格局。京津冀空间协同战略成功与否的关键是河北，而河北的关键要看石家庄、保定、唐山等三大战略节点。其主要对策是构建空间协同和结构优先新格局。

以"一带一路"、京津冀协同发展、长江经济带为引领，中国已经开始进行经济地理层面的空间生产和陆权重振。这一轮中国空间的生产，是中国空间进入世界舞台中心的历史性战略机遇，它将决定和预期中国空间生产和空间组织的未来。

80

基于供给侧结构性改革的京津冀空间发展战略研究（2016）

认真学习贯彻习近平总书记关于建立空间规划体系、推进规划体制改革等系列重要讲话精神，结合《国民经济和社会发展第十三个五年规划纲要（草案）》推动京津冀协同发展，坚持优势互补、互利共赢、区域一体，调整优化经济结构和空间结构，探索人口经济密集地区优化开发新模式，建设以首都为核心的世界级城市群，辐射带动环渤海地区和北方腹地发展的战略部署，中国空间规划，特别是区域空间发展战略规划已开始起步，其中京津冀协同发展空间规划特别吸引眼球，并具有重大示范效应。

一、引言

1. 欧洲的空间规划起步比较早，且初步形成了自身发展体系。主流的"不列颠模式"英国空间规划，继承了多年来形成的城乡规划体系，并通过2004年《规划与强制购买法》使英国正式走进"空间规划"时代。其以可持续发展和可持续社区为理念，统筹了与空间相关的众多问题和利益方，视野更加开阔，摆脱了原来城乡规划体系时代以土地利用为核心的物质形态属性（王金岩，2011）。"拿破仑模式"的法国空间规划，从2000年颁布《社会团结与城市更新法》，肯定了空间规划体系所特有的分权制度和策略，即空间规划体系的结构随着中央与地方权力的博弈，最终达成合作和妥协。而《国土2040》则体现了人类对未来发展的最新关切（吴志强，2007）。"日耳曼模式"的最高法律是1997年《联邦空间秩序规划法》，其主要作用是为战略性空间秩序规划和建设性规划进行有机复合和协同（王金岩，2011）。总之，西方空间规划体系的共同特点是自上而下由欧洲—联邦—洲—地区—市县的空间规划体系组成。

2. 中国的空间规划存在着两条发展路径。一是中国传统文化的发展机理，来自中国人对空间和生存的智慧。这一点早已写进了中国时间和空间交织的历程。中国历史上不乏宏大的空间叙事和精妙的场所精神，其空间杰作灿若星河，其发展理念高屋建瓴。二是全球化过程中，工业文明和西方思想对中国的影响。特别是近现代殖民地时期早期资源型工业城市的规划实践，充分反映了中国向西方借鉴和学习的过程。这一时期，中国空间规划发生了质变，特别是城市功能进入了产业集聚和要素重组时期。如1934年开始的《奉天都市计划委员会章程》、1939年完成的《本溪都邑计划》等（阎志，2005）。但中国也开始失掉了传统空间秩序人与自然的顶层智慧和理想初衷。

3. 长期以来，我们总是习惯以国家主体功能区规划、区域规划、城乡规划及城市总体规划等代替空间发展规划，掩盖了空间不可替代的独特力量和在全要素配置中的首要地位。地方政府往往热衷于那些城市扩张审批、开发区申报、开发建设及基础设施工程类审批等用地调控类规划。而基于经济地理的空间发展规划或空间发展公共产品，包括：区域空间结构、空间组织、空间集聚、空间秩序等规划则严重缺位。很多城市规划目标趋同、特色危机、无序蔓延、生态危机等等都与缺少空间发展规划不无关系（杨玉经，2015）。

4. 中国以空间规划为主题的明确法律还没有产生。但据统计，现行法律法规授权编制的规划有 83 种之多，且在各类规划中，国民经济发展规划侧重定"目标"，调控时限一般是 5 年；土地利用规划主要是定"指标"，调控时限一般是 10 年；城乡总体规划侧重定"坐标"，调控时限一般是 20 年，等等（杨玉经，2013）。

5. 党的十八届三中全会通过的《中共中央关于全面深化改革若干重大问题的决定》指出要"通过建立空间规划体系，划定生产、生活、生态空间开发管制界限，落实用途管制。"其后，习近平总书记在 2013 年 12 月的中央城镇化工作会议上指出要"建立空间规划体系，推进规划体制改革，加快规划立法工作。"

2015 年 9 月中共中央国务院颁发的《生态文明体制改革总体方案》进一步要求"构建以空间治理和空间结构优化为主要内容，全国统一、相互衔接、分级管理的空间规划体系，着力解决空间性规划重叠冲突、部门职责交叉重复、地方规划朝令夕改等问题。"，同时指出"编制空间规划。要整合目前各部门分头编制的各类空间性规划，编制统一的空间规划，实现规划全覆盖。空间规划分为国家、省、市县（设区的市空间规划范围为市辖区）三级。"

十八届五中全会公报文件指出"加快建设主体功能区，发挥主体功能区作为国土空间开发保护基础制度的作用。"其后，《中共中央关于制定国民经济和社会发展第十三个五年规划的建议》指出"推动各地区宜居主体功能定位发展。以主体功能区规划为基础统筹各类空间性规划，推进'多规合一'"。

6. 中共中央总书记、国家主席、中央全面深化改革领导小组组长习近平 2016 年 4 月 18 日主持召开中央全面深化改革领导小组第二十三次会议，审议通过了宁夏回族自治区"一个支点、二个基地、一个示范区"的定位目标，"一主三副、核心带动，两带两轴、统筹城乡，山河为脉、保护生态"的空间发展总体战略和《宁夏回族自治区空间规划（多规合一）试点方案》。开创了中国"十三五"新时期空间规划的先河。

7. 2016 年初，按照中央全面深化改革领导小组的战略部署，京津冀协同发展国家战略已开始启动建立空间规划体系顶层设计。而其中的关键应该是拓宽空间发展公共产品的有效供给，以应对多重而复杂的严峻挑战，加快与"一带一路"愿景与行动、环渤海合作规划、国家主体功能区规划等经济地理空间结构的有效衔接，提升京津冀协同区域的辐射和带动作用，建立与全国、全球互动的世界级城市群体系，从而实现开放型京津冀空间战略新格局。未来北京的城市定位是世界级城市群核心、全球性节点城市，实施"一带一路"战略的"龙头"和总枢纽，未来世界财富的主要集聚中心之一（路大道，2016）。

二、京津冀协同发展空间规划现状与问题

1. 构建大空间规划体系，推动全要素有效配置

空间规划是引导调控经济社会发展的"牛鼻子"。在全要素配置中居首位，具有基础性、方向性、统筹性作用和意义。是"多规合一"的关键抓手。仅有《京津冀协同发展规划纲要》或其他专项发展规划还不能从根本上回答和解决京津冀协同发展所面临的诸多问题，包括：疏解非首都功能、PM2.5、河北结构问题等，特别是远期可持续发展战略问题：渤海再生问题、京津冀淡水问题、内蒙古沙漠化问题、中国向北开放问题、世界级城市群问题等等。《京津冀协同发展规划纲要》提出的"一核、双城、三轴、四片、多节点"空间布局，仅仅是一个京津冀内部空间组织方案，和"一带一路"、环渤海、国家主体功能区等经济地理空间明显缺少战略互动和有效响应，而京津冀协同发展的可持续问题又严重依赖于外部性空间的支撑，无法独善其身。同时，京津冀协同发展本身就应该具有辐射和带动更大区域的功能和作用，京津冀内部空间和外部性大空间是相辅相成无法割裂的一盘大棋局。应该遵循

"五大发展理念"，以空间的视野和空间的力量重新认识发展战略及要素配置路径，建立空间规划体系，推进规划体制改革，此举对京津冀协同发展意义重大。

2. 加强供给侧结构性改革，拓宽拥挤性空间发展公共产品

当一个城市地铁空间发展规划出台后，便立刻会引来要素拥挤性介入，城市开发也因此产生空间布局变化，城市集聚效应明显。中国拥挤性空间发展公共产品短缺，是可实施 PPP 项目短缺或市场可参入，政府可退出好项目短缺的根本原因。从当前供给侧结构性改革看，全社会投融资、要素流动及聚集收益递减与拥挤性空间发展公共产品短缺也息息相关。中国正处在城镇化发展重要阶段，工业化转移布局关键时期，区域发展不平衡、不协调问题集中，生态环境承载力面临严峻挑战等，中国发展的阶段性特征决定了中国空间发展规划任务繁重，空间发展公共产品潜力巨大。面对经济发展新常态及稳增长、调结构、转方式、促改革，全面推动发展转型升级，对空间规划的统筹性和协调性提出新的更高要求，使得现行规划与发展不相适应的深层次矛盾和问题进一步凸显。而事实证明科学规划就是最大的效益。中国空间组织的力量亟待唤醒，包括建立空间规划体系、提供能应对经济下行压力的拥挤性空间发展公共产品、优化空间结构、优化要素配置和空间集聚，充分发挥空间规划在应对经济下行压力中的重大作用和独特价值。

京津冀协同发展，一方面要"疏解非首都功能"，另一方面应该拓宽拥挤性空间发展公共产品。如在保定布局京津冀全球性陆港，利用天竺空港和天津自贸区等制度优势，转移京津冀物流贸易要素，构建仓储物流、保税加工、转口贸易、金融会展、电子商务、服务贸易、全球人工呼叫、总部基地及产城融合新的全要素集聚高地和战略增长极；并以保定为中心优化京津冀空间结构和空间功能。

3. 塑造中国发展新预期，提供非拥挤性空间发展公共产品

中国预期是个系统问题，必须用空间发展战略来支撑。非拥挤性空间发展公共产品在整个政府主导的规划编制中既是短板也是缺位。而非拥挤性空间发展公共产品是整个空间规划体系的顶层战略，并对区域总体规划和远期发展预期具有重要的统领和塑造意义。中国已经根据经济地理特征形成了东、中、西部和东北地区区域空间格局，"十三五"规划再次提出了加快构建以陆桥通道、沿长江通道为横轴，以沿海、京哈京广、包昆通道为纵轴的"两横三纵"国家层面一级功能轴，城市化战略大格局。同时，以"环渤海"、"长三角"、"珠三角"为代表的太平洋西岸世界级城市带也已显现。下一步急需提供非拥挤性空间发展公共产品，塑造要素有序自由流动、主体功能约束有效、基本公共服务均等、资源环境可承载的区域协调发展新格局。

京津冀协同发展空间规划，应积极谋划非拥挤性空间战略，以前所未有的中国空间思维和空间力量应对来自全球的复杂挑战，塑造中国远期空间发展战略预期，充分释放市场创造力和要素流动性，优化空间结构、协同空间组织、推动空间集聚、建立空间秩序、创新中国大疆域大纵深和沿海沿江沿线纵横捭阖空间发展新格局。

基于构建京津冀协同发展空间总体战略、中长期空间发展总目标及"十三五"空间组织的主要任务、路径与对策，打造拥挤性和非拥挤性空间发展公共产品"双引擎"是其关键抉择。

三、京津冀协同发展空间规划新思路与政策建议

京津冀协同发展是一个重大国家战略，核心是有序疏解北京非首都功能，要在京津冀交通一体化、生态环境保护、产业升级转移等重点领域率先取得突破。为实现上述目标，京津冀协同发展空间规划体系主要有"三大抓手"。

1. 从经略全局着手，构建大循环空间战略新格局

"不谋万世者，不足谋一时；不谋全局者，不足谋一域。"京津冀协同发展空间规划必须从全局战略着手，应包括时间和空间两个方面，既要谋划时间之长远也要谋划空间之全局。其一，谋划长远就是既谋划"有序疏解北京非首都功能，要在京津冀交通一体化、生态环境保护、产业升级转移等重点领域率先取得突破"，又要谋划"建

设以首都为核心的世界级城市群，辐射带动环渤海地区和北方腹地发展"的未来战略。其二，谋划全局就是要"走出京津冀，发展京津冀"。"京津冀协同发展"要同"一带一路""长江经济带"及"国家主体功能区"战略、"环渤海合作发展"战略在顶层空间结构组织上统筹协调。通过更大的外部性或外部空间，才能从根本上实现"京津冀协同发展"空间结构优化、要素配置优化和构建大循环空间新格局。通过新的空间规划编制，推动京津冀从内部的"一核双城三轴四区多节点"空间布局，向沿北京—天津—内蒙古及沿海、京哈京广构建"一横两纵"一级功能轴带跨越和提升。

构建京津冀协同发展开放型空间规划体系的方向是，参与"一带一路"、"环渤海"、"国家主体功能区"等叠加空间战略创新，既是"京津冀协同发展"自身空间规划的必由之路，也是融入中国全域空间发展战略规划的迫切需要。空间规划的编制，必须强化战略思维，站在全局长远发展高度，在国家整体战略中对区域发展方向目标、空间布局、功能定位、产业结构、设施配套、生态环境等重大问题进行顶层设计，确定空间发展框架，确保空间规划的战略特性和空间回旋优势。

2. 从约束条件着手，以"空间"置换来自"时间"的挑战

只有抓住主要矛盾和矛盾的主要方面，才能找到解决问题的突破口。充分认识京津冀协同发展的约束条件是京津冀协同发展空间规划编制的关键。其中包括近期率先突破的"疏解北京非首都功能、交通一体化、生态环境保护、产业升级转移"等，远期还将包括：淡水短缺、渤海生态恶化、内蒙古高原荒漠化"三大约束条件"。而空间发展战略规划编制是解决上述约束条件的根本路径和核心对策。即空间发展规划编制必须对京津冀协同发展面临的"三大约束条件"等关键问题做出战略响应，在顶层给出综合解决方案。

其一，构建京津冀向北开放空间组织新战略，即（渤海）天津—北京—集宁—二连浩特—乌兰巴托—乌兰乌德—伊尔库茨克（贝加尔湖）中蒙俄经济走廊核心轴。同时对中蒙俄三方诉求做出战略响应，共同建设"渤海—贝加尔湖中蒙俄淡水走廊"，实施中蒙俄北水南调基础设施互联互通重大战略，可以从根本上解决蒙古国95%和内蒙古35%的荒漠化问题，从而全面提升蒙古国和内蒙古发展能力、发展速度。可以彻底缓解京津冀及华北广大地区严重缺水问题，造福中蒙俄三国人民。

其二，构建环渤海岸线混合功能廊带空间组织战略。推动环渤海合作发展，全面遏制渤海生态环境恶化，实施空间控制性工程，严禁面源排放，实施最严格的重点排放法律法规治理工程。如果说"淡水战略"是京津冀协同发展的"空间最高战略"的话，那么"不要让渤海变成死海"就是京津冀协同发展的"空间底线战略"。京津冀协同发展空间规划面临新一轮复杂而严峻的挑战，同时也迎来了中国结构调整战略转型的发展机遇期。京津冀协同发展空间规划应以"三大约束条件"为战略抓手，推动和编制空间总体战略、中长期空间发展总目标及"十三五"空间组织的主要任务、路径与对策，打造拥挤性和非拥挤性空间发展公共产品"双引擎"，为中国"新常态"提供"空间"置换"时间"新路径。

3. 从"路径依赖"和"历史事件"着手，构建空间发展公共产品"双驱动"

中国已经开始进入全面提供空间发展公共产品新时期。以供给侧结构性改革为主线，坚持"路径依赖和历史事件双重驱动"，为市场和要素塑造战略预期和配置平台，充分盘活空间资源，释放空间力量，构建充分延展性可回旋空间，用经济地理和"再生"的眼光去提升空间规划的战略高度，确保规划的科学性、前瞻性与先导性。从经济地理考察，区域和城市的空间集聚和发展主要来自"路径依赖"和"历史事件"的双重驱动。这也是"京津冀协同发展"空间规划编制的核心技术路径。

其一，"路径依赖"是指空间聚集收益递增的外在表现形式，是各种产业和经济活动在空间集中后所产生的经济效应以及吸引经济活动向一定区域靠近的向心力。京津冀是中国东北、华北及环渤海广大地区的交通咽喉，中

国经济地理北京—天津—内蒙古及沿海、京哈京广等"一横两纵"轴带的战略枢纽，区位优势明显，空间集聚具有明显的"路径依赖"优势。这也是京津冀城市群形成的主要原因。京津冀协同发展空间规划编制必须沿着空间集聚的"路径依赖"构建空间结构，组织空间规划，确立空间战略。

其二，"历史事件"是指要素集聚在时间节点上的隆起效应，即"事件经济"。北京作为京津冀城市群的核心，具有3000年建城历史，是闻名天下的六朝古都，历史事件在漫长的时间中雕刻了这座城市，并使其成为今天的北京。京津冀空间规划编制迎来了"历史事件"或"事件经济"制度安排新阶段，"一带一路"、"京津冀协同发展"、"环渤海合作"等叠加战略为京津冀空间发展塑造了集聚新动力。京津冀空间发展规划编制，必须按照国家战略部署组织推进。

其三，外部性和开放性。全球化背景下的经济增长需要实行高度的对外开放，不仅需要商品领域的自由贸易，而且需要各国在投资和服务贸易领域表现出更大的灵活性和自由度。在当今的新经济背景下，知识信息的可共享性、外溢性和扩散性，使得以知识为基础的经济领域边际收入递增取代了边际收入递减，报酬递增和不完全竞争变得更加复杂和现实。京津冀协同发展空间规划的编制也应充分考虑外部性和开放性的战略意义，而空间的开放性或外部性是空间力量的根本所在。

中国正迎来了空间发展新时期，而京津冀协同发展空间规划备受全球瞩目，意义十分重大。其核心理念是"创新、协调、绿色、开放、共享"；其核心路径是"走出京津冀，发展京津冀"，向着全域空间和全球空间进行战略融合，构建既兼顾中长期需求又能赢得长远未来的空间经略大棋局。

四、京津冀空间发展模型研究及假设

作为公共政策和公共产品的京津冀协同发展空间规划，其本质是经济地理层面的战略重构，必然有其内在机理和演进规律。通过空间发展模型的研究有利于发现和分析京津冀协同发展空间问题和未来走向。

1. 空间形态从竞争集聚型向协同连绵型转变

京津冀空间形态，从本质上讲依然是建立在计划经济和行政区划基础之上的。其所有的空间对策都是以要素博弈和空间集聚为中心。以北京为例，利用其区位和行政资源优势，长期实施人才、资本、技术、产业等全要素竞争，已经形成了全球性政治、文化、金融、科技、教育、人才、体育、物流等中心，多中心叠加使北京已经累得喘不过气了！而河北在环北京地区的竞争中则表现出无奈的资源性、低端性、抛弃型产业集聚，巨大的"环首都贫困带"现象引起联合国减贫组织及全球舆论的关注，所谓"灯下黑"现象明显。以北京为中心的京津冀区域空间形态是典型的要素博弈、单中心隆起、竞争集聚型。京津冀协同发展未来空间形态的核心模型是从竞争集聚型向协同连绵型转变，即京津冀空间形态的肌理从原来的以各自为中心、以行政区划为疆界、以大吃小以强博弱集聚型，向边际开放、肌理连绵、相互协同型转变。

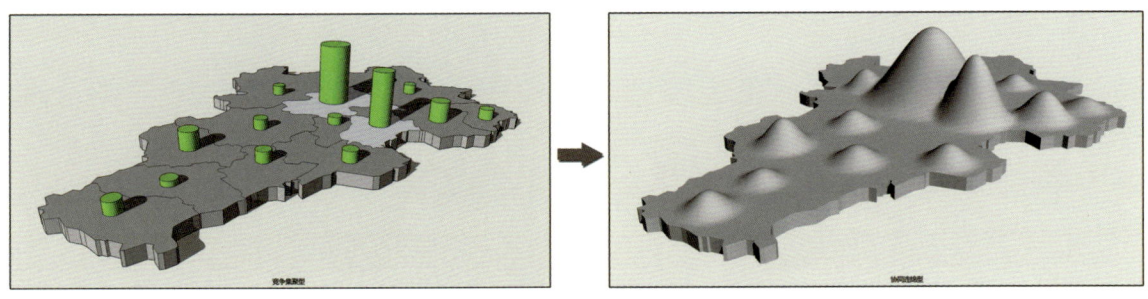

图 1　空间形态从竞争集聚型向协同连绵型转变
资料来源：作者绘制

2. 空间结构从封闭向心型向开放融合型转变

《京津冀协同发展规划纲要》提出了新一轮空间结构协同发展布局设想,即"一核、双城、三轴、四片、多节点"空间结构,但依然没有突破京津冀行政区划,远没有充分市场化。其空间结构的特点是封闭向心型,没有与国家主体功能区、一带一路、环渤海、长江经济带等空间结构有效融合。而空间结构的最重要功能就是要具有充分的外部性,规划和塑造空间区域战略走向。未来京津冀协同发展空间结构的主要发展方向是从封闭向心型向开放融合型转变。京津冀协同发展的空间结构最高战略应该成为中国乃至全球空间结构的核心组成部分。并发挥示范和引领作用。

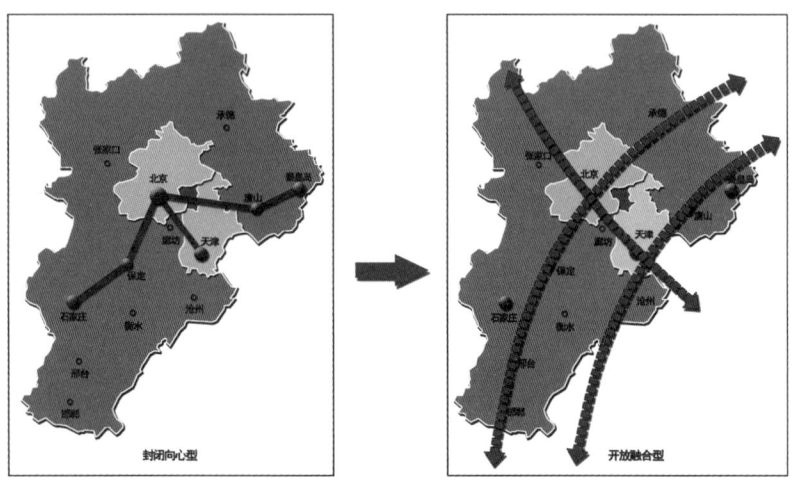

图 2　空间结构从封闭向心型向开放融合型转变
资料来源:作者绘制

3. 空间体系从单一取向型向"多规合一"型转变

空间规划的本质是以公共价值观为导向,平衡和协调近期价值诉求和远期价值诉求的关系并提供公共解决方案。以《京津冀协同发展规划纲要》为标志,京津冀已初步形成了总体规划和相关专项规划。如何从传统的部门或地区单一价值取向向多元诉求叠加集合,成为下一步规划体系建设的关键。而集合的主要路径则是各方利益和价值的重组,主要机制是博弈和妥协,其原则是协同发展,优化结构、优化要素配置。其保障措施和根本举措是建立空间规划体系,包括立法、运行和执法。未来空间规划体系的发展模型是从总体规划专项规划等单一取向型向空间规划主导的"多规合一"型转变。这是解决当前及长远规划编制、运行、管理的关键抓手。

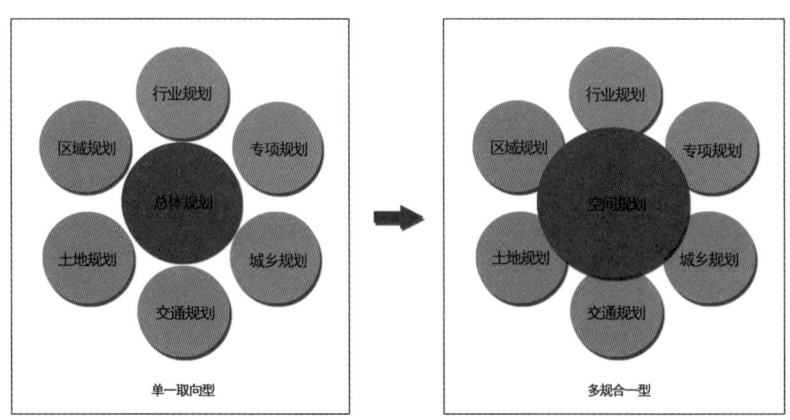

图 3　空间体系从单一取向型向"多规合一"型转变
资料来源:作者绘制

4. 空间组织从区域内循环型向国土空间全域及全球大循环型转变

空间组织的目的是以目标、问题、市场为导向，通过建立空间发展秩序，推动空间优化、高效配置资源和要素，实现更大范围内的协调和可持续发展。京津冀空间组织，包括《京津冀协同发展规划纲要》所设计的空间组织方案，基本上依然是京津冀三省市自身行政区划内循环体系。而参入整个国土全域空间及全球各经济体空间大循环才是京津冀空间组织的顶层战略。无论是解决眼前的 PM2.5、疏解非首都功能、河北结构问题等等，还是着眼长远应对蒙古高原沙漠化、整个华北淡水短缺、渤海再生等严峻挑战，京津冀空间组织都要坚定地走出京津冀区划疆界，参与中国乃至全球范围内的空间组织大循环。从京津冀协同发展国家战略出发，其空间组织的总体目标、发展战略、实施任务等，都迫切要求京津冀空间组织必须进行战略转型。

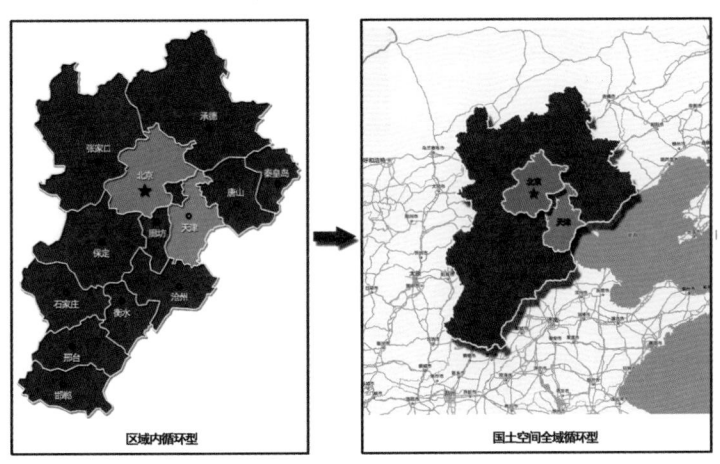

图4　空间组织从区域内循环型向国土空间全域及全球大循环型转变
资料来源：作者绘制

五、空间方式的启示和忧患

人类只能以空间的方式生存和发展。没有最好的方式，只有更适合的方式和不断变化的方式，方式是个历史。而方式的价值在于，方式改变结构及内容，而结构和内容决定发展。方式就是事物自身及其存在特征。而任何事物都以一定的方式才能展开，同时也不存在没有方式的事物。方式与事物具有同一性。方式是内容与形式的统一体。在事物发展过程中，一定方式是对事物内外矛盾的统一和平衡，方式和矛盾一样具有普遍性和特殊性。是事物发展过程和条件的统一。方式的历史路径除继承、发展之外，更多的则是证伪、逆向、跨界、换位、交叉、拆分、重构、优化、颠覆等等。我们全部的努力只在于在全球化背景里，在环境与资源可持续条件下，寻找属于我们自己的方式，而不是一成不变的方式，方式永远在路上。

人类总是借助一定的工具，如思想、方法、经验及科学技术等，去认识和探求对象及其自我，通过对象化的路径，人类也再一次沦为一定工具的加工对象及一定工具主义的人类。由于工具的有限性，必然带来人类认知和探索的有限性。所以，人类对对象世界及其自我本体的认知和探索也永远在"测不准"的道路上。

1. 唯技术论或科技人类主义，是无法引领人类完成认知和探求对象世界及人类自身的本质，进而达到理想彼岸。我们曾经孜孜不倦地探寻大自然的客观性，同时也有意无意地制造了我们和自然的分裂。人类并没有如愿以偿，相反，科学技术的发展不断提供相反的证明：所谓的客观性，原来只是人类借助观察工具和认识能力主观干预对象的个别反映，是我们根据自身价值理性有所选择的阶段性结论。

2. 在认知和探求人类本体及其方式本质的历程中，科学理性并不是唯一的路径，人类的普世智慧和文化创造还有巨大的想象空间。由于人类过度推崇科学理性，加剧了对科技成果的滥用。单纯的技术革命是无法拯救人类的诱惑，反而使人类纵情于眼前功利，漠视人与社会的共同责任。正义失落，公共性及其物品被广泛纳入寻租契约，人类诉求的普遍价值体系被既得利益的强势集团任意践踏，腐败成为物欲淫乱时代的霸主。现代人类之困惑，从表面看是高科技之困惑，或者说是结构之困惑。但实质上是现代化以世俗的名义反文化之困惑，是由资本主义主导的全球价值体系式微之困惑，是传统经典文化本源被玷污之困惑，是人类与自然终极错位之困惑。因此，与其追问我们探求的结果，不如反省一下我们探求的方式，因为探求的结果往往取决于探求的方式，人类的价值失落正是迷失在人类寻找价值的路径之中。

3. 人类同自然界完成了的，本质的统一，还有漫长而曲折的路要走，或永远在路上。从 20 世纪 70 年代起人类开始呼喊"只有一个地球"，这是人类经过数千年的征服自然、改造自然，经过数百年的工业革命所取得的最伟大的思想成就，人类从离开自然到回归自然，走过了漫长而曲折的历程。人类正在以信息和网络的名义对传统科技及其价值体系进行洗牌。人类急需构建新的普世和公共的价值法则，重新检讨和评估以往技术革命对人类与自然本质的统一之危害。人从自然界中分离出来，通过对象化运动和创造，人类再次走向自然。但并不是走向某种自然现象和景观，而是自然本身。人类探寻的不是答案，而是与自然本质的统一，是一次次出走之后的不断回归。人类之忧患，是人类抵达他人及自我，进而抵达自然之忧患。

人类同自然界的方式，是人类最基本的方式，也是其最高方式。其本质是人类自我解放的方式，人类和自然共同的方式，至伟无疆，至用无为的方式。

（原刊载于《区域经济评论》2016 年第 5 期　崔民选　阎志）

81

西太平洋地区中国大岸线自由贸易区开放战略对策研究（2012）

一、背景研究：中美对弈西太平洋，决战 21 世纪

参考消息 2011 年 5 月 2 日转载【德国《时代》周报 2011 年 4 月 25 日文章】题：海上对弈（作者　德国《时代》周报副主编马蒂亚斯·纳斯）文章：一场新的战略角逐在西太平洋开始了。全球最大的两个经济体正赤裸裸地展开竞争。中美之间将决出这一地区的主导权，因而也将回答这个问题，那就是谁将给 21 世纪的世界打上烙印，凭借其实力、金钱和价值观。贝拉克·奥巴马去年秋季在其亚洲之行中大摇大摆地绕过了中国，访问了印度、印尼、韩国和日本。印度裔美国时事评论员法里德·扎卡里亚当时说："美国正在发起一场新的大国较量，这场较量正在亚洲展开。"除中美这两个巨人外，该地区的其他强国也参与了这场战略角逐。俄罗斯、日本、韩国、澳大利亚、印度和东南亚诸国在这场角逐中都不是没有台词的临时演员。

二、自由贸易区是经济全球化制度设计的制高点

随着时间的推移，自由贸易区发展逐渐呈现以下特点：

1. 数量不断增加

据不完全统计，目前全球已有 1200 多个自由贸易区，其中 15 个发达国家设立了 425 个，占 35.4%；67 个发展中国家共设立 775 个，占 65.6%。其中，最典型的是美国对外贸易区的迅速增长。20 世纪 60 年代末 70 年代初，美国在全球经济中的地位开始下降，与此同时，美元贬值，失业人数增加。在此情况下，为了刺激对外贸易发展，各州纷纷设立对外贸易区。到 1980 年，全美的自由贸易区增加到 77 个，到 1994 年底，自由贸易区已达 199 个，贸易分区达 285 个，总数为 484 个。

2. 功能趋向综合

随着自由贸易区数量的持续增长，自由贸易区的功能也在不断扩展。早从 20 世纪 70 年代开始，以转口和进出口贸易为主的自由贸易区和以出口加工为主的自由贸易区就已经开始相互融合，自由贸易区的功能趋向综合化。原料、零部件、半成品和成品都可在区内自由进出，在区内可以进行进出口贸易、转口贸易、保税仓储、商品展销、制造、拆装、改装、加标签、分类、与其他货物混合加工等商业活动。因此，目前世界上多数自由贸易区通常都具

有进出口贸易、转口贸易、仓储、加工、商品展示、金融等多种功能，这些功能综合起来就会大大提高自由贸易区的运行效率和抗风险能力。

3. 管理不断加强

各国的自由贸易区在初创时由于条件不同，功能各异，管理水平也相差较大，但是经过几十年的竞争发展，各国自由贸易区的管理已逐渐趋向规范化。而且随着科学技术的进步，自由贸易区的基础设施和管理手段也大大改善，形成了各自颇具特色的管理体制。目前世界上四个主要的自由贸易区（阿联酋迪拜港自由港区、德国汉堡港自由港区、美国纽约港自由贸易区、荷兰阿姆斯特丹港自由贸易区）的管理机构权威性非常强。四国对自由贸易区管理机构授权上大体相近，都是港区合一，成立经联邦政府授权的专门机构，负责管理和协调自由贸易区的整体事务，投资建设必要的基础设施，有权审批项目立项。特别是着眼于自由贸易区与城市功能的相互促进，超前进行整体规划和建设，极富特色和成效，带动了周边城市经济发展，尤其是在金融、保险、商贸、中介等第三产业发展上成效显著。

三、西太平洋中国大岸线自由贸易区开放战略

1. 中国周边战略机遇期

经过 10 年的努力，中国已经成功组织和布局了东盟（10+1）国际自由贸易区。中国同时相继批准和设立了西太平洋岸线区域经济国际战略：北部湾战略、海南岛战略、珠三角战略、海西战略、长三角战略、山东半岛战略、渤海湾战略、辽东半岛战略、图们江战略等。中国的西太平洋 C 形开放岸线已显露格局。

中国应以制度设计为引领，抢抓国际国内战略机遇期，借鉴国际成功经验，全面布局岸线自由贸易区战略，逐步推动开发区、特区、保税区转型，以应对全球新一轮贸易保护主义和金融危机挑战，逐渐使中国岸线进入全球化开放前沿。

2. 中国开启自由贸易区时代

以制度设计为引领，以国际合作为路径，以战略区位为核心，全面规划，示范先行，循序渐进，构建全球化新的开放前沿。特别是 C 形岸线中国周边战略要冲区位，如：继北部湾之后、海峡西岸、图们江等地，应率先进行突破。传统有条件的保税区应率先转型，如珠三角、长三角、环渤海等地区。

3. 中国必须走岸线全面开放之路

中国岸线必须走全面开放之路，局部开放、重点开放是无法应对西方的全面围堵。只有以 C 形开放才能应对西方的 C 形遏制。中国的世界性格局和周边国家战略的谋划，也必须实现政治、军事和经济一体进行。

82

国家七大江河辽河生态可持续复杂系统优化设计（"十二五"规划提纲）（2011）

顶层对策：中国调整结构转变方式示范项目

1. 构建国家级辽河流域生态可持续综合配套改革试验区；

2. 构建辽河流域项目可持续、投融资可退出实施新路径；

3. 构建辽河全流域生态可持续政府间合作框架。

核心理念：

1. 走全面创新之路，为中国及全球示范；

2. 以制度设计为引领，组织叠加战略和综合解决方案；

3. 走出辽河寻找辽河。

一、中国七大江河深陷水污染公共危机愈演愈烈

随着我国人口数量的增长、现代工业废水的乱排乱放、城市垃圾、农村农药喷洒等等，造成河流污染严重，本来已是极少的淡水资源加剧短缺。

二、让辽河率先从"三河三湖"重点治理名单中退出

时任辽宁省省长陈政高在辽河污染治理专题会议上指出，"十一五"以来，经过辽宁省全省上下的共同努力，辽河治理取得重大阶段性成果。要乘势而上，进一步打好辽河治理攻坚战，确保明年年底全面完成国家确定的辽河治理任务，摘掉重度污染的帽子，让辽河率先从全国"三河三湖"治理名单中退出来。

陈政高强调，辽河治理重点在治污，关键在于各支流的水污染防治。要突出重点，进一步治理辽河和15条主要支流。一要在15条主要支流上新建扩建和提标16座污水处理厂；二要抓紧推进辽河干流和主要支流内规划建设的243个垃圾处理场的建设和使用；三要在辽河干流和主要支流建设25个湿地；四要把河道清淤工作提上日程；五要抓好15条主要支流河滩地上的自然封育工作；六要实行严格的河长负责制、目标责任制和责任追究制。

陈政高强调，各地区、各部门要把思想和行动统一到党中央、国务院和辽宁省委、省政府的决策部署上来，坚决完成好辽河治理任务。要进一步加强对辽河治理工作的领导。省里决定成立辽河和主要支流治理工作领导小组，

各有关地区和部门也要成立领导机构。要积极筹集资金，加大治理投入。要抓紧规划建设各项治理工程，对条件具备的要进行冬季施工，争取早日建成使用。各污染排放企业要抓紧整改，确保实现达标排放，否则将一律予以关停。

三、辽河生态可持续综合配套改革实验区势在必行

以制度设计为引领，整合辽河流域政治、经济、文化、环境、资源、土地、规划、区划、行政等要素，设计可实施、可持续综合解决方案，是最终实现辽河生态持续和综合发展的战略路径。辽河治理没有捷径可走，也并非一蹴而就，辽河是环境治理工程，更是个开发与发展过程。

1. 辽河流域环境污染已严重制约沈阳经济区国家战略实施

辽河流域是东北老工业基地的核心地区。长期的高强度区域开发导致生态破坏、环境质量下降，主要表现在：东部上游山区的森林资源开发不合理，严重威胁中部城市群及辽河下游的生态安全；中下游农区种养殖业发展迅速，导致非点源污染逐年加重；中部城市群重化工业密集，大宗工业废物持续排放，矿山废弃地较多，矿山固体废弃物侵占了大量土地并造成水土环境污染，环境容量不断减小；流域内生态环境不断恶化。同时，辽河流域还面临着水资源不足与失衡的问题，制约了区域经济与社会的协调发展，已经成为老工业基地振兴的瓶颈。（中国科学院，2008）

2. 强化执行《辽河流域水污染防治条例》并签署《辽河全流域生态可持续政府间合作框架》已成为当务之急

旨在从辽河流域的可持续发展的战略高度出发，进行生态环境与水资源总体规划和法律法规建设，为开展流域性全地区的生态环境建设和全行业污染治理，特别是解决辽河流域中长期发展战略和生态安全污染防治中的复杂问题提供法律保障，为政府提供制定环境政策和实施的法律依据。

3. 构建新的城乡统筹区域一体覆盖性价值链体系

辽河污染久治不愈，从根本上讲是产业结构和产业布局问题，是技术路径和综合治理问题，是快速发展和规模经济问题等。但从供应链、产业链、利益链考察，其最核心的问题是价值链体系问题。来自工矿企业、种养殖业、开发建设等种种排放与污染，其实现的都是个体价值、局部价值、眼前价值，其污染排放的市场交易成本很少，足以支撑其持续获利。所以必须构建全面统筹、协调发展、着眼战略、着眼持续的市场化全覆盖价值体系。

4. 构建辽河流域复杂系统可实施综合解决方案

以辽河流域管理局为平台，加强跨区域、跨流域的综合管理与协调。从流域的生态环境承载力出发，突破地区和部门之间的行政区划障碍，综合考虑流域内自然资源的合理开发与保护。要根据河流流量的季节变化及生态系统的可持续承载能力等因素，组织和优化污染物排放总量、排放定额和排放标准，并依照《辽河流域水污染防治条例》实施权威高效的流域综合行政执法管理，建立超越地方和单位领域的区域性国家执法平台。

同时还要建立确实有效的开放的市场化排放交易平台、违法成本倒逼法律法规和环境资源价格体系、污水处理付费制度等公共物品工具和公共服务常态功能，引入超越辽河流域的国内外可参与监督机制。

构建城乡统筹流域一体化的水环境保护监督管理体系，针对农村与农业已经构成了水污染源的重要主体，强化农村面源污染的治理。要大力推广和实施国家层面的，生态农业和有机农业区域综合配套改革示范工程，变化肥农业、温饱农业为有机农业、高效农业、市场农业。要出台全覆盖系统性辽河流域城乡统筹、惠及三农的国家级制度政策和技术路径支撑平台，使辽河流域治理和辽河流域发展同步进行。

5. 构建辽河生态可持续综合配套改革示范区

构建国家级辽河流域生态可持续综合配套改革试验区，沈阳经济区辽河专项示范区。

6. 构建辽河流域项目可持续投融资可退出实施路径

辽河的出路是土地、生态、水源、景观、交通等，其发展理念是把辽河当成重度治污治理项目，更要把辽河看成一个宏大的战略资源，治理和开发同时并举，治理和开发是辽河战略的一体两面，也是解决辽河退出战略的关键。

7. 构建因地制宜科学创新的多学科优化治理方案

辽河流域生态环境治理，是一个多学科复杂系统，如行政区划系统、行政服务系统、法律法规系统、公共物品系统、产业结构系统、供应链系统、价值链系统、生态链系统、环境资源系统、市场交易系统、城乡统筹系统、技术支撑系统、信息评价系统、专家智库系统、战略规划系统、项目开发系统等，必须在顶层战略的覆盖下，进行多学科优化设计和组织实施。

四、辽河流域生态可持续混合功能空间结构设计

1. 辽河流域生态可持续战略定位

"十二五"时期，辽宁区域性生态可持续混合功能战略发展轴。

2. 辽河流域生态可持续顶层战略

一轴三带多组团。

一轴：辽河流域混合功能核心发展轴；

三带：辽河流域生态功能带、辽河流域旅游度假带、辽河流域城镇集聚带；

多组团：生态景观、城镇化、交通网络等多组团。

3. 辽河流域核心发展理念

辽河在综合治理的同时，要重点盘活辽河沉淀资源，辽河生态、土地、空间、环境、水源、交通等潜力巨大，要治理和开发共同推进，构建辽宁核心生态开放空间，和混合功能开发轴。

83
中蒙俄经济走廊出海新通道（2016）

从盘锦—阜新—巴彦乌拉—珠恩嘎达布其—霍特—乔巴山—博尔贾，进入欧亚大陆桥，是全新的中蒙俄经济走廊出海大通道，是辽宁乃至整个东北新一轮空间开放的制高点，对"一带一路"和东北振兴意义重大。

一、由巴新铁路引发的辽宁、内蒙古向北开放新构想

巴新铁路在建设过程中，逐步勾勒出一条通疆达海、横贯中蒙俄三国的铁路入海新通道，一路向北由五部分组成：盘锦港至阜新规划中的阜盘铁路，已经运营的巴新铁路，通往中蒙边境珠恩嘎达布其口岸的巴珠铁路，再经蒙古国霍特至乔巴山的铁路与通往俄罗斯远东铁路的蒙古既有"乔巴山—额仁查布"铁路接轨，跨境至博尔贾进入欧亚大桥。

新的出海大通道的形成，融入了习近平总书记提出的"一带一路"和蒙古"草原之路"对接，打造"中蒙俄经济走廊"的建设构思，形成了中蒙俄三国互联互通、互惠互利的新格局。新通道的建设将对加强中蒙俄三国间及整个欧洲的贸易和投资起到积极的促进作用，为蒙古国矿产资源的输出开辟便捷的出海新通道，为我国东北老工业基地和东部沿海地区构建新的战略开放空间，特别是对辽宁的新一轮对外开放具有顶层战略意义。

二、辽宁、内蒙古出海新通道铁路建设情况调查

本通道自我国出海港口（盘锦港）至蒙俄边境额仁查布口岸全长 1583 公里，其中国内铁路长度约 929 公里，蒙古国铁路长度约 654 公里。

1. 新通道国内铁路概况

通道国内部分由巴新铁路、阜盘铁路和巴珠铁路构成，线路全长约 929 公里，目前已建成 460 公里，在建 157 公里，待建 312 公里，具体情况如下：

（1）巴新铁路

巴新铁路有限责任公司成立于 2009 年 3 月，是由辽宁春成工贸（集团）有限公司、大唐国际发电股份有限公司、铁法煤业（集团）有限责任公司、马鞍山丰嘉投资合伙企业（有限合伙）共同投资组建的以铁路建设、客货运输、铁路器材生产及销售为的主混合所有制股份公司。

巴新铁路项目线路全长 487 公里，项目总投资 74.28 亿元。起点为内蒙古西乌旗巴彦乌拉镇，终点在辽宁省阜新市。巴新铁路已在赤峰地区与内蒙古集通铁路、赤大白铁路接轨，形成了巴新、集通、赤大白三条铁路互联互通的新格局。2014 年 11 月 10 日，巴新铁路大板—新邱段 330 公里开通运营，剩余在建的大板—巴彦乌拉段 157 公里已完成线下工程的 90%。

（2）阜盘铁路

阜盘铁路由巴新铁路有限责任公司主导建设，线路全长约 176 公里，估算投资总额为 67 亿元。经由阜新、锦州、盘锦三市，起自阜新市巴新铁路终点，终到盘锦荣兴港。

2013 年，获得了辽宁省发改委《关于"同意新建阜盘铁路工程开展前期工作的通知"》的文件批复。目前已完成可研文件，正在进行项目立项支持要件的编制工作，计划 2017 年开工建设。

（3）巴珠铁路

巴珠铁路由内蒙古集通铁路公司主导建设，全长 266 公里，投资总额约为 35 亿元，目前已完成 130 公里建设，完成投资 17 亿元。项目起自巴新铁路起点巴彦乌拉沿途经合额仑宝力格和五间房等煤矿富集区向北引入珠恩嘎达布其口岸。巴新铁路有限责任公司拟参股 15% 进行巴珠铁路公司重组，完成巴珠线剩余工程建设。

2. 新通道蒙古国铁路概况

2007 年巴新铁路建设初期，巴新铁路公司就开始着手跟进蒙古铁路建设事宜。经过多年的不懈努力，公司与蒙古国政府就参与建设蒙古国新铁路项目达成了共识，与蒙古铁路国有控股公司签订了共同合作建设蒙古铁路项目的《合作备忘录》，约定共同修建"毕其格图—霍特（标准轨）—乔巴山铁路"、扩能改造乔巴山—额仁查布（蒙俄口岸）的铁路。

2014 年 10 月 24 日，蒙古国大呼拉尔议会通过了"霍特—毕齐格图（珠恩嘎达布其口岸对应）铁路"的标准轨议案，确定标准轨铁路在蒙古的合法地位。

通道蒙古国铁路由珠恩嘎达布其—霍特铁路、霍特—乔巴山铁路和乔巴山—额仁查布铁路构成，线路全长约为 654 公里，其中待建铁路 384 公里，既有铁路 270 公里。

（1）珠霍铁路

①项目概况

珠霍铁路为通道蒙古铁路一期工程，目前已完成可研文件的编制工作。项目位于蒙古国境内的苏赫巴特省、东方省和中国境内的内蒙古自治区，起自蒙古国赛音山达至乔巴山规划铁路的霍特站，线路由霍特站引出向东南，经过宗布拉格、马塔德沿航空线向东南越岭，至蒙中边境设毕其格图口岸站。蒙古国境内线路全长 228.3 公里。

②主要工程数量

征地 22054 亩；土石方 2113.5×104 立方米；桥梁 13.92 公里，涵洞 9798 横延米；铺轨 281.5 公里；道岔 80 组；新建房屋 7.0×104 平方米。全线共设车站 12 座（新建 10 座、预留 1 座、同期配套 1 座），其中新建会让站 6 座，预留 1 座；新建中间站 2 座；新建霍特换装站 1 座；新建毕其格图口岸站 1 座。

③近远期货运量预测

目前蒙古国向日、韩出口矿产品需经乔巴山—额仁查布铁路绕行俄罗斯，本线建成后，货物可以经过珠恩嘎达布其，接入我国境内铁路网，距离盘锦港/锦州港约 929 公里。本线建设可以缩短蒙古国矿产下水的运输距离，为蒙古国向日、韩出口货物提供了便捷通道。

本线通过运量主要包括由蒙古国霍特周边及规划横向铁路经过本线运往珠恩嘎达布其口岸的煤炭、金属矿石等矿产，及轻车方向中国向蒙古国及俄罗斯出口的工业品等产品。预测近期本线上行（霍特至珠恩嘎达布其）货流密度 1200×104t，下行（珠恩嘎达布其至霍特）货流密度 110×104t；远期上行货流密度 1500×104t，下行货流密度 150×104t。

④投融资方案

可研推荐中蒙双方意向企业共同出资组建合资公司，合资公司负责项目的建设（总承包模式）运营、养护维修的商业模式。

本项目投资估算总额为 791957 万元人民币（121989.68 万美元）。根据蒙古法律规定，蒙古境内新铁路项目蒙方必须绝对控股，经巴新铁路公司与其协商，蒙古铁路国有控股公司（MTZ）参与 51% 股份，巴新铁路公司参与 49% 股份。本项目蒙方出资额约为 40.4 亿元，包括预可研成果、相关勘探资料、货币、土地、优惠政策等；巴新铁路公司投资约为 38.81 亿元（包括货币和钢轨等部分实物）。

⑤经济效益分析

根据可研数据，本项目在货运运价取 0.35 元 / 吨·公里的情况下，全部投资财务内部收益率为 5.74%，高于行业基准收益率 3%，财务净现值为 384334 万元，投资回收期为 18.36 年。

本项目可以改善沿线地区交通运输服务的结构，包括节省运输时间、扩大运输能力、提高运输服务质量、降低运输费用、减少环境污染等方面，同时对缓解交通拥挤、减少交通安全事故等产生多种效益。

⑥运营管理模式

经与蒙古铁路国有控股公司初步协商，暂定由巴新铁路公司运营管理 25 年，以后由双方成立的项目公司自行管理运营。

⑦项目进展

目巴新铁路公司已委托铁三院完成了珠霍铁路的可研报告，正在逐级报备中。同时蒙古铁路国有控股公司也将可研文件上报至蒙古交通运输部和蒙古国会，等待批复。

（2）霍乔铁路

蒙古国霍特至乔巴山铁路为二期工程，计划一期工程开工建设后即着手开展项目前期工作。

霍乔铁路全长约 150 公里，线路主要位于东方省境内，起自霍特站向北与东方省省会乔巴山市既有铁路接轨，项目估算投资总额约为 53.5 亿元，相关投资、运营模式等与珠霍铁路相同。

（3）乔额铁路

乔巴山至额仁铁路为蒙古既有铁路，线路全长约为 270 公里，作为通道建设三期工程主要工程内容为线路扩能改造，包括线取直和线上部分标准提升（相关数据及信息来自巴新铁路有限责任公司）。

三、中蒙俄经济走廊出海新通道

中蒙俄经济走廊是"一带一路"六廊六路中第一个跨境合作规划，对中国整个全球战略和地缘政治、辽宁及内蒙古新一轮东北振兴和空间开放等都具有战略意义。

1. 参入国家"一带一路"战略构想，是推动我国与周边国家互联互通的重大举措

中蒙俄经济走廊出海新通道，北接欧亚大陆桥，南连盘锦港，为环渤海、辽宁、内蒙古开辟了全新的中蒙俄经济走廊国际物流大通道，是推动我国与周边国家互联互通的重大项目，是习近平总书记提出的"一带一路"与蒙古国"草原之路"对接，打造中蒙俄经济走廊跨国规划和倡议的战略举措。

2. 为环渤海、辽宁、内蒙古开辟了便捷的铁路出海新通道

目前，俄罗斯进入我国出海口岸的既有铁路一共有两条，分别是俄罗斯博尔贾站经满洲里口岸至营口港的中

俄铁路，线路全长 1744 公里（至大连港 1962 公里）；和俄罗斯乌兰乌德站经乌兰巴托、二连浩特口岸至天津港的中蒙俄铁路，线路全长 2397 公里；而新通道自俄罗斯博尔贾站经乔巴山、珠恩嘎达布其口岸至盘锦港线路全长约 1663 公里（乔巴山—额仁查布线路取直后将进一步缩短），具有运距短的便捷优势，是一条连接欧亚大陆的黄金之路。

3. 提升沿线区域经济发展，快速带动中蒙俄贸易与投资合作

随着全球经济一体化进程的不断深入，该铁路大通道在连接中蒙俄经济走廊布局中具有明显的战略地位和比较优势。新通道可以蒙古国丰富的矿产资源和俄罗斯的大宗货物提供更加便捷的出海港口，输送到太平洋西岸等国际市场；通过与巴新线连接的集通铁路连接华北及环渤海广大地区。同时能把我国沿海地区、华北地区、特别是辽宁等地的物资直接发往欧洲各地。是对原有的环东北及内蒙古国际通道的一次最具战略空间意义的优化和重构。

蒙古国与中国的接轨，看似很小的一步，但却可能预示着一个重大变化的开始。

4. 推动国内外铁路建设的多元化投资建设

巴新铁路的建设是由民营企业主导，采取混合所有制股份方式建设和运作，它承担着煤炭运输、沿线客货对外交流及国家需要的公益性运输任务，是新时期国家《关于鼓励支持和引导非公有制经济参与铁路建设经营的实施意见》和《关于进一步鼓励和扩大社会资本投资建设铁路的实施意见》的典型范例，意义十分重大。蒙古国铁路项目是巴新铁路项目的延伸，将对民间资本进入国内外铁路基础建设起到了很好的带头示范作用。

5. 促进国内装备制造业走出去，提升企业品牌知名度

该铁路大通道的建设，为新形势下中国民营企业走出去，积极拓展境外投资做出了新的尝试。作为重要的"一带一路"互联互通基础设施，将直接降低货物运输成本，为运输企业增加了竞争力，特别是为辽宁省规划的蒙古霍特工业园区和俄罗斯伊尔库茨克工业园区大宗货物运输提供了最便捷交通大物流，对释放国内产能过剩及相关装备制造企业走出国门，起到了直接的拉动作用。

6. 提升辽宁、内蒙两省区区位优势，促进铁路沿线及港口经济发展，

以环渤海岸线为中心，新通道与既有通过二连浩特口岸和满洲里口岸出海的中蒙俄、中俄跨境铁路相比，具有运距短的便捷优势，并将"一带一路"、京津冀协同发展、长江经济带及东北振兴、环渤海合作、西部大开发等多元区域战略有机地结合起来，必将有力地推动辽宁、内蒙两省区区域经济快速发展。通过大通道的贸易物流的吸引力和辐射力将牵动整个地区的结构调整和经济空间的优化。特别是对于处于东北振兴严峻挑战的辽宁，更具有重塑区位空间优势和创新市场格局顶层战略意义。

7. 推动资源枯竭型城市阜新经济战略转型

自新中国成立以来，阜新市一直以煤炭开采和外运作为全市的主导产业。从 80 年代开始，煤炭资源的已开始衰竭，为维持城市的可持续性发展，阜新积极谋划改变以煤炭开采为主的单一产业结构，重点在延长产业链上培育新产业。为此 2001 年国务院将阜新确定为全国唯一一家资源枯竭转型试点城市，重点依托于传统的优势，实行稳煤强电战略并积极发展煤炭深加工产业，并建立了以大唐煤化工为主的煤炭深加工基地。中蒙俄经济走廊出海新通道的建设，将从根本上重构阜新区位优势、重塑城市主导产业，阜新将迎来中蒙俄经济走廊桥头堡、东北腹地新枢纽和综合保税物流新高地时代。

84

全球有机食品发展与合作论坛概念设计（2013）

一、全球危机

1. 食品安全已成为全球性问题

我们大家都知道，近几年来特别是近段时间，食品安全问题已经变得越来越凸显，我们的生命安全能不能得到保障，食品安全与否是起着重要决定作用的因素之一。从不发达国家到发展中国家，即便是在美国、欧洲等发达国家和地区，近年来也不断发生食品安全事故。

2. 那么，食品安全问题存在的原因是什么？

一是经营者素质不高，消费者自我保护意识不强。二是食品安全知识及安全意识不强，食品安全宣传的声势不大、氛围不浓。三是无公害食品生产与销售脱节。四是假劣食品流向城乡接合部及农村牧区。五是监管职能分散，协调难的问题依然存在。六是政府对"食品安全"经费投入不足，监管工作到位难。七是食品安全监管执法难度较大。

二、中国危机

据经济参考报 2012—06—11 消息，占全国粮食总产五分之一的东北黑土区是我国最重要的商品粮基地，但支撑粮食产量的黑土层却在过去半个多世纪里减少了50%，并在继续变薄，几百年才形成一厘米的黑土层正以每年近一厘米的速度消失。照此速度，部分黑土层或将在几十年后消失殆尽，东北这一中国最大粮仓的产能也将遭受无法挽回的损失。

三、制度设计

重点组织全球化，开放式，非官方，交流与合作的食品安全机构和论坛。

四、应对挑战

共同应对来自环境、生态、资源、文化、价值、制度、机制、发展、均衡、持续等方面，关于人类生存的挑战。

五、论坛概况

1. 论坛理念

找回失落的人类价值；

安全、均衡、普惠、多赢。

2．论坛主题

关注食品安全，推进有机高效农业，防治生态与环境污染，促进国际交流与合作。

3．指导思想

论坛以全球有机食品及有机农业发展为统领，以"关注食品安全，推进有机高效农业，防治环境污染，促进国际交流与合作"为主题，围绕国家环境与发展的总体战略目标和任务，积极推进中国有机食品、有机农业发展，防治环境污染，努力探索可持续发展新路径。

通过制度设计和要素整合，构建全球政府组织、非政府组织及民间非官方机构的广泛交流与合作平台，积极应对后金融危机时代全球食品安全挑战。通过政策、技术、人才、教育、推广、资本、品牌、网络、路径、标准、研发等广泛的交流与合作，推动全球有机农业、有机食品产业强劲、可持续发展。实现发展价值创新，产业结构调整，增长效率优化。

4．论坛宗旨

突出论坛在中国有机农业和环境保护研究领域里的高端性和战略性，解读有机农业、食品安全、环境污染防治与国际合作方面的政策措施，探讨世界及中国有机农业的发展方向，在产学研战略合作的基础上，为中国农业未来发展趋势和路径问题提出建议，推动有关环境保护工作的历史性转变。探讨农业发展战略安全的制度政策、机制路径、技术研发等方面的国际前沿信息、最新进展和成功经验。促进和加强有机食品、有机农业的国际交流与合作，为政府、机构、企业、智库等提供战略平台，和广泛交流与合作新路径。

5．论坛目的

（1）提高认识，促进行动

通过出席论坛的全球政要、商企精英、专家学者及智库媒体等，对有机食品、有机农业的发展与环境污染问题的深入研究，提升全球食品安全关注度，推动全球有机食品健康发展。

（2）共同探讨，交流合作

研讨交流全球食品安全、有机农业领域成果、技术和经验等，推动全行业跨国技术合作与研发的开展；研讨交流全球健康产业政策措施，及跨国交流与合作，推动食品产业结构调整的有效实施；研讨交流全球有机食品、有机农业物流、贸易、网络、品牌、标准、推广等广泛合作，推动国际投资便利化、贸易自由化、区域一体化发展等。最终使论坛成为政府、企业、专家学者与社会公众之间沟通交流、参与合作的广泛平台。

（3）战略智库，咨询服务

在论坛理事会的组织下，通过全球政要、商企精英、专家学者及智库媒体等交流与合作，构建全球以制度设计和创新为引领的，跨国交流与合作咨询平台。为政府组织，非政府组织及民间机构提供战略议题、专项规划、问题规划及综合解决方案。

六、论坛主题设计

人类生存与安全，交流与合作，发展与均衡。

七、论坛永久性会址

建设亚布力东北亚滑雪场，打造中国农业有机谷。

85
京津冀大区域合作路陆干港战略课题研究（2011）

京津冀区域一体化核心路径，京津冀区域路陆干港战略课题研究

一、背景分析

2011 年 8 月召开的第四届现代物流科技创新大会提出：北京、天津、河北三地近年来都在交通建设和物流发展方面发力，但依据的都是各自的需要和各地的规划，这使得在物流项目和基础设施存在竞争和重复建设的问题。例如，在港口方面，京津冀地区有天津港、秦皇岛港、京唐港、黄骅港等多个重要港口，但目前各港口独自经营的现状，使竞争大于合作。在机场方面，北京的首都机场、天津的滨海国际机场、河北的石家庄机场等规模都很大，但由于经营体制、航线设置、经济发展水平等方面的差异，使天津和河北的机场经常"吃不饱"，而北京的首都机场却又经常太过饱和。 在道路网络建设上，问题同样突出。去年的"京藏高速大堵车"曾引起广泛热议。虽然造成堵车的原因很多，但最终还是由于路网规划问题导致的。在京津冀地区内，路网基本都是以北京为中心向外放射。这样一来，使得许多与北京无关的客货流量必须从北京经过或是中转，造成枢纽能力紧张。此外，由于运输距离增加，也相应提升了运输成本，从而一定程度上限制了北京周边城市之间的相互协作和发展。有专家曾评论说，如果把"京津冀一体化"比作木桶，那京津就是长板，河北则是短板。从某种角度说，情况的确是这样，三地无论是在经济发展和物流整体水平上，都存在差异。

综合来看，北京市的物流资源分布基本完成。但近年来的迅速发展，使得仓储、土地等资源相对不足，亟须向外寻找空间。同时，北京物流企业对国际海运需求较大，但北京作为内陆城市，显然面临瓶颈。而天津最大的优势就是紧邻渤海，其天津港也是北方最大的散货主干港口。面积相对较大的河北省，在陆运、港口等方面具备天然条件，并且北京、天津的蔬菜、食品等供应，大部分都来自河北，尽管现有物流业水平有待提升，但发展潜力巨大。

对于三地而言，在发展物流业方面，各自都具有优势，也都有不足。因此，加强区域合作成为必然选择。在交通建设方面，三地将共同建设现代化综合交通网络——通过高速铁路建设和现有线路的提速，形成客货分离、高效便捷的现代化铁路网；建成由高速公路和国道干线组成的发达公路网络；建设国际枢纽机场，首都机场与天津机场协调发展，合理协作与分工；沿海港口加强协作，合理分工，形成港口体系。

在政策方面，三地都应加强对物流发展的扶持力度。除物流运输基础设施建设有相应政策扶持外，其他物流基础设施，如物流园区、配送中心、物流企业的大型基础设备和信息系统建设都应进行扶持。此外，在土地、资金、人才引进等方面，也应对本地与外地物流企业一视同仁，并鼓励更多的投资者参与物流项目投资。更重要的是，三地应统一制定和完善物流发展规划，形成区域整体竞争的合力。在物流发展上避免盲目竞争、重复建设、片面追求"大而全"现象。

相关专家认为，要建设京津冀都市圈，促进区域经济一体化，必须要率先实现区域物流一体化——对顺畅、快捷的一体化交通予以有力支撑，拓展运输能力，大力提升服务水平，增强对外辐射能力，为城际经济发展提供更加快捷的区域物流体系。因此，京津冀区域物流发展必将迎来一个快速发展期。

二、问题分析

京津冀物流发展的问题是多方面的，其原因远远超越物流本身。

1. 北京城市战略定位远远超越自身环境资源承载力，靠国家政策性支撑过度占有要素，严重违背区域协调均衡科学发展观，从而使北京成为京津冀的物流瓶颈。

2. 由传统的"地方中心模式"决定，中国城市依然被锁定在行政区划之内。区域性产业链、供应链被以 GDP 为主导的价值链掌控。产业转移，结构调整，区域一体化还处在攻坚阶段，区域竞争大于合作。

3. 国家及区域层面的物流产业布局没有发挥一体化作用，特别是制度设计方面还仅仅停留在传统示范区，还有待从点向轴，由轴向面拓展，进而上升到区域层面。

三、对策路径

1. 继续加强传统合作，形成优势互补，实现区域共赢。如：三地统一制定和完善物流发展规划，形成区域整体竞争的合力。共同建设现代化综合交通网络，形成客货分离、高效便捷的现代化铁路网；建成由高速公路和国道干线组成的发达公路网络；建设国际枢纽机场，首都机场与天津机场协调发展，合理协作与分工；沿海港口加强协作，合理分工，形成港口体系。

2. 以制度设计为引领，加强国家层面物流产业顶层设计，重点推动京津冀区域型路陆干港战略，设计海港、空港、陆港联动体系，重点整合天津东疆综合保税物流区、北京天竺综合保税物流空港，布局保定、唐山、廊坊等陆港。构建国家级京津冀陆港物流大战略，实施京津冀物流一体化综合配套改革示范区国家专项战略。

3. 以京津冀大陆港战略为战略契机，在更高层面组织区域大物流网络和枢纽，全面重构区域产业链、供应链、价值链体系。

86

故宫博物院应对"2011N 重门危机"对策研究
——中国博物馆战略转型、故宫博物院社会化路径及顶层设计（2011）

一、故宫 2011N 重门事件及背景综述

2011 年 08 月 26 日 人民网一人民日报《谁在"掌控"国宝命运》一文：短短 3 个月时间，故宫身陷"十重门"舆论漩涡，涉及的问题有轻有重，性质也不相同，但都像重磅炸弹一样波及正在快速发展的中国博物馆事业。故宫一向被认为是中国最好的博物馆之一，其管理一直宣称是"世界领先"，如果它都被暴露出这样多的问题，那其他的博物馆岂不是更经不起聚焦与推敲？从某种意义上讲，公众对故宫的质疑，不仅仅只针对故宫的。

迅速的扩张与免费开放，使得原本躲进小楼成一统的博物馆不得不面对观众的拷问，满足观众的知情权。在故宫成为众矢之的之前，博物馆界也并非风平浪静，博物馆已经被选择性关注。事实上，博物馆从未遗世独立，这个承载人类文明的特殊机构也仅仅是中国众多文化事业单位其中的一类，而其他单位所存在的问题也一样不少，常犯的错误也屡见不鲜。

此次故宫的持续被关注，一方面显示了以其为代表的博物馆的崇高地位，另一方面也说明了公众对于自身文化权益的维护。作为一个城市的文化符号，从 2004 年开始，中国的博物馆便以每年增长 100 个的速度发展，大小博物馆的改扩建更是持续不断。

2008 年实行免费开放以来，走进博物馆的人数犹如井喷，原本矜持高傲的博物馆不得不面对观众的挑剔，进而满足观众的知情权。但博物馆体制机制的创新显然落后于硬件的改善，博物馆人的观念显然没有与时俱进，他们并未准备好。博物馆不应该是政府衙门，也不是堆积文物的仓库，更不是只作研究的学术单位或者替人家鉴宝的中介，它是现代意义的公共文化机构，公开透明应该成为一种常态。国家文物局刚刚公布了一份对于 83 家一级博物馆的评估报告显示，在所有的得分中，博物馆主动接受社会监督、同社会沟通这一项得分最少，一些博物馆网站陈旧，更新速度很慢，更不用说建立博客或者微博这样的新沟通渠道。

二、30 年来首次叩问中国博物馆

中国博物馆作为中国政策性文化事业，经历了学习苏联教科书时期，"文化大革命"颠覆传统时期，改革开放快速发展时期，但它一直担当的都是"文以载道"、"教化风俗"、"书本殿堂"等作用。因此它的信息传播结构总是单向性、说教性、主导性。而马克思认为：正像社会本身创造着作为人的人一样，人也创造着社会。但愿中国人对中国博物馆的参与和创造，从故宫 2011N 重门事件开始。

从历史变革的意义认识，故宫 2011N 重门事件是个好事、也是个大事，因为作为中国博物馆社会化进程迟早要发生，并迟早要以事件的形式发生，因为不以事件的形式不足以洗牌。一般现象很难反映事物的本质，只有危机、断裂、偶然性等才能反映事物的本质和规律，事件就是其代表。而故宫博物院从来就是引领中国博物馆历史的先锋，1925 年 10 月 10 日，故宫从封建帝国的紫禁城变为人民大众的博物馆，就是中国博物馆历史上第一个大事件。

从 1925 年开始，中国博物馆经历了近百年的风雨历程，但它始终在做三件事：收藏、科研、传播。博物馆具有绝对的国家属性，尽管是"文化大革命"时期，也没有人质疑过这一观点，直至现在也是如此。但就在今天它被颠覆了，由于故宫 2011N 重门事件，30 年来，人们第一次得以叩问中国博物馆属于谁？其革命性意义不亚于 1925 年故宫开放事件。机构、大众、社会等以媒体、网络等多种形式参入事件，其最高诉求就是当代博物馆的公共性，及其社会化问题，或可以诠释为当代博物馆的世俗化、人化问题。世俗化是现代化的真正归属，而人化则是全部社会关系的总和。

三、新时期中国博物馆面临战略转型

当今社会已进入全球化、信息化、市场化相对成熟的发展阶段。政府的服务职能及提供社会化公共物品，已成为现代社会文明进步的最终标志。中国刚刚从"教育产业，医疗市场，住房商品"的误区中挣扎出来，在中国的这一轮发展中，公共服务、公共保障、公共物品已成现代化的软肋。从中国新时期统筹发展，可持续发展，平稳较快发展的战略层面认识，教育、医疗、住房、文化等公共物品及其服务依然严重短缺，特别是政府购买社会公共服务的制度设计，公共服务社会化，及其主体、机制、路径、评估、咨询、反馈等，都有待以全新的价值体系进行审读和批判。中国博物馆已进入战略转型期，而免费开放仅仅是其序曲。中国博物馆正在从经典的封闭的国家属性，向开放的可参与的公共属性转型，显然中国博物馆及其组织体系还没有准备好。

四、故宫博物院社会化路径顶层设计

今天的故宫博物院，已经被历史再次推上风口浪尖，就应肩负起中国博物馆社会化综合配套改革示范的历史使命，变 2011N 重门事件危机为整个中国博物馆社会化战略转型的契机，为中国新时期文化事业的大发展大繁荣做出战略贡献。

1．推动中国博物馆全面立法。

2．对中国博物馆主体及其收藏、研发、传播的制度、体制、机制、人才、路径、咨询、参入、安全、评价、预案、监督、发布、诉讼等进行改革创新。

3．基于故宫博物院公共物品社会化属性和社会化进程，组织故宫博物院顶层战略，设计叠加事件，重点推动和建设创新型价值体系，以中国创新型优秀文化推动社会进步，构建中国文化全球竞争力和影响力。

4．故宫是全人类文化巅峰范式，世界级文化战略资源，故宫博物院应该走出传统意义的博物馆，构建全球化专家智库平台，组织超越文物藏品之上的要素配置战略。构建没有围墙的大故宫文化价值体系和大故宫博物院信息传播体系，把故宫塑造成耸立在中国轴线上的第一公共文化节点和人文景观。故宫的历史证明，真正打开故宫博物院之门的并不是博物馆学家，未来的发展还将继续证明。

5．构建中国博物馆社会化综合配套改革示范工程，对博物馆主体、收藏、研发、传播、观众等多学科复杂系统进行优化设计和发展战略创新。

故宫博物院完全有能力，也应该成为中国博物馆改革创新的引领者。

五、总结

中国博物馆正面临战略转型，中国博物馆的主导路径是社会化，中国博物馆的真正发展动力来自博物馆之外。

87

"十二五"时期青岛"隧桥"机遇期城市布局空间结构研究（2009）

青岛城市布局新结构"十二五"区域规划新战略

环湾保护，拥湾发展，战略叠加

一、项目背景

全球金融危机以来，中国经济社会发展面临新的机遇和挑战，全球化、市场化、城市化进程进入了新的结构调整和转型发展时期。中国区域经济社会发展正面临新一轮创新，特别是战略路径、制度安排、机制设计、产业结构、发展模式、组织方式、价值取向等。

2009年，青岛已进入拥湾发展时代的桥隧机遇期。大桥和隧道的接通，已经不仅仅是桥和路的通行连接，而是胶南在今后发展中思路豁然、全面跃升的一个新的临界点。在青岛"依托主城、拥湾发展、组团布局、轴向辐射"的发展战略中，胶南的发展支撑点首先是"轴"的问题。在以同三高速、204国道、滨海公路为中心的辐射轴线上，需要一个强有力的点来承接传递主城的辐射力，大桥和隧道的适时出现解决了这个问题，让胶南和青岛主城成为有机联动的一体。

现在，抢先抓住桥隧机遇、迎接桥隧时代到来的，就是胶南的现代服务业大项目。在去除制约胶南与青岛主城协调发展的最大瓶颈后，胶南在大青岛布局中的地位已经不再是一个普通的县级市的概念，而是主城区的重要一极，是青岛未来发展的潜力地带。桥隧通车带来的不仅是人流、物流，而是把胶南现有的资源、区位优势进行了放大，让胶南史无前例地处在了一个历史的高点上。

青岛依据科学发展观，引入国际海湾城市群参照系，对城市空间结构和产业发展布局进行重新定位，确立了"环湾保护，拥湾发展"新战略。从而使青岛进入以胶州湾岸线为核心发展轴，保护与发展并重科学发展新阶段。

二、项目理念

1.应对全球金融危机和国内增长压力，构建青岛注意力经济新战略，调整产业结构，创新市场边界，打造新价值链体系和消费模式。

2.创新资源配置，设计对要素有号召力的战略项目和综合解决方案，组织城乡一体化机制和路径，参与区域发展战略大循环。

三、战略叠加

1.世界生态农业科技博览会，国家级重点镇新农村示范基地；

2.全球名牌折扣店风情小镇，胶州湾全球休闲购物网络市场；

3.十七岛原著渔村度假之旅，国际旅游目的地湿地主题公园。

项目规划面积50平方公里，示范基地面积100平方公里，青岛胶州湾（RBD）创新型城市组团包括科技会展、文化创意、教育培训、旅游度假、宜居商务、体验购物、生态景观、示范农业等功能业态。

四、区位优势

青岛胶州湾是中国改革开放前沿，中国产业创新基地，国家区域战略主体功能区。青岛是全球十六个亿吨大港之一，中国最大的农产品口岸，外向度居中国第一，中国经济大省山东半岛的龙头，国际旅游胜地。胶州湾跨海大桥、海底隧道、滨海大道及城市轨道交通的建设使青岛区位优势进一步提升，由此青岛进入了高速移动网络的桥隧时代。胶州湾岸线 540 平方公里用地纳入新的产业布局和城市发展空间。

五、顶层设计

充分利用国内国际两个市场两种资源，组织多元创新型项目，进行叠加配置，塑造可参与区域经济大循环，对重大要素具有号召力的战略项目和注意力经济。

1. 建设世界高效生态农业科技博览会，国家级重点镇新农村示范基地。

中国是世界上最大的农业技术和产品市场，中国农业发展影响着国际农业发展走向，中国正在积极构建高效生态农业（绿色农业、有机农业、产业农业、特色农业、示范农业）。在中国举办世界高效生态农业科技博览会，打造中国高效生态农业科技窗口和研发基地，对世界及农业科技产业、产品市场具有重要意义。

组织由国家农业部、商务部、山东省人民政府主办，青岛市承办，国际展览局注册的世界高效生态农业科技博览会，构建中国农业科技研发产学研示范基地及世界农业科技市场及总部网络节点和创新窗口。

2. 组建国家重点镇控股的市场化股份制城投公司，设计开放型创新机制，高水平规划重点镇开发建设，创建国家级新农村建设示范基地，参与环湾保护，拥湾发展产业结构调整与创新，及城乡一体化建设，打造胶州湾战略桥头堡。

3. 全球名牌折扣店风情小镇，胶州湾全球创新型体验购物网络市场。全球折扣店体验经济，2010 年预测总规模为 7000 亿美元，是继超市、便利店、大卖场、购物中心之后最具市场影响力的商业模式之一。以奥特莱斯为标志的全球品牌直销折扣店及购物步行街正在向中国市场进行战略转移。

青岛是中国外向型经济主导地区，中国是国际名牌加工基地、世界工厂，青岛是具有国际知名度的旅游胜地。在青岛打造全球名牌折扣店风情小镇，组织创新型体验购物网络市场具有诸多优势。

4. 打造十七岛原著渔村度假之旅，国际旅游目的地海湾主题公园。

借鉴德国埃姆舍河谷开发模式，引入世界建筑师协会设计大师竞赛机制，寻找和演绎全球最具特色的原著渔村，组织混合功能海岛码头旅游度假项目。

5. 发展菌草高效生态农业，浅滩湿地保护工程及新农村建设。

引入欧洲第一有机城镇法国南部科翰思（CORRENS）发展理念，在青岛推动有机农业及产品示范区建设，构建生态农业、高效农业、有机农业、市场农业、品牌农业、网络农业、产业农业、特色农业、示范农业。

引入联合国菌草生态安全项目及有机农业等先进技术，推动生态高效农业种植经济，环湾开展浅滩湿地生态修复计划，设计和实施新农村建设项目。

六、城市功能

组织胶州湾北部创新型城市组团，其城市功能为：科技会展、文化创意、教育培训、旅游度假、宜居商务、体验购物、生态景观、示范农业等。

七、经济指标

世界高效生态农业科技博览会，占地 5 平方公里；全球名牌直销折扣店风情小镇，占地 3 平方公里；十七岛原著渔村码头度假之旅，占地 2 平方公里；规划总面积 50 平方公里；就业人口 4 万人，城市规模 12 万人；高效生态新农村建设示范基地 100 平方公里。

88

长春净月潭国家级开发区"十一五"时期项目对策研究（2009）

第二次世界大战争夺的东方天堂

新中国汽车工业与电影业的摇篮

一、长春"十一五"战略研究，SWOT 分析，长春面临历史发展的关键时期（略）

二、净月潭产业结构面临战略转型和历史提升

（1）产业结构分析（略）

（2）空间结构分析（略）

（3）战略转型和历史提升（略）

三、整合存量经济和战略资源

构建差异性发展战略和核心竞争力。

（1）世界创意工业发展研究（略）

（2）中国创意产业现状分析（略）

（3）东北亚区域战略研究（略）

（4）长春净月潭——东北亚国际创意产业园区战略（略）

四、长春净月潭产业结构和空间布局战略重构

一廊三轴七组团空间新结构。

（1）一廊：净月潭山水城市走廊，城市空间设计战略形态；

（2）三轴：核心发展轴，山水文化轴，城市功能轴。

（3）七组团：

山水大师组团：山水旅游、越野滑雪高尔夫、大师风情村落之旅、国际会议小镇、五星级度假酒店；

影视文化组团：长春电影城、韩国影视城、好莱坞片场、动漫之旅；

大学科研组团：大学走廊、科研基地、创业中心、孵化中心、培训中心；

创意产业组团：传媒、网络、出版、艺术、表演、软件、建筑、广告、古玩、手工艺、平面设计、时尚、娱乐、音乐、会展、博物馆、节日、服装、旅游、工业设计、培训、体育；

动漫制作、电影、信息服务、电子商务、管理咨询等；

居住商务组团：宜居社区、金融商务、行政总部、楼宇商住、休闲商业步行街、城市开放景观空间；

新产业群组团：高新产业、创新产业、绿色产业、服务产业；

新农村镇组团：新农村建设、观光农业、特色农业、农家乐、民俗村、水域景观。

五、城市空间发展概念

一轴双翼、组团连绵、廊带发展、创意概念、混合功能、山水文化、国际新城。

六、城市核心理念

（1）山水生态、文化创意、休闲宜居；

（2）"3G"时代、全面创新城市内部空间结构；

（3）大概念、大框架、大统筹；

（4）可持续发展、和谐发展。

七、创意产业空间发展机制与空间组织

（1）净月现状研究（略）

（2）发展对策与路径（略）

（3）制度创新与体制机制创新（略）

（4）重点项目设计与招商安排（略）

（5）全球推广战略设计（略）

八、长春净月潭韩国影视城及世界大师风情之旅项目战略对策与路径

以项目牵动全局、牵动政府实现政策与规划创新。

1.从区域战略及"十一五"规划出发，构建战略项目和概念地产。

2.从城市"十一五"规划的高度，对项目进行战略定位，回答项目与区域发展战略的整体性、系统性等问题。

3.用城市发展新战略，特别是制度创新、体制机制创新及政策创新，支持和保证重大项目的落实和实施。

九、战略目标、土地和市场机制

1.项目操作的战略目标是，以最小的前期成本介入土地，以最便于市场资本参与的路径和机制起动项目。

2.设计和构建项目自身可持续对策。

3.以项目参与和塑造城市发展区域战略，实现共赢。

十、路径策略、把政府推向前台

1.把市场项目转换成政府主动意愿。

2.政府为项目开路，以市场项目推动和跟进政府。

十一、沈阳棋盘山与长春净月潭项目博弈指数比较分析

内　容	沈阳棋盘山	长春净月潭
城市区位	东北核心 大区域交通节点 指数 ★★★★	东北次中心 大区域交通次节点 指数 ★★
政府政策	由于世园会、北市影视城等项目成功或建设，政府参与市场的主动性得到提升，政府政策呈守势 指数 ★★	由于发展战略失落，重大项目不足及长春电影城经营进入困境，面对市场政府相对被动，面临开放压力 指数 ★★★★
地产内涵	由于远离市中心和周边项目的引导，旅游度假地产成为主导 指数 ★★	城市功能紧凑，旅游度假与商业地产共生 指数 ★★★★
介入机遇	由于周边项目的不断成功和介入，可用地短缺，在时间和空间介入上门槛相对提升 指数 ★★	政府急需战略项目和经济总量提升，长春电影城面临挑战，地产可介入门槛降低 指数 ★★★★
可持续性	投资及回报的可持续性滞后，投资时序控制不当，易造成资本沉淀和冷场 指数 ★★	可持续性较强，资本市场结构容易组织，回报周期相对提前 指数 ★★★★
结　论	太极推手	抓住机遇

89

尚志东北土特产品保税物流加工区战略规划及课题研究（2013）

黑龙江对外开放新战略，哈尔滨—绥芬河对外开放发展轴战略重大示范项目

一、引言

我国的保税物流中心、保税物流园区、保税港是由海关监管的特殊区域，是在借鉴国际通行做法（如自由港、自由贸易区、出口加工区等），并结合我国实际形成的新型经济开放区域。它既是我国对外开放的最前沿，也是腹地经济与外部接轨的有效途径。在黑龙江及哈尔滨的战略规划中，尚志凭借对俄贸易大通道与对俄延边经济带上的重要节点城市，以及哈—尚—牡—绥之间的重要枢纽城市和国务院批准的正在建设中的哈东地区唯一副中心城市的地域优势，成为东北地区区域效应最强的地区之一。

《全国主体功能区规划》对哈大齐工业走廊和哈牡绥地区的主体功能区做出如下规划：

该区域包括黑龙江省哈尔滨、大庆、齐齐哈尔和牡丹江及绥芬河的部分地区。该区域的功能定位是：全国重要的能源、石化、医药和重型装备制造基地，区域性的农产品加工和生物产业基地，东北地区陆路对外开放的重要门户。

构建以哈尔滨为中心，以大庆、齐齐哈尔为重要支撑，以牡绥地区为对外开放窗口，以主要交通走廊为主轴的空间开发格局。

牡绥地区要强化绥芬河综合保税区功能，重点发展进出口产品加工、商贸物流、旅游等产业，建设成为重要的国际贸易物流节点和对外合作加工贸易基地。

发挥区域生态优势和资源优势，建设绿色特色农产品生产及加工基地，推动规模化经营，提高农产品精深加工和农副产品综合利用水平。

二、经济全球化，区域一体化背景

全球以北美、欧盟及东盟为代表的国际自由贸易区已有1200多个，而全球第一大经济体的美国拥有180个自由贸易区，遍布全美30多个州。自由贸易区的建设极大的推动经济全球化和区域一体化，成为区域交流与合作的战略平台和贸易工具，为各国之间贸易和投资提供了便利，自由贸易区对世界经济发展的贡献始终处于制度设计的

顶层。

中国作为全球第二大经济体，第一大贸易国，第一大新兴市场，正在主导全球经济复苏和增长。而中国只有一、二个自由贸易区是远远不够的，于中国的经济地位和全球化作用也极不适应。事实上，中国在全球投资和贸易过程中所遇到的一系列问题，也不是加入WTO就可以解决的。中国亟待更高的制度设计进行全面创新，自由贸易区则是其必要选择。国际自由贸易区也是中国最具区位优势、最具发展机遇、最具制度创新的传统开发区的最佳选择。中国的自由贸易区香港、澳门是20世纪初由外国人设计的。中国以北部湾为核心的东盟"10+1+7"国际自由贸易区的建成，使中国自由贸易区及保税物流园区的建设已成大势所趋，必将成为推动中国周边战略安全及区域一体化的主导路径。

从2002年云南瑞丽率先推行"境内关外"自由贸易区以来，特别是近年来，中国周边区域经济顶层战略已纷纷进入自由贸易区时代，如：国家级开发区转型自由贸易区、国家战略跨境合作自由贸易区、两国及多国协议自由贸易区、口岸自由贸易区等等，或已经获准，或开工建设，或已经申报，或正在申报等，呈遍地开花之势，中国对外开放已进入新的更高发展阶段。其中先行先试先导的有：云南瑞丽、磨憨、河口，广西东兴、北部湾，新疆霍尔果斯、喀什、阿拉山口，福建平潭岛，西藏亚东，黑龙江绥芬河、抚远，吉林图们江，天津滨海新区，山东青岛，上海外高桥，内蒙古满洲里，辽宁丹东北黄海，大连长兴岛，江苏张家港、连云港，浙江台州、宁波、舟山等。

据2006年联合国亚太经济和社会理事会统计，全球陆路干港720个，而美国拥有370个，遍布全美各地。美国的创新发展首先是制度设计和安排的结果。而中国作为全球第二大经济体，全球第一制造大国却刚开始学习。

三、建设土特产品保税物流加工区的战略意义

1. 从国家的层面看

设立中国东北（尚志）土特产品保税物流加工区是我国经济开放的创新举措。我国在"十七大"后明确提出要提升腹地开放水平。这是我国腹地地区迎来的第二轮开放，在质和量上都会比前一轮有新的突破。我国在陆路腹地设立特色保税区，就是提升腹地开放的战略布局和重大举措，将大大提升腹地特色地区的区位优势，用全新的方式去开展对外经贸合作。

设立东北（尚志）土特产品保税物流加工区，是我国推进对俄及东北亚自由贸易区的重要措施。黑龙江地处中国—俄罗斯的最前沿，关系到中国与俄罗斯的直接对接。我国在中俄边境腹地地区设立特色保税区，就可以直接地、更好地与俄罗斯开展更高层次的经贸合作。这是我国实施自由贸易区战略的重要措施，有利于推进中国—俄罗斯自由贸易区的进程。

2. 从黑龙江的层面看

设立东北（尚志）土特产品综合保税物流加工区，将会利用国家级的开放层次和优惠政策，使黑龙江地区成为功能齐全、手续便捷的特殊经济开放区域，具有对外开放口岸、保税物流、保税出口加工和国际贸易四大功能。它将大大增加黑龙江西部的组团功能，与绥芬河保税口岸形成优势互补、边腹互动新格局。这既有利于促进黑龙江乃至中国东北地区与俄罗斯的开放合作，又有利于将黑龙江西部经济区打造成为重要国际区域经济合作区，还有利于将黑龙江建设成为中国—俄罗斯区域性物流基地、商贸基地、加工制造基地和信息交流中心。

黑龙江独特的地理位置，决定了要加快发展必须在国内外两种资源、两个市场上做文章。如能成功设立东北（尚志）土特产品保税物流加工区对黑龙江来说是一件大事，为加快打造沿边开放先导区、推进黑龙江对俄罗斯贸易加工区建设提供了难得的机遇和载体。同时，东北（尚志）土特产品保税物流加工区是尚志的品牌，也是哈尔滨和黑龙江的品牌。黑龙江通过特色保税区的建设，可以放大保税区的功效，通过保税区内外的互动，来提升黑龙江的整体对外开放水平。

3. 从陆路干港建设看

陆路干港的作用大小主要取决于干港的两大功能，即交通干线功能和口岸功能。对于尚志来说，其目前已经具备了重要的交通干线功能，如果能够与口岸功能结合起来，尚志将如虎添翼，大大提高其干线功能的综合效应，反过来又会进一步促进该地区区位功能的战略优化。

四、核心项目

中国东北（尚志）土特产品保税物流加工基地，农业工业化支撑平台；

东北亚腹地农业产业大物流枢纽，大宗集装箱物流通关干港；

中国有机高效农业第一示范区、全球有机食品发展论坛；

中国有机食品产业总部基地，制度、法律、品牌、标准、网络中心；

世界食品安全科技研发中心，全球产学研基地；

世界农业教育培训中心，中国农业安全人才支撑战略；

国家农业战略安全发展基金，金融服务创新平台；

东北亚粮食贸易人民币结算中心，全球新经济机制设计；

亚洲腹地境内关外农副产品自由贸易区，全球腹地崛起新战略。

五、全球农业发展路径研究（略）

六、中国农业发展战略研究（略）

七、东北区域市场调查研究（略）

八、尚志市区域市场分析（略）

九、东北（尚志）土特产品保税物流加工区总体规划（略）

十、尚志土特产品保税物流加工区营运模式（略）

十一、项目建设可行性报告（略）

十二、项目实施路径及综合解决方案（略）

90

亚欧连接——泛亚铁路中国对策研究（2012）

一、泛亚铁路发已经纳入日程

2006 年 11 月 6 日，联合国经济和社会理事会在韩国釜山举行会议，来自亚太地区 62 个国家的 41 名交通部长和副部长，以及来自各国主要交通和物流企业的 4300 名代表出席了会议。这次会议引人关注的一个重要原因是，期待已久的泛亚铁路计划将签署政府间协议。这意味着筹划了 40 多年的亚洲国际铁路网有望成为现实，泛亚铁路计划即将迈出最有实质性的一步。

构想中的泛亚铁路网将包括四个部分：北部走廊、南部走廊、印度—中国和东盟国家走廊以及南北走廊。其中，北部走廊将跨越朝鲜半岛、俄罗斯、中国、蒙古和哈萨克斯坦，南部走廊将从中国南部经缅甸、印度、伊朗到达土耳其。而南北走廊将把俄罗斯、中亚和波斯湾的南北区域连接起来。东盟走廊则将成为连接其东盟成员国和印度、中国的桥梁。泛亚铁路是一项宏伟的工程，将给从事铁路承包的公司带来短期和远期的机遇。

铁路运输以其运输能力大、安全可靠等优势，一直是陆上运输的重要方式，其骨干地位目前正在被重新确认，尤其是先进技术的广泛应用，客运高速、货运重载运输的日新月异，都使铁路有了新的吸引力。

据统计，目前全世界 117 个国家和地区拥有铁路约 130 多万公里，其中美国铁路 20 多万公里，俄国铁路突破 10 万公里，中国铁路 7 万多公里，印度、加拿大的铁路 6 万多公里。其他如法国、德国 4 万多公里，阿根廷、巴西 3 万多公里，日本、波兰、南非等 2 万多公里，英国、西班牙、瑞典、罗马尼亚等 1 万多公里，4,000 公里以上的有澳大利亚、匈牙利、新西兰、奥地利、芬兰、智利、古巴、挪威、保加利亚、比利时、巴基斯坦、土耳其、朝鲜、印度尼西亚、伊朗、埃及等。分布在各洲的比例大约为：美洲 36.8%，欧洲 34.2%，亚洲 17.5%，非洲 7.5%，大洋洲 4.0%。

二、亚欧连接，第二届亚欧交通部长会议联合宣言

2011 年 10 月 26 日，由中华人民共和国交通运输部和四川省政府共同主办的第二届亚欧交通部长会议在成都圆满闭幕。会议通过了《第二届亚欧交通部长会议联合宣言》（成都宣言）及《便利亚欧间货物运输和人员往来行动计划》（简称《行动计划》），进一步明确了亚欧交通运输合作的工作重点和实施路线。

两份文件特别就共同研究制定中长期亚欧交通运输发展规划纲要，构建亚欧综合运输体系，推动建设亚欧间的无缝、高效供应链物流网络和物流信息服务网络等达成了高度共识。

本次会议以"亚欧连接——绿色、安全、高效"为主题，充分体现了各国的共同愿望和关切，具有很强的针对性和重要的现实意义。共有36个亚欧会议成员国、5个国际组织和46个亚欧企业的代表参加会议。

亚欧交通运输至少可以在四个方面加强合作。一是进一步加强交通基础设施建设合作，充分利用亚欧区位优势，逐步形成便捷高效的亚欧交通设施网络。二是进一步加强法律、法规和技术标准合作，推动亚欧综合运输体系建设和现代物流发展，从而降低亚欧各国之间的运输成本和流通费用。三是进一步加强绿色交通特别是新能源、新材料、低碳技术、信息技术的合作。四是进一步加强交通安全应急保障体系建设合作，特别是安全监管、防灾减灾、反海盗、应急处置和管理等方面的交流与合作，保障人员、货物运输中的安全。

三、中国全球战略新机遇

中国迅速崛起也带来了崛起的困惑，世界第二大经济体，全球第一大贸易国，世界第一大债权国，世界第一大新兴经济体。中国的周边战略引起全球的广泛关注。

为应对和构建周边区域一体化战略，中国已经组织建设东盟10+1国际自由贸易区，东北亚图们江国际合作区，海峡西岸经济特区等。周边政治、经济、军事、安全长期以来一直是中国安全顶层战略和区域一体化主场，而中国新时期在经济交流与合作方面则表现得更加长袖善舞。

泛亚铁路的全球合作，为中国提供了参入经济全球化，区域一体化新机遇。

四、亚欧连接——泛亚铁路中国对策方案

1. 调整以贸易为主导的外向型经济结构，加强广泛的国际交流与合作，包括咨询、技术、服务、投资融、开发、建设等。从出口产品向输出服务转型，从资源型合作向非资源型合作转型，从技术性贸易向战略投资转型。实现全球贸易平衡，交流与合作，普惠与多赢，可持续发展。

2. 重点建设区域一体化、贸易自由化、投资便利化平台，特别是区域性自由贸易区，加强区域与次区域间长期合作与共赢。

3. 组织设计基于未来长期战略的，稳定持续，互利多赢的中国周边国际物流大通道。确保中国国家战略安全，和战略物资贸易路径畅通。

4. 实施走出去战略，形成和构建制度性、国际化全球总部战略国际平台，和开放式全球交流与合作支撑机制。以维护和实现中国全球平衡、持续、安全战略。

5. 调整市场结构，在以美国为主导的国际市场现状下，重点组织区域市场、多元市场、人民币国际金融结算市场、国内市场等。

6. 积极参与国际宏观经济政策协调，参与全球经济治理机制建设，推动国际金融体系改革，以实际行动反对贸易保护主义。

7. 进一步优化区域开放格局，沿边地区要充分发挥地缘优势，实行特殊的开放政策，加快重点口岸、边境城市、边境经济合作区和重点开发开放实验区的建设，努力提高对外开放的水平。

8. 泛亚铁路顶层战略从泛亚铁路开始，在泛亚铁路之外，或从泛亚铁路之外，又回到泛亚铁路。实施区域融合互动。

其重点包括：北部走廊、南部走廊、印度—中国和东盟国家走廊以及南北走廊。特别是东南亚、东北亚、中亚等地区的广泛合作。

东北东部两江一河（图们江、鸭绿江、绥芬河）开放桥头堡战略研究（2012）

一、中国东北亚全球布局优先地位

东北亚历来是全球战略安全和主要矛盾交汇点，东西方多元政治势力博弈的战略平台，中国战略安全及核心利益主战场。

新世纪中国和平崛起，主导东北亚发展与合作，也令东北亚及在东北亚寻求霸权的美国等西方势力感到不安。而美国从来也没有放弃对中国的 C 形包围和岛链遏制。因此，中国东北亚安全战略始终处在全球战略布局的优先地位。东北亚区域一体化已成为新时期中国国家周边战略安全的重中之重。其路径除了军事博弈、政治谈判解决争端问题之外，更有效的方式就是放弃意识形态与社会制度之争，通过经济与文化的交流与合作，走经济全球化、区域一体共同发展之路。2010 年，胡锦涛在第五届亚太经合组织论坛上倡导"包容性增长"，并提出中国不仅是"包容性"增长的积极倡导者，也是积极实践者。中国正在积极选择全球治理新路径。

二、中国东北亚开放战略新格局

新时期以来，中国在基本完成东部沿海地区开放制度安排的同时，迅速组织了中国东北东部东北亚开放新战略，其战略格局已初步显现。主要包括：大图们江对外开放区域战略，鸭绿江跨境陆路大通道及黄金坪、威化岛国际特别经济合作区战略，绥芬河综合保税物流园区区域开放战略等。从中国东北振兴新十年开始，东北区域发展战略格局，已从中部核心轴向东部开放轴转移。

三、东北两江一河（图们江、鸭绿江、绥芬河）优势比较研究

1. 图们江对外开放经济区

1992 年联合国计划开发署就开始倡导以图们江为国际区域平台，推动东北亚地区中、俄、蒙、日、朝、韩等多国合作。18 年后，由于俄罗斯率先与朝鲜签订区域合作协议的推动，2009 年大图们江迅速上升为中国国际区域合作国家战略。中国意在通过朝鲜岸线合作，构建新的太平洋出海大通道，及东北亚共建一体化合作平台。正在建设的中朝罗先特别经济区已经显现成效和战略意义。

2. 鸭绿江辽宁沿海经济带

鸭绿江的真正战略意义在东北亚，鸭绿江的区位优势是国家战略全球布局。基于东北振兴战略的辽宁沿海经济带，使鸭绿江入海口的丹东一步跨入"一核一轴两翼"区域战略新格局。但从中国东北亚全球战略出发，丹东的顶层战略或下一步战略，应该是参入辽宁沿海经济带制度再设计和战略重构，即大连国际航运中心和北黄海国际自由贸易区双核新战略，或定位丹东为辽宁沿海经济带东北亚对外开放战略龙头，大连为核心支点。而这一定位的依据是中国战略安全和东北亚未来走向，它充分反映了当前国家周边战略意图和辽宁沿海经济带顶层区位优势。丹东对外开放的战略意义是大连无法替代的。

3. 绥芬河综合保税物流区

设定的绥芬河综合保税区是由国家批准并实行特殊保税政策区域，实施国家保税港区（洋山保税港区）政策。由海关按照"一线放开、二线管住、区内自由、入区退税"的监管原则，实行全区封闭化、信息化、集约化监管，除具有国际中转、国际配送、国际采购、转口贸易、商品展销、进出口加工等功能外，还有集聚企业和政策示范功能，可为周边及腹地加工贸易企业营造一个良好的物流发展环境。充分利用绥芬河地缘优势，把中、俄、日、韩及欧洲等地的经济要素联系起来，增大进出口、转口贸易物流量、货值量和金融结算量，带动整个通道沿线的经济开发，增大经济带沿线城市的吸引力、辐射力和牵动力，把绥芬河建设成为东北地区国际贸易中心。

92

中国北黄海"5+1+N"国际自由贸易区战略课题研究（2011）

一、中国国家周边安全新战略

1. 为建立超越意识形态和社会制度，以广泛对话和经济贸易为主导的全球化合作平台，以维护国家周边战略安全和支撑中国发展崛起，经过10年的努力，中国已经建成以北部湾为先导区的"东盟10+1"国际自由贸易区，中国第一个全球布局周边区域战略。

2. 1992年联合国计划开发署倡导以图们江为国际区域平台，推动东北亚地区中、俄、蒙、日、朝、韩等多国合作。18年后，由于俄罗斯率先与朝鲜签订区域合作协议的推动，2009年图们江迅速上升为中国国际区域合作国家战略。中国意在通过朝鲜岸线合作，构建新的太平洋出海大通道及东北亚共建一体化合作平台。

3. 2001年成立的以中亚地区为主导的上海合作组织，奠定了中国中亚区域顶层战略架构。以新疆与哈萨克斯坦为平台，建立中亚地区国际物流大通道及国际保税陆路干港，中亚国际自由贸易区也必将成为国家战略。

4. 2009年海峡西岸经济区高调进入国家区域战略，海峡两岸经济区合作框架协议（ECFA）的签署，使中国太平洋岸线战略安全及东北亚局势发生重大转机。

5. 以云南为主要口岸的泛亚铁路国际物流大通道战略。

东南亚、东北亚、东亚及中亚等，以国际地区安全为最高目标的中国国家主场战略，集中体现了国家全球战略意图和地区比较优势，是支撑中国全球化和战略崛起的基石。

二、东北亚全球布局优先地位

1. 东北亚历来是全球战略安全核心区和世界矛盾交汇点，东西方多元政治势力博弈的战略平台。

2. 新世纪以来，朝鲜半岛问题已上升为国际地区热点问题，中、美、俄、朝、韩、日等六方会谈，朝韩军事对峙，韩美军演，美日韩军事同盟及朝鲜核武器问题使半岛成为东北亚安全问题焦点。

3. 中日、俄日、韩日岛屿归属之争及共同开发等问题，长期影响东北亚战略安全。

4. 日本回归军事强国及"二战"遗留问题，美国军事武力滞留和重新聚集东北亚多国，及美日韩军事同盟问题。

5. 新时期中国和平崛起，主导东北亚发展与合作，也令东北亚及在东北亚寻求霸权的美国等西方势力感到不安。而美国从来也没有放弃对中国的C形包围和岛链遏制。因此，中国东北亚安全战略始终处在全球战略布局的优先地位。其路径除了军事博弈、政治谈判解决争端问题之外，更有效的方式就是放弃意识形态与社会制度之争，通过经济与文化的交流与合作，走经济全球化、区域一体共同发展之路。

三、东北亚开放合作国际新机遇

1．后金融危机时代，全球不得不共同面对危机和挑战，为深化合作提供了全新的可能。世界新格局正在交替转变，双边、多边、融合成为主流。而中国在全球特别是东北亚地区的经济地位和话语权有了战略提升。"十二五"时期，是中国构建东北亚一体化战略的最佳历史时期。

2．东北亚各国中、俄、日、韩、朝、蒙等都有合作参与国际自由贸易区的需求和愿望。除中国外，还有日本、韩国、俄罗斯及美国、印度、澳大利亚、新西兰等，也都参加了由中国主导的东盟国际自由贸易区。

朝鲜同时也在与俄罗斯密谈，不想过分依赖中国。北黄海自由贸易区要取得成功需要有超越国界、民族和社会制度的大思路，在全球变局下全方位构建"利益汇合点"和"利益共同体"，这已成为中国政府的重大方针。这是推动世界进步的大战略、大思路和大潮流。

短时期内，东北亚地区多国领导人频繁会晤，表明中国东北亚区域国家战略正在有效推动，其顶层战略就是以经济交流与合作为主导国际自由贸易区。

3．全球以北美、欧盟及东盟为代表的国际自由贸易区已有1200多个，而全球第一大经济体的美国拥有180个自由贸易区，遍布全美30多个州。自由贸易区的建设极大的推动经济全球化和区域一体化，成为区域交流与合作的战略平台，为各国之间贸易和投资提供了便利，自由贸易区对世界经济发展的贡献始终处于制度设计的顶层。

4．全球已进入零极或多极时代，新兴的世界秩序取决于充满混乱和矛盾的地缘政治版图。朝鲜半岛六方会谈复杂多变，其原因关键在美朝，东道主中国不起主导作用。而北黄海自由贸易区从经济贸易合作切入，具有正面积极意义。由世界第二大经济体中国主导，第三大经济体日本加盟，中俄金砖四国又占两席。全球发展最快的经济体有15个，亚洲占有10个，其主导在东北亚。放眼全球，美国和中国都在以东北亚为中心谋求西太平洋利益和安全。而如今中国是美国最大的贸易伙伴、最大的债权国和最大的战略对手，中美合作是唯一正确的选择。

丹东正可以抓住东北亚发展的战略机遇期，将原来的北黄海历史区位劣势转变为中国东北亚战略新优势，从国家战略防卫前沿转变为国际跨境合作前沿，通过整合东北亚六国资源和意愿，推动东北亚国际机制战略转型，作为战略支撑平台意义重大。可促进朝鲜改革开放，改变贫穷落后，融入国际社会，从根本上扭转半岛去核化的政治军事风险，有利于缓和半岛及东北亚紧张局势。对六国而言可减少摩擦，有利于资源互补，实现经济贸易多赢。中美都是其中的赢家。北黄海国际自由贸易区（5+1+N）结构中的5是指俄、日、韩、朝、蒙诸国，1是指中国，而N是指以美国为代表的环太平洋亚太国家。

2011年5月11日中美双方签署了《中美关于促进经济强劲、可持续、平衡增长和经济合作的全面框架》，协议强调基于共同利益和交汇利益全面互补的经济伙伴关系，双方将推动更大规模、更加紧密、更为广泛的经济合作。

四、丹东中国东北亚区域一体化战略桥头堡

1．从历史上看，丹东历来就是东北亚战略大通道和中国战略安全支撑平台。丹东通则东北亚通，丹东安则远东安，丹东兴则中国兴。丹东的真正战略意义在东北亚，丹东的区位优势是国家战略全球布局。基于东北振兴战略的辽宁沿海经济带，使丹东一步跨入"一核一轴两翼"区域战略新格局。但从中国东北亚全球战略出发，丹东的顶层战略或下一步战略，应该是参入辽宁沿海经济带制度再设计和战略重构，即大连国际航运中心和北黄海国际自由贸易区双核新战略，或定位丹东为辽宁沿海经济带东北亚对外开放战略龙头，大连为战略支点。而这一定位的依据是中国战略安全和东北亚未来走向，它充分反映了当前国家周边战略意图和辽宁沿海经济带顶层区位优势。丹东对外开放的战略意义是大连永远都无法替代的。

2．丹东是中国最大的边境城市，是东北亚大"十"字空间结构经济地理战略节点，东北亚国际物流大通道及

第三欧亚大陆桥桥头堡，辽宁沿海经济带东北亚对外开放战略龙头和增长极，沈阳经济区、辽宁沿海经济带及大图们江国际合作区三大国家战略节点，中国东北亚区域一体化顶层战略桥头堡和支撑平台。从现在开始，20年后塑造一个什么样的丹东，关乎整个东北亚未来，也必将对整个区域经济格局和政治版图带来持续而深远的影响。

3. 丹东沿海沿边，是中国改革开放最早设立的国家级边境经济合作区，跨国移动网络枢纽，要素配置优势显著，国际物流基础设施完备，环境资源禀赋上乘，制度机制进入国家区域战略。

4. 东北亚六国及泛东北亚全球经济交流与合作的深化已迫在眉睫，建立大家都认可的国际自由贸易区早在18年前就由联合国计划开发署开始推动。以全球视野俯视太平洋国际岸线，从中国全球战略布局出发纵观历史、现实和未来，在北黄海建设东北亚国际自由贸易区是中国的最佳选择。

五、"十二五"丹东进入顶层战略发展机遇期

1. 核心理念：战略洗牌、以制度设计为引领、参与国家全球顶层战略布局、战略叠加组织综合解决方案、构建对要素有号召力的注意力经济。

2. 丹东应立即着手组织国家区域顶层战略，即东北亚（5+1+N）北黄海国际自由贸易区，积极参与中国周边对外开放新战略，先行先试先导，以国家战略参与全球经济机制治理。特别是应迅速启动东北亚"境内关外"国际自由贸易专项试点工作，远学广西东兴、云南瑞丽、新疆喀什、黑龙江抚远等成功经验，近学长兴岛、辽中、西丰、沈北等。

3. "十二五"新时期丹东已进入顶层战略发展关键机遇期。其北部的大图们江国际合作区还要等待朝鲜港口通道，合作区需要5~10年建设才能初具形态。其南部大连则以长兴岛为平台，已于2011年2月推出日韩自由贸易区概念，但其区位属于内海岸线。而丹东则占尽天时、地利、人和之优势。丹东顶层战略的要义是，一定要将制度设计始终置于城市组团、产业园区及产业集群战略的顶层。制度对于区位的塑造要远远超越GDP和组织规模，即以丹东为龙头，引领辽宁沿海经济带及中国东北亚一体化新战略。构建中国国家东北亚战略安全平台，以支撑中国和平崛起。其敏感性、紧迫感和战略意义在中国周边战略布局居优先地位。

4. 继北部湾、海峡西岸、图们江后，中国最重要的周边国家安全战略——"北黄海"战略，已成一触即发和不可阻挡之势。以丹东重构支离破碎的东北亚，寻找东北亚新价值体系和东北亚一体化发展路径，是丹东必须肩负的国家使命。

5，丹东，对于辽宁沿海经济带、对于中国、对于东北亚及全球都具有战略意义，丹东是东北亚及全球的战略节点。

六、东北亚（5+1+N）北黄海国际自由贸易区制度设计

1. 丹东战略定位

全球生态人文旅游宜居城市，东北亚（5+1+N）北黄海国际自由贸易区，北黄海国际移动网络枢纽及保税物流大通道，中国东北亚区域一体化战略桥头堡和支撑平台，辽宁沿海经济带东北亚对外开放战略龙头和增长极。

2. 自由贸易区模式选择

（1）全球自由港模式，全面开放，自由贸易。如：香港，新加坡等。

（2）协议自由贸易区模式，双方及多方通过协议自由贸易。如：东盟—中国（10+1+7）国际自由贸易区。

（3）自由贸易保税区模式：主体制度设计，园区式封关运行的自由贸易区及附属加工区。如：美国纽约1号自由贸易区等。

3. 自由贸易区制度结构

东北亚（5+1+N）北黄海国际自由贸易区；

沿边沿海"境内关外"国际自由贸易试点区；

泛东北亚地区国际合作低碳经济飞地区；

北黄海临港综合保税物流加工区；

国际贸易离岸金融服务人民币结算中心；

全球国际贸易信息服务中心；

北黄海国际会展中心；

北黄海国际交流与合作论坛；

北黄海国际交流与合作基金；

东北亚国际贸易总部基地。

4. 自由贸易区空间组织

（1）空间制度安排

自由贸易商务区、自由贸易封关区、保税物流加工园区、国际合作产业飞地区、主题性新型产业园区、第三方物流等生产性服务产业园区、全球生产性服务要素中心、金融服务中心、综合审批服务中心、丹东国际空港、港口、高速、高铁，即海上、陆路、空中、网络国际枢纽和大通道，城市混合功能区、国际合作大学城，创新型现代服务业基地，生态景观区。

（2）旅游产业顶层设计——双线战略

A线——东北亚古战场旅游线：兵家必争之地——汉唐古山城、明清古长城、日俄古战场、"二战"大节点、抗美援朝大前沿，遗址众多。

B线——鸭绿江生态谷旅游线：人类宜居家园——北黄海、鸭绿江、长白山，国务院《东北地区旅游业发展规划》三条核心轴线之一。

发展路径：全球战略合作，重点建设以度假为核心的混合功能旅游综合体。可参照法国南部普罗旺斯，目标是世界级旅游目的地。

（3）城市空间结构

岸线双轴多组团廊带式发展。

（4）行政区划设计

将现有的国家级丹东边境经济合作区，更名为北黄海国际自由贸易区，其规划范围包括：丹东边境经济合作区、新区组团、东港组团、大孤山组团等150平方公里。从全球开发区演化路径看，开发区的未来出路一是城市混合功能区，二自由贸易区。而丹东的选择必然是自由贸易区。

（5）绿地规划设计

东北亚（5+1+N）北黄海国际自由贸易区核心区在新区岸线布局；

沿边沿海"境内关外"国际自由贸易试点区在边境经济合作区推动。

七、自由贸易区组织路径和对策

首先要把丹东的事做成中国的事、世界的事。丹东的事如果只有丹东人在干，说明这事与中国和世界关系不大，或没干明白，如组织路径和发展对策有问题。

其次要素配置一定要开放，传统的就地取才是个误区。

再次一定要敢为天下先，要进行战略洗牌，中国改革开放30年的成功几乎都是创新取得的。

93

"十二五"新时期沈阳城市核心发展轴转型研究
——100公里浑河流域生态廊道城市混合功能发展新战略（2013）

城市空间结构往往比功能更重要，它将深刻影响城市未来形态和可持续发展。

一、沈阳城市空间结构类型研究

沈阳是典型的以农耕文化和中国传统宗法为理念而构建的腹地方城，其原著的最高理想是坐北朝南、风调雨顺、世代永固。其选址于沈水之北，故名沈阳。其经典样式为"井"字格局，八门盛京。

其现代样式是传统四方城与租借地、工业区及铁路构成新的开放式多组团城市。城市结构因现代交通、工业、租借地等要素规模化介入，发生了根本性变革，现代经典城市功能分区、交通组织、开放空间、物流服务等形态已基本形成。并奠定了沈阳城市的基本格局。

其当代样式是纵横网格与多重环路相结合的单中心外溢式城市。其规模与动力已成为特大型城市。城市的可流动性、可持续性等对城市结构带来严峻挑战。

二、沈阳城市核心功能轴现状研究

沿着东方传统理念和方城故事的演绎，沈阳城市核心功能轴已演变为以南北纵轴为主，东西横轴为辅，环路围合核心城区的大"田"字形空间格局。而以开发区为引领的周边组团，如沈西工业走廊、沈北新区、浑南新区等，都是其外溢过程中的变异形态而已，是大"田"字形空间格局向大"申"字形、大"电"字形格局等形态的演变。

三、"十二五"沈阳城市空间发展战略研究

沈阳"十二五"时期城市空间的主导战略，是以沈阳为中心，沿沈抚、沈本、沈铁、沈西、沈辽鞍营、沈阜等城际交通廊道组织区域性城市化进程，沈阳经济区重点构建三十多个交通节点与城际连接带特色城镇，重在推进沈阳区域同城化、一体化。这一轮发展，通过新的城镇化抓手，做大了沈阳规模，提升了沈阳区域战略对要素的号召力。但作为核心城区沈阳自身的空间内部结构并没有根本改变。

四、沈阳城市战略资源再评价

沈阳顶层经济地理战略资源，不是任何其他可复制的要素，而是沈阳母亲河——浑河。浑河对沈阳的影响和

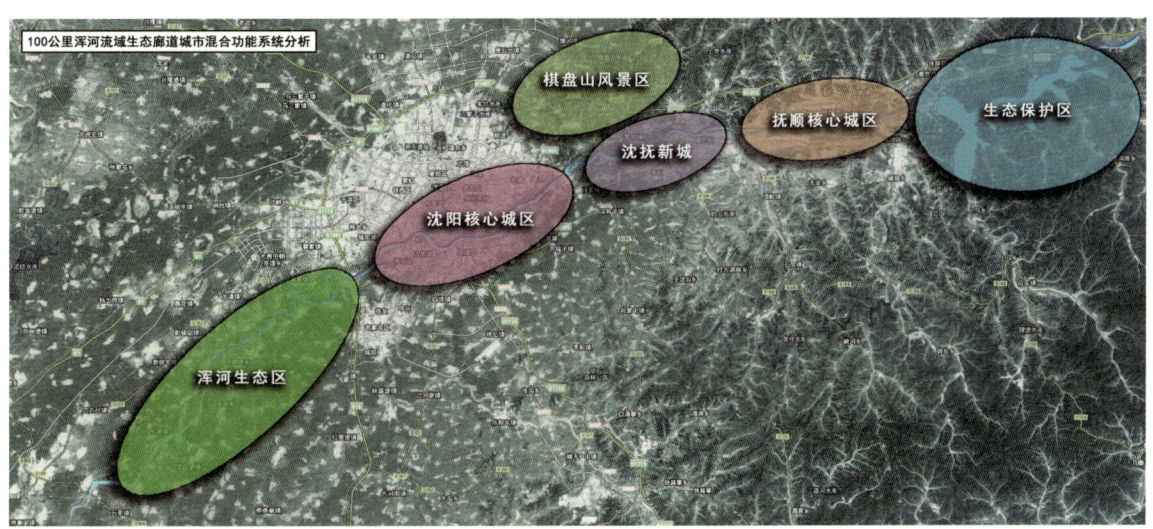

100 公里浑河流域生态廊道城市混合功能系统分析

塑造是如何评价都不为过的。她是沈阳地理形胜、精神文脉、城市形态、空间格局的根基。沈阳作为现代城市，对浑河的认识和定位还处在低端，还没有超越农耕方城时代。最后决定沈阳城市未来空间格局的必定是浑河。

五、沈阳城市空间结构转型

如今，沈阳传统的纵横一级功能轴（青年大街延长轴与建设大路延长轴）已无力重塑沈阳城市形态，无力承担沈阳调整转型、生态景观、移动网络、功能创新等综合竞争力的战略需求，特别是，无力承担核心发展轴的需求。传统的一级城市功能轴在不断充填中已经失落，只是没有更加宏大的架构取代而已。

六、沈阳未来核心发展轴——浑河流域城市生态核心廊道

沈阳正在进入以全面治理蒲河生态廊道为标志的城市发展新时期，它预示着沈阳的巅峰战略浑河时代即将来临。

沈阳应以百里浑河为其百年战略空间核心发展轴，重塑沈阳城市形态和竞争力。其叠加结构应该是一个具有洗牌能力，宏大的可持续体系。即沈阳廊带式"未来之城"核心发展轴，沈阳核心生态景观轴，沈阳城市形态核心开放空间轴，沈阳结构调整战略布局核心功能轴等。

七、以沈阳浑河流域郎家、挨金 30 公里半岛为先导区

郎家、挨金半岛，其区位、形态、文脉、资源等，是沈阳浑河岸线的战略之巅。

"十二五"开局之年，沈阳经济技术开发区正在按着沈阳市委建设生态沈阳的新战略，举全区之力建设气势宏大的浑河西峡谷示范工程，为构建具有国际竞争力的世界级装备制造基地提供新的战略平台。

建议省市政府，从沈阳经济区国家新型工业化综合配套改革实验区战略的高度出发，提升浑河生态廊道顶层设计，加大对浑河城市功能基础建设的战略投入，推动沈阳城市核心发展轴战略转型，使浑河尽快成为沈阳城市新的核心发展轴和战略增长极。

94

一湾（锦州湾）两河（小凌河、女儿河）城市顶层战略发展轴
——"十二五"新时期锦州城市核心发展空间转型研究（2013）

城市空间结构往往比功能更重要，它将深刻影响城市未来形态和可持续竞争力。

我们关注的不仅仅是传统的城市河流生态景观问题，也不是一般的临港产业问题。而是战略发展轴转型问题，其中包括城市顶层战略、城市空间结构、城市功能布局、城市组织模式、城市土地路径、城市结构调整、城市核心开放空间、城市形态、城市竞争力等综合体系。

一、锦州传统城市空间结构类型研究

传统锦州是典型的以农耕文化为核心理念和以近现代铁路公路为组织方式的腹地单中心城市。

改革开放以来，锦州城市的可流动性、可增长性、可持续性等使城市传统空间结构面临严峻挑战。

二、辽宁沿海经济带战略使锦州开始转型

辽宁沿海经济带，是锦州开阜千年以来第一次最深刻的城市空间结构转型，其核心价值是在更广阔的区域层面（辽宁沿海经济带、环渤海经济圈、太平洋西海岸）重新发现锦州，使其空间结构从传统的腹地向开放的岸线转型。

三、锦州城市空间结构问题研究

传统的城市叙事总是沿着铁路公路进行，港口只是她的补充或异化形式而已。从现阶段锦州城市的空间战略和功能布局看，主城区依然沿用传统的交通廊道作为核心功能轴，岸线依然沿用临港产业进行布局。其作为城市的空间结构模式并没有根本改变，依然停留在经典城市时期。

四、锦州城市空间资源再评价

锦州的顶层经济地理战略资源，不是任何其他可复制的要素，如公路铁路及码头等，而是锦州的母亲河（小凌河、女儿河）、父亲湾（锦州湾）。一湾两河对锦州的影响和塑造是如何评价都不为过的。她是锦州地理形胜、精神文脉、城市形态、空间格局的根基。锦州作为现代城市，对一湾两河的认识和定位还处在低端，还没有超越农耕方城时代和临港产业模式。

五、锦州城市空间结构进入战略转型期

如今，锦州传统的城市功能轴已无力重塑锦州城市形态，无力承担锦州调整转型。而岸线组织观念还停留在碎片化阶段，现在已经，未来必将严重影响城市综合竞争力塑造。

锦州传统的城市一级功能轴在不断充填中已经失落，只是没有更加宏大的架构取代而已。

六、锦州一湾（锦州湾）两河（小凌河、女儿河）城市顶层战略发展轴

锦州应以一湾（锦州湾）两河（小凌河、女儿河）为其百年战略空间核心发展轴，重塑锦州城市形态和竞争力。其叠加结构应该是一个具有洗牌能力，宏大的可持续体系。即锦州廊带岸线式"未来之城"核心发展轴，锦州核心生态景观轴，锦州城市形态核心开放空间轴，锦州结构调整战略布局核心功能轴等。

七、锦州战略发展机遇期

1. 中国区域城市化进程加速发展。

2. 国家扩大内需战略深入实施。

3. 新时期结构调整和 GDP 下行压力加大。

4. "十二五"开局和新一届政府新的发展诉求。

八、锦州顶层新战略

1. 以辽宁沿海经济带为平台，迅速超越传统的五点一线，构建东北亚大纵深腹地陆海贸易物流大通道，辽宁沿海经济带、环渤海经济圈及跨区域跨国界开放桥头堡，临港综合保税物流园区及腹地陆港空港总部基地。组织国家环渤海大贸易物流体系综合配套改革示范区。

2. 重塑竞争力，实施一湾（锦州湾）两河（小凌河、女儿河）城市空间结构新战略。

3. 超越传统的项目招商模式，以制度设计为引领，组织叠加战略和综合解决方案。

九、建议组织一湾两河专项规划和国家级锦州两河流域综合配套改革示范工程，国家环渤海大贸易物流体系综合配套改革示范区。

95

河南林州，显山露水——战略转型课题研究（2014）

关于林州的中国故事，太行山大峡谷、红旗渠、四股弦、赵都，还有国家级开发区等等，给未来以无限的想象力。可以说，林州的战略禀赋具有影响中国，走向世界的力量！林州的下一步棋就是参入中国创新，为中国示范。

一、中国政治背景

中国共产党十八届三中全会，对中国改革开放以来，特别是对后金融危机以来做出了历史性总结，并以中国梦为目标开启了改革开放新的历史纪元。其要点是——

1. 全面深化改革的总目标是完善和发展中国特色社会主义制度，推进国家治理体系和治理能力现代化。

2. 经济体制改革是全面深化改革的重点，使市场在资源配置中起决定性作用和更好发挥政府作用。

3. 当前，我国发展进入新阶段，改革进入攻坚期和深水区。必须以强烈的历史使命感，最大限度集中全党全社会智慧，最大限度调动一切积极因素，敢于啃硬骨头，敢于涉险滩，以更大决心冲破思想观念的束缚、突破利益固化的藩篱，推动中国特色社会主义制度自我完善和发展。

4. 中央经济工作会议指出，以提高经济增长质量和效益为中心，进一步强化创新驱动，加强和改善宏观调控，积极扩大国内需求，加大经济结构战略性调整力度，增强经济发展的内生活力和动力。

二、林州面临全面挑战

"十二五"以来，林州迎来了新的战略发展机遇期，十八大以来林州正面临全新挑战。

1. 林州的发展战略面临挑战，顶层规划缺失，或碎片化亟待整合，对市场要素具有覆盖能力和号召力的大战略缺失。没有有效的参入大区域一体化战略格局和中国创新。

发展思路亟待创新。

2. 发展方式和产业结构亟待重构。没有构建林州战略资源走向中国或世界的开放平台。

在全球和中国更大的背景下重新发现和寻找林州已成为当务之急。

3. 基于全面创新和内生式发展动力的差异性发展战略，和注意力经济亟待塑造，制度设计面临挑战。

四、林州的传统误区

1. 红旗渠作为中国故事，亟待走出传统误区，与时俱进，在更高的层面向中国和世界传播。红旗渠既是传统的，也是当代的；既是中国的，也是世界的。精神立市应该向生态立市、绿色发展转型。

2. 林州红旗渠国家级开发区平台亟待升级和再认识，避免走入传统开发区的规模驱动误区，参入中国创新，特别是混合创新发展，应该是新时期开发区的历史使命。

3. 太行山申报 5A 景区是一个没有实际意义的误区，太行山的真正意义除了文化旅游以外则是区域性顶层战略的塑造，是开放的战略要素平台，对此要有足够的认识。林州应该沿着战略资源禀赋重新理清战略思路，重点发展现代服务业、高端服务业、创新产业、有机高效农业等。

4. 林州城市集聚已经到了一个历史节点，规模误区和粗放式增长已经显现，林州的城市定位、城市功能、城市形态及城市差异化竞争力亟待重构。

5. 自己的事自己做，有多少钱办多少事是一个误区。林州的事不要靠自己抱打天下，要沿着要素和市场思考，林州的发展奥秘是把林州的事做成河南的事，做成中国的事和世界的事。

6. 林州的战略平台在外部，市场在外部，人才和创新在外部。这是中国改革开放要素配置的基本经验。改革开放就是重组市场格局，其内涵是在更大的范围内配置要素和发现市场。因为城市的第一个参照系就是区域，而城市的走向是地方性、区域性、世界性。

五、创新顶层战略的路径和对策

当前，全球实体经济不振，电商冲击过大，过剩经济显现，在区域聚焦的同时，市场下沉，地方经济、区域经济面临严峻挑战。林州顶层战略重构和结构调整，发展方式创新已迫在眉睫。因此，新一轮战略规划就显得尤为重要。其直接关乎"十二五"收官，"十三五"展望和对十八届三中全会做出响应，更重要的是林州正面临战略转型的历史机遇期。

1. 新一轮战略规划，绝不是一般传统的"十二五"规划、总体规划、城乡体系规划等，更不是文化旅游规划、城市发展规划、新农村建设规划等专项规划。

其应该是基于参入中国创新，参入区域竞争力塑造和战略转型的顶层诉求。应该是以制度设计为引领的发展战略规划、解决问题规划、近期和长远兼顾的顶层规划；是对制定其他总体规划、专项规划的指导和定位。

2. 此次规划的重点不是专业问题、技术问题，组织开放性战略智库和专家团队，以课题和规划相结合的形式是当前必要选择。先确立战略规划，然后组织专项规划。

3. 林州必须拿出更大的政治勇气和智慧，再迟疑恐怕太行山大峡谷的品牌会被其他省市抢先在中国乃至世界所拥有，这就是历史。

六、重构林州新战略

党的十八大以来，林州市委市政府高度重视文化旅游业发展，将文化旅游业确定为林州社会经济发展的着力点、制高点和引领点，作为支柱产业、主导产业和优势产业来打造。以建设世界级旅游目的地、世界级山水文化名城为战略目标，开始在更大的发展格局和更高的战略层面，研究和组织林州区域发展顶层战略，通过体制机制创新，抛弃传统旅游规划中单一发展旅游产业的组织模式，提出一二三产业融合发展新思路，将文化旅游和现代服务业、高端服务业、现代农业、观光农业、教育培训、创意产业等要素进行创新配置。抛弃传统旅游规划中重点景区规划范围相割裂模式，提出区域核心资源与边缘地区统筹发展新格局，太行山、红旗渠除文化旅游功能之外，更重要的是要参与区域层面发展战略的一体化塑造。抛弃传统的旅游规划中追求片面效率的发展模式，提出以人为本，关注民生，普惠多赢发展新价值，特别是让广大农民得到实惠，分享改革发展成果。使区域规模战略和增量部分参入更广泛层面的利益格局重构和多赢价值创新。

林州在新一轮发展中，将以改革创新为理念，以开放合作为路径，以制度设计为引领，关注区域经济发展战略的顶层设计，及可支撑叠加战略，可实施综合解决方案，以更广阔的战略视野，在全球范围内配置要素，构建大区域差异化发展战略和基于资源禀赋的注意力经济。为此，林州正在组织和构建"显山露水，战略转型"区域顶层

新战略,和"一山双水、一城双镇、三大核心发展轴"区域战略新格局, "一环双百"文化旅游发展新目标:

1.城市定位:世界级旅游目的地,世界级山水文化名城

2.顶层战略:"显山露水,战略转型"

"显山露水"即在中国及全球范围内重新寻找和定义林州山水资源价值,在中国及全球层面重新组织和构建林州山水战略。

"战略转型"即以"显山露水"战略对林州发展规划进行最高覆盖和顶层设计,其内涵是生态为根、文化为本、守望相助、绿色发展,参入中国创新,参入全球化新一轮要素重构,创建世界级旅游目的地、世界级山水文化名城。

3.空间格局:"一山双水,一城双镇,三大核心发展轴"

一山双水,一山即有"中国地理脊梁"之称,南北纵贯华夏大地一千五百里太行山之门的世界大峡谷林虑山。双水即被誉为"世界第八大奇迹"的红旗渠和被誉为"诗经之水"的淇河。一山双水,左右逢源,汇流大势。其内涵包含了大自然的鬼斧神工、千古文明的爱情咏叹和红色经典的中国传奇。一山双水,以其丰富内涵、气势磅礴和不可复制的世界级自然和文化遗产,共同支撑林州区域战略最高格局和参与中国创新顶层塑造。

一城双镇,一城即三省通衢林州城,区域层面混合要素配置核心节点,林州行政资源中心。双镇即北部任村镇和南部五龙镇。一城双镇,虎踞龙盘,南北贯通。其内涵是从重点理念向均衡发展战略转型,更加关注边缘地区在新一轮发展中的利好和机遇,高度重视林州空间战略布局的进一步优化和转型。

三大核心发展轴,即西部山水战略轴、中部城镇核心轴、东部生态结构轴。

西部山水战略轴即重新定义西部山水,并以西部山水进行区域覆盖,组织以太行山浅山区为主导的,纵贯西部南北的山水战略发展轴,西部以文化旅游为主要特色的融合发展一级功能轴。从根本上改变了西部功能轴缺失,空间发展战略碎片化等问题。西部山水战略轴的确立将参入重构西部一山双水顶层战略,为市场提供强大的号召力,为政府塑造新的要素战略平台,为发展构建可持续新路径。

中部城镇核心轴即以二产为主导的,一二三产结构不断调整创新的,林州城镇化混合功能核心发展轴,林州产业核心走廊。在原有内部交通组织平台的基础上,以一城双镇为南北空间布局节点,以新型城镇化为发展战略,以产业集聚为主要抓手,确立和构建中部城镇核心发展轴,对林州的空间组织和产业布局具有根本性意义。

东部生态结构轴即从结构层面规划东部发展战略,和东部未来发展内涵,使东部生态结构和西部山水资源形成战略呼应,在中部产业结构调整,战略转型的引领下共同守望好林州青山绿水。东部生态结构轴是对东部发展提出的最高战略,是从林州顶层设计出发规划东、中、西部均衡化发展和可持续发展新格局。是后 GDP 时代林州总体战略的一次战略重构,在中国"十二五"收官, "十三五"启动的转变时期具有重要的积极意义。

4."一环双百"文化旅游发展新目标:

即北起古城、牛岭山、穿越太行大峡谷和红旗渠,绕行黄华山、洪谷山、淅河、淇河,南至白泉、七峪,再北上洹河、惠明寺、双龙寺,形成 200 公里椭圆形南北乡村大环路。并以此为功能平台,开发建设 100 个以文化旅游为特色的美丽乡村,构建一村一品休闲旅游村落发展新模式,如菊花茶村、相州瓷村、石板岩村、临淇河村等。用五年时间实现红旗渠文化旅游 100 亿产业集群发展新目标。通过显山露水,战略转型,实现农民增收、农村美丽,农业可持续。

创新大区域移动网络规划建设,在已有的高铁高速基础上,林州还将建设太行大峡谷旅游支线机场,开发太行大峡谷旅游专列。

构建红旗渠文化旅游产业园区国家级示范项目。申报太行大峡谷、红旗渠、石板镇世界自然与文化双遗产。

(原载于《中国改革报》2014-05-29)

96

守望相助，能源发展新方式
——雅砻江流域彝族、摩梭族、纳西族山民以土地参股央企中国电建生态能源项目新战略（2014）

农历马年春节即将到来之际，习近平总书记来到内蒙古，看望慰问各族干部群众，向全国各族人民致以诚挚的新春祝福，并强调希望内蒙古各族干部群众要守望相助。习近平总书记说"守，就是守好家门，守好祖国边疆，守好内蒙古少数民族美好的精神家园；望，就是登高望远，规划事业、谋求发展要跳出当地、跳出自然条件限制、跳出内蒙古，有宽广的世界眼光，有大局意识；相助，就是各族干部群众要牢固树立平等团结互助和谐的思想，各族人民拧成一股绳，共同守卫祖国边疆，共同创造美好生活。"

总书记关于"守望相助"的讲话，伴随着马年春天隆隆的脚步声，一夜之间传遍祖国的万里河山，令全国各族人民欢欣鼓舞。

马年伊始，海拔5000多米高的横断山脉显得格外挺拔，奔腾的雅砻江越发激情欢畅。

春节的假期还没有过完，四川省攀枝花市盐边县委县政府和央企中国电建就迫不及待，开始谋划雅砻江流域高海拔地区生态能源新战略——中国生态光谷及生物质能源等能、林、农一体化发展规划。但此次规划，不同于以往雅砻江流域的其他能源项目，除了参入中国新时期能源结构调整外，更加关注以制度设计为引领的中国创新，特别是以生态可持续为基础，以各族干部群众共同创造美好生活为宗旨，守望相助成为整个项目规划的核心方式和战略路径。雅砻江流域高海拔地区彝族、摩梭族、纳西族等少数民族将以土地参股央企中国电建生态能源战略——中国生态光谷及生物质能源项目。从此，彝族、摩梭族、纳西族等少数民族同胞，即可以每年以央企项目股东的方式持有财产性收入，符合条件的还可以经过培训到央企项目打工就业，参入能、林、农创新型生态农业开发，有一份劳动所得。从此，彝族、摩梭族、纳西族等少数民族同胞，不必再刀耕火种以砍伐山林为生，可在生态光谷及生物质能源等产业与新型城镇化耦合发展中找到属于自己的家园。

当前中国经济体制改革进入攻坚期和深水区，触及更多深层次矛盾，必然涉及利益关系深度调整，复杂性和难度前所未有。重大题材和结构性创新已成当务之急，而以制度设计为引领，推动雅砻江流域高海拔地区彝族、摩梭族、纳西族等少数民族以土地参股央企中国生态光谷及生物质能源项目，在西部，乃至中国无疑是重大创新，——在传统光伏发电及生物质能源项目开发；在调整产业结构，转变发展方式，用制度保护生态环境，形成人与自然和谐发展的现代化建设新格局；在形成以工促农、以城带乡、工农互惠、城乡一体的新型工农城乡关系；在让广大农民平等参与现代化进程、共同分享现代化成果；在加快构建新型农业经营体系，赋予农民更多财产权利；在推进城乡要素平等交换和公共资源均衡配置，创新城镇化发展路径等方面具有重大创新意义。也为央企参入地方发展，参入中国创新，从传统的施工企业向关注制度创新、价值创新、路径创新等方面的战略总部转型做出大胆尝试。

一、雅砻江上共建设 23 座水电站，对国家能源建设做出了战略贡献。盐边县二滩水电站库区移民 43521 人，目前移民平均占土地只有 0.5 亩，产业发展已无地可用，移民返贫人口达 21085 人，——国家大规模能源项目建设历史欠账，政府制度设计，生态环境保护，少数民族地区可持续发展面临严峻挑战，历史的经验和教训引起广泛反思。

雅砻江二滩电站下闸蓄水后，淹没盐边县城一座，淹没涉及 12 个乡，34 个村，94 个村民小组，涉及移民 17784 户 75545 人。根据 1992 年实物指标复核统计，淹没搬迁城乡移民 43521 人，淹没各类房屋 1293690 平方米；淹没公路 193.6 公里，淹没优质高产耕地 1333.34 万平方米；搬迁工矿企业 44 个，商贸企业 33 个。经成勘院测算并上报国家直接经济损失达 22 亿元。

在四川省委、省政府的大力支持下，按照攀枝花市委、市政府"三年打三大战役"的总体部署，全县人民团结协作，奋力拼搏，建成新县城一座，移民集镇三个；新建 27 个农村移民后靠安置点和红格移民安置区以及与之相配套的五大水利工程建设；新开土地 7000 亩，搬迁安置农村移民 31528 人。一九九七年底全县 43521 人的城乡移民和 77 个工矿商贸企业顺利实现了大搬迁，确保了二滩电站按期蓄水发电和正常运行。

一九九七年完成移民大搬迁任务后，移民搬迁到新安置地，面临着生产生活设施不配套，生产生活条件差，经济收入、生活水平大幅度下降等诸多实际问题。目前，移民人均纯收入 8067 元，比全县人均纯收入少 1000 多元；移民人均占有土地面积 0.5 亩，产业发展已无地可用；移民返贫人口还有 21085 人。根据地方政府相关部门的调查报告，其历史欠账包括：

1. 红格提灌站水网、电网改造任务重、资金缺口大

红格提灌站承担着益民乡移民集中安置区内移民 5282 人和 1.7 万亩耕地的生产生活用水和电力供应保障任务。现红格提灌站每年运行费用在 480 万元左右，而四川省每年下达的运行经费仅 200 万元和 3300 万度电，已远远不能满足提灌站的正常运行。水电改造共有缺口资金 6698 万元。

2. 移民迁建工程欠款无力偿还

盐边县移民迁建工程由于搬迁安置规划深度不够，许多工程是边规划、边设计、边施工、边完善的"四边"工程。根据四川省扶贫移民局的终结审计，缺口资金为 1.5349 亿元。

3. 二滩库区水位消落对我县南北通道环湖路造成沉陷、垮塌

环湖路是连接盐边县南部地区和北部地区的主要道路，全长 74.7 公里。道路自 1991 年路基施工开始，至 2012 年全面完成水泥砼路面改造，总计投资达 16000 万元。但是，在道路使用过程中，因二滩库区水位的大幅消落（落差达 45 米），每年引起较多的滑坡垮塌和沉陷，致使该路经常出现路基垮塌、路面板块开裂的病害，我县因此每年用于修复该路的资金都在 500 万元以上。

4. 鳡鱼大桥新建工程资金缺口大

鳡鱼新桥是通向盐边县西北部地区的交通要道，事关 2 万多群众的生产生活。

鳡鱼大桥总投资 6112 万元，目前资金来源只有二滩水淹区安排 2209 万元，资金缺口 3903 万元。

5. 非农安置移民生活困难

二滩水电站工程移民"农转非"是在当时计划经济模式下的一种移民安置方式。非农安置移民 5471 人只改变了身份、解决了搬迁和人均 3000 元的安置费问题。随着市场经济体制改革，搬迁后非农安置移民无稳定的经济收入来源，其生活水平普遍低于一般农村居民，生活非常困难。

除二滩水电站外，20 世纪，为支持雅砻江流域森林大砍伐、攀枝花资源型工业基地及成昆铁路建设等，盐边地区三十一个少数民族做出了自己的全部贡献。但由于种种原因，特别是制度设计等问题，历史欠账值得深入反思，也为盐边和中国电建国家生态能源基地建设提供了历史借鉴。十八届三中全会以后，新一轮发展面临战略升级，其战略诉求除国家能源发展外，还要包括地方政府、企业、少数民族、生态环境等众多方面，面对各种压力和历史经验教训，盐边地区和中国电建生物能源项目面临严峻挑战。

二、十八届三中全会以来，四川省攀枝花市盐边县以高海拔地区太阳能优势资源，引入央企中国电建进行战略合作，构建西部生态能源战略基地，推动县域经济转型发展。土地问题、少数民族增收和安置问题、生态环境保护问题等成为关键，而传统的征地补偿建设模式已无法应对现实的挑战，唯一的出路就是改革创新。

盐边县位于攀枝花市最南端，属横断山脉南段高山峡谷部分，处在雅砻江同金沙江相交夹角的西北部，是以山地地貌为主的山区县，耕地仅占全县总面积的 8.38%，部分山地石漠化严重，但太阳能资源丰富，年均辐射总量 5500~6300MJ/m^2，是四川乃至全国可开发利用太阳能资源较好的地区之一。面对新的战略转型机遇期，盐边县结合自身优势及发展的实际情况，在调整产业结构的同时，引入战略伙伴，与中国电力建设股份公司合作，发展生态能源产业，打造中国乃至亚洲最大的生态能源项目——中国生态光谷及生物质能源基地。

根据 2013 年 11 月完成的《攀枝花市盐边县光伏电站规划报告》，盐边县光伏电站规划选址位于盐边县北部的格萨拉乡、温泉乡与南部的桐子林镇 3 个乡镇及盐源县南部区域，总装机容量 133 万千瓦。盐边县北部区域的光伏电站全部建成后，将成为世界最大的山地并网光伏电站基地。

国家《可再生能源发展"十二五"规划》中提出发展目标，到 2015 年，全国光伏发电将达到 2100 万千瓦，其中大型并网光伏电站 1000 万千瓦。2013 年 7 月 4 日，国务院出台《关于促进光伏产业健康发展的若干意见》明确指出：2013 年至 2015 年，年均新增光伏发电装机容量 1000 万千瓦左右，到 2015 年总装机容量达到 3500 万千瓦以上（截至 2012 年底，中国光伏发电累计装机容量约 450 万千瓦）。这足以说明国家大力发展光伏发电的重要性和紧迫性。

"十二五"中国能源结构调整的目标是：到 2015 年，煤炭在一次能源消费中的比重将从 2009 年的 70% 从上下降到 63% 左右，天然气、水电与核能以及其他非化石能源（主要是风能、太阳能和生物质能）的电力消费比重将从目前的 3.9%、7.5% 和 0.8% 上升到 8.3%、9% 和 2.6%。攀枝花市具有丰富的水能资源，但水电消费不足，"十一五"期间，煤炭占能源消费总量比例达到 79% 以上，相对单一的能源消费结构使企业受制于煤炭消费市场，煤炭产量的高低、价格波动、运输条件的变化都会对经济产生巨大的影响，随着煤炭开采难度加大和一些煤矿资源逐步枯竭，煤炭供需缺口将不断增大，煤炭保供形势严峻；盐边县光伏电站的建设符合国家相关产业规划和政策，以及"十二五"期间四川省能源结构调整的要求，对改变攀枝花市单一的能源消费结构具有跨时代的意义。

盐边县光伏电站的基础设施配套环境较好、电力供应靠近负荷中心攀枝花市，不会出现西藏、青海、甘肃等地区有资源却无电网可送、可发电却没有负荷可消纳的窘境。盐边光伏电站全部建成后，其投资对全县经济增长的贡献率约为 65.8%，拉动经济增长 9.13%（按"十二五"规划年均 16% 的地区生产总值增长率初步估算）；其多年平均发电量为 17.89 亿 kW·h，按照 0.95 元/kW·h 的标杆上网价格，每年可形成 15.7 亿元电力增加值。因此，盐边县光伏发电具备较好的经济效益。

光伏电站利用太阳能发电，属于清洁能源，在发电过程中不产生任何的温室气体与

有害气体。盐边县光伏电站全部建成后，多年平均发电量 17.89 亿度，每年可减少使用约 57 万吨标准煤，相当于每年减排二氧化碳 100 万吨、烟尘 3074 吨、二氧化硫 10506 吨、氮氧化物 4666 吨，具有较强的节能减排作用。

盐边县光伏电站的建设将提高当地的基础设施水平，带动盐边北部少数民族地区的产业结构调整，利用了不

适合种植的荒山坡地及产量很低的旱地，对促进当地资源的持续利用，加快地方经济发展，增加地方财政收入，调整经济结构和第一、二、三产业的协调发展，提高人民生活水平，促进少数民族地区的共同繁荣和进步，保持少数民族地区的长期稳定具有重要作用。

但太阳能光伏发电项目占地面积巨大，平均每1万千瓦占地约300~400亩，除了在大西北戈壁、沙漠地区建设外，其开发必然受制于两条"红线"：一是为保证国家粮食安全而划定的18亿亩耕地红线，二是为保护生态环境安全、实现可持续发展而划定的生态红线。党的十八大后，耕地红线被提到更高的战略位置，并首次提出了要划定和坚守生态红线。2013年5月24日，习近平主持中央政治局第六次集体学习时，发表讲话，提出"要坚定不移加快实施主体功能区战略，严格按照优化开发、重点开发、限制开发、禁止开发的主体功能定位，划定并严守生态红线"。2013年7月，国家林业局启动了生态红线保护行动，针对林地、森林、湿地、荒漠植被等，首次划定了四条生态红线，即：全国林地面积不低于46.8亿亩，森林面积不低于37.4亿亩，湿地面积不少于8亿亩，治理宜林宜草沙化土地、恢复荒漠植被不少于53万平方公里。

此外，本项目开发还直接受制于地方的林地指标。目前全省每年使用林地指标仅10.5万亩，全攀枝花市从2013年到2020年，总共林地指标约2.8万亩，盐边县则只有不到0.5万亩。因此，本项目不能按传统的征地模式推进和报批。这既是严峻的挑战，也是发展机遇。欲实质性推进项目进展，必须对项目的开发方式进行大胆创新，在坚守两条红线的同时，做到项目经济效益、生态效益和社会效益的统一。

三、以守望相助为核心的发展方式和战略路径，要求央企有责任在更高的层面、更宽广的领域参入中国创新，为中国示范。通过制度设计进行战略引领，中国电建在西部生态能源项目规划中率先进行体制机制改革，使彝族、摩梭族、纳西族等少数民族同胞，既可以每年以央企项目股东的方式持有财产性收入，还可以经过培训到央企项目打工就业，参入能、林、农创新型生态能源项目开发，有一份劳动所得。在坚守两条红线的基础上实现国家、央企、地方、农民及生态环境等统筹发展。

为保证国家粮食安全而划定的18亿亩耕地红线，和为保护生态环境安全、实现可持续发展而划定的生态红线，为新一轮中国发展设定了更高的门槛，也为中国经济升级版提出了更高的要求。在坚守两条红线的基础上实现国家、企业、地方、农民及生态环境等统筹发展，是盐边和中国电建战略合作的最高诉求，在传统的征地建设模式走不通的情况下，以制度设计为引领，进行全面创新。

盐边县光伏电站规划选址位于格萨拉乡、温泉乡与桐林子镇3个乡镇，共13个场址，其中9个站场涉及格萨拉乡与温泉乡5个村轮歇地、灌木林地、宜林地45900亩，5540农户。这些农户普遍受教育程度较低，主要从事原始的种植业或放牧业，人均年收入3000~4000元。如果按照传统的土地使用补偿模式，这些农户大多会在拿到补偿金后失业，且数年后返贫的概率极大。因此，不能把该项目简单地理解为一个传统的光伏能源建设，必须纳入盐边的整体产业结构调整和发展战略布局进行规划，同时根据当地自然地理环境，引入优势生物质能源项目，通过政府与央企合作，共同进行制度创新，实现习近平总书记说的各族干部群众守望相助，共同创造美好生活的伟大中国梦。

1.今年2月18日，国务院总理李克强在省部级主要领导干部专题研讨班上以深化经济体制改革为题做了报告，李克强指出，改革是最大动力，也是最大红利。要始终坚持让人民群众在改革中受益。要建立更加公平有效的体制机制，注重利用增量带动理顺利益关系，让全体人民共享改革发展成果。

四川盐边地区横断山脉雅砻江流域高海拔地区中国生态光谷及生物质能源基地建设，将大胆进行体制创新，规划用地选址涉及的3乡，5村，5540户农民全部组成合作社以土地入股，成为央企中国电建光谷及生物质能源项目的股东，每年通过分红获得财产性收入，同时符合条件的农民通过针对性教育培训上岗就业，参入生态光谷及生物质能源项目的配套服务工作，特别是生态修复、种植业养殖业等，每月可获得一份固定工资。项目相关利益方面的彝族、摩梭族、纳西族等少数民族同胞还可以从此告别刀耕火种砍林轮作的原始生产方式，从高海拔的横断山脉下山定居，进入中国新型城镇化进程，分享改革开放以来的成果。通过在体制内打破央企资本结构模式，从根本上让农民翻身，让农民和少数民族同胞成为央企新型混合所有制项目股权的组成部分，既是拥有财产的业主也是打工就业者，使农民能够天天上下班，月月领工资，人人有股份，年年有分红，彻底解决农民脱贫和持续可增收问题。同时作为投资主体的央企还可以节省大批前期战略资金和综合成本，充分体现了多赢理念和守望相助中国发展新方式。

2. 中国生态光谷的主要技术路径是能（生态光谷能源项目）林（高效种植业）农（"三农"）全面统筹一体化发展新路径，使光伏项目建设在不改变土地持有人性质，不改变占用林地和耕地性质的条件下进行技术创新，通过产业化组织，构建混合业态的叠加效益，获得可持续发展。特别是在光伏电池板的架设和布局，在适宜性高效林农作物的优选和组织，在养殖业创新等方面都有成熟的技术支撑。

光伏电站建设区域主要是位于高海拔山区的少数民族地区，当地主要以原始或传统的耕作方式为主，因土地贫瘠、干旱及石漠化严重，水资源缺乏及气候环境的恶劣，农业产量普遍较低。采用能（生态光谷能源项目）林（高效种植业）农（"三农"）一体化模式，科学开发该区域的太阳能资源，不仅可以将资源优势转化为商品优势，同时也可以通过技术创新，使一、二、三产相互促进，推动产业和区域的跨越式发展。

通过将光伏电池板适当抬高和排列密度适当降低，利用板下的土地种植已经科学优化高产高效多年生藤根植物的粉葛根（为四川省人民政府助推的林下粮、能战略发展项目）或低矮高效的中药材及菌类；在光伏电站场址以外的地区，种植可作高档木本食用油料和生物柴油开发的毛叶山桐子树（为国家林业局和国务院农业综合产业办助推的国家木本食用油料战略发展项目）；种植可作畜牧业、菌类业和生物酒精原材料的巨菌草（为国家发展和改革委员会助推的新能源战略发展项目）等。这样，不仅把传统的光伏项目提升为生态光谷，还通过生物质能源植物的大规模种植，绿化了山川，改善了生态环境，并引入了生物能源项目的开发。此外，还可将工业化的光伏电池板排列方式，运用景观创意手法进行设计，在不影响发电效率的前提下，利用规模优势形成独特的大地景观，与周边旅游产业协调发展。

3. 通过中国电建生态能源项目和地方的战略合作，可用增量带动新一轮统筹规划，推动产业与新型城镇化耦合发展，在民族特色小镇规划、基础设施布局、城镇功能组织、交通系统重构、文化竞争力塑造等方面进行一体化协调，因地制宜，创新路径，走出一条小城镇化发展与产业布局统筹之路。

4. 关注市场要素的塑造，推动第三方参入进行混合技术研发和售后服务管理，引入市场资本，形成规模化多元式社会发展新模式，推动央企从施工企业向关注制度创新、价值创新、路径创新的战略总部转型。

5. 实施国家级结构调整生态可持续创新示范战略，先行先试，走出传统国家工程资本和空间控制模式，走出计划经济时期国家项目同地方协议买断关系，构建整体创新发展机制，组织国家级生态能源开发区管理机制，不仅可以避免传统能源项目库区移民等留下的历史欠账问题，还可以推动央企参入中国创新，加速中国经济结构调整，战略转型，以守望相助的发展方式实现多元诉求，特别是让横断山脉雅砻江流域的彝族、摩梭族、纳西族等少数民族同胞抓住机遇实现自己的发家致富梦想。

盐边中国电建生态能源战略项目，将成为十八届三中全会后西部新一轮改革开放的引领项目。通过以制度创新为主导，进行体制机制创新，争取政策支持，走先行先试改革发展之路，保障产业规划的有效实施；通过设立国家级生态新能源产业示范基地，带来产业集聚，同地方新型城镇化耦合发展；通过新型产业化、农业现代化、新型城镇化，参与西部环境可持续发展以及能源产业结构调整；通过能林农一体化模式，组织新产业战略和技术集成创新，实现西部高海拔少数民族地区的跨越式发展。

李克强总理在 2013 年西部发展会议上指出，中国经济结构不合理突出表现在城乡、区域发展不平衡，而发展的最大回旋余地在西部。西部开发在区域协调发展总体格局中具有优先位置，是经济持续健康发展的重要支撑力量，也是促进社会公正的必然要求，要实行差别化的经济政策。

守望相助，把新一轮发展的战略机遇留给西部，留给横断山脉雅砻江流域的彝族、摩梭族、纳西族等少数民族同胞。

四、从中国电建盐边光谷生态能源基地建设看，关注西部制度创新和顶层设计，保护长江上游中国生态战略安全，塑造中国新时期结构调整战略转型大区域统筹抓手，实施大金沙江流域结构调整生态可持续国家战略已势在必行。以经济地理和大流域模式为格局，重构区域升级版发展竞争力，推动市场要素在新一轮发展中向更高层次配置。而正在影响中国东中部广大地区的 PM2.5 气候危机证明，中国已经进入大区域层面的结构调整方式转变新的历史发展时期——地区发展的阶段性、产业转移的阶梯型、产业集聚的增长极模式等，传统的思维方式已经无法全面应对现实的挑战。

中国改革开放以经济体制建设为主线，通过把被落后制度束缚的生产力和生产要素释放出来，使中国的比较优势得到了充分发挥，取得了举世瞩目的伟大成就；但发展粗放、效率不高、共享不足、代价过大等问题则十分严重。

我国西部地区资源丰富，市场潜力巨大，战略位置重要，但由于自然、历史、社会等原因，西部地区的经济发展一直相对落后。在过去数十年的西部开发中，西部地区的经济有了长足的发展，但同时环境与生态被破坏的情况也十分严重，荒漠化年复一年地加剧，并有逐步向东推移的趋势，西部大生态体系危机令人担忧。

金沙江、雅砻江流域是中国生态安全的战略高地，她承载着国家层面的发展战略，而金沙江、雅砻江流域环境生态体系已经面临严峻挑战，存在着土地稀缺、耕地上山、森林砍伐、山体破坏、水土流失、过度排放、水资源污染、资源性项目开发无序等严重问题。战略能源是中国经济运行的核心力量，但宏大的生态系统却塑造和决定着我们国家和民族的未来；城市群是中国现代文明的最高载体，但贫困地区农民的最终致富和实现梦想才是中国改革开放成功的标志，而我们要选择的核心方式和战略路径就是守望相助！

（原载于《中国改革报》2014-02-26）

97

参与"一带一路"大同战略转型课题研究（2014）

丝绸之路经济带战略节点

中国文化全球战略新地标

世界博物馆文化旅游之都

一、中国经济进入顶层战略新时期

十八大以来，中国经济空间治理格局正在进行新的战略重构。

习近平总书记提出"一带一路"——丝绸之路经济带、21 世纪海上丝绸之路，已成为中国全球布局及中国经济空间的顶层战略。

寻找历史和文化认同、跨区域规划、亚欧传统腹地崛起和全球战略布局成为显著标志。重大事件经济对要素的号召力和对经济空间的重塑值得特别关注。

二、大同进入发展战略抉择新节点

"十二五"收官，"十三五"开局及 2020 年第一个中国百年梦倒计时，地方政府正面临新一轮大考。加之山西省国家资源型经济转型综合配套改革试验区、大同历史名城复兴、丝绸之路经济带等多元诉求，大同已进入发展战略重新抉择的历史新节点。其内涵包括：城市定位、核心理念、发展战略、产业结构、路径设计、对策研究、空间布局、制度安排、机制创新、综合方案、重大项目等。

总之，当今的大同亟待构建顶层战略，以应对复杂挑战，以实现对各方面诉求的价值再覆盖，以引领大同向更高的战略层面进发。

三、在全球范围内重新寻找大同已成当务之急

到大同寻找大同，以百年熟悉的目光去打量大同，是永远无法真正认识大同的。大同的最高参照系是全球化，这是原著北魏平城时期就注定了的。大同历史上曾经是世界性伟大城市，东西方文化交流战略性支撑城市，丝绸之路原创城市，北丝绸之路起点和终点。无论是陆路丝绸之路，还是海上丝绸之路、抑或东北亚丝绸之路，两千年来她以气势恢宏的变革精神铸就的东西方文化大融合，华夏多民族大融合已成为人类历史最高范式，并一直代表着人

类共同价值的最高发展方向。特别是今天，对全球化丝绸之路经济带建设仍然具有史诗般的开启意义。而北魏时期由鲜卑等马上游牧民族开创和经营的北丝绸之路，对我们今天实现更高层次的中华民族大融合，全球化大融合，实现中国两个百年梦同样具有史诗般的开启意义。特别是华夏北方少数民族对丝绸之路开拓的伟大贡献其意义尤为深远。

正如习近平总书记指出的我们只能从延续民族文化血脉中开拓前进，丝绸之路既是汉族开创的，也是少数民族开创的；既是华夏民族开创的，也是世界各民族共同开创的，是全人类大融合的结晶。丝绸之路，首先是文化融合之路，而大同正是全球古往今来丝绸之路最重要的融合之都。其意义无论是对历史上的丝绸之路，还是今天的丝绸之路经济带都无比重大。

从北京去大同没有高铁、没有动车、没有直达高速、没有国际航班，但大同的全球性意义，必将随着丝绸之路经济带及欧亚传统大陆腹地的崛起而不断显现。

煤炭终将燃尽，唯有文化永恒。大同的根基不是埋在地下的矿脉，而是藏在历史长河中的文脉。大同要成为具有全球竞争力的城市，成为不朽的城市，就必须战略转型！

四、丝绸之路经济带战略节点

由中国主导的丝绸之路经济带及21世纪海上丝绸之路，是全球化过程中最具战略意义的世界性战略要素平台，几乎覆盖了整个欧亚大陆及非洲国家，并得到了国际社会的广泛响应。是对传统经济空间组织形态的一次重构，在岸线领跑全球贸易的今天，其对大陆腹地经济的影响是极其重大的。

"一带一路"沿线大多是新兴经济体和发展中国家，总人口约44亿，经济总量约21万亿美元，分别约占全球的63%和29%。这些国家普遍处于经济发展的上升期，开展互利合作的前景广阔。深挖我国与沿线国家的合作潜力，必将提升新兴经济体和发展中国家在我国对外开放格局中的地位，促进我国中西部地区和沿边地区对外开放，推动东部沿海地区开放型经济率先转型升级，进而形成海陆统筹、东西互济、面向全球的开放新格局。

大同必须毫不犹豫坚决参入丝绸之路经济带建设，构建丝绸之路经济带战略节点，重塑区位战略优势。作为国家级资源型经济综合配套改革实验区——大同最重要的诉求，是要求中央政府把大同纳入京津冀——跨区域规划国家战略和丝绸之路经济带战略布局。大同的跨区域定位是京津冀丝绸之路经济带桥头堡，实施与京津冀基础设施、环境保护、信息物流等一体化统筹战略。大同要首先关注京津冀国家战略。要突破山西表里山河。大同历史上是个世界性城市，曾经是区域性商贸物流中心，新中国成立后是煤电外运型城市，当年北京的三个灯泡就有一个的大同点亮的——大同一直在突破地域疆界中发展。

无论从历史文脉，还是从城市群格局，大同都应该属于京津冀大区域战略。

其主要战略是：

1，实施与丝绸之路经济带一体化战略，构建全球性大物流枢纽，丝绸之路经济带京津冀桥头堡，区域性综合保税陆路干港，丝绸之路经济带全球呼叫中心，创新型重化工业基地，现代服务业、高端服务业、创新型服务业、生产性服务业基地，特别是文化创新产业基地等。

重构大同区位优势是件头等大事，在综合配套改革战略转型之中应排在第一位。因为区位优势的影响力是个综合战略。只埋头看着大同地块还不够，要抬头盯着中国和全球。结构调整无论是存量还是增量，其坐标都是区域性大循环。在全球配置要素是其最高战略。

"十一五""十二五"时期，中央多次提出物流发展规划，但最近是第一次提出陆港战略，意义重大。大同要做天津东疆综合物流保税区的陆港。

大同是全球旅游名城，中国长寿之乡，空气清新，民风淳朴，饱含人类绵绵乡愁，是华夏游牧农耕两大文明、东西方两大文明大融合的全球性历史节点。

北京大城市病有增无减，从北京出发向外突围，向北是沙漠、向东交通瘫痪、向南问题更大，而向西一小时之内的大同则是最佳选择！

2. 后资源型煤化工业基地，去资源型经济转型创新城市。

3. 其全球战略、城市最高战略、丝绸之路经济带顶层战略是中国文化全球竞争力战略新地标——世界博物馆文化旅游之都，世界历史文化名城。以泛博物馆战略覆盖历史文化遗产、自然遗产、工业文化遗产、大同历史名城复兴工程，及"十三五"规划、资源型经济综合配套改革等多元诉求。博物馆作为人类文化的最高载体或人类文化皇冠上的明珠，将引领大同构建丝绸之路经济带中国文化全球战略新地标。

4. 核心理念：生态为根、文化为本、战略转型、绿色崛起。

主要路径：把大同的事做成中国的事、世界的事。

组织对策：抓住战略机遇期，如国家资源型经济综合配套改革实验区。抓住全球性事件经济，如丝绸之路经济带。

战略目标：全球性差异化发展战略和注意力经济。大同要走全球配置要素之路、融合发展之路、大就业之路。

五、重大课题研究路线图及时间表

十八大以来大同的发展战略面临挑战，顶层规划缺失，对市场要素具有覆盖能力和号召力的大战略缺失。还没有有效的参入大区域一体化战略格局和中国创新。大同的产业结构与资源禀赋不对称，结构过重。资源型城市资源枯竭，经济下行压力巨大。区位地位边缘化。没有构建大同战略资源走向中国或世界的开放平台。在中国及全球更大范围内重新发现和寻找大同已成为当务之急。

鉴于大同当前正处在发展战略抉择的历史新节点，关键性课题研究或"十三五"前期战略性规划课题研究就显得特别重要，关乎大同的未来走向。

1.《大同"十三五"规划顶层战略课题研究》，其内涵包括：国家资源型经济转型综合配套改革试验区、大同历史名城复兴、丝绸之路经济带等全部诉求，然后才有可能进行大同"十三五"规划、城市总体规划、专项规划等工作。

2.《世界遗产课题研究》包括：丝绸之路世界文化遗产后续扩展项目课题研究——将组织由联合国教科文组织参加的全球合作项目：寻找北丝绸之路起点全球论坛、丝绸之路博物馆、北魏平城建都 1617 年——丝绸之路全球文化大融合发展论坛、云冈石窟开凿 1555 年——世界佛教大会课题研究、明长城世界文化遗产后续扩展项目课题研究、大同煤炭工业遗址世界文化遗产申报项目课题研究、大同火山群世界自然遗产申报项目课题研究，全面启动大同世界遗产新战略和全球论坛新战略。

向世界讲好大同故事，是一个宏大叙事，是个顶层战略。通过全球化路径组织丝绸之路经济带——全球大融合发展论坛，构建南有博鳌，北有大同新格局。

云冈石窟、平城文化遗产等作为旅游景观是其最低价值判断，其最高意义是参与大同全球文化地标的战略塑造。这一点必须引起高度重视。大同应该沿着战略资源禀赋重新理清战略思路，在延续民族文化血脉中开拓前进。

（注：丝绸之路见证了公元前 2 世纪至公元 16 世纪期间，亚欧大陆经济、文化、社会发展之间的交流，尤其是游牧与农耕文明之间的交流；它在长途贸易推动大型城镇和城市发展、水利管理系统支撑交通贸易等方面是一个出色的范例；它与张骞出使西域等重大历史事件直接相关，深刻反映出佛教、摩尼教、拜火教、祆教等宗教和城市规划思想等在古代中国和中亚等地区的传播。同时，世界遗产委员会建议将其命名为"丝绸之路：长安——天山廊道的路网"。）

大同曾经是个伟大的城市，开拓和经营丝绸之路历一个世纪。而昙曜开凿云冈五窟和张骞出使西域、郑和下西洋一样已成为丝绸之路的里程碑，东西方文化交流的伟大事件。

其实发展战略转型是全球近一个世纪以来工业国家的主要路径和共识，特别是近半个世纪以来已成为全球资源枯竭型城市生死存亡之战。大同转型亦难亦易，就看你是钻到矿井之下寻找黑金，还是站在武周山之上俯瞰全球？大同的最高战略一定是文化，出路一定是战略转型，最佳机遇是丝绸之路经济带和京津冀一体化。大同需要以更大的政治勇气和智慧重构宏大叙事和中国故事题材高地。

只有一种未来属于大同，那就是世界性。

六、课题调整——大同转型困境与对策研究

1. 鉴于山西是中国经济转型内涵最为复杂的地区，和唯一国家资源型经济转型综合配套改革实验区。鉴于大同作为中国煤都的历史地位，已成为此次综合配套改革实验区的地标性城市。大同转型一直备受国内外关注。

2. 大同转型成功与否意义十分重大，对中国新一轮结构调整，特别是对200多个资源型城市转型发展具有中国地标性意义和国家重大示范作用。在全球金融危机继续演化，中国经济下行压力空前的情况下更具有重要的导向意义。

3. 在国家设立综合配套改革实验区后，中央政府深度推动和解决中国经济瓶颈问题势在必行，对提振中国经济，塑造未来预期意义重大。

4. 在经济全球化区域一体化的发展格局下，大同战略转型成功的关键在顶层制度设计，国家跨区域战略统筹规划对地方经济影响深远。

5. 中国改革正在从传统的规模经济向效率经济，进而向价值经济转型，中国房地产及全行业产能过剩，投资产品匮乏，归根到底是中国发展题材短缺，创新中国价值题材，讲好中国故事对中国预期乃至全球预期至关重要。

7. 重新寻找和发现中国已成当务之急。其坐标是站在时间的制高点上，在历史与未来之间进行深入思考；站在空间的制高点上，俯视全球进行客观比较，讲好中国之梦。

98

阴山山脉草原文化旅游经济带战略研究（2015）

"一带一路"战略新节点
中国文化全球布局新地标
内蒙古结构调整国家示范
构建"一山一马一草原一千亿"世界旅游目的地

一、中国经济进入顶层战略新时期

十八大以来，中国经济空间治理格局正在进行新的战略重构。

习近平总书记提出的"一带一路"已成为中国全球布局及中国经济空间顶层新战略。寻找历史和文化认同、跨区域规划、亚欧传统腹地崛起和全球战略布局成为显著标志。重大事件经济对要素的号召力和对经济空间的重塑值得特别关注。

二、呼和浩特进入发展战略抉择新节点

"十二五"收官、"十三五"开局及2020年第一个中国百年梦倒计时，地方政府正面临新一轮大考。呼和浩特已进入发展战略重新抉择的历史新节点。其内涵包括：核心理念、发展战略、产业结构、路径设计、对策研究、空间布局、制度安排、机制创新、综合方案、重大项目等。

总之，呼和浩特亟待构建顶层战略，以应对前所未有的复杂挑战和迫在眉睫的经济下行压力，以实现对各方面诉求的价值再覆盖。

三、重塑空间结构，构建一核双轴新战略，中国文化全球布局新地标

未来的五到十年，是中国城市由初级化向高级化提升，由一般性向特殊性转型，由战术性向战略性转变的关键时期。呼和浩特必须从中长期战略的高度，确立城市核心战略思想和整体战略布局，以拓展城市功能、完善城市形态和提升城市竞争力为重点，全面构筑和打造城市价值链体系。

一核双轴，即以呼市为核心，构建大青山前坡（150~300平方公里）—北部文化旅游战略轴和黑河流域（150~300平方公里）—南部生态功能发展轴。塑造呼和浩特一城双翼空间发展新架构。

1. "北部文化旅游战略轴"，即以大青山前坡生态综合治理工程和基础设施配套工程为基础，重新定义北部山水资源。以文化旅游、现代服务、教育科研、贸易物流为主要方向、以大青山前坡为主体功能区，横连东西，组织城市融合发展一级功能轴。北部文化旅游战略轴将从根本上改变呼市北部大青山前坡广大地区功能轴缺失，空间发展战略碎片化等问题。北部文化旅游战略轴的确立将从区域层面参入呼和浩特顶层战略的构建，为市场提供强大的号召力，为政府塑造新的要素战略平台，为发展构建可持续新路径。

北部文化旅游战略轴，从中国文化全球布局新地标的高度参入"一带一路"战略，以全球配置要素为核心路径，以增量引领综合治理为对策，借鉴欧洲城市河流与开放空间耦合发展模式，和德国埃姆舍河谷规划路径、联合国教科文组织大埃及国家博物馆规划经验。

通过全面创新，构建文化旅游产业新布局，从西向东规划一系列组团：

千里阴山山门——沿着古老的亚欧草原丝绸之路走廊，构建呼和浩特新地标。

呼和浩特国家级马产业专项保税物流园区，借鉴西丰鹿产业专项保税物流园区经验，构建全球最大的马匹交易中心、马匹良种繁育基地、马匹赛会中心、世界马文化技术大学、影视基地、马文化旅游度假风情小镇、马文化博物馆、马产业博览会、俄罗斯大马戏主题公园、牧马庄园等。

中欧合作——大青山果酒庄园，实施观光农业、高效农业、商务农业新战略，改造大青山前坡农业种植结构和发展路径。

中澳合作，杜蒙主题公园，把传统草原畜牧业发展成创新型旅游观光产业，使文化成为畜牧业发展和品牌塑造的新引擎。

自治区70年大庆，组织草原文化世界园艺博览会，为大青山前坡文化旅游发展注入世界理念和文化品牌。同时留下70年庆典历史遗产。

草原丝绸之路博物馆，亚欧草原丝绸之路300年巨商—大盛魁博物馆。毫无疑问，呼和浩特应该成为丝绸之路文化遗产的战略地标。

全球草原可持续发展论坛，构建南有"博鳌"北有"草原"大格局，全球草原经济贸易博览会。

归化古城——全球草原非物质文化遗产步行街——草原记忆百工坊。

原著风情小镇——村镇综合改造示范项目。

国家足球主题公园，足球小镇。

赵武灵王胡服骑射主题广场。

大青山皇家鹿苑围场，国际养老度假区。

大青山国际滑雪小镇。

成吉思汗山水演艺广场。

构建全球性文化旅游目的地，世界级文化旅游产业聚集区。实施大文化、大旅游、大就业、大民生、大融合发展新战略。

2. "南部生态功能发展轴"，即从城市结构层面规划南部发展战略和南部未来发展内涵，使南部生态功能和北部山水资源形成战略呼应，在呼和浩特新一轮产业结构调整和战略转型的引领下共同守望好青山绿水。南部生态功能轴是对南部发展提出的最高战略，是从呼市顶层设计出发规划"一城双翼"均衡化发展和可持续发展新格局。是后GDP时代呼市总体布局的一次战略重构，在中国"十二五"收官，"十三五"开局的转变时期具有重要的塑造意义。

四、申报世界文化遗产——阴山山脉

阴山山脉，东引大兴安岭、西望天山山脉、南拥黄河、北雄蒙古高原，是整个内蒙古草原自然景观和生态肌理的关键锁钥，是亚欧大陆腹地游牧文明与农耕文明大融合的人文地理走廊，是东西方文化交流的战略性支撑高地，是草原丝绸之路核心起点，是华夏文明的历史性坐标，是世界级文化遗产。

借鉴丝绸之路和大运河申遗成功经验和路径，组织开放式课题组，迅速申报世界文化遗产——阴山山脉。其核心内容包括：亚欧大陆游牧文明与农耕文明交汇走廊、草原丝绸之路核心起点、亚欧草原文化发祥地等。其涵盖的国家级文化遗产包括：万部华严经塔、金刚座舍利宝塔、大窑遗址、和硕恪清公主府、王昭君墓、大召、乌素图召、席力图召及家庙、呼和浩特清真大寺、呼和浩特天主教堂及阴山岩画群等。在全球草原文化中具有强大的竞争力。

不求尽快申遗成功，但必须马上举起申遗的旗帜，尽快进入国家申报世界遗产预备名录。申遗过程就是号召力，就是品牌，就是确立全球性文化战略。

出版全球性杂志《草原丝绸》。

五、构建"一带一路"战略新节点

1. 借鉴连云港参入"一带一路"经验，全球合作共建保税物流枢纽，天津自由贸易区亚欧大陆桥腹地核心陆港、"一带一路"战略节点。

2. 借鉴印度班加罗尔经验，依托呼和浩特云平台优势，构建"一带一路"全球人工呼叫中心、全球电子商务中心、全球服务贸易中心。

3. 借鉴义乌经验，构建草原要素高地和新型平台经济。

作为呼市结构调整的战略抓手，应立即着手制定战略，规划路线图和时间表，纳入"十三五"规划。

六、阴山山脉草原文化旅游经济带

将文化旅游业确定为呼和浩特社会经济发展的着力点、制高点和引领点，作为支柱产业、主导产业和优势产业来打造。以建设世界旅游目的地，世界草原文化名城为战略目标，在更大的发展格局和更高的战略层面，研究和组织呼和浩特区域发展顶层战略，通过体制机制创新，抛弃传统旅游规划中单一发展旅游产业的组织模式，推动一二三产业融合发展新思路，将文化旅游和现代服务业，高端服务业，现代农业，教育培训，创意产业，新型城镇化等要素进行创新配置。

启动阴山山脉草原文化旅游经济带国家示范工程，作为呼和浩特顶层战略，包括创新理念、生态保护、结构调整、新型城镇化、文化旅游、现代服务业、守望相助新方式、财政部PPP试点、全球合作、联合国人居示范、区位优势塑造等。

呼和浩特的最高概念是"一山—马—草原—千亿"战略，一山是阴山山脉，亚欧大陆人类文明大融合走廊；一马是成吉思汗的马，是横跨亚欧大陆的历史传奇；一草原是世界最大的蒙古大草原；一千亿是文化旅游产业集群。

七、体制—机制创新、路径——对策创新，迫在眉睫

核心理念：生态为根、文化为本、守望相助、绿色发展。

体制机制：政府或政府城投从市场投资主体退出，通过盘活沉淀资产，组建由市场主导的混合所有制投资主体，通过PPP等模式投资建设基础设施项目。政府的工作主要是制定战略和目标，管理规划和制定政策，确保生态环境可持续，确保民生和就业的投入。

战略路径：以全球配置要素为主导，通过全球合作把呼和浩特的事做成中国的事，世界的事。做成"一带一路"的事。

实施对策：以目标、市场和问题为导向，以制度设计为引领，构建叠加战略，组织综合解决方案。注重利用增量带动理顺利益关系，让人民共享改革发展成果。

预案研究：为应对前所未有的复杂挑战和迫在眉睫经济下行压力，结合呼市的发展问题，特别是房地产危机等，提前研究和准备预案。房地产危机事关全局，不可小觑。其内涵是社会稳定和保持经济预期。凡事预则立，不预则废。

八、重塑全球性区位战略优势，构建全球性差异化发展战略和注意力经济

呼和浩特必须毫不犹豫坚决参入"一带一路"战略，构建丝绸之路经济带战略节点，重塑全球区位战略优势。以"阴山山脉草原文化旅游经济带"为切入点和战略抓手，进而推动"十三五"国家"内蒙古草原经济综合配套改革实验区"和亚欧腹地陆港战略。

重构呼和浩特区位优势是件头等大事，在"十三五"战略规划中应排在第一位。因为区位优势的影响力是个综合战略。结构调整无论是存量还是增量，其坐标都是区域性大循环，而全球配置要素则是其最高战略。

阴山山脉是传统亚欧大陆人类文明和民族迁徙的古老驿站，是饱含着人类绵绵乡愁的精神家园，是华夏游牧—农耕两大文明、东方—西方两大文明大融合的全球性历史节点。阴山山脉作为文化旅游资源仅仅是其最低诉求，而其最高战略则是参与呼和浩特中国乃至全球顶层战略的塑造。阴山山脉作为中国乃至全球性战略题材必须重新出发，参与中国创新，参与"一带一路"全球战略布局。构建全球性差异化发展战略和注意力经济。

中国正在从传统的规模经济向效率经济，进而向价值经济转型，中国房地产及全行业产能过剩，投资产品匮乏，股市防御困局主导，归根到底是中国发展题材短缺，而题材决定结构，并对要素驱动和创新驱动具有战略引领作用。创新中国题材，讲好中国故事对中国预期乃至全球预期至关重要。在亚欧大陆和全球范围内重新发现和寻找阴山山脉，寻找"一山—马—草原"已成当务之急。

99

"一带一路"全球战略布局中国文化新地标——云冈卫城战略研究（2014）

依据国家文化旅游产业发展战略规划

根据大同国家资源型经济转型综合配套改革试验区任务

沿着大同资源禀赋，寻找大同战略题材，规划大同"十三五"文化旅游重大落地项目

为应对复杂挑战和经济下行压力，塑造顶层转型战略抓手和全球要素发力平台

一、中国发展背景研究

战略转型，结构调整，中国面临复杂挑战和经济下行压力前所未有。

"一带一路"中国全球布局对腹地调整影响巨大。

制度创新及顶层战略是"十三五"规划的关键。

发现中国题材，讲好中国故事，提升中国预期，创新中国项目已成中国当务之急。

二、大同面临"十二五"收官"十三五"开局及综改等艰巨任务，必须实施"两转战略"

存量转型——结构调整；

增量转向——洗牌创新；

沿着资源禀赋构建全球比较优势，重塑大同城市竞争力和世界性。

三、大同"一带一路"全球战略背景研究（略）

四、中国文化全球布局新地标——云冈卫城

1. 项目战略定位

丝绸之路经济带全球文化新地标；

文化旅游创意产业全球要素配置新高地；

大同"十三五"文化旅游战略增长极。

2. 叠加文化功能

丝绸之路经济带大融合发展论坛永久会址；

世界佛教大会永久会址；

大型山水演艺城堡——"胡服骑射、鲜卑史诗、云冈乐舞、长城内外"；

论坛会展、国际会议中心、世界文化活动交流中心、影视基地、文化演艺、博物馆、创意中心、古堡音乐广场、婚礼殿堂、展览画廊、古玩市场、美食步行街、餐饮娱乐、酒店驿站、旅游观光、休闲度假、城市景观、文化旅游总部基地、佛学院、世界遗产博物馆等。

五、空间形态设计

——沿着古老长城建筑文脉，构建东方古堡要塞，大同旅游景观新地标。

六、规划选址范围 2+4 平方公里

选址毗邻世界文化遗产群云冈保护区，东侧河谷台地，与云冈并肩耸立，大同最具未来意义的文化战略用地，东方之卫城。

——云冈世界遗产保护范围及新建大云冈景区范围约 2 平方公里；

——云冈卫城规划范围约 4 平方公里。

七、大同文化旅游产业体制机制问题研究

1．文化旅游市场主体机制缺失，亟待构建总部式市场主体。建议组建云冈文化旅游产业集团。

2．文化旅游市场要素集聚战略项目缺失，有高原没高峰。

八、市场主体与投融资机制设计

1．引入 PPP 与 TOT 混合模式，综合解决方案设计。

2．申报国务院财政部基础设施投融资 PPP 试点项目。

九、与中国最大的文化旅游创意产业集团杭州宋城、西安曲江比较研究

——资源、用地、城市诉求、背景（略）

——机遇—挑战—优势—劣势分析（略）

十、与雅典卫城文脉特色比较研究

雅典卫城（Acropolis），欧洲最著名的城堡式综合性公共建筑群，欧洲文化精神圣殿，世界文化遗产。包括剧场、音乐广场、博物馆、画廊、体育场、竞技场、寺庙群、旅馆、步行街、手工作坊、俱乐部、大会堂，议事厅、元老院等等。其建设的初衷是城市防御工程。雅典卫城面积约有 4 平方公里，位于雅典市中心的卫城山丘上，始建于公元前 580 年。

由东西方艺术家和佛教僧侣共同完成的云冈石窟寺始建于公元 460 年。其宏大的世界文化遗产群落在中国三大石窟寺中是唯一的国家工程。而龙门、敦煌等都属于民间自发捐助行为。龙门、敦煌文化遗产都已向社会开放，而云冈更大规模的世界文化遗产云冈堡还从未向世界开放，国家文物局正在投巨资进行维修，计划 2016 年将向世界揭开其神秘面纱。

十一、云冈卫城总体规划设计

总体规划、城市设计、重点项目建筑设计、控制性详细规划、城市景观设计、生态环境可持续规划、土地利用方案、市场开发体制机制设计、投融资组织设计、资本项目拆分与退出规划、云冈文化旅游产业集团项目持有与经营设计等。

十二、规划目标

1．组织大同可投融资并具有市场号召力的战略项目和要素集聚平台。

2．规划设计云冈卫城项目综合解决方案和叠加战略。

3．重构大同空间布局和"十三五"空间组织新战略。

4．申报云冈文化旅游产业园区国家示范项目。

5．塑造中国"一带一路"全球文化战略新地标。

100

内蒙古世界草原马业保税物流实验区课题研究（2015）

中国一带一路愿景与行动内蒙古新战略

全球马业专项保税物流及马产业集聚区

中匈合作阴山山脉草原文化旅游经济带

PPP模式大青山前坡改造与建设新路径

一、中国经济进入顶层战略新时期

十八大以来，中国经济空间治理格局正在进行新的战略重构。

习近平总书记提出的"一带一路"已成为中国全球布局及中国经济空间顶层新战略。寻找历史和文化认同、跨区域规划、亚欧传统腹地崛起和全球战略布局成为显著标志。重大事件经济对要素的号召力和对经济空间的重塑值得特别关注。

二、呼和浩特进入发展战略抉择新节点

"十二五"收官"十三五"开局及2020年第一个中国百年梦倒计时，地方政府正面临新一轮大考。呼和浩特已进入发展战略重新抉择的历史新节点。

呼市大青山前坡生态综合治理工程和基础设施配套工程，已经从区域战略的高度重新定义了北部山水资源和发展格局，开启了呼和浩特阴山山脉顶层战略新时代，为整个呼和浩特发展空间布局塑造了未来方向。

大青山前坡的战略意义是，从中国文化全球布局新地标的高度参入"一带一路"战略，以全球配置要素为核心路径，以增量引领综合治理为对策，借鉴欧洲城市河流与开放空间耦合发展模式，通过全面创新，构建文化旅游产业集聚区和战略增长极。

总之，呼和浩特亟待构建顶层战略，以应对前所未有的复杂挑战和迫在眉睫的经济下行压力，以实现对各方面诉求的价值再覆盖。

三、全球马产业市场调查

马匹、马术、马文化以及相关马产业在中国发展势头迅猛,自 2010 年,每年从欧美各国进口的各类马匹在六千匹以上,成交金额超过 10 亿欧元,相关的隔离检疫、专项饲养、马具配套、仓储运输、兽医服务、技术培训、通关关税等,资金规模巨大。尤其全国各地风起云涌形式多样以马为主题的赛会、马术节、文化节、旅游休闲度假等大型活动,大大推动了马产业的强劲发展。中国是仅次于美国的全球第二大马产业大国,而未来必将随着全球性产业结构调整迎来更大的马产业发展机遇期。据相关方面评估与马相关的产业链在中国市场将形成超过千亿级的新兴产业。

内蒙古是世界最大的草原,千百年来草原文化、马文化一直引领这片神奇的土地。阴山山脉,东引大兴安岭、西望天山山脉、南拥黄河、北雄蒙古高原,是内蒙古草原自然景观和生态肌理的关键锁钥;阴山山脉是传统亚欧大陆人类文明和民族迁徙的古老驿站,是饱含着人类绵绵乡愁的精神家园,是华夏游牧—农耕两大文明、东方—西方两大文明大融合的全球性历史节点,是草原丝绸之路核心起点,是华夏文明的历史性地标,世界级文化遗产。

阴山山脉作为文化旅游资源仅仅是其最低诉求,而其最高战略则是参与呼和浩特中国乃至全球顶层战略的塑造。阴山山脉作为中国乃至全球性战略题材必须重新出发,参入中国创新,参与"一带一路"全球战略布局。而以一带一路全球新地标为号召力,以马为核心主题,以国家级制度设计为引领,以全球配置要素为路径、以马匹专项保税物流实验区为突破口、以阴山山脉草原文化旅游经济带为战略、以 PPP 为投融资模式等叠加战略,是呼和浩特大青山当前及中长期,包括"十三五"规划的顶层战略和实施抓手。

构建全球性文化旅游目的地,世界级文化旅游产业聚集区。实施大文化、大旅游、大就业、大民生、大融合发展新战略。

四、世界草原马业保税物流实验区路线图时间表及三大板块

组织实施 PPP 模式的企业,从 PPP 设计、申报试点、国内外融资、组织建设运营、资本运作全过程实操。公司与匈牙利政府和银行关系密切,已达成引进匈牙利进出口银行三亿欧元出口信贷投入中国 PPP 项目的意向。该笔贷款主要用于购买匈牙利的马匹、马具、专业运输马车及木质组装建筑,包括马厩、室内训练场、马术培训馆、度假木屋、特色服务接待场馆等。

以市场及政府 PPP 合作模式,在两年内完成"世界草原马汇保税物流实验区"建设并投入运营,该项目由三大主体板块组成:

1. 世界马匹马具交易博览会: 包括国家一级口岸、海关、检疫等公共服务平台,马匹马业保税区,仓储物流园区,隔离检疫区,饲养展示区,兽医及繁育区,公共交易展示博览会,拍卖交易平台,跨境电子商务平台,物流配送服务平台,全球性快递平台,全球马产业人工服务呼叫中心等;同时积极推动和构建天津东疆综合保税物流园区呼和浩特陆港、北京首都国际机场天竺保税物流园区、呼和浩特空港。

2. 世界草原马文化及马赛会主题公园: 包括专业马术马球赛场、马术学院、酒店、餐饮配套、会议中心等;建设"全球草原马文化可持续发展论坛"及永久会址、全球草原经济贸易博览会、世界草原马文化博物馆。

3. 世界马文化休闲旅游度假区: 马术营地、果园酒庄、休闲农庄、草原嘉年华营区、度假小镇、步行街、休闲康复中心。

通过一带一路互联互通战略及 PPP 模式,引进蒙、俄、中亚、中东欧及美国、阿根廷等多国马业行业组织以专业企业参与,共同培育、协同促进并共享中国前景巨大的马产业市场,打造国际化的马产业集聚区。

项目总投资将超过 100 亿元人民币,未来能够创造带动年数百亿产业规模,最终形成全球最大的马产业保税

物流园区及年 1000 亿产业集群，成为呼和浩特新兴产业的战略增长，中国一带一路全球战略新地标。

五、体制—机制创新、路径—对策创新，迫在眉睫

1．核心理念：生态为根、文化为本、守望相助、绿色发展。

2．体制机制：政府或政府城投从市场投资主体退出，通过盘活沉淀资产，组建由市场主导的混合所有制投资主体，通过 PPP 等模式投资建设基础设施项目。政府的工作主要是制定战略和目标，管理规划和制定政策，确保生态环境可持续，确保民生和就业的投入。

3．战略路径：以全球配置要素为主导，通过全球合作把呼和浩特的事做成中国的事，世界的事。做成"一带一路"的事。

4．实施对策：以目标、市场和问题为导向，以制度设计为引领，构建叠加战略，组织综合解决方案。注重利用增量带动理顺利益关系，让人民共享改革发展成果。

5．预案研究：为应对前所未有的复杂挑战和迫在眉睫经济下行压力，结合呼市的发展问题，特别是房地产危机等，提前研究和准备预案。房地产危机事关全局，不可小觑。其内涵是社会稳定和保持经济预期。

六、塑造全球性区位优势，构建全球性差异化发展战略和注意力经济

呼和浩特必须毫不犹豫坚决参入"一带一路"战略，构建丝绸之路经济带及欧亚大陆桥战略新节点，塑造全球性区位战略优势是件头等大事，在"十三五"战略规划中应排在第一位。因为区位优势的影响力是个综合战略。结构调整无论是存量还是增量，其坐标都是区域性大循环，而全球配置要素则是其最高路径。

后记

阎 志

以已有的科学技术和实践为工具，纵观人类走过的漫长历程，人类对自身的超越大概经历或正在经历着两个战略阶段，一是通过超越自然实现对自身的超越，二是通过回归自然实现对自身的再超越。其第一阶段的本质是人类的面貌之觉醒，是人类的感觉及感觉的人类时代。其第二阶段的本质是自然的复活，是人类同自然完成了的本质的统一。而其中的哲学命题是，人类是独立的自由自在的本体，还是从属于大自然，只是自然宏大叙事中的偶然部分？是在人类社会悲剧意义的讲述中寻找生命的普遍价值和真正归宿。

2012年8月，由我为总规划师的，由十几家知名设计团队合作的，沈阳市政府生态景观等城市混合功能重大项目"浑河西峡谷"正进入紧张的施工设计阶段。同时，我的系列规划设计专著《大区域战略》、《浑河西峡谷》等也正在准备出版，可我却突然因病住进了医院。领导、同事、朋友及家人都在关心着我，设计院几乎搬进了病房，我第一次感觉到什么是放不下和不得不放下之间的心里超越。其实一个人，一个团体，一个民族，一个国家，乃至整个人类，每一次超越都是被外部环境作用或逼迫的结果。同时，也正是通过一次次超越使得主体在生命的批判中获得新的解放。

中国上古的伟大哲人老子在《道德经》中说，"夫物芸芸，各复归其根。归根曰静，静曰复命。复命曰常，知常曰明。"老子的"归根曰静"阐述的正是人类对自身的超越。"归根"是路径，"静"是价值或大道。老子在上古时代发表的五千言《道德经》，穿透了整个人类的思想历程，至今仍放射着睿智的光芒，老子开创了人类思想批判和自我超越的先河。

无独有偶，源自美国的全球金融危机，也颠覆了人们一直奉为神明的以美元为中心的全球金融秩序，及资本主义价值体系，使人类疯狂的物欲进程得以进入新的批判和超越。

其实，人类对对象世界的认识还非常有限，人类至今还处在探索之中。大约60多年前，人类才第一次发现了暗物质存在的证据。暗物质（包括暗能量）被认为是宇宙研究中最具挑战性的课题，它代表了宇宙中90%以上的物质含量，而我们可以看到的物质只占宇宙总物质的10%不到（约5%左右）。而暗能量是一种不可见的、能推动宇宙运动的能量，宇宙中所有的恒星和行星的运动都是由暗能量来推动的。暗能量占宇宙结构约73%，居于绝对统治地位。

人类正面临新的认知和挑战，人类只有通过普遍意义的自身黑暗和对象黑暗，才能超越经典科学和感知的人类，才能观察和远望宇宙的秩序。正是这样，人类惊讶地发现了大爆炸，发现宇宙正在远离、稀释、拆散。宇宙大爆炸的直接就是时间和空间。时间的未来意义是读秒，是抓住事物本质的飞秒和阿秒，一飞秒是一千分之一秒（10^{-15}秒），阿秒（10^{-18}秒）则更快。而空间的未来意义就是黑暗。黑暗是传统意义中的静止和无，黑暗同时也是全新意义的大宇宙。人类已发现，一个黑洞的能量是太阳的70亿倍，以太阳的燃烧和释放为代表的传统光明及其秩序正在式微，而黑暗作为宇宙的真正的主宰正在超越光明开启全新的未来。